国家重点研发计划重点专项项目(2018YFC0808201)资助
2017年安全生产重大事故防治关键技术科技项目(2017GJ-A8-002)资助
陕西省重点科技创新团队建设计划项目(2012KCT-09)资助
陕西省教育厅专项科学研究计划项目(17JK0495)资助
中国博士后科学基金项目(2016M592820、2017M623209)资助

矿山救援无线多媒体通信关键技术研究

郑学召　郭　军
邓　军　文　虎　著

中国矿业大学出版社

内容简介

本书针对矿山救援过程中特殊环境，研究了信息传输技术和音视频及环境参数信息同步采集传输技术，阐述了矿山救援通信装置的研制与应用。本书共有7章，内容主要包括：矿山救援研究现状、发展趋势和救援队伍与装备的介绍；矿山救援过程中不同通信技术的通信原理和应用现状；针对矿山救援过程中的无线Mesh网络信号衰减机理的研究，分析了无线Mesh网络信号的拓扑结构和衰减规律；对矿山救援多媒体数据同步采集传输技术，尤其对音视频和环境参数的传输进行了研究；本安电源及电路的安全性研究和设计原则；矿山救援无线多媒体通信系统及装备研发；矿山救援无线多媒体通信装置的应用与实践。

本书可以作为高等院校、科研院所的安全工程、采矿工程相关专业学生的教学参考书，也可以作为广大煤矿工程技术人员和设计人员的参考资料。

图书在版编目(CIP)数据

矿山救援无线多媒体通信关键技术研究/郑学召等著.—徐州：中国矿业大学出版社，2018.9

ISBN 978-7-5646-3981-5

Ⅰ.①矿… Ⅱ.①郑… Ⅲ.①无线电通信—多媒体通信—应用—矿山救护—研究 Ⅳ.①TD77

中国版本图书馆CIP数据核字(2018)第112577号

书　　名　矿山救援无线多媒体通信关键技术研究

著　　者　郑学召　郭　军　邓　军　文　虎

责任编辑　黄本斌

出版发行　中国矿业大学出版社有限责任公司

(江苏省徐州市解放南路　邮编221008)

营销热线　(0516)83885307　83884995

出版服务　(0516)83885767　83884920

网　　址　http://www.cumtp.com　**E-mail**:cumtpvip@cumtp.com

印　　刷　徐州中矿大印发科技有限公司

开　　本　787×1092　1/16　**印张**15.25　**字数**381千字

版次印次　2018年9月第1版　2018年9月第1次印刷

定　　价　36.00元

前　言

我国的能源资源呈现“多煤、贫油、少气”的特点。长久以来，煤炭是我国主要能源，是我国国民经济和社会发展必不可缺的基础能源。中国煤炭地质总局全国第三次煤田资源预测，我国煤炭资源总储量高达4.55万亿t，储量巨大，总量高居世界首位。我国煤炭资源赋存地区的特点呈东少西多、南少北多的状态，煤炭资源主要分布在西北地区，预测煤炭资源量为3.58万亿t，占全国煤炭资源总储量的78.68%。在今后相当长的一段时间内，我国总的能源结构仍然以煤炭为主，其在一次性能源消耗中仍占60%～70%。国务院制定的《能源中长期发展规划纲要(2004～2020)》(草案)也指出“要鼎力调整优化能源结构，坚持以煤炭为主体，电力为中心，油气和新能源全面发展的战略”。

从2000年开始，由于经济运行速度加快，对能源、原材料的需求增大，使得煤炭生产企业满负荷运行，超能力生产现象严重，给煤矿安全生产带来巨大的压力。据相关数据统计，在2001～2014年期间，我国矿山共发生安全生产事故30 669起，伤亡人数共计53 205人。事故的发生不仅仅给社会带来了严重的不良影响，更重要的是给人民的生命、财产造成了不可估量的损失。经过我国政府、科研院所、煤矿企业等多方共同努力，我国矿山安全生产事故总体呈现明显好转趋势，尤其是自2010年以来我国矿山安全事故得到有效控制，各地矿山生产状况快速转变，但部分省份区域仍是事故高发地区，尤其是重特大矿山事故还有发生，形势依然严峻。

如何科学有效地预防重大事故、建立科学合理的应急救援系统已成为矿山安全技术领域的研究重点。为预防事故的发生，煤矿企业都严格按照要求安装监测监控系统，对井下设备、环境参数实时采集监控，降低了事故的发生率。当安全事故发生后，及时有效的救援工作对减少人员伤亡和财产损失、避免事故后果的扩大极为关键。一次成功的应急救援，不仅取决于救援装备的先进程度，更取决于指挥决策者对各种灾情信息的及时掌握、科学分析和果断决策。然而，由于事故救援过程中，灾情呈复杂、难预测和实时动态多变等特征，加之正常生产中使用的监测监控和通信系统往往受灾害的破坏，呈瘫痪和无效状态，救援人员难以及时准确地掌握灾区的实时灾情，更加难以对灾情的发展态势进行准确及时的预判，使得救灾决策具有很大的盲目性。基于此，近年来国内专家学者对矿山事故救援中灾情信息的实时准确获取、人员定位等方面开展了大量研究，矿山重特大事故灾后应急通信和灾情实时侦测技术装备研究已成为矿山事故救援领域的研究热点。

本专著以理论研究和现场实践相结合，立足现场救援实战，以满足重特大事故救援现场实际需求为最终目标，较为全面系统地研究了矿山救援通信技术，最终研发了一整套切实可行、满足实战需求的救援应急通信与灾情实时侦察技术装备。本专著是作者在长期潜心研究与现场实践、系统总结与凝练提升的基础上形成的，具有鲜明的行业特色，对现场救援所用通信技术装备的研究具有较好的指导和借鉴作用，对我国矿山事故应急救援工作的顺利开展具有重要的支撑意义。

本专著共分7章：第1章分析了矿山救援的研究背景和意义，论述了现有的矿山救援装备和队伍的发展，对矿山救援现状进行了阐述；第2章重点讨论了现有几种矿山救援通信技术，并从不同通信技术的研究现状、系统组成、工作原理及特点和应用等方面进行了总结和分析；第3章重点介绍了矿山救援过程中的无线Mesh网络信号衰减机理及其影响因素，通过对井下无线信号衰减机理的分析，提出了基于MIMO-OFDM技术的矿山救援无线Mesh网络结构设计，并且通过实践验证了该网络结构的实用性；第4章主要研究了矿山救援多媒体数据同步采集传输技术，分别从音频、视频和环境参数三个方面的软件开发和硬件设计进行了讨论，结合双码流视频传输技术和H.264/AVC编码设计了传输方案；第5章通过对本安电路的放电形式和本安电源的设计原则研究，分析了如何控制电源和电路达到本安要求；第6章在对现有的矿山救援无线通信系统的理论分析及相应的软件开发的基础上，设计出了一套能满足井下通信要求的矿山救援无线多媒体通信系统；第7章主要通过一个试验和两个实践应用探讨了所研发装备的实用性和可靠性，结果证明研制的通信装备可满足现场救援的实际需求。

作者所在的国家矿山救援西安研究中心，是国家矿山应急救援指挥中心和西安科技大学共建的研究机构，受国家矿山应急救援指挥中心和学校双重领导，业务上接受国家应急救援指挥中心的领导，完成国家应急救援指挥中心委托的任务，一直承担矿山重大灾害成因、防治技术、应急通信技术装备、救援抢险技术、鉴定技术等研究。长期以来，形成了矿井灾害救援通信技术、矿井救灾数字化技术等稳定的研究方向，近五年来承担或完成了国家自然科学基金项目10余项、国家杰出青年基金项目1项、国家九五攻关项目1项、国家计委示范工程1项、国家计委煤田灭火工程1项、市科委重大科技成果转化工程1项及其他省部级和企业委托项目100余项。其中获国家科技进步奖4项，省部级科技进步奖20余项，出版专著22部，发表论文400余篇，授权国家发明专利30余项、实用新型专利100余项。

本书的研究得到了国家重点研发计划重点专项项目(2018YFC0808201)、2017年安全生产重大事故防治关键技术科技项目(2017GJ-A8-002)、陕西省重点科技创新团队计划资助项目(2012KCT-09)、陕西省教育厅专项科学研究计划项目(17JK0495)和中国博士后科学基金项目(2016M592820、2017M623209)等资助，在此一并表示感谢。

本书由郑学召副教授首倡编著并整体构思，在相关老师和学生的帮助下共同完成。其中执笔者分别为(以篇章为序)：前言：郑学召；第1章：邓军、郑学召；第2章：郑学召；第3章：郑学召、郭军；第4章：郑学召；第5章：郭军；第6章：郭军；第7章：文虎、郭军、王宝元；全书插图编辑：王宝元、王虎、李诚康、姜鹏、王喜龙，在此表示感谢。全书由郑学召总审定。

本书是一部较为系统地阐述矿山救援通信技术与装备的专著，涉及了诸多救援通信的理论和方法，由于水平有限，难免存在不足之处，希望得到广大读者的指正和帮助。未来几十年内，矿山救援仍然会成为煤矿安全领域学者的一个研究热点问题。我们希望此专著的出版，不仅能为我国煤矿安全工作者提供一部可借鉴的成果，同时也为我国矿山救援通信的研究工作有所贡献。

作　者

2018年3月

目　　录

第1章 绪 论

1.1 矿山救援的研究背景和意义

1.1.1 矿山救援的背景

煤炭资源是能源资源之一，在世界一次能源消费量中占25%。2015年，世界煤炭总产量为78.61亿t，比上年下降4%。其中，主要集中在中国(3747.0 Mt)、美国(812.8 Mt)、印度(677.5 Mt)、澳大利亚(484.5 Mt)、印度尼西亚(392.0 Mt)、俄罗斯(373.3 Mt)、南非(252.1 Mt)、德国(184.3 Mt)、波兰(135.5 Mt)、哈萨克斯坦(106.5 Mt)、哥伦比亚(85.5 Mt)、加拿大(60.7 Mt)等国家。煤炭是世界上储量最多、分布最广的常规能源，也是重要的战略资源。其广泛应用于钢铁、电力、化工等工业生产及居民生活领域[1]。

我国煤炭资源丰富，但人均占有量低，勘探程度较低，经济可采储量较少。所谓经济可采储量是指经过勘探可供建井，并且扣除了回采损失及经济上无利和难以开采出来的储量后，实际上能开采并加以利用的储量。在经勘探证实的储量中，精查储量仅占30%，而且大部分已经开发利用，煤炭后备储量相当紧张。我国人口众多，煤炭资源的人均占有量约为234.4 t，而世界人均煤炭资源占有量为312.7 t，美国人均占有量更高，达1 045 t，远高于我国的人均水平[2]。

我国煤炭资源北多南少，西多东少，煤炭资源的分布与消费区分布极不协调。从各大行政区内部看，煤炭资源分布也不平衡，如华东地区的煤炭资源储量的87%集中在安徽、山东，而工业主要在以上海为中心的长江三角洲地区；中南地区煤炭资源的72%集中在河南，而工业主要在武汉和珠江三角洲地区；西南煤炭资源的67%集中在贵州，而工业主要在四川；东北地区相对好一些，但也有52%的煤炭资源集中在北部黑龙江，而工业集中在辽宁。各地区煤炭品种和质量变化较大，分布也不理想。我国炼焦煤在地区上分布不平衡，4种主要炼焦煤种中，瘦煤、焦煤、肥煤有一半左右集中在山西，而拥有大型钢铁企业的华东、中南、东北地区，炼焦煤很少。在东北地区，钢铁工业在辽宁，炼焦煤大多在黑龙江；西南地区，钢铁工业在四川，而炼焦煤主要集中在贵州[3]。

露天开采效率高，投资省，建设周期短，但我国适于露天开采的煤炭储量少，仅占总储量的7%左右，其中70%是褐煤，主要分布在内蒙古、新疆和云南[4]。

基于煤矿井工开采难度大和开采环境复杂的原因，我国煤矿生产过程中发生了许多重特大事故。根据国家安全生产监督管理总局的事故查询系统，结合地方煤矿安全监察局网站的数据，检索得到2007～2016年全国煤矿安全事故共787起[5]。

2007～2016年全国煤矿安全事故发生的事故起数、死亡人数和平均死亡人数统计见图1-1和表1-1。由图1-1和表1-1可以看出，10年间，我国共发生煤矿安全事故787起，死亡人数 5 115 人。

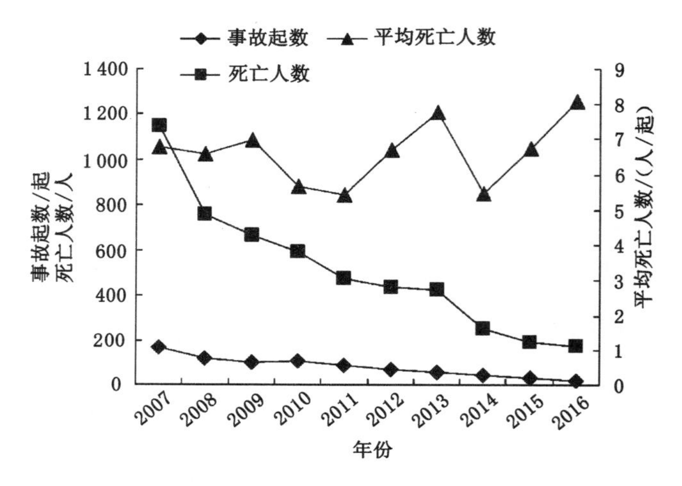

图 1-1 煤矿安全事故发生年度分布

表 1-1 2007～2016 年全国煤矿安全事故统计表

年份	事故起数/起	死亡人数/人	平均死亡人数/(人/起)
2007	169	1 149	7
2008	115	756	7
2009	96	668	7
2010	105	595	6
2011	87	473	5
2012	65	436	7
2013	55	427	8
2014	46	252	5
2015	28	189	7
2016	21	170	8
总计	787	5 115	6

整体来看,我国煤矿安全事故发生的频次和死亡人数呈现出逐渐下降趋势。事故起数由 2007 年的 169 起下降至 2016 年的 21 起,死亡人数也相应地由 1 149 人下降至 170 人,可见我国煤矿安全形势逐步好转。平均事故死亡人数呈现波动趋势,但变化范围不大,基本维持在稳定水平。

虽然我国煤矿安全形势整体稳定,但是仍然严峻,所以加强对矿山救援的研究是刻不容缓的。煤炭行业是公认的高风险行业,工作场所大多在地下受限空间并且处于不断变化和移动中。煤炭开采系统复杂、环节多,其地质条件复杂多变,生产条件较为恶劣,加之技术装备、职工技术人员素质相对偏低等不利因素,经常受到透水、火灾、瓦斯、煤尘、冒顶片帮(矿压)、有毒有害气体以及自然灾害的威胁。因此,矿山救援对煤矿安全生产而言具有极其重要的意义,它是提高处置煤矿恶性事故能力的重要举措,更是构建和谐社会,实现可持续发展的重要内容。煤矿应急救援关系到企业的管理水平和形象、关系到政府的执政能力和形象，甚至关系到国家的国际形象[6]。

我国煤矿救援方面与国外发达国家相比不够完善，还存在一定差距。开展煤矿救援培训，有利于提高煤矿职工和管理人员的整体素质、安全意识和各种专业技能，改善矿山的救援装备和实施水平，尤其能使一线矿工提高救援和自保意识、掌握各种应急知识和技能，加快救护响应速度，有利于煤矿控制重大事故灾害的发生，减少人员伤亡、财产损失，对于弘扬“以人为本、安全发展”的理念，提升矿山本质安全化程度，具有重要的意义。

矿山救援是指煤矿井下发生事故后，政府和企业为减少事故后果而积极组织救援机构和人员对井下被困人员进行施救的抢险救灾方案和行为，是进行事故救援活动的基础。

由于煤炭企业的迅速发展，带来了许多安全隐患，当煤矿灾难发生时，对井下人员的救援是至关重要的，也是刻不容缓的。我国十分关注煤炭行业的安全形势，从中央到地方政府相继出台法规条例、规程，煤矿企业制定了相关制度，加强煤矿安全生产以及保障员工生命安全。1996 年施行的《中华人民共和国煤炭法》规范了煤炭行业的发展，使其法制化，其对煤炭行业应急救援行动提供了管理与组织层面的依据。从 2002 年起施行的《中华人民共和国安全生产法》是第一部关于矿山应急救援体系建设的法律法规，规定县级以上地方人民政府应当组织有关部门制定行政区域特大生产安全事故应急救援预案，建立应急救援体系。除了应急救援相关的法律法规以外，我国还制定了各种规范和标准。如《煤矿安全规程》、《矿山救护队质量标准化考核规范》、《煤矿井下安全避险六大系统建设完善基本规范（试行）》、《煤矿安全监察条例》、《关于预防煤矿生产安全事故的特别规定》等。因此，加强我国煤矿井下救援工作是处置重大灾害事故和应对重大突发事件的迫切需要，也是保障和改善民生、维护社会稳定的重要举措[7]。

为确保煤矿安全生产，加强矿山救援力度，党中央、国务院高度重视矿山应急救援工作，相继采取一系列举措推进应急救援工作。国家安全生产监督管理总局及国家煤矿安全监察局对矿山应急救援工作一直非常重视，把矿山应急救援列为全国安全生产工作“六个支撑体系”建设的重要内容，成立了国家安全生产监督管理总局矿山救援指挥中心，加强体系、机制建设，有力地推动了矿山救援工作。

各级地方人民政府、各有关部门、各矿山企业和有关矿山应急救援组织，认真贯彻落实国家的工作部属和有关法律法规要求，紧密结合自身矿山安全生产工作实际要求，不断加强矿山应急救援的各项工作。

从近年来矿井救援成功率对煤炭经济的影响可以看出，矿山救援对煤矿的安全生产和国家的经济发展做出了一定的贡献。矿山救援指挥中心、矿山救援基地、重点救护队、抢险排水站、研究中心、救援专家组，密切配合，协同作战，发挥了国家矿山救援体系的重要作用，安全、迅速地抢救处理了多起重特大矿山事故。据不完全统计，2004 年，全国矿山救护队应急救援各类矿山事故 3 383 起，抢救生还矿工 1 572 人。2005 年上半年，全国矿山救护队共应急救援各类矿山事故 2 016 起。其中，火灾 560 起，瓦斯爆炸 153 起，煤与瓦斯突出 51 起，顶板事故 450 起，水灾 58 起，机电运输 124 起，其他事故 620 起，抢救生还矿工 916 人。

陕西铜川、澄合、韩城、浦白等救护队在陈家山“11·28”瓦斯爆炸事故救援中，严格按照规定和程序组织实施，在井下有火、救灾条件极其复杂的条件下，完成了应急救援的艰巨任务。

山西大同煤矿集团公司救护队和朔州市矿山救护队在山西细水煤矿“3·19”瓦斯爆炸事故救援中，科学分析，针对细水煤矿和康家窑煤矿相通的特点，实施了两个矿山联合通风，确保了救护队安全，快速查明了灾区和寻找遇难人员。

河北峰峰、开滦矿山救护队在承德暖儿河矿业有限公司“5·19”瓦斯爆炸事故救援中，闻警火速赶到事故现场，进入灾区侦查和搜救，安全地完成了抢险救援任务。

新疆维吾尔自治区矿山救护基地在阜康市神龙煤矿“7·11”瓦斯爆炸事故应急救援中，调集15个小队联合实施救援，在短时间内，抢救出4名被困矿工，搜寻出83名遇难矿工，体现了基地较强的应急救援指挥能力和救援队伍的良好素质。

河南鹤壁、山西潞安、河北开滦、峰峰、金牛、邯郸等10支矿山救护队，在沙河市李生文铁矿“11·20”火灾事故救援中，密切合作、英勇顽强、连续奋战，取得了联合救援的良好效果。

四川煤矿抢险排水站和六枝特区矿山救护队在贵州天池煤矿“12·12”透水事故救援中，不分昼夜，连续奋战，并创造了三级水泵直串连排的方法，为小矿排水提供了经验。

江西煤矿安全监察局排水站、中国能源集团公司排水公司、河南煤炭工业局排水站，在梅州“8·7”透水事故发生后，及时派出技术人员，调集排水设备，赶往事故矿山，支援抢排水。在井巷条件十分困难的情况下，千方百计克服困难，夜以继日连续工作，用较短的时间安装调试好大型排水设备，迅速实现排水，展现了专业抢排水应急救援队伍的良好素质和敬业精神。

实践证明，我国矿山救护队伍已经成为矿山安全生产不可缺少的重要组成部分，成为保护矿工生命安全和国家财产的一支不可替代的力量，为我国矿山安全生产做出了重要的贡献。

1.1.2 矿山救援系统的组成及队伍建设

矿山应急救援系统应包括以下主要内容:应急指挥系统、事故现场指挥系统、支持保障系统、媒体系统和信息管理系统。

矿山应急救援指挥系统是矿山救援行动成功与否、科学救援指挥的关键。只有现代化的矿山救援指挥系统才能为指挥员的科学指挥和指挥命令的执行提供保证。总之，通过以预案为基础的矿山应急指挥系统的建设，必定能为相关领导在矿山应急指挥过程中做到决策正确、通信畅通、数据完备、指挥到位提供技术保障，为全面提升我国矿山应急管理的组织和指挥能力奠定坚实的基础。我国的矿山救援指挥系统分为四个不同的层次，即国家、区域、地方和矿山企业四级矿山应急指挥系统。总体上来看，我国矿山救援指挥系统整体信息化水平不高，现代化矿山应急救援指挥信息系统尚未完全建立起来。

目前，大部分矿山应急救援指挥系统仍然单纯依托纸质应急预案和传统通信手段。因此，我国急需研发和应用煤矿计算机辅助决策信息系统，以实现煤矿救援指挥系统的信息化、智能化和网络化。

事故现场指挥机构是进行井下救援的指导机构，能准确无误地指挥井下救援人员的具体操作和事故的进展情况，为事故的救援提供最基本的保障。图1-2是事故现场指挥机构图。

支持保障系统是安全生产应急管理体系的有机组成部分，是体系运转的物质条件和手段，主要包括通信信息系统、培训演练系统、技术支持系统、物资与装备保障系统等。

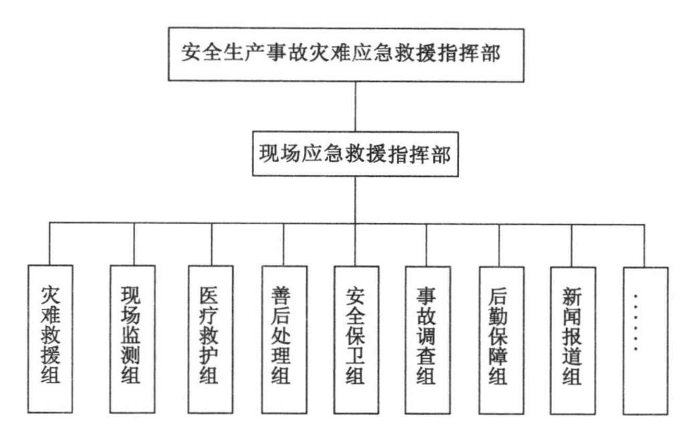

图 1-2 事故现场指挥机构图

构筑集中管理的支持保障平台是应急救援体系重要的基础建设。支持保障系统要保证所有预警、报警、警报、报告、指挥等活动的信息交流快速、顺畅、准确，以及信息资源共享；物资与装备不但要保证有足够的资源，而且还要实现快速、及时供应到位；人力资源保障包括专业队伍的加强、志愿人员以及其他有关人员的培训教育；应急财务保障应建立专项应急科目，如应急基金等，以保障应急管理运行和应急反应中各项活动的开支。

同时，支持保障系统还包括与其建设相关的资金、政策支持等，以保障应急管理体系建设和救援的正常运行。

媒体系统是矿山应急救援过程中及时向外界和相关管理人员进行信息交流和事故进展汇报的有效介质。由于媒体机构的时效性和快速性，在矿山救援时，需要备有完善的媒体通报系统和设备，第一时间报道救援进度，并且配合指挥系统做出相应的调度。

信息管理系统（IMS，information management system）涉及经济学、管理学、运筹学、统计学、计算机科学等很多学科，是各学科紧密相连综合交叉的一门新学科。将其应用到矿山救援是一门新科学，它的理论和方法正在不断发展与完善。它除了具备信息系统的基本功能外，还具备预测、计划、控制和辅助决策等特有功能。① 数据处理功能。包括数据收集和输入、数据传输、数据存储、数据加工和输出。② 预测功能。运用现代数学方法、统计方法和模拟方法，根据过去的数据预测未来的情况。③ 计划功能。根据企业提供的约束条件，合理地安排各职能部门的计划，按照不同的管理层，提供相应的计划报告。④ 控制功能。根据各职能部门提供的数据，对计划的执行情况进行检测、比较执行与计划的差异，对差异情况分析其原因。⑤ 辅助决策功能。采用各种数学模型和所存储的大量数据，及时推导出有关问题的最优解或满意解，辅助各级管理人员进行决策，以期合理利用人财物和信息资源，取得较大的经济效益。

1949 年以前，国家没有自己的矿山救援队伍，一旦发生煤矿事故，无法在事故发生时采取有效的应急救援。1949 年国家首先在抚顺、阜新、辽源 3 个煤矿建立了首批专职矿山救护队，在煤矿安全生产中发挥了重要作用，同时为我国煤矿救援的发展奠定了基础。其后各个时期，我国在总结矿山应急救援队伍建设经验的基础上，从提高队伍素质和优化资源、合理布局等方面入手，加强和改进煤矿救援队伍体系建设。目前，全国 28 个省（区、市）均建有矿山救护队，4 个国家矿山救援研究中心、2 个国家矿山救援培训中心，救援人员达 2 万多名。其中共有 14 个国家矿山救援基地、18 个省级矿山救援指挥中心、77 个省级矿山救援基地、98 支矿山救护大队、609 支救护中队以及 1 831 支救护小队。形成了以矿山救护队、抢险排水队、钻探救援队、医疗急救队和专家组“四队一组”为主的组织体系，从原有的单一矿山救护队向包括预防、救援、培训等综合性救援队伍转变，初步形成了分级管理、统一指挥、职责明晰、协同作战的矿山救援网络[8]。

在矿山救援管理体系建设方面，进一步健全完善了国家矿山救援指挥中心的职能职责，相继成立了山东、湖南、河南、新疆、内蒙古、四川、云南、山西、黑龙江、安徽、辽宁、贵州、甘肃、宁夏、吉林、江西、青海、河北等省级指挥中心，山东、内蒙古、河南、河北、新疆初步建立了覆盖全省(区)的区域救护网。

在矿山救护基地建设方面，按照国家重点装备的要求、地方政府扶持，依托优势企业的思路，确定了救援力量强、装备先进、救灾经验丰富、交通便利具有一定区域覆盖优势的 7 支矿山救护基地作为国家矿山救援基地。如开滦集团投资 200 万元，在救护大队院内建设一个 1 800 m^2 的多功能训练馆。

各级政府、相关省局和矿山救护队所在单位高度重视应急救援的教育培训，加大了装备和资金投入，补充人员、规范管理。加强了对矿山救援工作的技术支持，从全国矿山、科研院校聘请专家，成立了国家矿山救援技术专家组；以中国矿业大学、煤炭科学研究总院、西安科技大学、中钢集团武汉安全环保研究院等单位为基础，组建了矿山救援技术研究中心；以华北科技学院、平顶山地方煤矿安全技术培训中心为基础，建立了矿山救援技术培训中心。重视发挥矿山救护专业委员会等学术组织的桥梁和纽带作用，利用《矿山救护》和《煤矿安全》等杂志，宣传矿山救护政策法规，开展学术交流。

在应急救援队伍建设上，自 2010 年以来，中央财政投入 43 亿多元，地方政府和依托企业投入近 30 亿元，共建设完成了 68 支约 1.24 万人的国家级安全生产应急救援队伍。另外，各级地方政府、企业也在救援队伍的建设上投入了大量资金，强化了省级地方骨干队伍和基层专职队伍建设，地方队伍是整个国家安全生产应急救援力量的重要组成部分，也是国家级力量的重要补充。截至 2014 年底，全国共有安全生产专兼职矿山和危险化学品应急救援队伍 954 支计 6.8 万余人，形成了以国家队为核心、行业为骨干、企(事)业队为基础的专兼结合、优势互补、功能综合的应急救援队伍体系，这是国家安全生产，尤其是危险化学品和矿山安全生产应急救援队伍建设的中坚力量。

在矿山救援队伍建设上，国家投资建设了开滦、大同、鹤岗、淮南、平顶山、芙蓉和靖远等 7 支国家矿山应急救援队，以及汾西、平庄和沈阳等 14 支区域矿山应急救援队，累计投入资金 13.38 亿元，配备大口径救生钻机和深井潜水泵等各类专业救援设备 709 台(套)，这些国家队和区域队主要承担着全国重特大、复杂矿山事故灾难的救援，储备应急救援高层次人才、技术和装备，组织开展规范化实训演练等功能。

与此同时国家建立了一些行之有效的工作机制。通过编制国家矿山安全生产事故灾难应急预案，建立健全了统一指挥、分级管理、职责明确、资源共享、反应灵敏的应急救援体制和机制，能够及时、科学、有效地指挥、协调应急救援工作。

贯彻“居安思危，预防为主”的理念，认真开展安全预防检查和矿山救护安全技术工作。其中，2006～2014 年全国矿山救护队事故救援 28 631 起，抢救被困人员 61 400 多人，救护队直接抢救生还 11 755 人。2015 年 1～9 月，全国矿山救护队处理矿山事故 875 起，抢救遇险矿工 1 006 人，救护队直接抢救生还 168 人。

近年来，矿山救护队建立了战备训练、全员培训、救援竞赛机制。强化救护业务学习与训练，定期开展各种形式的知识竞赛和救援竞赛，增加知识，开拓思路，提高技战术水平。

近两年来，辽宁、山西、新疆、甘肃、河南、内蒙古等省区先后举行了省内的矿山救援技术比武活动，还有许多省区都在筹备省级选拔赛。矿山救援领域的国际合作和交流逐步扩大，开展了中美矿山应急救援交流合作项目，召开了中美矿山救援研讨会。与波兰、南非、德国、澳大利亚等国家的交流也得到进一步的发展，先后派出五批基层矿山救护指挥员、管理人员出国考察、培训。组团参加了在波兰鲁宾举行的第四届国际矿山救护竞赛，取得了矿山救护集体项目第二名，正压氧气呼吸器操作竞赛第二名、第三名的优异成绩，并获得了 2006 年第五届国际矿山救护竞赛的主办权。

1.1.3 矿山救援通信装备的发展及性能要求

1.1.3.1 救援通信装备的发展

目前矿山应急救援通信设备按传输介质不同分为有线通信和无线通信及有线/无线自适应三大类。

有线应急救援通信设备是在信号的传输过程中依靠线路进行传输，传输线有双绞电话线、同轴线缆、网线、光纤等，按在其上传输的数据分又有单纯音频传输和多媒体信息同时采集传输装置。

音频通信系统：目前使用的有 PXS-1 型声能电话机和 KJT-75 型救灾通信设备。PXS-1型声能电话机为矿用防爆型设备，有效通话距离 2～4 km，该机由发话器、受话器械、声频发电机、扩大器等组成。在抢险救灾时，进入灾区的人员可选用发话器、受话器全装在面罩中，扩大器固定在腰间的安装方式。KJT-75 型救灾通信设备的研究是煤炭科学研究总院抚顺分院所承担的国家“七五”重点攻关项目中的一部分，该通信设备在 1992 年 3 月 5 日在该院通过技术鉴定。与会专家一致认为该系统技术水平先进，达到当时国际水平。KJT-75 型救灾通信设备有主机、副机和袖珍发射机，供进入灾区的救护队员使用。救护队员通过副机扬声器收听主机传来的话音，使用袖珍发射机向主机发话。救护队员随身携带缠制好的放线包，救灾作业时边放线边随时和基地的主机保持井下联系(主、副机间的通信距离小于2 km)。通信导线兼做救护队员的探险绳。基地通信主机可同时对三路救灾队员实现救灾指挥。

多媒体通信系统：目前使用较为广泛的有 KTE5 型矿山救援可视化指挥装置。由西安科技大学研制的 KTE5 型矿山救援可视化指挥装置是国内比较领先的矿山应急救援设备。该系统采用的是 SDSL 传输技术，即敷即用，但它主要用于声音和图像的传输，没有矿山监控系统对环境参数的实时监测功能，无法得知井下环境参数的情况，也无法进行更有效的井下救援工作。所以，作为应急救援装备，有必要对 KTE5 型矿山救援可视化指挥系统进行升级，研发井下环境参数的实时监测技术[9]。

无线通信装置：目前使用的有 SC2000 灾区电话和 KTW2 型矿用救灾无线电通信装置。SC2000 灾区电话工作于损耗较小的低频(0.1～100 MHz)，救灾通信系统的工作频率为 340 kHz。这些频率信号能被简单、低成本的长线天线系统传输，甚至还可以在大多数矿山巷道中所存在的管道和电缆中传输。无线感应信号通过便携手机上的环形天线(称为子弹带天线)、基站侧的环形天线和生命线与管道、电缆之间的耦合而建立。如果巷道内无管道和电缆存在，则手机彼此之间的通信距离仅为 50 m。在一个断面较小的巷道中，通信距离为 500～800 m。KTW2 型矿用救灾无线电通信装置为第三代矿用专用救护无线电通信设备，主要用于矿山救护队，也可以用于井口运输、机巷检修设备调试时联络使用。装置由 KTW2 型便携机、KTW2 型井下基地站、KTW2 型井下指挥机、KTW2 型井上指挥机等组成。

目前国内外具有代表性的有线/无线自适应应急救援通信装备是矿山救灾机器人，利用救灾机器人及时深入灾害现场探明情况，对存在各种有害气体、高温等情况的煤矿井下抢险救灾十分重要。井下救灾机器人必须能够与地面控制主机之间建立实时、可靠的通信信道，以保证灾区视频、音频、环境参数和控制信号等各种信息通畅传输。

1953 年我国建立了第一家煤矿安全仪器和救护装备生产厂家，之后又相继建立了重庆、西安、湖南等安全仪器厂家。近年来，救灾通信系统由信号喇叭、声能电话，逐步发展为能够实现灾区、井下基地与地面指挥部三方保持不间断联系的通信系统。

在应急救援通信方面，我国目前主要使用的是 KTW2 型矿用救灾无线电通信装置，该装置能够实现井上、井下以及救援队之间的通话。随着计算机网络的不断发展，我国还相继开发出 KJT95 型矿山救灾通信系统和 WLX-1 型岩体无缆应急通信设备，它们与以往的通信系统相比在性能等各个方面均有了较大的提升，保障了在井下复杂环境内的救灾应急指挥通信。以上这些装备在人员定位、瓦斯爆炸预警和应急指挥等方面也为煤矿的救援工作做出了贡献。

近年来随着煤炭行业自动化、信息化程度的不断提升，煤矿无线通信系统已经成为煤矿信息化和安全生产的重要组成部分，而且由于“安全第一”的理念，国家对煤矿井下无线通信系统的要求有不断地提高和新的要求，所以加快煤矿井下无线应急救援技术的研发对我们煤矿学者已经是一个重要的考验。

王家岭煤矿透水事故的应急救援工作，是我国煤矿井下透水事故救援的一个成功范例。遗憾的是在事故发生后，由于井下通信系统损坏，无法正常通信，造成井下 38 名遇险矿工没有及时撤离，而不幸遇难。河南陕县支建煤矿井下通信网络在发生透水事故后，仍能正常使用，矿山救援人员准确地了解井下情况，69 名矿工因此成功获救。轰动全世界的智利圣何塞铜矿坍塌事故大救援，33 名矿工被困井下 69 d，最后成功救援，都离不开畅通的通信联络[10]。

1.1.3.2 救援通信装备的性能要求

煤矿井下特殊的工作环境使得矿山移动通信系统不同于一般的地面移动通信系统，必须满足以下几个方面的需求[11]：

(1) 本质安全型电气设备。矿山开采中，会伴随产生很多的可燃性气体和煤粉，所以移动通信设备要具有优良的安全防爆性能，必须有检验合格的防爆许可证才可投入使用。

(2) 传输损耗大、发射功率小。煤矿开采中，由于矿山巷道布置结构长而复杂，移动通信信号传输过程中衰减很大，较为严重。只有选择合适的工作频段才能够保证移动通信系统的全面覆盖性。一般煤矿企业所使用的移动通信设备功率都在 25 W 左右。同时还要综合考虑工作时间、电池容量等方面的影响因素，做好保护措施，尽最大可能采用低功率设备。

(3) 设备体积小。在矿山的开采中，巷道最大宽度也仅有 4 m 左右，即便这样，还要有一定的空间用来铺设动力电缆、铁轨等开采的必备设备。所以留给移动通信系统的空间就更小了，进而要求该设备的体积必须不占或少占空间，手机和网关的天线不可以太长。

(4) 抗干扰和防护性强。矿山的开采空间狭小，电气设备相对集中，相互之间会产生电磁干扰，所以矿山生产中选用设备都要求有很好的抗电磁干扰性能。作为矿山生产中的移动通信系统，电磁干扰对信号的衰减是很明显的，所以在条件允许的范围内尽可能选择高频或超高频的工作电波，网关在传输和电源设计中也都要综合考虑干扰方面的问题。

(5) 信道容量大。矿山是一个空间受限的工作环境，很多有线传输系统在使用上受到限制。随着无线系统的开发、普及，高质量的通信系统正在逐步走进矿山开采的生产调度和事故救援当中。由于信息传输量大，所以移动通信系统要具有较大的信道容量，兼顾语音和图像等各种信息的传输能力，而且采深是影响通信质量的一个关键因素。

(6) 防护性能好。狭小的空间内具有潮湿、腐蚀性强、灰尘大等复杂的外部环境，因此要求设备具有防护性能，能适应井下恶劣环境。设备应具有良好的防尘、防水、防潮和耐冲击性。特别是移动通信系统，更要综合考虑这些影响因素。

(7) 对电源电压波动需要很强的适应能力。煤矿井下电网电压不稳定，波动幅度较大，一般在75%～110%范围内波动。因此，煤矿井下无线通信设备应具有较强的电源电压波动适应能力。

(8) 设备具有很强的抗故障能力。由于井下环境恶劣，造成设备故障率很高，再加上人为破坏事件时有发生。因此，矿山无线通信系统的设备需要有备份，在某些设备损坏，其余未发生故障的设备仍继续工作，对未知恶劣的环境做好充分的抗故障能力。

由于我国大部分煤矿生产企业中，通信都是以有线信息传输为主要的通信方式。这种通信手段对于移动的对象之间进行信息传输有很多弊端。现有的无线通信传输系统未能完全满足冗余的网络和技术安全等诸多方面的生产需求。除此之外，这些技术即使应用在矿山的安全生产中，对井下人员位置监测、视频监控、工业以太网互联等方面也有很多的弊端，不能够实现井上人员对井下全境的监控要求，在语音传输上也不能够尽善尽美。一旦发生事故，在救援工作中作用就更为微小，信号容易中断，不具备应急通信的要求。而且由于煤矿井下存在瓦斯等易燃、易爆性气体和硫化氢等腐蚀性气体，且空间狭小、煤尘大、环境潮湿、电磁干扰严重、电网电压波动大、无线传输困难、机电设备功率大且集中、采掘工作面不断推进更变、工作场所分散且距离远等特点，使得煤矿井下的通信环境十分恶劣，需要有防爆和阻燃的要求。所以本专著针对以上需求设计了一套矿用本安型救援通信装备，并且通过试验和实践都得到了良好的应用。

1.1.4 我国未来矿山救援的发展趋势

近年来，矿山救援工作尽管取得了很大成绩，但是与国家安全生产监督管理总局的要求和全国矿山救援的实际需要之间，还存在着较大的距离。

在构建和谐社会，全面建设小康社会的历史进程中，矿山救援工作战线面临着艰巨而繁重的任务。我国的安全生产状况虽然呈现出总体稳定、趋于好转的发展态势，但由于受生产力发展水平较低、从业人员安全素质较差等因素的影响，伤亡事故多发。其中2016年我国共发生煤矿安全事故249起，死亡538人，百万吨死亡率为0.156，矿山事故对我国的煤炭经济依然起到了严重的制约作用。

在与矿山生产事故做斗争的过程中，救护队伍既是最后一道防线，又是处在抢险救灾的最前沿。这支队伍是否过硬，工作是否得力，直接影响着矿山安全和全国安全生产工作的成效。

新形势下的安全生产和矿山救援工作,内外部环境都发生了重大变化,新情况、新问题很多。矿山救援需要按照国家安全生产监督管理总局推动“三个转变”,落实安全生产“五要素”的总体部署,以科学发展观为指导,开阔思路,大胆探索,勇于实践,努力推进矿山救援工作的创新和发展。

树立“以人为本”的救援思想。中国梦的本质是“国家富强,民族振兴,人民幸福”,归根到底是人民的幸福。保障生命安全是人最基本的需求,矿山救援是挽救生命的工作,是救助和保障人们生产安全的社会公益事业,坚持“以人为本”,就是要把矿山救援工作摆在更加重要的位置上。

矿山属于高危行业,矿山救援是在矿山事故状态下实施抢险救灾作业,灾区情况复杂多变,是高危行业中的高危作业。党中央和国务院领导非常关注重特大事故的救援,多次做出批示,明确要求在保证安全的前提下,抢救被困矿工。要求既要迅速、有效地抢救被困矿工,同时又要保证救援人员的安全。因此,认真分析研究各类事故发生、发展变化的特点和规律,确定有针对性的救灾实施方案。正确把握抢救遇险人员和保障救援人员安全的关系,避免出现畏缩不前、贻误战机或盲目冒险行动,造成事故扩大的情况。

认真贯彻《中华人民共和国安全生产法》,探索应急救援新体制。根据国务院应急管理工作会议精神,要建立健全分类管理、分级负责、条块结合、属地管理为主的应急管理体制,形成统一指挥、功能齐全、反应灵敏、运转高效的应急机制。要健全监测、预测、预报、预警和快速反应系统,加强矿山救灾抢险队伍建设,健全救灾物资储备制度,搞好培训和预案演练,全面提高抗风险能力。不断完善各级各类应急预案,并认真抓好落实。

《中华人民共和国矿山安全法》明确规定,县级以上地方人民政府应当建立应急救援体系。我们必须注意理顺各级、各类应急机构和队伍的关系,找准矿山应急救援工作的定位,不断完善全国统一、分级管理、职责明确的矿山救援管理体系。

积极研究建立完善的矿山救援资金保障机制。目前我国有国家级、省级矿山救援基地,有各级政府建立的救护队,也有企业的救护队,必须进一步完善国家、地方和企业的矿山救援资金保障机制。国家依据应急救援总体工作的要求,已对矿山救援体系建设及重点装备给予了投入。各级地方人民政府建立的或依托企业建立的矿山救援机构、队伍,其运行费用应由本级地方财政予以解决。矿山企业依法建立矿山救援队伍的资金由企业承担。救援装备配置和更新费用在企业生产安全费用中列支。矿山救援队伍可以通过签订救护协议,为非隶属企业提供有偿服务。

因此,我国的应急救援装备应避免向高端化、智能化、概念化方向发展的误区,而应当首先立足于我国煤矿众多、矿山环境复杂的情况,着力解决标准化、实战化、大众化的问题。标准化,即:实施标准化装备、规范化操作,有限的应急资源(人员、装备)最大限度地利用;大众化,即:最有效的救援是自救、互救,应急知识的社会化普及和培训至关重要;实战化,即:装备简单、易学、可靠、实际,开展实战演练培训。

1.2 矿山救援中通信的现状和展望

矿山通信包括调度通信和井下无线通信两大类型,分别从调度通信和井下无线通信的系统结构、主要作用进行介绍,明晰它们的具体应用,为我国矿山的安全生产提供基本的理论基础[12]。

随着时间的推移,矿山调度通信的发展经历了从模拟到数字、从单一业务到智能业务的转换。目前程控数字调度交换机已成为主流交换机,它不仅能够支持传统的电话呼叫以及会议等语音通信方式,而且通过系统的硬件接口,与无线通信系统进行对接,实现数据的自动处理。随着通信技术的迅猛发展,移动通信设备的日新月异,煤矿井下无线通信的技术也在不断发展。各个时期的井下无线通信技术为煤矿的安全生产和现代化管理做出了不同的贡献[13]。井下无线通信的发展经历了电力线载波通信、中频通信、漏泄通信、超低频透地通信等,至今已发展成为无线移动通信网络系统。各种新技术的注入,使煤矿的信息化和安全生产管理水平得到了空前的提高,同时也对煤矿井下信息网络构架的搭建、功能拓展、技术升级等做出了更多的要求。煤矿通信系统是煤矿调度指挥的重要联络工具,是领导随时掌握井下安全生产情况、指挥和调度生产指挥事故处理、抢险救灾的重要联络工具,也是减轻信息传递人员劳动强度的主要手段。煤矿通信装备是煤矿工作中联系通信不可缺少的工具,在煤矿生产中起着非常重要的作用。

矿山通信在救援中的作用主要有以下几点:① 调度通信的作用。调度通信是煤矿通信中非常重要的一部分,主要具有调度功能、强通功能、紧急呼叫功能、紧急应答功能、强插功能、群呼功能、交换功能、显示功能、电源保护及自动切换功能等,全方位保障矿山通信的流畅。调度通信既能适应数字通信环境,又能适应任何生产调度通信环境,煤矿企业建立井下调度通信系统,并按照在突变期间能够及时通知人员撤离及实现与避险人员通话的要求,进一步完善煤矿调度通信联络系统[14]。通过对井下调度通信系统、广播系统的使用,在发生险情时,可以及时通知井下人员撤离,这给煤矿生产的安全提供了可靠的保障。② 无线通信的作用。无线通信能够根据井下的实际情况来分配动态频谱,改变传统的井下通信方式,根据矿山中不同巷道、不同工作面、不同地形、不同工作介质的环境动态选择适当的无线电传输参数,以实现井下语音通信和实时图像信息的传输和远程监控功能。同时无线通信还能提高通信过程中的抗干扰能力。除此之外,无线通信还能增强互联互通能力。无线电具有能够覆盖很宽的频带、支持多种信号编码方式、自适应调整发射功率等功能,为实现不同通信设备的互联互通提供了可能。

一个现代化的矿山,其通信方式必须做到行政和调度通信的相互补充,有线通信和无线通信相互配合,建立完善可靠的通信系统对于提高矿山现代化管理程度、提高生产效率,加强安全及生产管理,保障矿工生命和国家财产安全都有非常重大的意义。所以,煤矿通信网是集安全性、管理性、扩展性、生存性于一身的网络。生产调度通信系统是煤矿安全生产管理中的重要手段之一,保证了通信网络的安全可靠性。在井底车场、主要机电设备硐室以及采掘工作面等重要地点设有本安型通信设备,在紧急避险设施内、井下主要水泵房、井下中央变电所和突出煤层采掘工作面、爆破时撤离人员集中地点等地方设有本安型直通通信设备,用于各生产环节的信息传递[15]。就目前来看,生产调度系统在矿山通信的运用中占据着主导地位。矿山井下无线通信系统多以调度交换机作为核心通信调度平台,以矿用基站实现井下巷道的无线覆盖,多种传输方式实现矿山的通信联络功能,可以满足日常通信联络与抢险救援双重任务。井上调度员能随时与井下的任何一部无线手机建立联系,井下手机与井下手机通话、井下手机与井上调度电话通话。并且在网络覆盖范围内免费通话。系统同时支持 TDM 和 IP 语音交换，因此可以同时部署井下调度电话和井下无线电话，并且所有电话终端的状态监控，以及调度控制，都可以通过调度台显示和控制，真正实现有线、无线联网同时调度。

1.2.1 矿山救援中通信技术的研究现状

近年来国内外一直都致力于探索、研发适合煤矿应用的无线通信系统。正在研究和已应用的煤矿通信系统所采用的技术手段有：① 动力线载波通信；② 感应通信；③ 漏泄通信；④ 超低频穿透地层通信。前三种通信方式应用于实践时发现了一些问题，如：信号衰减大，通信距离有限；通信网络架设和维护费用高；系统抗干扰能力差，通信效果不好等。最重要的是：当井下发生火灾、透水、瓦斯爆炸等事故时，这些通信系统由于线路或供电体系的损坏也往往随之陷入瘫痪，从而失去通信作用，无法用于事故后的人员搜救等工作。超低频穿透地层通信系统理论则可以减少这一弊病的发生，也是被业内公认的一种最适合于井下应用的无线通信方式。

矿山无线网络系统理论研究主要集中在网络覆盖及容量规划、网络拓扑构造及连接性和可靠性、自组织和传感器网络理论和算法、能效协议、网络接入和无线信道复用等理论。

2004 年，新一代全矿山无线信息系统理论与关键技术引起业界关注。其中提出将先进的无线通信、无线网络和光纤通信技术相结合实现新一代全矿山无线信息系统的长远目标，为矿山无线通信技术与装备研发提供了重要参考价值。然而，就现阶段矿山技术条件而言，实现全矿山无线信息系统还不太现实，特别是面临矿方现有通信基础设施综合利用和投资保护考虑、矿山无线设备持续供电以及瓦斯环境下的设备防爆处理等问题。博杜安(J. J. Beaudoin)等研究了基于 IEEE 802.11 技术的矿山无线局域网络架构和视频传输方法，并对矿山移动设备的语音、视频和数据等多媒体信息传输进行了相关实验和测试，提出了基于 ITU.T 的 H.26L 标准的低复杂度编码算法，特别是实现了保证多媒体实时控制和传输的 QoS 结构，为提高矿山网络通信质量提供了新思路。阿尼斯(H. Aniss)等也对基于 IEEE 802.11 标准的矿山无线通信网部署和 DOCSIS 标准展开了研究，提出了基于同轴电缆数据服务接口规范(DOCSIS)和 IEEE 802.11 两种标准相结合的骨干网架构。并在加拿大矿物与能源技术中心(CANMET)实验矿山对 2.4 GHz 和 5.8 GHz 频段进行了测试，为采用 IEEE 802.11 技术标准实现矿山通信提供了理论参考价值。2005～2007 年，肯尼迪(G. Kennedy)和其导师福斯特(P. J. Foster)系统地研究了矿山无线 Mesh 网络及 Mesh 智能传感器网络基础理论，并揭示了 2.4 GHz 和 5.8 GHz 微波井下传播规律和特性，为矿山无线通信系统理论与技术的新发展做出了重要贡献。

其中在救援通信装备方面：在国内，目前救护队普遍使用的便携式通信电话采用数字传输技术，实现了以上语音对讲功能，体积小、携带方便，但是不具有视频和环境监测功能。煤炭科学研究总院抚顺分院的系列车载矿山指挥系统[16]，用低照度矿用工业电视系统和矿山通信系统两个系统实现语音图像传输。西安科技大学矿山可视化指挥装置采用 TCP/IP 技术和接入技术实现了数据的高带宽、长距离(>8 km)、图像语音的复合实时传输显示功能，设计成多功能一体化救援指挥系统，设备成本低，系统组网灵活，图像传输质量高，数据网络存储，查询方便[17]。国家安全生产监督管理总局通信信息中心旗下的北京安信创业信息科技发展公司开发出的矿山应急救援车载视频通信系统，实现了地面与远端地面的卫星语音视频通信。北京泰安特公司的井下生产控制与矿山抢险救灾监测指挥系统实现了井下到地面的语音、视频和实时数据传输[18]。煤炭科学研究总院常州分院矿用救灾无线电通信系统实现井上指挥人员、井下指挥人员、救护队长与队员四方的通话。在国外，南非 RB2000 无线电话，在直巷道内性能还是比较好的，距离长时以导轨为载体，但由于实际灾害发生时轨道基本被破坏，救灾中效果不佳[19]。双钻头救援技术可以使用摄像头探测，但是没有相应的语音通信，作用距离短。基于数据网与以太网互联系统，可使用光纤，信号质量好，但只能用于平时，不能用于灾后救援。美国、南非和加拿大等提出的中低频透地传输方案以及美国、俄罗斯等研究的超低频穿越岩层无线电通信技术，都需要大尺寸天线，由于工作频率降低、容量小，只能传递慢速电报码，通话距离或布线线路稍有变动就不能使用，属于一种紧急呼叫广播系统。而德国开发的一种含有通信模块的救援头罩，包括呼吸装置、防毒装置和通信装置，类似一种单工无线呼救器，达不到真正意义上的应急通信装备。

1.2.2 矿山救援通信技术的展望

矿山救援通信技术的发展，不仅仅表现在救援人员和救援通信装备的迅速扩大上，而且还表现在救援通信研究成果被社会承认并被广泛采纳。

矿山救援通信技术作为一门交叉学科，涉及安全、通信、地质、工程技术等多科学领域，包含深刻的科学问题和巨大的创新余地。在今后的发展中，矿山救援通信技术将继续充实和完善，研究的热点和趋势主要有：

(1) 矿山救援通信科学的研究。其主要涵盖如下：矿山救援通信指标体系和量化方法；建立和完善各煤矿企业相应的救援通信数据库；探讨矿山救援中通信的影响规律和因素；救援通信中的不同分析软件和方法；针对特别复杂的矿山制定特定的救援通信方法；建立救援过程中通信的传输模型和时变特性。

(2) 探索矿山救援通信技术不仅在发生矿难时用来救援，也可以在出现危险预兆时进行预防，为正常情况下的安全生产打下基础，将人员生命安全和财产损失降低到最低限度。因此，近年来，矿山救援通信技术已拓宽到救援时通信网络的选取与布置；通信数据库的选择和矿难时通信规律的研究；救援时通信质量的影响因素和量化方法；通信模型的建立和仿真模拟；应用通信技术跟踪井下救援人员的位置和救援范围的确定；矿山救援时通信指挥调度的优化配置等。

(3) 随着计算机技术和软件工程的发展，救援通信技术已开始引入数据模拟和软件设计的方法，如救援过程中音视频同步技术、救援过程中无线信号衰减模型、救援过程中信号在井下的传播规律、层次模型等，这些探索在国内外已经开始兴起，仍有待于发展，其中许多原理和方法还有待于进一步的探讨和发展。

(4) 矿山救援通信技术的基础研究将进一步加强，一方面为人们深刻理解救援通信及其相关的科学本质打下深厚的理论基础；同时可以直接指导和支持救援通信的新一代关键应用技术的研究，并且为救援过程中通信体系和救援预案的建立提供科学依据。它在单项技术方面的研究成果，将会对高新技术进入矿山救援领域起到更积极的作用；它在技术系统方面的研究成果，有望指导全地区构成更及时、更有效、更合理、更经济的救援系统通信网络。

(5) 矿山救援的预测。矿山发生事故时不仅会造成大量的人员伤亡和财产损失，而且对经济的发展起到了制约作用。虽然有时矿山灾害无法及时控制和避免，但是及时的预测是非常重要的，可以运用计算机技术和通信软件的功能来设计适合井下使用的救援预测装置。

(6) 在未来几年内,需研制、开发出对相关矿业有实用价值的救援通信技术和软件,并逐渐向全国推广使用。与此相关的矿山通信将形成一定规模的行业。

我国有关部门和广大救援工作者在重视矿山救援基础研究,协调救援各部门建立一个完善的救援体系的同时,应继续广泛开展和加强国际合作,吸收和引进国外救援通信技术的最新成果,使我国的救援通信技术研究能位列世界前沿。加强国际的学术和技术交流,目的在于汲取国外的先进成果和技术为我所用,并以国际标准为基础,建立我国的救援体系,同时输出我国的矿山救援通信技术研究成果,进入国际大市场,造福人类社会。

1.3 矿山救援通信技术的作用

煤炭作为我国最为重要的能源资源,近年来煤炭安全生产面临着严峻的形势。因而,国家安全生产监督管理总局把矿山救援摆上了日程,先后组建了矿山救援指挥中心、生产安全应急救援办公室、矿山医疗救援中心、矿山事故救援基地以及矿山救援技术研究中心等矿山安全及应急救援研究机构。关于矿山救援的发展规划中明确提出:我国矿山救援方面存在问题包括救援设备落后、救援信息不通畅,远不能适应矿山应急救援的整体要求。而广泛应用信息技术也是加强和改善煤矿安全生产工作的有效手段,所以对矿山救援通信技术的研究刻不容缓[20]。

煤矿灾害事故的应急救援是煤矿安全生产工作的重要组成部分。长期以来,我国煤矿救护工作在煤矿的灾害救治中发挥了重要的作用,但是救援技术的发展相对缓慢,客观上主要是由于对某些灾害事故的发生机理尚未完全掌握清楚,救援技术及装备的研究相对灾害的预测预防难度更大,影响了其发展;主观上是因为我国重大事故的应急救援体系尚未健全,重监测预防,轻救援能力建设,重救援装备引进,轻自主研究开发[21]。随着煤矿安全监察体系的逐步健全与完善,安全投入的逐年增加,我国煤矿应急技术有了较大发展,应急救援能力随之提高。因此,研究煤矿救援通信系统的设计理论,研究可以快速组网的具有传输语音、视频和灾区环境参数数据等多媒体信号的煤矿救援应急通信技术,实时、准确地把灾区救援过程中的信息传送到井下救护基地和地面救援指挥部以及各级救援指挥中心,对最大限度地降低事故造成的损失、增强煤矿救援决策能力、构建国家快速高效应对救援体系都具有重要意义。

矿山救援通信系统是煤矿井下安全避险六大系统之一,是煤矿安全避险和应急救援的重要工具[22]。为提高生产率、及时通报事故隐患和应急避险提供保障,煤矿必须装备矿用救援通信系统,并积极推广应用矿山移动通信系统和矿山广播通信系统。矿山救护队应装备矿山救灾通信系统。开展高效、快捷的救援工作并制定性能化的救援体系是必然的趋势。随着我国救援工作和通信技术的不断发展,以及大量救援工作经验的积累,救援通信技术将会有很大程度上的提高,这对今后救援体系的建立打下了坚实的基础。同时,随着我国对矿山安全生产的重视,在新时期,新的条件下也会出现一些相关的安全救援法规制度,而这些法规制度的制定也离不开大量救援工作的经验。在统一指挥、多方合作的前提下,矿山救援通信技术可以对现场的实际灾害情况进行详细的信息传输和分析,对被困人员的伤害程度进行明确的判定。在第一时间建立救援现场与救援指挥部的通信联系,让指挥部及时了解现场情况,对组织各方力量制订科学的救援方案有着重要意义。由于矿山救援情况需要随时向上一级指挥部门报告,所以实时有效的通信是报告的前提和必要的保障,通过国内外的几次救援案例分析可知,在保证通信可靠的条件下,采用无线和有线相结合的组网模式,传输语音、视频和环境监测数据成为救援通信系统的基本趋势。

随着科技的发展,不断有新的救援通信设备和技术产生,让救援过程中通信变得快捷、有效,减少事故的死亡人数和救援不及时所导致的二次伤害。矿山救援通信技术可以在煤矿灾后救援各个环节中进行模拟数字信息、网络数据信息等各种信息的传递,可以保证通信信息能够更加快速、准确并以更加多样化的手段呈现在指挥人员面前。《煤矿安全规程》规定,在建设井下通信系统时,要按照灾变时期的要求进行建立,而且应积极推广井下无线通信系统、井下广播系统,发生险情时,要起到及时通知井下工作人员的作用。

参考文献

[1] 吴达. 我国煤炭产业供给侧改革与发展路径研究[D]. 北京:中国地质大学(北京),2016.

[2] 徐杰芳. 煤炭资源型城市绿色发展路径研究[D]. 合肥:安徽大学,2018.

[3] 高天明,沈镭,刘立涛,等. 中国煤炭资源不均衡性及流动轨迹[J]. 自然资源学报,2013,28(1):92-103.

[4] 宋子岭,范军富,王来贵,等. 露天煤矿开采现状及生态环境影响分析[J]. 露天采矿技术,2016,31(9):1-4,9.

[5] 谭章禄,单斐. 近十年我国煤矿安全事故时空规律研究[J]. 中国煤炭,2017,43(9):102-107.

[6] 邓军,李贝,李海涛,等. 中国矿山应急救援体系建设现状及发展刍议[J]. 煤矿开采,2013,18(6):5-9,66.

[7] 国家安全生产监督管理总局,国家煤矿安全监察局. 煤矿安全规程[M]. 北京:煤炭工业出版社,2016

[8] 魏新杰,谢宏. 矿山救援队伍救援能力建设研究[J]. 煤矿安全,2011,42(4):184-186.

[9] 郭锋. 基于 KTE5 型矿山救援可视化系统数据采集技术研究[D]. 西安:西安科技大学,2011.

[10] 胡文亮. "生命通道":115 名矿工获救[N]. 中煤地质报,2010-04-22(4).

[11] 郑学召,王伟峰. 浅述我国矿山应急救援通信装备的发展[J]. 陕西煤炭,2011,30(4):7-10.

[12] 赵曼. 矿井无线通信技术发展趋势综述[J]. 科技视界,2017(1):226.

[13] 刘贺扬. 矿山调度管理中无线通信系统的运用研究[J]. 中国新通信,2014,16(2):73-74.

[14] 张远智. 基于数字通信的漏泄通信系统的研究与实现[D]. 阜新:辽宁工程技术大学,2011.

[15] 孙继平. 矿井通信技术与系统[J]. 煤炭科学技术,2010,38(12):1-3,88.

[16] 王理,王峰,张军杰,等. 车载矿山应急救援指挥辅助决策系统[J]. 煤矿安全,2009,40(6):68-70.

[17] 文虎，邓军，郑学召，等. 矿山救援无线多媒体指挥系统：201110004011.3[P]. 2012-09-05.

[18] 郑万波，吴燕清，康厚清，等. 矿井应急救援指挥通信装置卫星传输音视频的实现[J]. 工矿自动化，2010，36(4)：7-10.

[19] 杨俊. RB2000 井下移动救灾通讯系统的实测与应用[J]. 神华科技，2012，10(6)：56-58，73.

[20] DURKIN J A. Electromagneticdetection of trapped miners[J]. IEEE Communication Magazine，1984，22(2)：37-46.

[21] 王铃丁，张瑞新，赵志刚，等. 煤矿应急救援指挥与管理信息系统[J]. 辽宁工程技术大学学报，2006，25(5)：655-657.

[22] 郑万波，吴燕清. 矿山应急救援指挥综合通信系统设计[J]. 工矿自动化，2016，42(3)：84-86.

第 2 章　矿山救援中不同的通信技术

目前，有线矿山监测、监控系统已作为行业安全生产、灾害监测和预警重要技术手段之一。然而，由于矿山开采条件复杂、井下环境条件十分恶劣、作业人员密集等因素，我国矿山灾害和事故隐患多，而且在井下巷道信息传播的电磁波被干扰导致救援难度增加，给国家经济和社会和谐发展造成了巨大损失和严重的社会影响。为改变和扭转矿山安全生产和应急救援面临的严峻形势，全面提高国家灾害防治技术与应急装备的整体水平，加快矿山无线网络和通信系统相关理论和技术的研究势在必行[1]。近年来，基于无线网络通信技术的灾害防治和应急技术已成为矿山和地质等安全行业广泛关注的热点。

由于矿山地形复杂以及综采工作面的监控区域流动性大，与有线生产调度系统相比，无线安全调度系统“即敷即用”，随时随地可在矿山构建移动通信网络，方便流动接入，可实时把监控数据发至地面监控中心，极大地提高了调度和监控的实效性；并且在矿山事故的应急通信中，即使现有通信系统遭到破坏，也可利用无线通信设备进行快速组网，接收传输监控数据，动态掌握井下人员的分布情况以及井下设备的作业情况，并且保证地面救援指挥中心与井下抢险工作人员的实时通信与交流，提高抢险救灾、安全救护和搜救效率。目前各国学者对现有矿山使用的无线救援安全调度和应急通信系统进行了不同的研究，讨论了该系统的结构和特点，并且根据不同矿山提出了不同的救援通信技术。

近年来，国内外广大科研人员和煤矿技术人员紧跟现代先进的无线通信技术步伐，从现代通信理论和技术的角度对不同频率的无线通信技术进行了多项卓有成效的研究，取得了一定的进展。

2.1　超低频透地通信技术

2.1.1　超低频透地通信的研究现状

国外早期的透地通信是从研究透地无线电传输机制开始的，尼古拉·特斯拉（Nicola Tesla）在 1899 年就提出采用极低频（extremely low frequencies，ELF）电磁波，以大地为传输介质进行通信的设想。1949 年，南非工程师沃德利（Wadley）研制成功第一个真正意义上的透地通信系统：采用频率为 300 kHz 的低频电磁波，有效通信距离 300 m，最大通信距离可达 2 100 m。1975 年 5 月，美国研究与开发协会向国防核武器局提出并公布了题为“透过导电地层的电磁通信”的研究报告，借助透过地层的电磁信号来实现地下核爆炸时可靠的信息传输。1990 年，澳大利亚 Mine Site Technologies 公司开发了井下无线通信与紧急救援指挥系统（personal emergency device，PED）。1995 年，美国科尔切斯特绿山无线电研究公司（Green Mountain Radio Research Company，Colchester）研究了无线透地通信中的信号处理。2004 年，美国洛斯·阿拉莫斯国家实验室瓦斯克斯（Vasquez）等提出了一种在井下区域进行语音通信的方法。2009 年，Vital Alert 公司上市的 Canary 系列最新产品能够传送语音信号的距离超过 100 m，传送文字信息的距离超过数百米，数据传输率达 2 400 B/s，采用的频率是 2～6 kHz[2]。

国内在透地通信系统方面的研究相比国外落后很多，在引进国外应急救灾系统的同时，开展一些应用系统和理论研究工作[3]。在“七五”期间，我国曾设立国家攻关项目开展煤矿中频无线通信系统研究，并在 1991 年通过国家鉴定。在矿山透地实用系统开发方面，机电部 36 所与淮南无线电一厂合作开发的 KT2007 型中频地下无线电通信装置，在 1992 年 12 月通过国家鉴定。1993 年 8 月，煤炭科学研究总院常州自动化研究所与锦州煤炭通信器材厂合作研制的 KTY3A 型矿用无线电电话机通过鉴定，它采用的频率为 455～512 kHz 同频单工方式、窄带调频、磁棒天线。2000 年 6 月，该系统在山西省西山矿务局西铭煤矿第一水平主巷道进行传输距离 2 km 的试验，通信效果良好。同时，张清毅、陶晋宜、司徒梦天、向新等[4-7]从不同的角度进行了理论分析与研究。该通信方式主要存在信道容量小、功能简单、工作频率较低、电磁干扰严重等缺点，因此目前在矿山应急救援中实际应用很少。透地通信技术原理如图 2-1 所示。

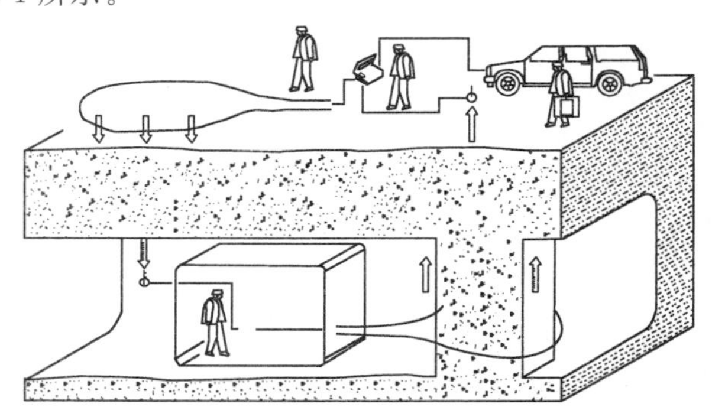

图 2-1　透地通信技术原理

2.1.2　超低频通信系统组成

本安型超低频无线透地通信系统主要由锂电池、本安电源板、通信主机、发射机、接收机、框形天线和天线切换电路组成，如图 2-2 所示。锂电池和本安电源板为系统提供安全稳定的电源供应。通信主机负责控制发射机和接收机的工作。发射机主要由正弦信号发生器、振幅键控电路、电压放大电路、功率放大电路、发射调谐电容和发射电流调节电阻组成。接收机主要由选频电感、接收调谐电容、I/V 变换电路、信号调理电路、有源全波整流电路、低通滤波电路和阈值判决电路组成。由于发射机和接收机分时利用同一框形天线，采用天线切换电路来实现发射机或接收机的接通逻辑。

2.1.3　超低频透地通信工作原理与特点

透地通信系统是把大地作为电磁波的传输媒介，运用电波能够穿透大地的通信原理，实现地面控制中心与井下矿工实时通信的系统。许多学者对该通信系统做过深入的研究。透地通信系统主要采用甚低频（3～30 kHz）或者超低频（30～300 Hz）的电磁波，借助大地进行通信。透地通信系统在地表建立规模巨大的环形天线，将接收器置于地下的各个位置接收天线的辐射信号，采用超低频电磁波进行透地通信。透地通信系统由地面发射装置和井下的便携接收装置组成，一般长达数十千米，其发射天线发射机的功率也较大，达数千瓦。

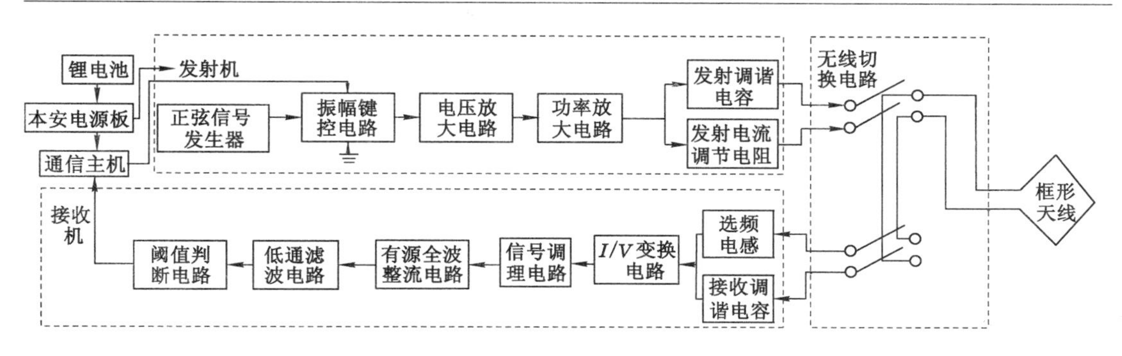

图 2-2 本安型超低频透地通信系统组成结构

地层虽不同于金属那样具有优良的导电性能，但地层是一种具有不同介电常数的半导电介质，这一特点是可充分利用的条件。根据麦克斯韦(Maxwell)基本原理[8]：在所有各点，只要有磁场变化，不论是否有导体存在，都有电场存在，充满变化的磁场介质中，同时也充满变化的电场，这种场永远相互联系着形成电磁场。根据该基本原理，只要在半导电介质的地层中形成变化的电流，就必然在地层中形成变化的磁场。

不同系统的超低频透地通信工作原理也有所不同。其中1998年，大同矿务局煤裕口矿安装了我国第一套PED系统[9]。PED井下无线通信与急救系统的信息输入设备由装有PED系统的计算机组成，PED系统软件即PED井下无线通信与急救系统人机用户接口软件，与PED系统专用调制器、超低频发射机、环形天线、PED和接收机配套使用。其工作原理是由大功率发射机发射放大的系统信号，经长度达数十千米的环形天线传输，采用超低频透地通信方式，信号穿透岩层传达到井下接收机。接收装置与矿工灯帽连接在一起，当有信号传来时，矿灯闪烁，接收机鸣叫，并在接收机的液晶显示板上显示中文信息。美国特兰斯克(Transtek)公司推出的TeleMag系统是一种低频电磁波透地通信系统[10]，具有双向语音通信功能。它采用半双工通信模式，工作频率为3～8 kHz，地面和井下设置直径为18.3 m的环形天线，采用DSP滤波技术消除噪声，最大通信距离为305 m。2006年进行了该系统的样机测试，其双向通信能穿透85 m的地层。2009年特兰斯克公司又推出了第二代TeleMag系统，该系统经在美国一个煤矿测试，达到了防爆要求。该系统采用DSP数字压缩技术，能够实现双向语音通信，通信距离超过183 m。其中加拿大Vital Alert超低频/超长波通信公司目前推出的Canary系列产品是矿山、地铁、隧道、人防、地下管廊等地下施工现场最佳的地下环境监测、语音通信和应急救援系统。其工作原理图如图2-3所示。

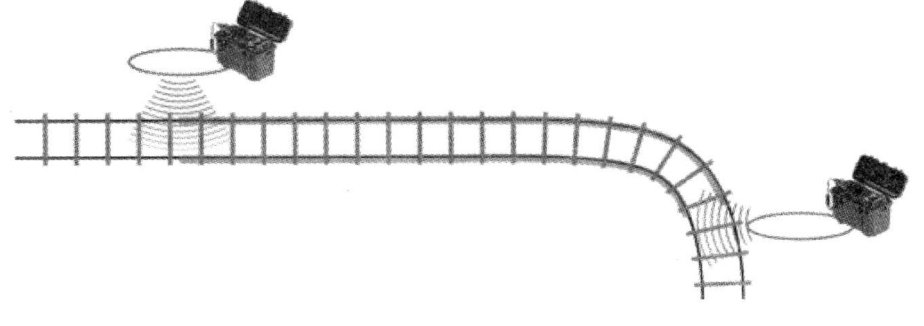

图 2-3 Canary系统工作原理图

通过电磁耦合效应，极大地延伸了磁场无线传输的通信距离。普通的超低频或超长波通信穿岩透地能力，也就二三百米，或者 400 m，借助金属物体的磁耦合效应，传输能力可以提高到几千米，Vital Alert 公司官方宣布的超低频通信可实现 5 km 的通信距离。

超低频通信发射天线一般长达数十千米，发射机的功率也较大可达到数千瓦。由于系统的信息输入装置、发射机和发射天线均置于地面，因此当井下发生灾变时，不会影响系统的正常工作，因此系统的可靠性较高。但透地通信系统仍有以下缺点和问题：

(1) 信道容量小：因为透地通信工作在超低频，因此信道容量小，不适用于语音等较大信道容量的通信，只能用于传呼、简单遥控等。

(2) 电磁干扰大：煤矿井下空间狭小、机电设备相对集中，特别是采掘运输设备的功率较大，负载不稳定，造成井下电磁干扰严重。

(3) 应用范围受限制：透地通信系统需要在地面架设长达数千米的天线，限制了该方法的应用。

(4) 单向通信：由于透地通信工作频率较低，因此，要求天线发射尺寸较大，不宜架设在井下。特别是较大的发射功率，使发射机和发射天线难以制成本质安全型防爆电气设备，这就进一步限制了在井下的使用。因此，透地通信只适用于地面发送、井下接收的单向通信。

综上所述，超低频透地通信系统不宜用作全矿山移动通信系统，只适宜用于调度和救灾辅助通信系统。

2.1.4 超低频透地通信的应用

透地通信系统虽然存在信道带宽窄、通信距离相对短的缺点，但其固有的抗毁性是其他通信系统无法替代的，主要应用场合分述如下：

(1) 用于避难硐室与地面的备份通信链路：当灾难或事故发生时，避难硐室与地面的光纤链路极易受到损坏，导致地面与井下无法建立通信连接，救助救援缺乏现场第一手的信息资料，给应急救灾带来极大的难度。透地通信系统作为光纤链路的备份通信手段，可在光纤主链路受损情况下，为地面和井下提供双向的语音和数据通信，而不受周边环境变化的影响，是避难硐室首选的无线通信技术。

(2) 用于应急救援通信系统的延伸：透地通信系统提供专用语音和数据接口，可与本质安全型应急救援通信系统配合，建立地面和井下的双向通信链路，实现地面指挥中心和井下指挥中心与终端之间的通信联络功能。

(3) 矿山主干网互联，实现矿山主传输通道的可靠备份：透地通信系统支持多种数据接口，可与现有工业以太环网、Wi-Fi 无线通信系统或 2G/3G 无线通信系统(CDMA2000/WCDMA/TD-SCDMA 等)互联，实现矿山主传输通道的可靠备份。

当前，对透地通信的研究主要集中于采用低频电磁波实现透地通信，只是天线型式、工作频率和调制方式有所不同，该类透地通信系统可适合不同的地质条件和应用场所。对采用低频弹性波实现透地通信的研究不多，由于低频弹性波在地层中传播时传输衰减相对较小，未来该类透地通信系统有望成为透地通信的一种主要方式。随着技术的不断发展和器件工艺的不断提高，透地通信的传输速率、通信距离将会不断提高。鉴于透地通信不受矿山灾害的影响，可以预见透地通信将是现在和未来一定时期内首选的、非常可靠的应急救援通信手段。

2.2　中频感应通信技术

2.2.1　中频感应通信研究现状

矿山井下环境复杂,电磁波衰减较大。中频感应通信通过架设专用的感应线或利用巷道内已有的导体(电缆、管道等)进行通信。

感应通信利用电缆对电磁波的导向作用,受到空间相关性的影响较小。系统投资费用低,靠近感应体通信效果较好,但远离感应体时信道就不稳定。其感应距离一般不超过2 m,可用于井下局部范围通信。在国外研究中代表性产品有南非的RB2000、德国的M130/60、法国的X-Yphone和日本的XA331FMX-1。

我国"七五"期间设立国家专项攻关项目,研发出频率为50 kHz背心式环形天线调频,在岩层中的有效通信距离大于58 m;1993年8月,煤炭科学研究总院常州自动化研究所与锦州煤炭通信器材厂合作研制了KTY3A型矿用无线电电话机;20世纪90年代末,南非GST公司的RB2000系统被我国引进,在徐州、平顶山等地使用。

2.2.2　中频感应通信系统组成

中频感应通信系统组成如图2-4所示。

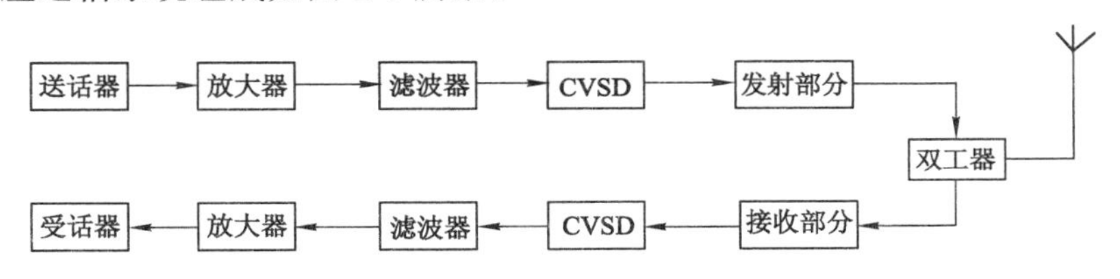

图2-4　中频感应通信系统组成图

(1) 语音编码部分

常见的编解码方法有PCM、ADPCM、CVSD等。其中CVSD具有编码和同步简单、抗误码性能好、廉价等特点。目前已有CVSD芯片MC3417、MC3418、MC3517、MC3518等,其中MC3417是连3检测,MC3418是连4检测。这些芯片可以用于速率为9.6～64 kB/s的编解码器。速率越高,解码器输出SNR越高。例如,MC3417在速率为16 kB/s时输出SNR是16 dB,MC3418在速率为37.7 kB/s时输出SNR是30 dB。

(2) 调制解调部分

为了提高频谱利用率和系统容量,较好的方法是采用窄带数字调制技术。常见的数字调制方式有TFM、GTFM、GMSK等。这些方式具有载波振幅恒定、相位轨迹连续平滑的特点,因此,允许非线性功率放大,能够压缩信号频谱,带外辐射小。但是这类方式通常采用正交调制和相干检测方式,技术难度较大。本专著采用一种GFM调制解调方式。这是一种非正交窄带数字调制方式和非相干检测的解调方式。在发送端,数字序列预先经过高斯滤波器形成数字基带信号,然后进行频率调制,输出载波振幅恒定且相位轨迹连续平滑的已调信号。在接收端,利用鉴相器检测提取数字基带信号,通过多电平判决还原为数字序列。其工作原理框图如图2-5所示。由于现有的矿山通信系统大多数是模拟调频系统,采用这种方式,有利于将现有的调频系统进行改造,从而实现数字话音、数据等的传输,为发展数字移动通信和综合业务数字网提供可靠的技术基础。

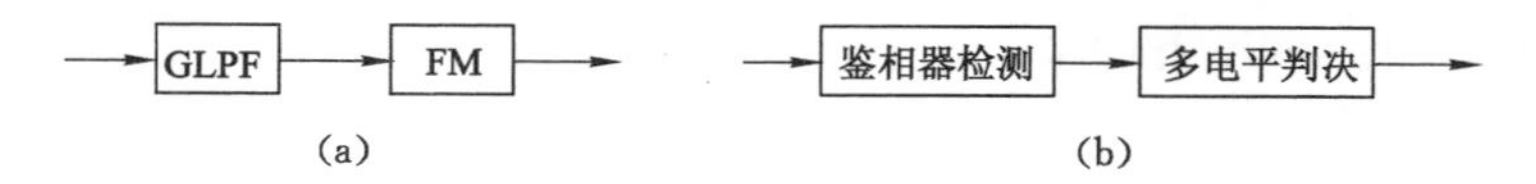

图 2-5　GFM 工作原理图

(a) GFM 调制器原理框图;(b) GFM 鉴相器检测原理图

(3) 天线

天线可以采用铁氧体天线。这种天线是通过在具有高磁导率、低电导率的铁氧体材料上绕制而成的。由于铁氧体的存在,线圈的有效面积大于实际面积,因此可以在不减少有效面积的条件下,缩小天线的实际面积。由于铁氧体天线的发射效率较低,为了提高效率,可以在尺寸允许的条件下,增大磁棒半径,使用高磁导率的磁棒。

(4) 发射部分

发射部分的工作原理框图如图 2-6 所示。从送话器接收到的语音信号经放大器放大,滤波器滤除带外噪声,送入 CVSD 中完成模数转换,从 CVSD 中可以得到 16 kB/s 的数字信号,加入控制信息,送入 GFM 调制器调制,然后与 PLL 频率合成器控制的频率进行混频,把频率搬移到射频段,经功率放大,送入天线发送出去。

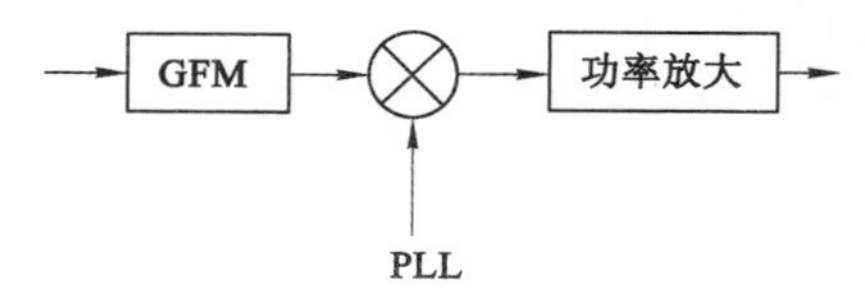

图 2-6　发射部分的工作原理图

(5) 接收部分

接收部分的工作原理框图如图 2-7 所示。天线接收的微弱信号,经射频放大器放大、滤波器滤波,送入混频器,与来自 PLL 频率合成器的频率进行混频。采用一次混频得到的基带信号,送入 GFM 调制器进行解调,以 16 kB/s 的速率送入 CVSD 解码器解码、滤波、放大,再送入受话器。

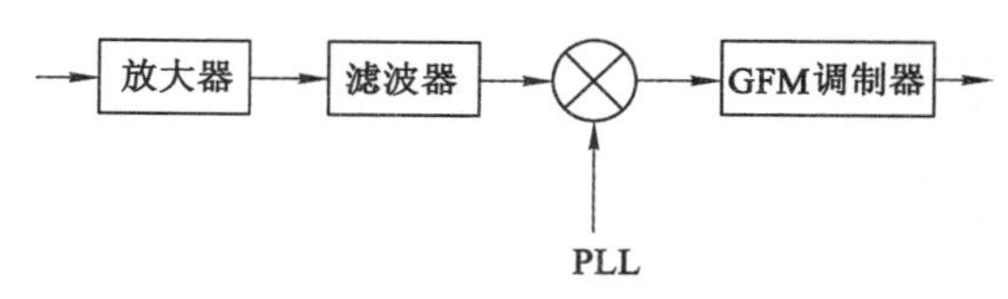

图 2-7　接收部分的工作原理图

(6) 频率合成器

本系统采用频率合成器完成信道的转换。这里采用 PLL 频率合成器,主要包括鉴相器(PD)、低通滤波器(LPF)、压控振荡器(VCO)。PLL 频率合成器已有芯片可以实现,其工作原理框图如图 2-8 所示。PLL 频率合成器由 MCU 进行编程控制。其中,f 是指定频率,f_r 是晶振频率,M 是分频器的分频比。

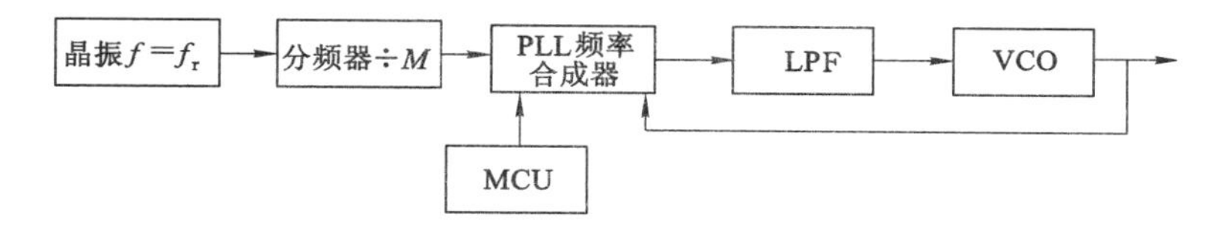

图 2-8　PLL 频率合成器工作原理框图

2.2.3　中频感应通信的工作原理及特点

中频感应通信借助井下的电话线、信号线等，利用无线电波的感应场引导电磁波进行传输。整个系统由基地台和移动台组成，装有较大的环形天线，地面监控人员通过基地台获取井下监测数据，井下工作人员使用移动台[11]。基站发出高强度的信号确保与移动台达到理想的通信效果，基站通过双芯电线与地面上的交换机和基地台进行连接。此系统的特点是通信频率往往选择在中低频的范围，借助原有的电话线进行传输，使得系统的成本费用较低；中频感应通信可穿透井下 30～300 m 的煤体厚度，而且线路构成简单，是一个经济实用的通信系统。在某些条件较为恶劣的环境中，如采掘工作面等，一旦出现堵塞、塌方等危险情况，其他必须依靠某些特定条件才能正常工作的通信方式就无法胜任此工作。中频无线通信技术则无须架设其他辅助设施，矿山巷道中现有的导体，如电缆、钢管、铁轨、钢缆及动力线等都可以被用来实现低损耗的信号传输。井下中频无线通信技术很好地弥补了漏泄通信等其他通信方式的不足，是井下恶劣环境中的一种有效的通信方式。

2.3　漏泄通信技术

2.3.1　漏泄通信研究现状

漏泄通信技术是通过在巷道中架设一条特制的同轴电缆(漏泄电缆)，每隔一段距离在电缆上开一个槽孔，利用泄漏出的电磁场实现移动台与移动台之间以及移动台和固定台之间的远距离通信。

国外很早就有人开始研究和探索矿山井下环境中的无线电波传播规律和移动通信特性。20 世纪 40 年代末，英国科学家首次提出漏泄通信的设想，到 60 年代英、法等国相继有成熟系统用于煤炭矿山井下巷道。由于漏泄通信具有话音清晰、抗干扰强、通信距离远、信号相对稳定、组建方便、性价比优良等优点，至今仍是国外矿山移动通信系统的主要研究和发展领域之一。目前，国外漏泄电缆通信系统已实现数字化、宽带化，能实现在一根漏泄电缆中同时传输 16 路话音、32 路高速数据和 16 个通道的彩色视频信号，纵向传输距离也可延伸到 100 km 以上[12]。

我国在 1986 年将井下漏泄通信技术列入国家“七五”重点攻关项目，自 20 世纪 90 年代开始规模化生产以来，创新和发展缓慢。近年来，随着各种移动通信技术和体制不断引入井下，漏泄通信系统也逐渐呈现与有线网络自动连接、增大信道容量、增加信息传输功能、提高设备可靠性等发展趋势，国内也可生产 60 MHz、150 MHz、400 MHz、900 MHz、2 500 MHz 频段衰减常数和耦合损耗指标较好的漏泄电缆。

20 世纪 70 年代至 80 年代，漏泄通信在英国的地下煤矿开采中得到应用。1989 年 10 月，我国研制的矿山漏泄通信系统通过国家鉴定。20 世纪 90 年代以来世界各发达国家对漏泄通信的应用和研究不断有新的进展，此时矿山漏泄通信技术才开始在我国发展和完善，并在煤矿中使用，从而实现了井下随时随地可互相无线通话。

2.3.2 漏泄通信系统组成

漏泄通信系统组成的一般配置为：基地台、稳压电源（双组，一组给基地台供电，一组给链路上的中继放大器供电）、双向中继器、功率分配器、负载盒以及漏泄电缆和手持机等。① 基地台包含接收机、发射机、双工器和＋15 V 电源耦合馈电电路。双工器的作用是使发射信号与接收信号共用一根漏泄电缆，要求使收、发信号通过时损耗尽量小，以及发射信号不得进入接收机而影响接收机的工作，达到收发信号机同时工作时互不干扰；电源耦合馈电电路的主要作用是将井下中继器需要提供的工作电源和射频信号耦合到一起，通过同一根漏泄电缆传输到各个中继器。② 双向中继器在漏泄电缆中每隔一定距离设置一台，用以补偿射频信号在漏泄电缆中传输时引起的损耗。双向中继器可以同时放大上、下两个方向的信号，两者互不影响。③ 功率分配器安装在漏泄电缆需要设置分支之处。分配器是一个无源网络，不需要直流供电，但须提供直流通路，以免切断后面中继供电。④ 负载盒装在每个分支巷道漏泄通信电缆末端，起到匹配作用。⑤ 漏泄电缆是一种特殊的同轴电缆，其外导体采用稀松编织等形式，使从基站发出的射频信号沿电缆纵向传播的同时亦沿电缆径向向周围空间辐射，同时，电缆周围空间的射频信号也可进入电缆并传向基站，起到发送与接收射频信号的天线作用。⑥ 手持机为系统的移动设备，可在铺设有漏泄电缆的井巷内随时与基地台、其他手持机或下载台通话。利用天线共用技术，可以将多个不同工作频率的基地台通过射频汇接系统（或天线共用器）汇接至一根漏泄电缆，可组成两信道或两信道以上的多信道漏泄通信系统，每个基台独立工作，互不干扰。特别适用于满足机车运输调度、胶带运输调度、机电检修、生产管理等不同职能部门的通信联络。

2.3.3 漏泄通信工作原理及特点

井下漏泄通信系统一般有三种实现方法：异频双工电话移动通信系统、双工通信系统、漏泄电缆移动通信系统。

（1）异频双工电话移动通信系统由漏泄电缆、音频电话电缆和单向放大器组成。如图2-9 所示，基站将其欲发送由音频电缆送来的基带信号，调制为以频率 f_1 为中心的频带信号，该信号送入漏泄电缆系统，沿途移动手机可接收到此频带信号。移动手机发射中心频率为 f_2 的频带信号也可以进入漏泄电缆系统，沿放大器规定的方向传播至终端解调电路，将中心为 f_2 的频带信号解调为基带信号，经由电话电缆传送返回基站，而对 f_1 频带信号不加处理。整个系统由基站、漏泄电缆、单向放大器、终端解调器、音频电话电缆组成环形链路，完成异频双工多用户移动通信的组织。该方式的特点是：上行信号和下行信号在射频传播媒介中的传播方向是相同的；系统为空分多址和频分多址方式相结合的移动通信系统。其中，音频电话电缆可以沿漏泄电缆布线空间返回基站，也可以选其他路径返回，若能选取较近的返回路径，则系统是简捷而经济实用的。

（2）双工移动通信系统。对于通信空间不易形成环形链路的环境，不采用图 2-9 方式时，信号返回基地可用漏泄电缆传输，则上行和下行电缆可用同一单向放大器组成图 2-10 方式的网络结构完成双工移动通信。图 2-10 连线均为漏泄电缆，单向放大器上下连接，滤波器 BPFR 和 BPFT 分别为上行频带带通滤波器和下行频带带通滤波器。其工作过程如下：基站欲发信号及由基站接收机收到的上行信号，均可由基站发射机以下行频带发射进入

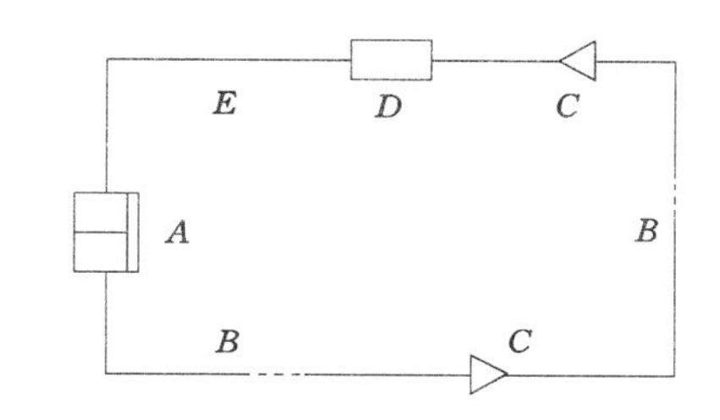

图 2-9　具有音频电缆的漏泄通信系统

A——基地台；*B*——漏泄电缆；*C*——单向放大器；

D——终端解调器；*E*——音频电话电缆

漏泄电缆，沿滤波器 BPFT 和单向放大器规定的方向向终端传输时供沿途移动手机接收，而手机发送信号可耦合进入电缆，上行频带频率沿滤波器 BPFR 和单向放大器规定方向向基站方向传输，最终进入基站接收机完成双工移动通信。在该方法中使用了两根漏泄电缆，一根仅用于发射，一根仅用于接收。

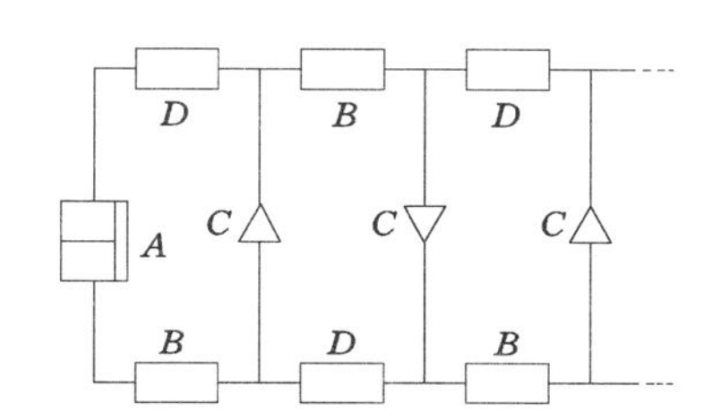

图 2-10　双工移动通信系统

A——基地台；*B*——BPFT；*C*——单向放大器；*D*——BPFR

(3) 双漏泄电缆移动通信系统由基站、单漏泄电缆和双向中继放大器组成，如图 2-11 所示。正因图 2-10 的方案造价较高，近阶段不具有实用性，大多情况下由本方案代替。本方案，基站发送进入漏泄电缆的信号，是频带中心频率为 f_1 的射频信号，经放大器 AT 选通放大，使 f_1 频带信号从左向右传播形成下行信号，产生漏泄场供沿途所有手机接收；手机发射信号是频带中心频率为 f_2 的射频信号，经双向放大器中 AR 选通放大，使 f_2 的频带信号从右向左传播形成上行信号最终至基站，基站收到 f_2 频带信号或解调送出系统或以 f_1 频带转发送入系统，完成系统手机间的异频双工通信。该系统是应用较为普遍的一种组网形式，应用在地下采矿业巷道中的移动通信，可有效地解决井下信号传输覆盖问题。该方案采用双向放大器，只用一根电缆即可完成异频双工移动通信，结构简单，可用分支器和合路器分支或合并，组网灵活、经济实用，可广泛采用。

从上面可看出，井下漏泄通信具有如下特点：

(1) 通话快捷、方便、不间断，适应煤矿生产指挥；井下作业，情况多变，生产指挥者要准确掌握生产情况，须经常与现场基层组织者之间取得联系，漏泄通信是合适的移动通信方式，手持机随身带，通信灵活、方便，适应于现代矿山生产指挥。

(2) 通话可靠性高，极少出现通话不畅或中断故障，生产情况可及时与指挥者沟通，特别是在检修、抢险中更能体现出它的优越性。

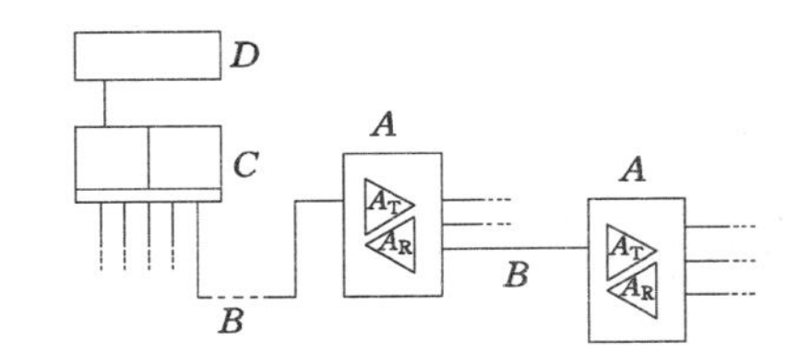

图 2-11 具有双向中断放大器和漏泄电缆的移动通信系统

A——双向中继放大器；B——漏泄电缆；C——基地台；D——公网

(3) 漏泄通信系统基本不受井下巷道形状、结构和巷道围岩介质等外界环境影响，信道容量大、性能稳定，适应各种频段信号传输。其性能在很大程度上取决于漏泄电缆的电气性能，如使用频段、衰减常数、耦合损耗等，国外可以生产上限使用频率至 5.8 GHz 系列的漏泄电缆，国内也可生产 60 MHz、150 MHz、400 MHz、900 MHz、2 500 MHz 频段衰减常数和耦合损耗指标较好的漏泄电缆。国外漏泄电缆通信系统已实现数字化、宽带化。

基于以上三项优点，漏泄通信在矿山抢险救灾中，可争取宝贵的时间，把灾害损失降低到最小。矿山漏泄通信系统需要在巷道内敷设漏泄电缆，其通信频率在甚高频段(30～300 MHz)；地面站系统通常是建立在控制室，室外地面使用无线电波的天线，覆盖范围很广，可达矿区的每一角落。井下巷道漏泄同轴电缆敷设布置方案图(图 2-12)，哪些区域需要无线信号接入，同轴电缆就在哪里开口，无线信号从同轴电缆开孔处向外传播，使用这种方式传播很好地控制了无线信号的衰减，电磁波沿电缆线纵向传播。王正祥等对矿山漏泄通信的解决方案进行了研究，得出漏泄通信具有受巷道形状、截面、分支、倾斜、围岩介质、拐弯等外界因素影响小，信道传输较为稳定等优点；但中频感应通信和漏泄通信系统实际都有有线的成分存在，不能完全称为无线信号传输[13]。系统的抗干扰能力较低，移动支持能力有限，不能完全适应当前高效灵活的井下救援通信需求。但是考虑到无线电漏泄通信技术早在通信、数据通信、图像传输这三个方面都能发挥其独特的技术性能，满足矿山通信的需要，特别是在通信方面，其快捷、灵活、可移动性的优势将对矿山通信、生产指挥、安全调度发挥积极作用，可以预见无线电漏泄通信技术在未来矿山井下通信应用中将发挥主导作用。

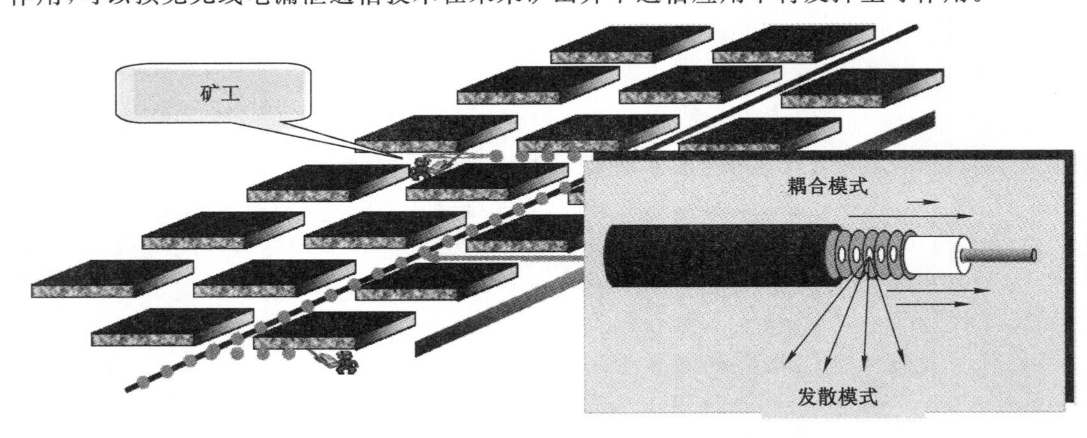

图 2-12 漏泄通信原理图

2.3.4 漏泄通信的应用

漏泄通信系统是目前我国具备液晶指示和短信功能的通信系统，已经在安徽淮南、山西太原等煤矿以及甘肃金昌金属矿等多个矿山得到了广泛运用。安徽淮南漏泄通信网是单信道网络；山西杜儿坪矿漏泄通信网为两信道，一个信道作为机车调度使用，另一信道为管理信道，可以实现选呼功能，同时还可以通过其他方式与地面有线网络连接实现有线与无线网络联网互通。通过网络升级可以实现短信群发调度，大大提高机车及生产调度的安全性和可靠性。该系统具备录音功能，可以通过时间查询网络通话录音记录，提高了调度事故的可追溯性。山西杜儿坪矿的网络地面覆盖 2 km 以上，井下巷道覆盖 23 km，全为机车通信，是目前国内覆盖巷道长度最长的网络之一，该网络机车按 15 km/h 速度运行时通信效果良好，话音清晰可靠，彻底解决了机车通信问题，是井下不可或缺的通信手段，为实现井下机车等各类移动目标的监控提供了通信、信息传输保障，已成为移动目标监控系统必不可少的子系统。

2.4 其他无线通信技术

2.4.1 蜂窝移动通信技术

(1) 蜂窝移动通信的研究现状

蜂窝移动通信技术(cellular mobile communication)是指以蜂窝无线网络作为基础，将无线通信技术作为信息传输的媒介，实现不同的用户能够在移动的过程中进行有效沟通与联络的技术体系[14]。

蜂窝移动通信技术是在移动通信技术的基础上产生并发展的一种对人类文明发展带来巨大作用的现代化技术。蜂窝移动通信的概念是美国著名贝尔实验室在 1947 年提出的。真正研制是在 20 世纪 70 年代随着微电子、计算机等基本技术的发展才开始的。19 世纪 60 年代麦克斯韦在理论角度证明了电磁波的存在，经过 10 年的发展赫兹通过实验方法证明了电磁波的存在，奠定了蜂窝移动通信技术的基础。1978 年贝尔实验室的科学家们在芝加哥终于试验成功世界上第一个蜂窝移动通信系统，并于 1983 年正式投入商用，为实现向工业领域的发展打下了坚实的技术基础。从此，蜂窝移动通信走入了越来越多的国家和不同的研究领域，2017 年全球移动用户数已经超过 50 亿。经过多年的发展，蜂窝移动通信技术日渐成熟。我国于 1987 年正式引入蜂窝移动通信，经过 30 多年的发展，造就了世界最大的移动通信网。截至 2017 年底，我国的移动用户数已达 8.9 亿，其中 4G 用户数达 6.5 亿。

我国蜂窝移动通信技术经历了以下四个主要发展历程：

第一，在第一代蜂窝移动通信技术的发展中，也就是 1G 时代，最为突出的贡献就是将移动通信的理念及基础技术进行引进，使得频率技术水平得到了提升，保证了设备的容量，在这一时期的技术发展中语音通话是关键所在，也是唯一的移动通信业务形式。

第二，在第一代蜂窝移动通信技术的基础上，紧随时代发展的步伐，2G 时代正式开始，在原有语音技术的基础上增加了一定的数字业务，数字业务的起步，开启了我国蜂窝移动通信技术的崭新阶段，在通信技术的发展历史上写下了浓墨重彩的一笔。

第三，经历 2G 时代之后，在无数专家学者的努力之下，3G 技术开始走进人们的视野，在原有技术上增加了多项功能，在业务范围和传输能力上实现了快速发展。

数字化蜂窝通信方式的第3代(简称3G移动通信),可以提供语音、视频数据和其他服务。井下蜂窝移动通信技术本质上是将地面蜂窝移动通信技术移植到煤矿巷道中的一种应用,其结构原理和使用方案与地面成熟的蜂窝通信系统几乎相同。蜂窝移动通信系统在一定程度上传输多媒体信息,带宽是可以接受的。它在快速运动条件下支持144 kB/s速率,步行和慢速情况下具有384 kB/s速率,室内静止情况下可达2 MB/s速率传输,并且服务质量(QoS)可靠性高。但这种系统装备结构复杂(主要由移动业务交换中心、基站、移动台、交换中心至基站传输组成)、系统昂贵、缺乏自组网功能,因而在煤矿中很少使用。

第四,4G通信技术是继第三代以后的又一次无线通信技术演进,其开发更加具有明确的目标性:提高移动装置无线访问互联网的速度。根据3G市场分三个阶段走的发展计划,3G的多媒体服务在10年后进入第三个发展阶段,此时覆盖全球的3G网络已经基本建成,全球25%以上人口使用第三代移动通信系统。在发达国家,3G服务的普及率更超过60%,那么这时就需要有更新一代的系统来进一步提升服务质量。

4G移动系统网络结构可分为三层:物理网络层、中间环境层、应用网络层。物理网络层提供接入和路由选择功能,它们由无线和核心网的结合格式完成。中间环境层的功能有QoS映射、地址变换和完全性管理等。物理网络层与中间环境层及其应用环境之间的接口是开放的,它使发展和提供新的应用及服务变得更为容易,提供无缝高数据率的无线服务,并运行于多个频带。这一服务能自适应多个无线标准及多模终端能力,跨越多个运营者和服务,提供大范围服务。第四代移动通信系统的关键技术包括信道传输技术;抗干扰性强的高速接入技术、调制和信息传输技术;高性能、小型化和低成本的自适应阵列智能天线技术;大容量、低成本的无线接口和光接口技术;系统管理资源技术;软件无线电、网络结构协议等。第四代移动通信系统主要是以正交频分复用(OFDM)为技术核心。OFDM技术的特点是网络结构高度可扩展,具有良好的抗噪声性能和抗多信道干扰能力,可以提供无线数据技术质量更高(速率高、时延小)的服务和更好的性价比,能为4G无线网提供更好的方案。例如无线区域环路(WLL)、数字音讯广播(DAB)等,都采用OFDM技术。4G移动通信对加速增长的广带无线连接的要求提供技术上的回应,对跨越公众和专用的、室内和室外的多种无线系统和网络保证提供无缝的服务。通过对最适合的可用网络提供用户所需求的最佳服务,能应付基于因特网通信所期望的增长,增添新的频段,使频谱资源加大扩展,提供不同类型的通信接口,运用路由技术为主的网络架构,以傅里叶变换来发展硬件架构实现第四代网络架构。移动通信会向数据化、高速化、宽带化、频段更高化方向发展,移动数据、移动IP已经成为未来移动网的主流业务。

4G是第四代移动通信及其技术的简称,是集3G与WLAN于一体并能够传输高质量视频图像的技术产品。4G系统能够以100 MB/s的速度下载,比拨号上网快2 000倍,上传的速度也能达到20 MB/s,并能够满足几乎所有用户对于无线服务的要求。而在用户最为关注的价格方面,4G与固定宽带网络在价格方面不相上下,而且计费方式更加灵活机动,用户完全可以根据自身的需求确定所需的服务。此外,4G可以在DSL和有线电视调制解调器没有覆盖的地方部署,然后再扩展到整个地区。很明显,4G有着不可比拟的优越性。如果说2G、3G通信对于人类信息化的发展作用很小的话,那么4G通信可给人们带来真正的沟通自由,并彻底改变人们的生活方式甚至社会形态。由于4G通信技术通信速度更快、网络频谱更宽、通信更加灵活、智能性能更高、兼容性能更平滑,所以其被用来提供更多的增值服务，实现高质量通信。

2016 年 11 月在乌镇举办的第三届世界互联网大会上，美国高通公司带来的“可以实现万物互联”的 5G 技术原型入选 15 项“黑科技”——世界互联网领先成果，高通 5G 向千兆移动网络和人工智能迈进。

第五代移动电话通信标准，也称第五代移动通信技术，缩写为 5G，也是 4G 之后的延伸，正在研究中。目前还没有任何电信公司或标准制定组织（像 3GPP、WiMAX 论坛及 ITU-R）的公开规格或官方文件提到 5G。中国（华为）、韩国（三星电子）、日本、欧盟都在投入相当的资源研发 5G 网络。2017 年 12 月 21 日，在国际电信标准组织 3GPP RAN 第 78 次全体会议上，5G NR 首发版本正式发布。

根据目前各国研究，5G 技术相比目前 4G 技术，其峰值速率将增长数十倍，从 4G 的 100 MB/s 提高到几十吉字节每秒。也就是说，1 s 可以下载 10 余部高清电影，可支持的用户连接数增长到 100 万用户/km^2，可以更好地满足物联网这样的海量接入场景。同时，端到端延时将从 4G 的十几毫秒减少到 5G 的几毫秒。

正因为有了强大的通信和带宽能力，5G 网络一旦应用，目前仍停留在构想阶段的车联网、物联网、智慧城市、无人机网络等概念将变为现实。此外，5G 还将进一步应用到工业、医疗、安全等领域，能够极大地促进这些领域的生产效率，以及创新出新的生产方式。

中国工程院院士、中国互联网协会理事长邬贺铨介绍，随着 5G 网络的应用，各类物联网将迅速普及。他介绍，目前汽车与汽车之间还没有通信。有了 5G 网络，就能让汽车和汽车、汽车和数据中心、汽车和其他智能设备进行通信。这样一来不但可以实现更高级别的汽车自动驾驶，还能利用各类交通数据，为汽车规划最合理的行进路线。一旦有大量汽车进入这一网络，就能顺利实现智能交通。

欧盟研究认为，远程医疗也是 5G 重要的应用领域之一。目前，实施跨越国界的远程手术需要租用价格昂贵的大容量线路，但有时对手术设备发出的指令仍会出现延迟，这对手术而言意味着巨大的风险。但 5G 技术将可以使手术所需的“指令—响应”时间接近为 0，这将大大提高医生操作的精确性。在不久的将来，病人如果需要紧急手术或特定手术，就可以通过远程医疗进行快速手术。

5G 网络同样能让普通用户受益匪浅。除了多样化、不卡顿的各类多媒体娱乐外，智能家庭设备也会接入 5G 网络，为用户提供更为便捷的服务。

除上述应用外，众多物联网应用也将成为 5G 大显身手的领域。尽管目前物联网尚未大规模应用，但业界普遍认为，物联网中接入的设备预计会超过千亿个，对设备数量、数据规模、传输速率等提出很高的要求。由于当前的 3G、4G 技术不能提供有效支撑，所以物联网的真正发展离不开 5G 技术的成熟，同时也将成为推动 5G 技术发展的动力之一。

（2）蜂窝移动通信的组成

为了实现移动用户与移动用户之间或者移动用户与市话用户之间的通信，蜂窝移动通信网必须具有交换控制功能，蜂窝移动通信网络结构不同，所需要的控制交换功能及交换控制区域组成亦不同：在大区制中，移动用户只要在服务区内，无论移动到何处，信息交换和控制都是通过一个基地站进行的，所以比较简单；但是在小区制移动通信网中，基地站很多，而移动台又没有固定的位置。为了便于交换和控制，通常采用如图 2-13 所示的网络结构图。

业务区由一个或若干个移动通信网（PLMN）组成，图 2-13 所示的业务区由一个 PLMN

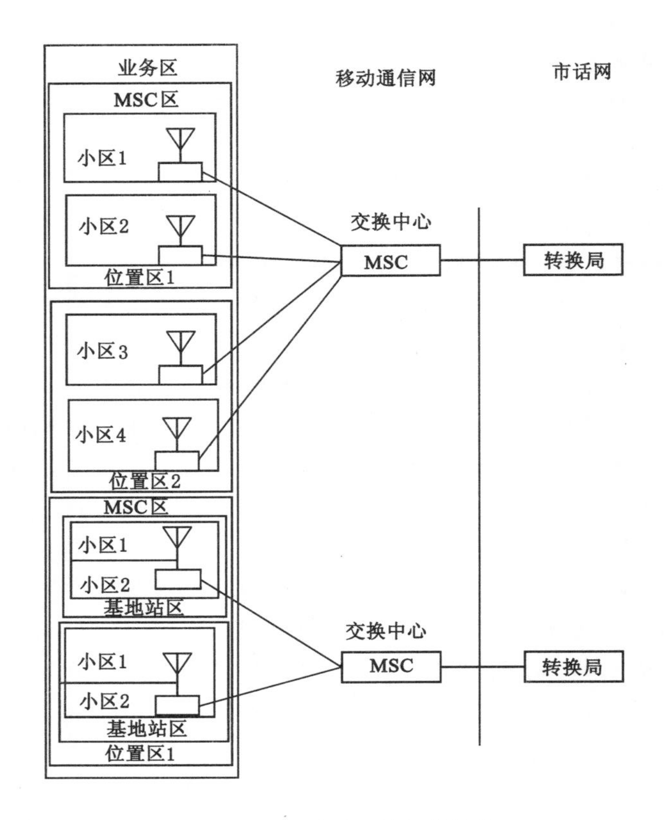

图 2-13　移动通信网的结构

组成。一个业务区可以是一个国家,或一个国家的一部分,或若干个国家。

一个移动通信网可以是由一个或若干个移动业务交换中心(MSC)组成。MSC 构成无线系统与市话网(PSTN)之间的接口,完成所有必需的信号功能,以建立与移动台之间的往来呼叫。

一个移动业务交换中心可由一个或若干个位置区组成。位置区即移动台位置登记区,它是为了解决在呼叫移动台时,以便知道被呼移动台当时的位置而设置的。位置区由若干基地站组成。

一个基地站可由一个或若干个无线小区组成,基地站(BS)提供无线信道,以建立在基地站(BS)无线覆盖范围内与移动台(MS)的无线通信。

(3) 蜂窝移动通信的工作原理与特点

从理论上讲,在蜂窝通信系统中,我们可以给每个小区分配不同的频率,不同频率之间互不干扰,就可以实现通信,而当小区用户数超过小区发射机的信道容量时,可以将小区分裂成不同的新小区,让它们使用新的频率来通信,以应对迅速增长的用户需求。但这就需要大量的频谱资源,在频谱资源有限的情况下,这种方法是不可行的。随着移动用户数的增加和通信业务量的激增,无线通信使用多址的方式进行通信。所谓多址通信就是在一个网内的不同用户使用特定的频率进行多边的相互通信。

信号分割技术实现了多址通信的技术保障,也就是在发送端不同的基站发送不同的信号，同时接收端有能力从混合的信号中分离出相应的信号。目前，在移动通信系统中采用的多址方式主要有以下三种：

① 频分多址（将用户分配在时隙相同、工作频率不同的信道上）；

② 时分多址（将用户分配在频率相同、时隙不同的信道上）；

③ 码分多址（将用户分配在相同的时隙和频率上，通过不同的地址码来区分用户）。

码分多址即CDMA技术，是通过扩频通信发展而来的技术。所谓扩频，就是把信号频谱扩展开来。CDMA技术为了扩展用户信号频谱，为用户分配了独特的伪随机正交序列码，利用公共信道来传输信息，CDMA系统的伪随机序列码因为具有相互正交性而具有很强的辨识性，虽然在频率、时间、空间上都有重叠，但系统的接收端利用序列码的正交性对相关信号进行解调，其他使用不同码型的信号不能被解调。

蜂窝移动通信系统采用功率控制、话音激活、无线分区、纠错编码等技术使得系统容量很大，另外系统使用扩频通信具有很强的抗干扰能力，使得蜂窝移动通信技术迅速被应用在移动通信领域。20世纪90年代美国电信工业协会制定的IS—95标准是第一个蜂窝移动通信系统标准，后续又制定了IS—95B标准，紧接着3GPP2推出了全球统一的系统标准以及后续标准。

蜂窝移动通信技术应用到无线通信领域有下列优点：

① 很大的系统容量。在蜂窝移动通信系统中的全部用户都使用相同的无线信道，当信道中的用户不传输信号时，对该信道内的其他用户将不产生干扰，因此系统利用了人类语音的特点降低了信道中用户的相互干扰，增大系统实际容量近3倍。

② 有更好的系统通信质量。系统的通信质量好有两点原因：其一，系统采用的软切换技术相对于硬切换技术使得掉话率明显降低；其二，系统用户都工作在相同的频率和带宽上，相对于其他两种系统使得软切换技术更容易实现，从而提高了通信质量。

③ 更加灵活的频率规划。系统使用序列码区分用户，使用导频码区分扇区，使得在相邻的小区可以使用相同载波，因此频段的规划更加容易和简单。

④ 频带利用率高。蜂窝移动通信是一种扩频通信技术，对于单一用户来说需要的载波带宽尽可能的宽，这是扩频通信的基本要求，但是因为系统是通过序列码来区分用户的，使得系统允许单一频率在整个系统覆盖的蜂窝小区内使用，即系统内的用户可以使用同一个频率进行通话，大大提高了整个系统的频带利用率。

(4) 蜂窝移动通信的应用

全球每年用于蜂窝系统的投资额已升至470亿美元，网络融合的实现，以及对宽带和“绿色”通信的需求，成为促进移动网络未来演进的关键要素。

蜂窝系统或许是当今社会最重要的通信媒体。自21世纪初，在全球特别是在发展中国家，移动通信的渗透率不断增长，已超越了固定通信。新兴市场的服务提供商纷纷将焦点转向移动通信技术，加大了对蜂窝系统的投资。这些变革刺激了全球通信业投资的增长。

2018年7月19日，2018年《财富》世界500强排行榜发布，爱立信位列第500位。2012年2月15日合资公司索尼爱立信被索尼收购，成为索尼旗下全资子公司。索尼爱立信遂改名为索尼移动通信（Sony Mobile）。爱立信从手机终端领域正式退出，转而专注于移动网络设备和通信专业服务。2012年，爱立信在中国成功完成了首例现网GSM升级支持TD-LTE的方案验证，并采用载波聚合技术为中国移动演示TD-LTE Advanced，峰值下载速率达到 220 MB/s；同年，爱立信在中国移动香港有限公司的现网中实现了 LTE FDD/TDD 双向无缝切换，并全力支持中国移动通过 LTE TDD/FDD 融合组网的方式在香港正式启动 TD-LTE 商用网络；2013 年，爱立信助力中国移动香港双模 LTE 网络再现巴塞罗那会展并演示全球首次双模高清 VOLTE。

华为技术有限公司是我国一家生产销售通信设备的民营通信科技公司，于 1987 年正式注册成立。截至 2016 年底，华为有 17 万多名员工，华为的产品和解决方案已经应用于全球 170 多个国家，服务全球运营商 50 强中的 45 家及全球 1/3 的人口。华为聚焦 ICT 基础设施领域，围绕政府及公共事业、金融、能源、电力和交通等客户需求持续创新，提供可被合作伙伴集成的 ICT 产品和解决方案，帮助企业提升通信、办公和生产系统的效率，降低经营成本。2016 年上半年，华为技术有限公司实现销售收入 2 455 亿元，在运营商业务领域，华为的 4G 设备在全球被广泛部署。

在通信较为发达、竞争较为激烈的市场，蜂窝基础设施的投资集中于新一代通信技术以支持移动数据业务，如 UMTS 的投资主要集中在较发达的市场。

2.4.2 Wi-Fi 网络通信技术

(1) Wi-Fi 网络通信技术研究现状

说到无线网络的历史起源，可以追溯到 70 多年前的第二次世界大战期间，当时美国陆军采用无线电信号作资料的传输。他们研发出了一套无线电传输科技，并且采用相当高强度的加密技术，得到美军和盟军的广泛使用。这项技术让许多学者得到了一些灵感，在 1971 年时，夏威夷大学的研究员创造了第一个基于封包式技术的无线电通信网络。这被称作 ALOHNET 的网络，可以算是相当早期的无线局域网络(WLAN)。它包括了 7 台计算机，它们采用双向星型拓扑横跨四座夏威夷的岛屿，中心计算机放置在瓦胡岛上。从这时开始，无线网络可以说是正式诞生了。从最早的红外线技术到被给予厚望的蓝牙，乃至今日最热门的 IEEE 802.11(Wi-Fi)，无线网络技术一步步走向成熟。然而，要论业界影响力，恐怕谁也比不上 Wi-Fi。Wi-Fi[wireless fidelity(无线保真)的缩写]为 IEEE 定义的一个无线网络通信的工业标准(IEEE 802.11)。Wi-Fi 第一个版本发表于 1997 年，其中定义了介质访问接入控制层(MAC 层)和物理层。物理层定义了工作在 2.4 GHz 的 ISM 频段上的两种无线调频方式和一种红外传输的方式，总数据传输速率设计为 2 MB/s。两个设备之间的通信可以自由直接的方式进行，也可以在基站(base station，BS)或者访问点(access point，AP)的协调下进行。

(2) Wi-Fi 网络通信组成

Wi-Fi 通信系统主要包括井上设备与井下设备两部分。井上设备主要包括地面通信检测中心控制计算机、数据服务器、交换机和 IP 调度台；井下设备包括井下分站设备、井下移动终端、连接光缆以及识别卡等。无线通信终端通过无线网络与通信接入网互联，IP 调度台通过以太网与网关互联，网络管理服务器、视频管理平台服务器和人员定位服务器均由以太网与矿山多媒体通信接入网关。Wi-Fi 通信系统均配备不间断电力系统，当遇到停电或紧急情况时，能够在不触动爆炸性气体的情况下提供安全性供电。

Wi-Fi 井下无线语音通信系统由 Sip 服务器、中心交换机、井下环网交换机、井下无线 AP 防爆基站、手机终端组成。Wi-Fi 语音通信系统流程图如图 2-14 所示。

Sip 语音服务器具有调度台功能，可同时使用 2 个 IP 语音通道进行处理通话及各种调

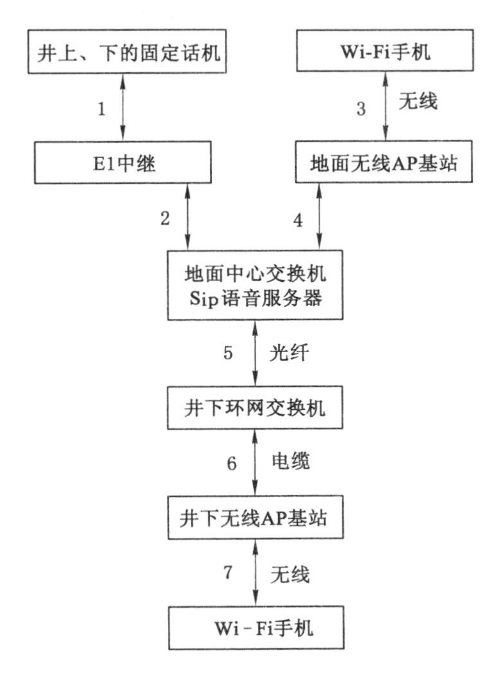

图2-14　Wi-Fi语音通信系统流程图

度功能。① 直接访问功能。“一键到位”,按下某“用户键”图标,即可建立(或终止)到调度台、IP电话或外部PSTN用户的通话。② 会议电话功能。系统支持多种类型会议,可以支持多个分组,会议成员可达32方,会议成员可以是局内或局外用户,包括办公电话、手机、小灵通等终端。③ 通播对讲功能。系统可以召开通播会议,该会议是一组预先定义好的会议成员。按下“通播”键后,同时向所有会议成员发出呼叫,应答后即进入会议。④ 录音录时功能。可以对通话、会议进行全程录音,录音文件可检索、转存;支持网络放音,经过授权的PC机可以通过网络访问录音录时服务器,进行异地检索放音。⑤ 记录重演功能。系统接收到外部设备以TCP/IP信息包发来的“记录重演命令”,则重现当时指挥调度全过程。⑥ 数据与语音转换功能。Sip服务器最主要的功能是负责把接收到的数据信号转换成音频信号,同时也把音频信号转换成数据信号进行数据传输。中心交换机在该系统中主要负责组建煤矿的局域网络同井下环网进行连接,从而实现井上、下的数据交换。Wi-Fi井下语音通信系统中,中心交换机的选择是非常关键的一环,经过多次试验比对,最终选择了MOXA的EDS-510A型交换机作为中心交换机。这款交换机是网关型工业以太网交换机,支持3个千兆以太网端口。2个千兆端口用于组建千兆Turbo Ring,另外1个千兆端口用于级联或者Ring Coupling。千兆以太网冗余协议Turbo Ring(自愈时间＜20 ms),可以提升整个千兆网络骨干的可靠性。EDS-510A以太网交换机支持多种智能化的网络管理功能。井下环网交换机负责组建井下光纤环网,由于煤矿井下的环境复杂,时有光纤被刮断的事情发生,为了保证系统稳定可靠地运行,系统采用了环网的形式组建井下局域网。环网是一种有很强自愈能力的网络拓扑结构,具体分为两纤单向通道保护环、两纤单向复用段保护环、两纤双向通道保护环、四纤双向复用段保护环等,其中两纤单向通道保护环倒换时间最短,倒换原理简单,采用这种方式,提高了煤矿井下网络通信的可靠性、适时性、安全性,从而解决了由于井下光纤被刮断导致网络中断的现象。

井下无线 AP 防爆基站内置了 Wi-Fi 无线模块，本身就是一个无线的交换机，对无线终端提供一个无线信号发射、接收的功能。井下无线 AP 防爆基站已经获得国家安标认证，其工作原理是将网络信号通过通信电缆传送过来，经过 AP 产品的编译，将电信号转换成为无线电信号发送出来，形成无线网的覆盖。根据不同的功率，其可以实现不同程度、不同范围的网络覆盖，井下条件比较好的情况下，一般井下无线 AP 防爆基站的最大覆盖距离可达 200 m。手机内置 Wi-Fi 无线模块，和 AP 防爆基站之间进行无线数据交换、收发各种信息数据，负责把音频信号转换成数字信号。除具备正常手机的来电显示，各种信息状态显示，实现点对点的短信互发、转发、群发，呼叫等待、呼叫保持，来电提示的铃声、振动可选，查看最近的已拨电话、已接电话、未接电话、时间、秒表、计算器、日历等功能，手机还支持长短号，号码采用闭锁编号方式，与第三方通话的电话会议功能，有密码保护功能，在与 Sip 服务器连接断开时可实现终端之间的语音通话。

(3) Wi-Fi 网络通信工作原理及特点

所谓 Wi-Fi，其实就是 IEEE 802.11b 的别称，是由一个名为“无线以太网相容联盟”(wireless ethernet compatibility alliance，WECA)的组织所发布的业界术语，中文译为“无线相容认证”。它是一种短程无线传输技术，能够在数百米范围内支持互联网接入的无线电信号。随着技术的发展，以及 IEEE 802.11a 和 IEEE 802.11g 等标准的出现，现在 IEEE 802.11 这个标准已被统称作 Wi-Fi。现在 OFDM(正交频分复用)、MIMO(多入多出)、智能天线和软件无线电等，都开始应用到无线局域网中以提升 Wi-Fi 性能，比如说 IEEE 802.11n计划采用 MIMO 与 OFDM 相结合，使数据速率成倍提高。另外，天线及传输技术的改进使得无线局域网的传输距离大大增加，可以达到几千米。近年来，无线 AP 的数量呈迅猛的增长，无线网络的方便与高效使其能够得到迅速的普及。

Wi-Fi 技术是一种能够将控制中心、移动终端以无线形式互联的短程信息传输技术，改善了基于 IEEE 802.11 的产品间的互通性，近些年来在采矿作业中得到了很好的应用。由于 Wi-Fi 技术在相对封闭的区域性空间里，传输范围仅为 76～122 m。为了扩展系统的通信距离，Wi-Fi 通信系统通过光纤构建系统的核心网络，借助无线方式进行网络的延伸，利用移动终端实现井下的群组呼叫功能，保障井上、井下的数据、图像和语音双向通信。井上的控制中心能够通过软件进行检测，对井下人员生命健康情况、采矿位置进行实时分析，进而实现对矿山的安全生产、抢险救灾、应急救援的全面监控。

Wi-Fi 是一种无线局域网数据传输的技术与规格，它能把个人电脑(带有 Wi-Fi)、手持式无线通信设备(如 PDA、Wi-Fi 手机)等终端设备以无线形式相互连接。煤炭科学研究总院重庆研究院的张军设计了由防爆计算机、中继器、多参数传感器、Wi-Fi 摄像头和 Wi-Fi 手机组成的矿用救灾无线通信系统。杨娟、郭江涛设计了以 Wi-Fi 无线网络和 TCP/IP 协议为基本架构，借助矿山工业以太环网为系统装置的综合传输网络平台，形成有线主干与无线终端相结合的方式，覆盖矿山部分或全部巷道及地面相关区域的煤矿宽带无线通信系统。Wi-Fi 井下无线通信系统的工作原理简单来说，就是将装有 Wi-Fi 协议的终端在地面主机的管理软件中进行注册，并由地面的管理主机通过交换机为其分配一个 IP 地址，注册之后的手持机数据被保存到数据库之后，只要是无线信号覆盖的区域，都可以使用手持机进行无线通话。以基于 Wi-Fi 技术的井下语音通信系统为例，系统工作原理简单来说就是调度电话系统通过 PBX 网关将信号传输给建立有数据库的管理软件，管理主机再通过井下工业以太环网发送到信号节点，节点将收到的无线信号调制打包之后传递到手持机上，并调制成语音，通过振铃提醒给持机者，这一传输的过程是双向的，当管理主机收到经过了节点和工业以太环网传输过来的信号之后，就能完成一次通话。经过软件处理的通话数据会存入数据库中作为备份，从而实现其监控的功能。

Wi-Fi 无线通信系统是通过有线的方式将信号节点与网络交换机连接，以井下语音通信系统为例，完整的井下语音通信系统结构包括工业以太网、IPPBX 调度、井上核心交换机、井下交换机、井下无线接入点（即 AP）、天线、防爆电源和手持终端机。Wi-Fi 井下无线通信系统信号节点的天线是借鉴了 GSM、CDMA 等公共信息网的天线设计，并结合了实际的情况设计而成的，一般有栅状天线和抛物面天线，栅状天线的抗风能力强，抛物面结构的天线覆盖的距离比较远。Wi-Fi 井下无线通信系统管理软件在开发中使用的是多线程并行和异步通信技术，主要由服务、号码、通话、系统参数和安全等模块组成，具有号码管理、实时通话处理和录音、监听等功能。

Wi-Fi 无线通信系统的运行稳定，可靠性好，有系统开关控制、状态显示、号码注册管理、通话状态显示、拨号权限设置、通话日志记录、参数设置等多项功能。系统管理员可以通过系统的开关控制和状态显示功能，开启、关闭系统，查看管理主机的配置和状态；号码注册管理可以方便注册或删除用户信息，更新管理主机的数据库；系统的通话状态显示、拨号权限设置、通话日志记录功能，能够方便地实现通话优先级、呼叫权限的设置等，记录通话的时间、号码和时长等相关数据；管理员登录系统之后，可以通过参数设置的功能设置系统的基本参数和系统配置。除了上述语音功能外，煤矿井下的 Wi-Fi 网络作为数据传输通道，可以接入如无线视频、无线检测、控制、监管等多个终端，为数字化矿山建设提供了基础设施。

（4）Wi-Fi 网络通信的应用

由于无线网络的频段在世界范围内是无须任何电信运营执照的，因此 Wi-Fi 无线设备提供了一个世界范围内可以使用的，费用极其低廉且数据带宽极高的无线空中接口。用户可以在 Wi-Fi 覆盖区域内快速浏览网页，随时随地接听、拨打电话。2010 年无线网络的覆盖范围在国内越来越广泛，高级宾馆、豪华住宅区、飞机场以及咖啡厅之类的区域都有 Wi-Fi 接口。当我们去旅游、办公时，就可以在这些场所使用掌上设备尽情上网了。厂商只要在机场、车站、咖啡店、图书馆等人员较密集的地方设置“热点”，并通过高速线路将因特网接入上述场所。这样，由于“热点”所发射出的电波可以达到距接入点半径数十米至 100 m 的地方，用户只要将支持 Wi-Fi 的笔记本电脑、PDA、手机、PSP、Ipod、Touch 等拿到该区域内，即可高速接入因特网。

由于 Wi-Fi 技术的宽带无线通信系统具有通信距离长、覆盖面广、通信质量高的优点，还可以无线传输数据和图像，在井下的无线通信中有着很好的性价比[15]。将 Wi-Fi 技术应用到井下无线通信中，可以使用工业以太网作为搭建平台，不需要再单独组网，能节省铺设线路的投资，成本较低；Wi-Fi 无线通信系统直巷道覆盖距离可以达到 500 m，且不受信道的限制，能支持大量的用户同时使用；Wi-Fi 协议的开放性，能够很方便地接入任何符合其标准的终端设备，实现井下各种数据的无线传输，除了能进行语音通信外，还能传输图像；另外，Wi-Fi 的射频信号强，抗干扰能力强，且是公共开放的频段，在使用时不会出现频段限用的问题。Wi-Fi 网络通信技术在煤矿井下的应用，能够很好地解决井下的无线通信问题，既方便了地面对井下作业的监测和管理，又能很好地保证井下作业的安全，但这一技术在与其他自动化系统的深度融合方面还有一定的发展空间，应通过不断的研究和实践，开发出更多的综合功能，以使其能更好地应用在煤矿行业中。

2.4.3 无线传感器网络通信技术

（1）无线传感器网络通信研究现状

无线传感器网络（wireless sensor network，WSN）被认为是 21 世纪最重要的技术之一。加州理工大学教授对此领域在 2003 年作出了宣言性的论断，麻省理工学院和赖斯大学等研究团队通过实验床对其中涉及的数据融合技术、节点集群功能分层的有效性和传感器功能造成的网络协议的特殊性进行了研究。无线自组网温度传感器在理论上已经成熟，世界两大无线芯片生产商 Chipcon 公司（现被 TI 公司并购）和 Freescale 公司（原名摩托罗拉半导体公司）相继推出符合国际标准的各个频段的无线收发器芯片。

近年来，国内一些高等院校与科研机构也积极开展了井下无线传感器网络的相关研究。2007 年，中国科学院合肥物质科学研究院的马祖长等人发明了一种适用于井下临时施工点的无线监测网络系统，由汇聚节点和无线采集节点组成，能全面覆盖临时施工区域，实时监测瓦斯动态变化[16]。2007 年，北京交通大学的杨维等人根据无线信号的强度建立无线传输模型，实现了煤矿无线监测网络中节点的自定位，并且采用滚动平均技术提高了定位精度，同时总结了较为完善的矿山无线信息系统理论与关键技术问题[17]。2008 年，宋柏等人设计了一种无线监测矿山环境参数和矿工信息的装置，可以自动组网，实现了数据的无线采集和传输[18]。2009 年，Yang Yuan 等针对井下长巷道设计了一种基于不均匀固定集群的长距离异构网络，仿真结果显示这种混合路由策略比传统路由更适应井下环境[19]。山西省光电信息与仪器工程技术研究中心长期以来致力于矿山环境监测的研究，理论分析了井下受限空间的电磁波传输规律，为优化无线传感网络的参数提供了依据。

（2）无线传感器网络通信组成

无线传感器网络的节点部署在监控领域，对感兴趣的数据进行采集、处理、融合，并通过主节点路由到基站，用户可以通过卫星或因特网进行查看、控制。这是典型的同构型的体系结构。异构型的体系结构，则是由传感器节点自组织成子网，每个子网通过网关同数据库中心连接，终端用户可以通过数据中心对各个子网进行监控。而从无线传感器网络的功能上，可以把它划分为通信体系、中间件和应用系统三大部分，各部分所包含的功能和对应的研究热点如图 2-15 所示。

组网与通信是通信体系的主要功能，这一层包括开放系统互联 OSI 七层模型中的物理层、数据链路层、网络层和传输层。无线传感器网络的计算模型涉及网络的组织、管理和服务框架，信息传输路径的建立机制，面向需求的分布信息处理模式等问题，是无线传感器网络发展需要首先解决的问题。通信协议是核心内容，包括无线信道调制、共享信道分配、路由构建及与因特网互联等。

中间件（Middleware）主要提供低通信开销、低成本、动态可扩展的核心服务。中间件的功能包括时间同步、定位、系统管理和抽象的通信模型等。

应用系统提供节点与网络的服务接口。面向通用系统提供一套通用的服务接口，而面向专用系统则提供不同的专用服务。其热点问题包括动态资源管理、任务分配、协调控制和

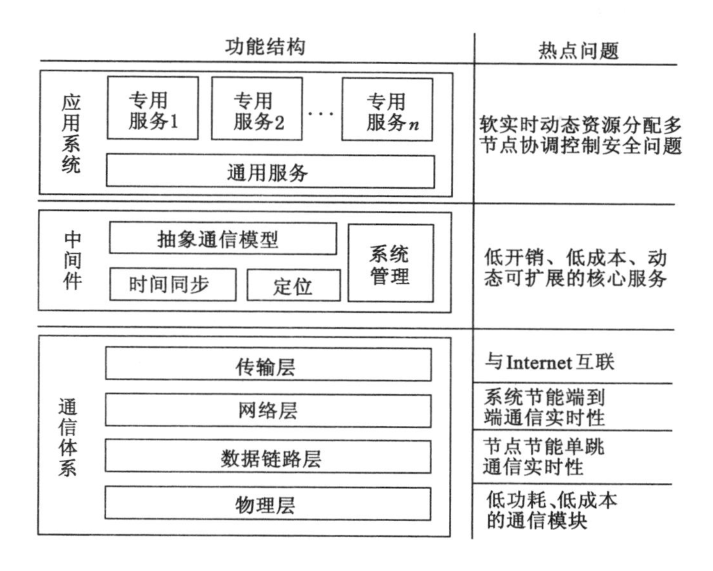

图 2-15　无线传感器网络的体系结构

安全问题等。

在通信体系的四层协议栈中，物理层负责数据的调制、发送与接收，涉及传输的媒介、频段的选择、载波产生、信号检测、调制解调方式、数据加密和硬件设计等。

(3) 无线传感器网络通信工作原理及特点

无线传感器网络就是由部署在监测区域内大量的廉价微型传感器节点组成，通过无线通信方式形成的一个多跳的自组织的网络系统，其目的是协作地感知、采集和处理网络覆盖区域中被感知对象的信息，并发送给观察者。传感器、感知对象和观察者构成了无线传感器网络的三个要素。

无线传感器网络通信具有以下几个特点：

① 大规模

传感器网络通信的大规模性具有如下优点：通过不同空间视角获得的信息具有更大的性价比；通过分布式处理大量的采集信息能够提高监测的精确度，降低对单个节点传感器的精度要求；大量冗余节点的存在，使得系统具有很强的容错性能；大量节点能够增大覆盖的监测区域，减少洞穴或者盲区。

② 自组织

在传感器网络通信应用中，通常情况下传感器节点被放置在没有基础结构的地方，传感器节点的位置不能预先精确设定，节点之间的相互邻居关系预先也不知道，如通过飞机播撒大量传感器节点到面积广阔的原始森林中，或随意放置到人不可到达或危险的区域。这样就要求传感器节点具有自组织的能力，能够自动进行配置和管理，通过拓扑控制机制和网络协议自动形成转发监测数据的多跳无线网络系统。

在传感器网络使用过程中，部分传感器节点由于能量耗尽或环境因素造成失效，也有一些节点为了弥补失效节点、增加监测精度而补充到网络中，这样在传感器网络中的节点个数就动态地增加或减少，从而使网络的拓扑结构随之动态地变化。传感器网络的自组织性要能够适应这种网络拓扑结构的动态变化。

③ 动态性

传感器网络通信的拓扑结构可能因为下列因素而改变：a. 环境因素或电能耗尽造成的传感器节点故障或失效；b. 环境条件变化可能造成无线通信链路带宽变化，甚至时断时通；c. 传感器网络的传感器、感知对象和观察者这三要素都可能具有移动性；d. 新节点的加入。这就要求传感器网络系统要能够适应这种变化，具有动态的系统可重构性。

④ 可靠性

传感器通信网络特别适合部署在恶劣环境或人类不宜到达的区域，节点可能工作在露天环境中，遭受日晒、风吹、雨淋，甚至遭到人或动物的破坏。传感器节点往往采用随机部署。这些都要求传感器节点非常坚固，不易损坏，适应各种恶劣环境条件。

由于监测区域环境的限制以及传感器节点数目巨大，不可能人工"照顾"每个传感器节点，网络的维护十分困难甚至不可维护。传感器网络的通信保密性和安全性也十分重要，要防止监测数据被盗取和获取伪造的监测信息。因此，传感器网络通信的软硬件必须具有容错性。

⑤ 以数据为中心

传感器网络是任务型的网络，脱离传感器网络谈论传感器节点没有任何意义。传感器网络中的节点采用节点编号标识，节点编号是否需要全网唯一取决于网络通信协议的设计。由于传感器节点随机部署，构成的传感器网络与节点编号之间的关系是完全动态的，表现为节点编号与节点位置没有必然联系。用户使用传感器网络查询事件时，直接将所关心的事件通告给网络，而不是通告给某个确定编号的节点。网络在获得指定事件的信息后汇报给用户。这种以数据本身作为查询或传输线索的思想更接近于自然语言交流的习惯。所以通常说传感器网络是一个以数据为中心的网络。

例如，在应用于目标跟踪的传感器网络中，跟踪目标可能出现在任何地方，对目标感兴趣的用户只关心目标出现的位置和时间，并不关心哪个节点监测到目标。事实上，在目标移动的过程中，必然是由不同的节点提供目标的位置消息。

⑥ 集成化

传感器节点的功耗低，体积小，价格便宜，实现了集成化。其中，微机电系统技术的快速发展为无线传感器网络节点实现上述功能提供了相应的技术条件，在未来，类似"灰尘"的传感器节点也将会被研发出来。

⑦ 具有密集的节点布置

在安置传感器节点的监测区域内，布置有数量庞大的传感器节点。通过这种布置方式可以对空间抽样信息或者多维信息进行捕获，通过相应的分布式处理，即可实现高精度的目标监测和识别。最后，适当将其中的某些节点进行休眠调整，还可以延长网络的使用寿命。

⑧ 协作方式执行任务

这种方式通常包括协作式采集、处理、存储以及传输信息。通过协作的方式，传感器的节点可以共同实现对对象的感知，得到完整的信息。这种方式可以有效克服处理和存储能力不足的缺点，共同完成复杂任务的执行。在协作方式下，传感器之间的节点实现远距离通信，可以通过多跳中继转发，也可以通过多节点协作发射的方式进行。

(4) 无线传感器网络通信的应用

由于技术等方面的制约，WSN 的大规模商用还有待时日。但随着微处理器体积的缩小和性能的提升，已经有中小规模的WSN在工业市场上开始投入商用。其应用主要集中在以下领域：① 环境监测；② 医疗护理；③ 军事领域；④ 目标跟踪；⑤ 煤矿及核电厂。

其中在矿山救援通信方面，无线传感器网络已经成为重点研究项目内容，它是集成传感器技术、射频通信技术、微型计算机处理技术和分布式综合信息技术等多学科技术高度交叉发展而成的一个新兴研究领域，大量传感器节点通过自组织方式组网，进行多跳传输，主要完成网络所覆盖区域信息的采集、处理及传输，并将信息上传至上位机进行处理，供用户分析。目前在环境保护和监测、医疗保健、军工制造、地理信息探测、水文地质等领域进行了研究和应用，同时还将相关研究成果应用到煤炭行业。尽管矿山WSN具有无线自组网功能，各节点能够通过多跳的方式以多条的路径和网关设备进行通信，可伸缩性与健壮性较强，但由于带宽和功率的制约，一般还是用来监测各种环境参数（温度、压力、气体浓度等）数据，而不支持通话特别是视频信息等占用宽带较大的多媒体业务。

2.4.4　基于ZigBee短距离无线网络通信技术

（1）ZigBee技术的研究现状

ZigBee是一种最新广泛流行的短距离、低开销、低能耗、低数据速率的无线技术。据说这一名称是由蜜蜂（Bee）和嗡嗡（Zig）这两个单词组合而成的，主要意思是蜜蜂抖动翅膀嗡嗡传递花粉信息。这种无线技术是一个以IEEE 802.15.4标准为基础的个域网协议。

2001年8月，ZigBee Alliance成立。2004年，ZigBee V1.0诞生。它是ZigBee规范的第一个版本，由于推出仓促，存在一些错误。2006年，推出ZigBee 2006，比较完善。2007年底，ZigBee PRO推出。2009年3月，Zigbee RF4CE推出，具备更强的灵活性和远程控制能力。2009年开始，ZigBee采用了IETF的IPv6/6LoWPAN标准作为新一代智能电网Smart Energy（SEP 2.0）的标准，致力于形成全球统一的互联网集成网络，实现端到端的网络通信。随着美国及全球智能电网的建设，ZigBee将逐渐被IPv6/6LoWPAN标准所取代。

ZigBee的底层技术基于IEEE 802.15.4，即其物理层和媒体访问控制层直接使用了IEEE 802.15.4的定义。在蓝牙技术的使用过程中，人们发现蓝牙技术尽管有许多优点，但仍存在许多缺陷。对家庭自动化控制和工业遥测遥控领域而言，蓝牙技术太复杂、功耗大、距离近、组网规模太小等。而工业自动化，对无线数据通信的需求越来越强烈，而且，对于工业现场，这种无线传输必须是高可靠的，并能抵抗工业现场的各种电磁干扰。因此，经过人们长期努力，ZigBee协议在2003年正式问世。另外，ZigBee使用了在它之前所研究过的面向家庭网络的通信协议Home RF Lite。

（2）ZigBee技术的组成

利用ZigBee技术组件的无线个人区域网（WPAN）是一种低速率的无线个人区域网（LR WPAN），这种低速率个人区域网的网络结构简单、成本低廉，具有有限的功率和灵活的吞吐量。在一个LR WPAN网络中，可同时存在两种不同类型的设备，一种是具有完整功能的设备（FFD），另一种是具有简化功能的设备（RFD）。在网络中，FFD通常有3种工作状态：① 作为个人区域网络（PAN）的主协调器；② 作为一个普通协调器；③ 作为一个终端设备。FFD可以同时与多个RFD或其他FFD通信。而RFD则只有一种工作状态即作为一个终端设备，并且一个RFD只能与一个FFD通信。ZigBee的体系结构：ZigBee体系结构主要由物理（PHY）层、媒体接入控制（MAC）层、网络/安全层以及应用框架层构成。

（3）ZigBee技术通信工作原理及特点

简单地说，ZigBee 是一种高可靠的无线数据传输网络，类似于 CDMA 和 GSM 网络。ZigBee 数据传输模块类似于移动网络基站。通信距离从标准的 75 m 到几百米、几千米，并且支持无限扩展。

ZigBee 是一个由可多到 65 535 个无线数据传输模块组成的一个无线数据传输网络平台，在整个网络范围内，每一个 ZigBee 网络数据传输模块之间可以相互通信，每个网络节点间的距离可以从标准的 75 m 无限扩展。

与移动通信的 CDMA 网或 GSM 网不同的是，ZigBee 网络主要是为工业现场自动化控制数据传输而建立的，因而，它必须具有简单、使用方便、工作可靠、价格低的特点。而移动通信网主要是为语音通信而建立的，每个基站价值一般都在百万元人民币以上，而每个 ZigBee“基站”却不到 1 000 元人民币。

每个 ZigBee 网络节点不仅本身可以作为监控对象，例如其所连接的传感器直接进行数据采集和监控，还可以自动中转别的网络节点传来的数据资料。除此之外，每一个 ZigBee 网络节点(FFD)还可在自己信号覆盖的范围内和多个不承担网络信息中转任务的孤立的子节点(RFD)无线连接。

ZigBee 网络无线通信技术具有如下特点：

功耗低：工作模式情况下，ZigBee 技术传输速率低，传输数据量很小，因此信号的收发时间很短；在非工作模式时，ZigBee 节点处于休眠模式。设备搜索时延一般为 30 ms，休眠激活时延为 15 ms，活动设备信道接入时延为 15 ms。由于工作时间较短、收发信息功耗较低且采用了休眠模式，使得 ZigBee 节点非常省电，ZigBee 节点的电池工作时间可以长达 6 个月到 2 年左右。同时，由于电池时间取决于很多因素，如电池种类、容量和应用场合等，ZigBee 技术在协议上对电池使用也做了优化。对于典型应用，碱性电池可以使用数年，对于某些工作时间和总时间(工作时间＋休眠时间)之比小于 1％的情况，电池的寿命甚至可以超过 10 年。

数据传输可靠：ZigBee 的媒体接入控制层(MAC 层)采用 talk-when-ready 的碰撞避免机制。在这种完全确认的数据传输机制下，当有数据传送需求时则立刻传送，发送的每个数据包都必须等待接收方的确认信息，并进行确认信息回复，若没有得到确认信息的回复就表示发生了碰撞，将再传一次，采用这种方法可以提高系统信息传输的可靠性。同时为需要固定带宽的通信业务预留了专用时隙，避免了发送数据时的竞争和冲突。同时 ZigBee 针对时延敏感的应用做了优化，通信时延和休眠状态激活的时延都非常短。

网络容量大：ZigBee 低速率、低功耗和短距离传输的特点使它非常适宜支持简单器件。ZigBee 定义了两种器件：全功能器件(FFD)和简化功能器件(RFD)。对全功能器件，要求它支持所有的 49 个基本参数。而对简化功能器件，在最小配置时只要求它支持 38 个基本参数。一个全功能器件可以与简化功能器件和其他全功能器件通话，可以按 3 种方式工作，分别为：个域网协调器、协调器或器件。而简化功能器件只能与全功能器件通话，仅用于非常简单的应用。一个 ZigBee 的网络最多包括有 255 个 ZigBee 网络节点，其中一个是主控设备，其余则是从属设备。若是通过网络协调器(network coordinator)，整个网络最多可以支持超过 64 000 个 ZigBee 网络节点，再加上各个网络协调器可互相连接，整个 ZigBee 网络节点的数目将十分可观。

兼容性：ZigBee 技术与现有的控制网络标准无缝集成。通过网络协调器自动建立网络，采用载波侦听/冲突检测(CSMA-CA)方式进行信道接入。为了可靠传递，还提供全握手协议。

安全性：ZigBee提供了数据完整性检查和鉴权功能，在数据传输中提供了三级安全性。第一级实际是无安全方式，对于某种应用，如果安全并不重要或者上层已经提供了足够的安全保护，器件就可以选择这种方式来转移数据。对于第二级安全级别，器件可以使用接入控制清单(ACL)来防止非法器件获取数据，在这一级不采取加密措施。第三级安全级别在数据转移中采用属于高级加密标准(AES)的对称密码。AES可以用来保护数据净荷和防止攻击者冒充合法器件。

实现成本低：模块的初始成本在6美元左右，很快就能降到1.5～2.5美元，且ZigBee协议免专利费用。目前低速低功率的UWB芯片组的价格至少为20美元，而ZigBee的价格目标仅为几美分。

(4) ZigBee技术通信的应用

ZigBee技术特别适合于数据吞吐量小、网络建设投资少、网络安全要求较高、不便频繁更换电池或充电的场合，预计将在消费类电子设备、家庭智能化、工控、医用设备控制、农业自动化等领域获得广泛应用。

在工业领域，利用传感器和ZigBee网络，可使数据的自动采集、分析和处理变得更加容易；可以作为决策辅助系统的重要组成部分，例如危险化学成分的检测、火警的早期检测和预报、高速旋转机器的检测和维护。这些应用不需要很高的数据吞吐量和连续的状态更新，重点在于低功耗，可最大限度地延长电池的寿命，减少ZigBee网络的维护成本。

利用ZigBee技术适合实现对一些短距离、特殊场合的人员进行实时跟踪定位，以煤矿井下定位监控系统为例来说明ZigBee在井下的应用。基于ZigBee的井下定位监控系统主要包括信息监控中心、主节点设备以及从节点设备三个部分，其中信息监控端位于地面，通过有线设备与井下不同位置的主节点设备连接，从节点设备就是井下移动目标物体所携带的终端设备，从节点设备通过ZigBee技术无线网络与主节点设备进行通信。

安全检测系统主要由地面部分和井下部分组成。地面部分有煤矿安全监测中心，负责对整个矿山所有监测点的数据实时汇聚监测，主要设备有监控主机、备份主机、VPN网关等。地方安监局与各个煤矿安全监测中心通过Internet VPN连接，实时动态监测煤矿井下瓦斯浓度等数据。井下部分由路由器和传感器网络节点组成。路由器负责连接井下某巷道工作点的数据汇聚并完成与地面数据交互(图2-16)。根据不同应用需求和传感器节点位置，传感器网络节点在网络中可充当网络协调器、簇首和传感器节点三种角色。

① 网络协调器主要协调各簇节点数据与各工作面无线路由器(网关)数据交换；

② 簇首节点负责收集该簇内所有节点采集的数据，并进行数据融合处理，然后发送给网络协调器；

③ 数据采集传感器节点借助数据采集模块收集周围环境的数据，通过通信路由协议将数据传输簇首节点。

应用ZigBee安全监测系统所要达到的目标主要有三个：① 定位，主要是对井下工作人员在正常和非正常情况定位；② 采集工作人员的生命特征，包括心跳、温度和血压等，确定井下工作人员的生命体征；③ 对现场环境具体情况的采集，其中包括温度、湿度和空气中各种气体的含量，对环境情况做出预判。

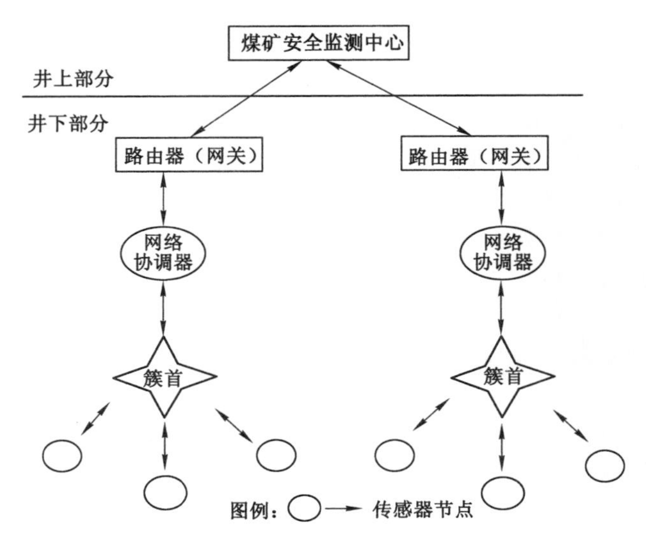

图 2-16　煤矿安全监控结构图

网络设计研究的重点在于 ZigBee 网络节点之间，及 ZigBee 节点与井上救援中心之间的通信问题。ZigBee 节点之间的通信距离相对较短，一般为 75～100 m，难以应用于较远距离通信。然而 ZigBee 的 FFD 具有接替路由功能，从而可以利用其这一特点采取接力通信的方法实现节点之间的远距离通信。设计采用多个移动小车，每个小车都携带 ZigBee 全功能网络节点，利用小车的移动，搭建成井下的 ZigBee 网络。ZigBee 全功能节点具有信息获取、信号处理、路由计算和信息转发功能。通过网络的自组织和多跳路由，将数据发送至井上救援人员的计算机中。整体设计如图 2-17 所示。

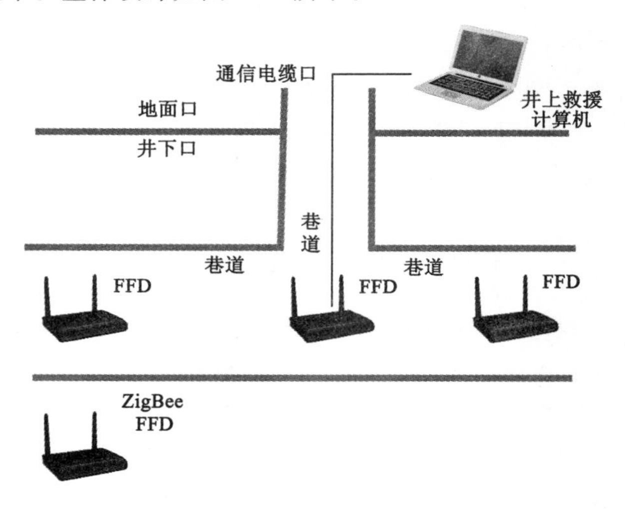

图 2-17　基于 ZigBee 的井下救援通信系统示意图

基于通信技术的井下网络解决方案，采用即敷即用的无线网络搭建技术布置了井下的应急通信救援系统，利用网络进行双向数字信号传输，提供一种可实时监测井下环境、直接联络事故现场以及对遇险人员定位的先进技术手段[20]。该系统可为事故救援提供高可信度、重要的数据资料，为救援工作的顺利开展提供有效帮助。

2.4.5　基于 RFID 短距离无线网络通信技术

（1）RFID 短距离无线网络通信技术研究现状

射频识别(radio frequency identification，RFID)技术，又称无线射频识别，是一种通信技术，可通过无线电信号识别特定目标并读写相关数据，而无须识别系统与特定目标之间建立机械或光学接触。RFID 直接继承了雷达的概念，并由此发展出一种生机勃勃的 AIDC 新技术——RFID 技术。1948 年哈里・斯托克曼发表的《利用反射功率的通信》奠定了射频识别 RFID 的理论基础。在 20 世纪中，无线电技术的理论与应用研究是科学技术发展最重要的成就之一。RFID 技术的发展可按 10 年期划分如下：1941～1950 年，雷达的改进和应用催生了 RFID 技术，1948 年奠定了 RFID 技术的理论基础。1951～1960 年，早期 RFID 技术的探索阶段，主要处于实验室实验研究阶段。1961～1970 年，RFID 技术的理论得到了发展，开始了一些应用尝试。1971～1980 年，RFID 技术与产品研发处于一个大发展时期，各种 RFID 技术测试得到加速，出现了一些最早的 RFID 应用。1981～1990 年，RFID 技术及产品进入商业应用阶段，各种规模应用开始出现。1991～2000 年，RFID 技术标准化问题日趋得到重视和广泛采用，RFID 产品逐渐成为人们生活中的一部分。2001 年至今，RFID 产品种类更加丰富，有源电子标签、无源电子标签及半无源电子标签均得到发展，电子标签成本不断降低，规模应用行业扩大。

（2）RFID 短距离无线网络通信系统组成

RFID 系统是一个需要有计算机网络支持的综合系统，常用的形式为 RFID 总成的无线网络与计算机以太网结合，完成一个综合功能。典型的 RFID 系统由射频卡（也称电子标签、应答器）、读卡器（也称为阅读器、读写器）两大部分组成。射频卡用于存储需要识别的传输信息。在无线定位系统中，射频卡安装于需要被定位的目标体上，可以采取自动或被访问两种形式发送给自身存储的标签信息。读卡器也就是 RFID 终端的信号接收器，处于一个综合系统中的读卡器还可以整合所读取的信息，与计算机网络实现数据互换等多样化的功能。典型读卡器主要由无线收发模块、天线、控制模块及接口电路等组成。

① 电子标签

电子标签(tag)是系统的重要组成部分，主要是存储一些和佩戴此电子标签相关的人或者其他物品的信息以及电子标签本身的标识信息。阅读器可以通过非接触式的方式对电子标签存储的信息进行读取。

② 阅读器

阅读器(reader)是利用无线射频对电子标签中的信息进行读写操作的，它读出的电子标签中的信息可以通过通信网络被电脑控制器获取并进行相关分析。

③ 计算机通信网络

在射频识别系统中，计算机通信网络主要包括通信线路设备以及电脑控制器，阅读器通过标准的接口与计算机通信网络连接，以便实现数据信息的传输与管理等功能。RFID 系统的工作频率不同，其识别距离以及系统设备制作成本都会有所不同。RFID 标签的工作频段有 4 个，分别为低频、高频、超高频和微波频段。不同频段的 RFID 标签，其工作原理、电源及读写距离也有所不同。

（3）RFID 短距离无线网络通信技术工作原理及特点

RFID技术以无线通信技术和大规模集成电路技术为核心，利用射频信号及其空间耦合、传输特性，驱动电子标签电路发射其存储的唯一编码。它可以对静止或移动的目标进行自动识别，并高效地获取目标信息数据，通过与互联网技术的进一步结合，还可以实现全球范围内的目标跟踪与信息共享。RFID技术的基本工作原理：标签进入磁场后，接收解读器发出的射频信号，凭借感应电流所获得的能量发送出存储在芯片中的产品信息（passive tag，无源标签或被动标签），或者主动发送某一频率的信号（active tag，有源标签或主动标签）；解读器读取信息并解码后，送至中央信息系统进行有关数据处理。一套完整的RFID系统，是由阅读器（reader）与电子标签（tag）也就是所谓的应答器（transponder）及应用软件系统三个部分组成，其工作原理是阅读器发射一特定频率的无线电波能量给应答器，用以驱动应答器电路将内部的数据送出，此时阅读器便依序接收解读数据，送给应用程序做相应的处理。以RFID卡片阅读器及电子标签之间的通信和能量感应方式来看大致可以分成感应耦合（inductive coupling）及后向散射耦合（backscatter coupling）两种，一般低频的RFID大都采用第一种方式，而较高频的RFID大多采用第二种方式。阅读器根据使用的结构和技术不同可以是读或读/写装置，是RFID系统信息控制和处理中心。阅读器通常由耦合模块、收发模块、控制模块和接口单元组成。阅读器和应答器之间一般采用半双工通信方式进行信息交换，同时阅读器通过耦合给无源应答器提供能量和时序。在实际应用中，可进一步通过以太网或WLAN等实现对物体识别信息的采集、处理及远程传送等管理功能。应答器是RFID系统的信息载体，目前应答器大多是由耦合元件（线圈、微带天线等）和微芯片组成无源单元。

射频识别系统最重要的优点是非接触识别，它能穿透雪、雾、冰、涂料、尘垢和条形码无法使用的恶劣环境阅读标签，并且阅读速度极快，大多数情况下识别时间不到100 ms。有源式射频识别系统的速写能力也是重要的优点，可用于流程跟踪和维修跟踪等交互式业务。和传统识别技术相比，RFID有以下优势：

① 快速扫描。RFID辨识器可同时辨识读取数个RFID标签。

② 体积小型化、形状多样化。RFID在读取上并不受尺寸大小与形状限制，不需为了读取精确度而配合纸张的固定尺寸和印刷品质。此外，RFID标签更可向小型化与形状多样化发展，以应用于不同产品。

③ 抗污染能力和耐久性。传统条形码的载体是纸张，因此容易受到污染，但RFID对水、油和化学药品等物质具有很强的抵抗性。此外，由于条形码是附于塑料袋或外包装纸箱上，所以特别容易受到折损；RFID卷标是将数据存在芯片中，因此可以免受污损。

④ 可重复使用。现今的条形码印刷上去之后就无法更改，RFID标签则可以重复地新增、修改、删除RFID卷标内储存的数据，方便信息的更新。

⑤ 穿透性和无屏障阅读。在被覆盖的情况下，RFID能够穿透纸张、木材和塑料等非金属或非透明的材质，并能够进行穿透性通信。而条形码扫描机必须在近距离而且没有物体阻挡的情况下，才可以辨读条形码。

⑥ 数据的记忆容量大。一维条形码的容量是50个字节，二维条形码最大的容量可储存3 000个字节，RFID最大的容量则有数兆个字节。随着记忆载体的发展，数据容量也有不断扩大的趋势。未来物品所需携带的资料量会越来越大，对卷标所能扩充容量的需求也相应增加。

⑦ 安全性。由于 RFID 承载的是电子式信息，其数据内容可经由密码保护，使其内容不易被伪造及变造。

(4) RFID 技术的应用

短距离射频识别产品不怕油渍、灰尘污染等恶劣的环境，可在这样的环境中替代条码，例如用在工厂的流水线上跟踪物体。长距离射频识别产品多用于交通上，识别距离可达几十米，如自动收费或识别车辆身份等。

① 在零售业中，条形码技术的运用使得数以万计的商品种类、价格、产地、批次、货架、库存、销售等各环节被管理得井然有序。

② 采用车辆自动识别技术，使得路桥、停车场等收费场所避免了车辆排队通关现象，减少了时间浪费，从而极大地提高了交通运输效率及交通运输设施的通行能力。

③ 在自动化的生产流水线上，整个产品生产流程的各个环节均被置于严密的监控和管理之下。

④ 在粉尘污染、寒冷、炎热等恶劣环境中，远距离射频识别技术的运用改善了卡车司机必须下车办理手续的不便。

⑤ 在公交车的运行管理中，自动识别系统准确地记录着车辆在沿线各站点的到发站时刻，为车辆调度及全程运行管理提供实时可靠的信息。

⑥ 在设备管理中，RFID 自动识别系统可以将设备的具体位置与 RFID 读取器绑定，当设备移动出了指定读取器的位置时，记录其过程。

RFID 电子标签的技术应用非常广泛，据物联网智库统计，目前典型应用有：移动支付、动物晶片、门禁控制、航空包裹识别、文档追踪管理、包裹追踪识别、畜牧业、后勤管理、移动商务、产品防伪、运动计时、票证管理、汽车晶片防盗器、停车场管制、生产线自动化、物料管理等等。

RFID 技术在井下主要应用于人员定位跟踪，而且 RFID 在我国大陆的特高频无线电波(UHF)的规划分配是 840～925 MHz，所有基于 RFID 的井下定位系统多采用的工作频率为 915 MHz，工作在该频段不仅安全性好，而且读写距离适中，有利于精确定位[21]。RFID 井下定位系统的主要组成部分有地面监控主机、地面显示屏、连接设备、井下阅读器以及佩戴在井下人员身上的电子标签。在人员需要经过的主要通道及工作面安装一定数量的阅读器，并将这些阅读器通过计算机通信网络与地面监控主机连接。当井下人员进入井下阅读器的工作范围内时，阅读器马上就能激活电子标签并读取电子标签信息，信息通过计算机通信网络被传送到地面数据服务器，服务器通过对这些信号的处理计算出井下佩戴定位标签的移动目标位置，同时这些信息也显示在监控端及电子屏幕上。井下人员定位系统的最大作用是井下发生事故时，可以根据监控主机上显示的井下人员位置快速展开营救，另外，这些信息还能作为考勤信息记录矿山人员的出勤情况。

2.4.6　超宽带无线通信技术

(1) 超宽带无线通信技术研究现状

超宽带无线通信技术真正成为热点是近年来的新兴事情。2002 年 2 月 14 日，美国联邦通信委员会 FCC 发布了超宽带无线通信的初步规范，规定了超宽带无线通信目前实际可使用的频谱范围为 3.1～10.6 GHz，并规定了在这一范围内平均发射功率不超过 −41.3 dBm，从而正式有条件地解除了超宽带无线通信技术在民用领域的使用限制。这是超宽带无线通信技术真正走向商业化的一个重要里程碑，也极大地激发了相关的学术研究和产业化进程。IEEE 802.15.3a 任务组将 UWB 作为高速无线区域网最重要的实现技术之一。很多公司提交了基于超宽带无线通信技术的物理层提案，争取成为实现的标准。出于各自的商业利益的考虑，各方案之间竞争十分激烈，还没有形成普遍接受的标准。目前国际上许多著名的国际性跨国公司，如英特尔公司、美国电话电报公司(AT&T)、德州仪器公司(TI)、摩托罗拉公司、IBM 公司、索尼公司等都涉足这些方面的研究，有的还成立了专门的研究所，有的正在申请或已获得了相关方面的专利，有的彼此之间结成 UWB 方面的各种联盟，致力于个人无线多媒体应用。美国英特尔公司和 Xtreme Spectrum 公司更是早在 2002 年就推出了采用大规模集成电路、速率达 100 MB/s 以上的 UWB 传输链路演示系统。2003 年 4 月英特尔公司演示了多带方式的 UWB 系统，速率达到 220 MB/s，传输距离为 1 m；同时，新加坡资讯通信研究院的 UWB 实验系统更是达到了 500 MB/s 的速率，传输距离为 4 m。摩托罗拉公司收购 Xtreme Spectrum 公司后成立飞思卡尔(Freescale)公司，期间多次进行了同时有微波炉、蓝牙系统、802.11b、802.11a、蜂窝通信系统、无绳电话在同一地区工作的条件下传输两路不同高清晰度数字电视(high-definition television，HDTV)活动图像的演示，产生了巨大影响。另外，还有 Time Domain、Wisair、Alereon、Atmel 等多家公司都演示了其 UWB 通信系统或者发布了 UWB 芯片。

国际上许多著名的大学和研究机构如斯坦福大学、南加州大学、英特尔无线研究室等都广泛开展了这方面的研究，有的还成立了专门的实验室，并且已经获得了很多重要的进展。美国南加州大学的朔尔茨(Scholtz)教授等学者在南加州大学成立的爱特锐(Ultra Lab)实验室是世界上超宽带通信系统技术的一个重要研究机构。他们与美国 Time Domain 公司率先联合研究跳时扩频 UWB 技术在通信中的应用，并开展对超宽带通信系统中的信道特性的实测与理论研究，给出了初步的信道特性描述，分析了关于跳时扩频 UWB 系统在多径信道下的性能，极大地推动了超宽带无线通信技术的理论研究。

2002 年 5 月，电气和电子工程协会(IEEE)召开了 UWB 科学与技术第一次专业性国际会议(UWBST02)，之后 IEEE 每年均召开了 UWB 专业性国际会议。目前和无线通信技术有关的几个主要 IEEE 国际会议，如 ICC、Globecom、VTC、PIMRC 等都开辟了 UWB 技术的论题，发表了大量的研究成果。

我国在超宽带无线通信技术方面的研究刚刚起步，得到了广泛的重视。国家 863 计划和国家自然科学基金等已设立了超宽带无线通信技术的研究项目，但总体来讲各方面的投入都还有限，虽取得重要进展，与美欧先进国家相比，在实用系统研发和相关技术的国家标准制定等方面差距很大，且差距有逐渐拉大的趋势，有必要通过努力迎头追上乃至赶超欧美先进水平。

(2) 超宽带无线通信技术的工作原理及特点

目前 UWB 无线通信的实现方案主要有无载波脉冲方案、单载波 DS-CDMA 方案和 MB-TFI-OFDM 方案。其中后两种方案需要对载波进行调制，是 2002 年 FCC 对 UWB 进行了重新定义和制订了民用 UWB 通信初步规定后所提出的新方案。本节分别介绍这三种方案的基本原理。

① 无载波脉冲方案

无载波脉冲方案为 UWB 通信的传统方式，也是目前文献中介绍得最多的方式。这种方案中，发射机产生基带窄脉冲序列，并通过脉冲位置调制（PPM）、二进制移相键控（BPSK）或脉冲幅度调制（PAN）等调制方式携带信息。基带窄脉冲序列直接发送到空中，而无须对载波进行调制。典型的无载波脉冲位置调制 UWB 通信系统如图 2-18 所示。

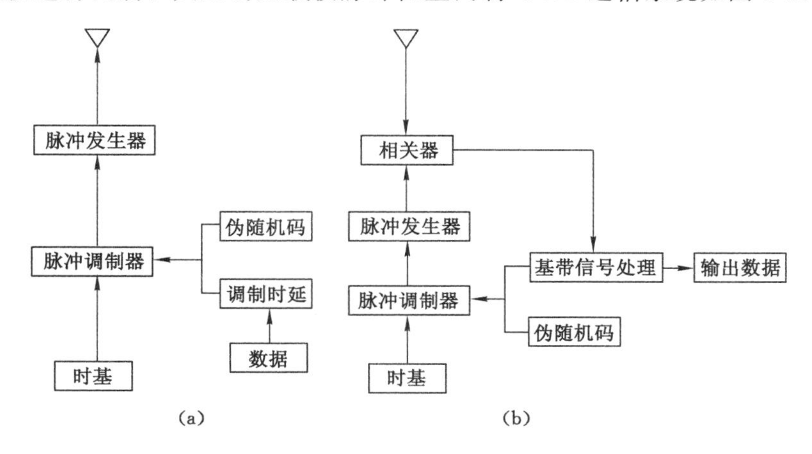

图 2-18　无载波脉冲位置调制 UWB 通信系统

（a）发射机；（b）接收机

系统中的单脉冲可以采用多种不同的波形，如高斯波形、正余弦波形等。其中，高斯波形在目前的文献中用得较普遍。在无载波脉冲 UWB 通信中，收发端的天线对输入信号分别有一次微分效应，即天线的输出信号在时域上是输入信号的一次导数的形式。图 2-19 所示为一个典型的高斯脉冲在接收天线上的输出信号的时域波形和功率谱密度函数。

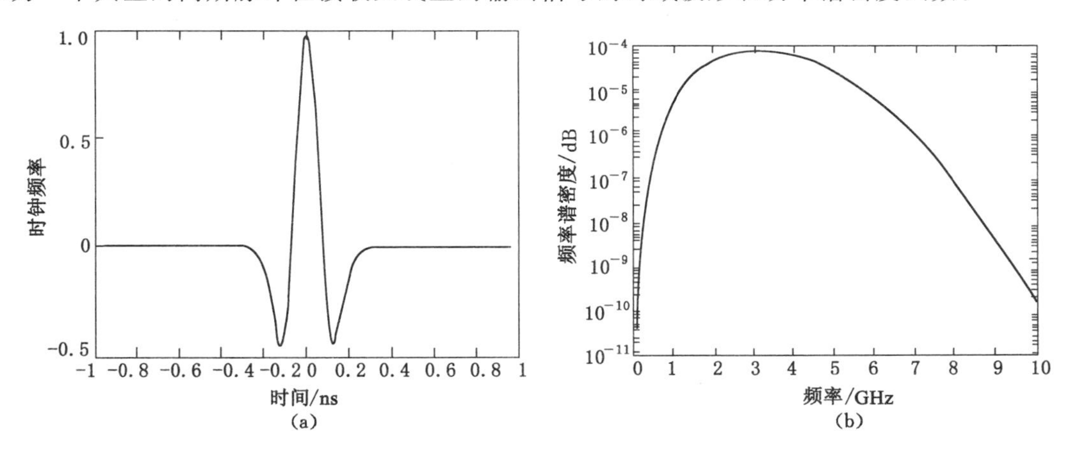

图 2-19　典型高斯脉冲接收端的时域波形和功率谱密度

（a）时域波形；（b）功率谱密度

在无载波脉冲 UWB 高速数字通信系统中，单脉冲的宽度极窄，一般在亚纳秒级，因此具有极强的多径信道分辨能力，从而使无线室内通信环境中，密集多径信道的多径分离和处理成为可能，提供了大幅度提高系统性能的可能性。早期的无载波脉冲 UWB 通信系统，因为直接利用基带简单脉冲波形进行通信，所以与传统的通信系统相比，收发信机结构简单，实现成本低。但在 FCC 关于 UWB 通信功率谱的规定下，频谱利用率不高。这可以通过脉冲波形优化设计加以改善。但目前这方面的研究还没有十分理想的可实用的结果。而另一条途径就是采用多带载波调制的方式，从而可以灵活、高效地利用频谱，提高系统性能。

② 单载波 DS-CDMA 方案

在单载波 DS-CDMA 方案中，经过 DS-CDMA 扩频之后的信号再通过对载波进行调制，从而可以在合适的频带范围内传输。目前 FCC 规定 UWB 通信的实际频谱使用范围为 3.1～10.6 GHz。传统的无载波脉冲方案中，存在较多低频分量，如图 2-19(b)所示，因此很难适应 FCC 的限制；而单载波 DS-CDMA 方案，通过频谱搬移就较好地解决了这一问题。图 2-20 为 Xtreme Spectrum 等公司提出的单载波 DS-CDMA UWB 方案的信号频谱示意图。图中有两个可用频段：3.1～5.15 GHz(低频段)和 5.825～10.66 GHz(高频段)，UWB 信号可以通过对载波进行调制，在这两个频段之一传输，或在这两个频段同时传输。两个频段之间的部分没有利用，是为了避免与美国非特许的国家信息基础设施(UNII)频段和 IEEE 802.11a 系统的干扰。

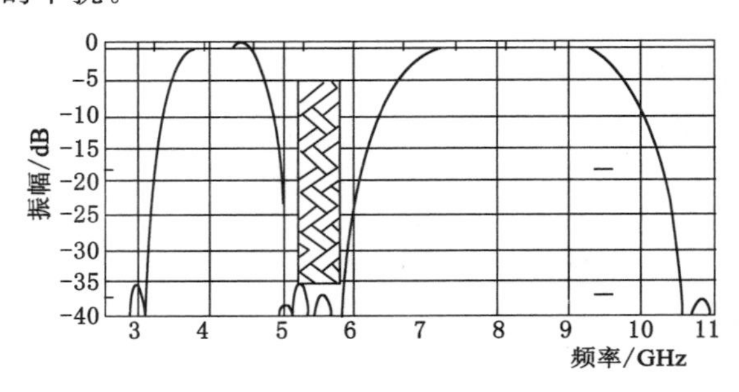

图 2-20　单载波 DS-CDMA 信号频谱

与一般的 DS-CDMA 扩频通信系统相比，DS-CDMA UWB 通信系统占用频段较宽。表 2-1 给出了部分系统参数。

表 2-1　　典型单载波 DS-CDMA UWB 系统的部分参数

参数		数值
低频段	码片速率	1.368 Mcps
	扩频码长	24
	符号速率	57 Mkbps
高频段	码片速率	2.736 GHz
	扩频码长	24
	符号速率	114 Mkbps
扩频码 CDMA 编码类型	低自相关性的三进制码(±1,0) *M*-BOK(*)，*M*=4,8,16	

注：*M*-BOK：*M* 进制双正交键控(mary binary orthogonal keying)。

在 DS-CDMA UWB 系统的接收机中，一般采用 RaKe 接收和判决反馈均衡(DFE)等技术以提高系统性能。在单载波 DS-CDMA 方案中，可以通过使用不同的伪随机(PN)码集合划分不同的微微网(piconet)。通过使用 4 组码集合和高、低两个频段，可以同时支持8 个微微网，每个微微网内部使用时分多址（TDMA）的接入方案，与 IEEE 802.15.3 的媒体接入控制（MAC）层协议兼容。

③ MB-TFI-OFDM 方案

MB-TFI-OFDM 方案与传统的 OFDM 通信有很多相似之处，但同时又符合 FCC 关于 UWB 的定义，具有 UWB 的特点和优点，是目前较新的一种 UWB 通信实现方式。在 MB-TFI-OFDM系统中，将可用的频段分为多个子频带，每个子频带带宽大于 500 MHz。每个子频带的信号为一个 OFDM 信号，它由许多个正交的子载波信号合成。OFDM 系统可以达到很高的频谱利用率。当子载波数较大时，各子载波幅度谱叠加的总信号幅度谱有很好的矩形特性，因此可以充分利用频谱资源。MB-TFI-OFDM 方案在频谱利用方面有很高的灵活性。根据各个 UWB 设备之间或 UWB 设备与其他无线通信设备之间的干扰情况，可以降低一个或多个子频带的发射功率，或取消一个或多个子频带的发射，以有效地降低干扰，提高网络性能。还可以通过抑制相应的子载波，更加精确地控制合成信号的频谱形状。多带方式还为 MAC 层提供了频分多址（FDMA）的选择。不同的 UWB 终端或不同的微微网可以使用不同的子频带集合，或使用不同的时频序列作为地址码，以相互区别。还可以把这种 FDMA 方式和 CDMA、TDMA 等相结合，进行灵活多样的多址方案的设计。

UWB 的特点主要有以下几点：

a. 共享宽带频谱资源，系统容量大，传输速率高

UWB 技术以一种新的、与其他系统共享的方式使用频谱。UWB 通信使用的频谱从 3.1 GHz到 10.6 GHz，宽度高达 7 500 MHz，而无须划分特定的、专有的频段。通过发射功率的限制（EIRP 不超过－41.3 dBm），降低了 UWB 通信系统对其他通信系统的干扰，这样的频谱使用方式，在频谱资源非常紧张的今天尤其具有重要的意义，这也是 UWB 兴起的主要原因之一。UWB 无线通信利用其超宽带的优势，即使把发送信号功率谱密度控制得很低，也可以实现高达 100～500 MB/s 的信息速率。根据香农信道容量公式，如果使用 7 GHz带宽，即使信噪比低至－10 dB，理论信道容量也能达到 1 GB/s。

b. 发射功耗低，低截获概率

超宽带无线电的射频带宽可达 1 GHz 以上，且所需平均功率很小，信号功率谱密度低，被隐蔽在环境噪声和其他信号中，难以被检测到。再加上采用的跳时、跳频、直接序列扩频等扩频多址技术，使非授权者很难截获传输的信息，因而安全性非常好。传统的无线通信系统，因为频带较窄，要实现 100 MB/s 以上的高传输速率，必须采用高阶调制等方法达到较高的频谱使用效率，这就对信噪比提出了很高的要求，同时提高了系统的复杂性。UWB 系统的频带很宽，即使传输速率高达 1 GB/s 以上时，所需信噪比仍然不高，这使得系统较为简单，较大地降低了系统的成本和功耗。如果 UWB 通信采用的是其传统的基带窄脉冲形式，因为无须对载波进行调制和解调，将使系统的成本和功耗进一步降低，同时低功率的脉冲比起以前雷达和通信中的大功率脉冲，更容易产生，实现成本更低。

c. 良好的多径分辨率，定位精度高

脉冲 UWB 采用持续时间极短的窄脉冲，其时间分辨力很强，系统的多径分辨率极高，带宽超过 1 GHz 的 UWB 系统，能分辨出时延小于 1 ns 的多径信号，通过 RAKE 接收机可以获得足够的信号能量，使得脉冲 UWB 系统具有很强的抗衰落能力。

大量实验表明，对常规无线电信号多径衰落深达 10～30 dB 的多径环境，对超宽带无线

电信号的衰落最多不到 5 dB。系统的定位精度与信号带宽直接相关，UWB 信号的带宽一般在 500 MHz 以上，远远高出一般的无线通信信号，因此，其空间分辨力也很强，所能实现的定位精度很高。与全球定位系统(GPS)相比，UWB 技术的定位精度更高，基带窄脉冲形式的信号，因为其带宽通常在数吉赫兹，所以理论上其定位精度可达厘米量级。

(3) 超宽带无线通信技术的应用

UWB 技术主要应用在无线通信、雷达探测成像、定位跟踪三个领域。

① 无线通信领域

UWB 具有高速率、低功耗数据链路，并且有抗多径干扰机制，因此可以用于楼内通信系统、室内宽带蜂窝电话、保密无线电和无线宽带因特网接入。其在民用方面的应用包括：数字家庭网内各种家用电器有机的连接、控制和管理；实现短距离无线网络内传输高速数据和图像，且不对现有的无线电设备产生干扰；UWB 技术很可能变为无线 USB 传输物理层标准，以 IEEE 802.15.3a 为例，在 3 m 以内达到 480 MB/s 的传输速率；公路信息服务系统和汽车监测系统中采用 UWB 技术可以提供突发且高达 100 MB/s 的路况、天气等信息服务，以及监测司机状况、传递车辆相关数据等信息。在军事通信上，UWB 技术的低发射功率和低截获率等特点加强了信息的安全性，结合超宽带技术和自组织网络技术可构建灵活的战场无线通信系统和单兵作战系统；此外，超宽带技术可用于舰船和飞机的内部通信系统。

② 雷达探测领域

脉冲超宽带技术使用的是亚纳秒级的脉冲信号，其空间距离分辨率很高，通常远小于目标尺寸。高的距离分辨率和宽频谱的结合使得超宽带具有精确的目标识别能力，能够获得复杂目标的细微特征。基于超宽带技术可以设计穿墙和探地成像系统和动态感应雷达，此外，超宽带技术还可以应用于汽车的防撞感应器上。在军事上，超宽带技术可用于入侵检测、控制无人驾驶车辆和飞行器等设备上。

③ 定位跟踪领域

利用多个 UWB 节点，通过波达时差等技术，在室内和室外都可以构成移动节点的精确定位和跟踪系统，用于消防救援、病人监护和犯人或贵重物品的跟踪监视等方面。特别是在室内或封闭环境、GPS 系统无法奏效的情况下，基于 UWB 技术的定位系统更能显示其优越性。

2.4.7 基于 WMN 的无线网络通信技术

(1) 基于 WMN 通信技术的研究现状

WMN(wireless mesh network)是移动 Ad-Hoc 网络的一种特殊形态，它的早期研究均源于移动 Ad-Hoc 网络的研究与开发。它是一种高容量、高速率的分布式网络，不同于传统的无线网络，可以看成是一种 WLAN 和 Ad-Hoc 网络的融合，且发挥了两者的优势，作为一种可以解决“最后一千米”瓶颈问题的新型网络结构[22]。目前，国内外许多研究机构都致力于 WMN 技术的发展和实现。加州大学洛杉矶分校马里奥格达(Mario Gcda)教授所领导的“无线自适应移动性实验室”(The Wireless Adaptive Mobility Lab)，研究方向包括 WMN 路由协议、多播协议、QoS、MAC 协议、功率控制、蓝牙网络等。康奈尔大学齐格蒙特·哈斯(Zygmunt J. Hass)教授所领导的“无线网络实验室”(Wireless Networks Lab)，研究方向包括 WMN 网络重构、MAC 协议、路由协议、网络安全等。伊利诺伊大学厄班纳-尚佩恩(Urbana-Champaign)分校尼特瓦尼亚(Nitin Vaidaya)教授所领导的 Ad-Hoc 网络研究小组(现伊利诺伊大学 Urbana-Champaign 分校 ECE 系)，研究方向包括 WMN 的定向 MAC 协议、定向路由协议、网络调度等。马里兰大学萨蒂克·特里帕蒂(Satishk Tripathi)教授所领导的"移动计算与多媒体实验室"(The Mobile Computing and Multimedia Lab)，研究方向包括 jiaystar 网络路由协议、QoS 等。加州大学圣巴巴拉分校伊丽莎白·贝尔丁·罗耶(Elizabeth M. Belding-Royer)教授所领导的"移动性管理和联网实验室"(The Mobility Managementand Networking Lab)，研究方向包括网络路由协议、多播协议、地址重构、安全性、QoS、可伸缩性和适应性等。加州大学圣克鲁兹分校加西亚·卢娜·艾克维斯(J. J. Garcia-Luna-Aceves)教授所领导的"计算机通信研究小组"(The Computer Communications Research Group)，研究方向主要包括无线网络的信道接入等。Intel Research-Berkeley Lab 提出的 XScale Basednodes、Nortel WMN(包括支持 2.4 GHz 和 5.8 GHz 的 WAP)、Mesh Networks 的 QDMA(quadrature division multiple access)射频平台、Tropos Networks 采用蜂窝 Wi-Fi Network 结构来组建骨干 WMN 网络等系统。微软研究院提出的 MCL(the mesh connectivity layer)模型。除此以外，还包括美国陆军、海军、其他企业等研究机构。

在国内，目前主要工作集中在相关协议的仿真研究上。国内除个别机构参与了部分标准制定外，基本上弱化了 WMN 标准制定的话语权，一些研究工作没能完全跟上国际主流趋势。国内学者所发表的 WMN 的研究成果较少。从 2003 年起，开始有少量论文发表，研究这类的论文大约有数十篇，主要文章基本上集中在路由协议的一些改进，少量成果涉及 MAC 协议的研究，可以说国内在该研究领域基本上是刚刚起步。目前国内涉足研究的单位主要包括清华大学、中国科学院、哈尔滨工业大学、华中科技大学、国防科技大学、上海交通大学、西南交通大学、西安电子科技大学、电子科技大学等。除此以外，国内一些知名的通信企业，如华为、中兴等，也分别有各自的研究小组。同时，国际上许多有名的通信领域企业也致力于 WMN 技术的研究和实现，如 Aerial Broadband，Azulstr Networks，Accton，Bel Air Networks，Cisco，CoroNets，Firetide，IBM，Intel，Inter Digital，Kiyon，Lam Tech(ex. Radiant)，Locust World，Mesh Dynamics，Motorola(ex. Mesh Networks)，Micro Soft，Norkia Rooftop，Nortel Networks，NextHop，PacketHop，Ricochet Networks，Sky Pilot Networks，Strix Systems，Seakay，Telabria，Thomson，Tropos Networks 等，其中 Cisco，IBM，Motorola，Micro Soft，Nortel 等公司走在该领域的前沿。

2006 年 9 月，Cisco 连同 IBM、Seakay 和 Azulsg Networks 等公司共同赢得了全美最大的 WMN 项目。在美国加利福尼亚硅谷地区，总面积逾 3 900 km^2，利用 WMN 提供无处不在的无线网络接入服务以及大量新兴的公众服务。2007 年 5 月，Aruba Networks 发布其安全企业 Mesh 架构，该项技术帮助企业在不需要安装任何新的数据配线的情况下，进行融合数据、语音及视频的网络的配置和扩展。

WMN 网络的出现和发展与 20 世纪 80 年代 Internet 和无线局域网的兴起和应用直接相关。个人计算机的应用和 Internet 的出现，使人们的信息交流和应用变得极其方便和容易，极大地改变了人们的社会活动和生活状况，促进了社会飞速发展和进步。但是，已经有的城市建设布局和建筑物，不可能为 Internet 的需要任意更改和重建。建设布局不能改，城市建筑不能破坏，给 Internet 的覆盖和应用造成极大困难。因此，无线通信和无线覆盖具有极好的应用前景。无线覆盖作为 Internet 面向用户终端的接入手段，十分有效和方便，得到各方的重视，纷纷开展研究和应用，例如 IEEE 802 系列标准和产品，就是无线 Mesh 的典型代表。但是,各城市、各地区有限的 Internet 接入点和网络连接位置,给通过无线实现全区域覆盖带来难题。

(2) 基于 WMN 通信技术的组成

WMN 由节点组成,包括网关节点、用户节点、中继节点。网关节点是与骨干网接口,一般由高速路由器相连,网关节点可以有一个或多个,可以根据网络的容量和可靠性要求来逐渐增加,任何一个用户节点都可以充当网关节点,因此可以选择一个合适的位置节点作为网关节点。用户节点直接与用户终端或用户网络相连,其功能除了提供业务接口外,还作为一个多端口的无线路由,完成其他节点业务的中转功能。中继节点只包含中转功能,用来扩展或提高整个网络的性能。

(3) 基于 WMN(无线 Mesh)通信技术的工作原理及特点

无线 Mesh 网络是一种多跳的、具有自组织和自愈特点的分布式宽带无线网络,它可以看成是一种融合了无线局域网(WLAN)和移动 Ad-Hoc 网络的特点并且发挥了两者优势的新型网络。无线 Mesh 网络主要由路由器节点和终端节点组成。路由器节点互联构成无线骨干网,通过网关节点可以与互联网建立连接;终端节点通过路由器节点可以接入互联网,并与其他终端节点组网,实现终端节点之间、终端节点与网络之间的互联互通。

在使用 WMN 无线网络建设的网络中,其拓扑结构呈格栅状,图 2-21 所示为一种典型结构。整个网络由下列部分构成:智能接入点(IAP/AP);无线路由器(WR);终端用户/设备(Client)。

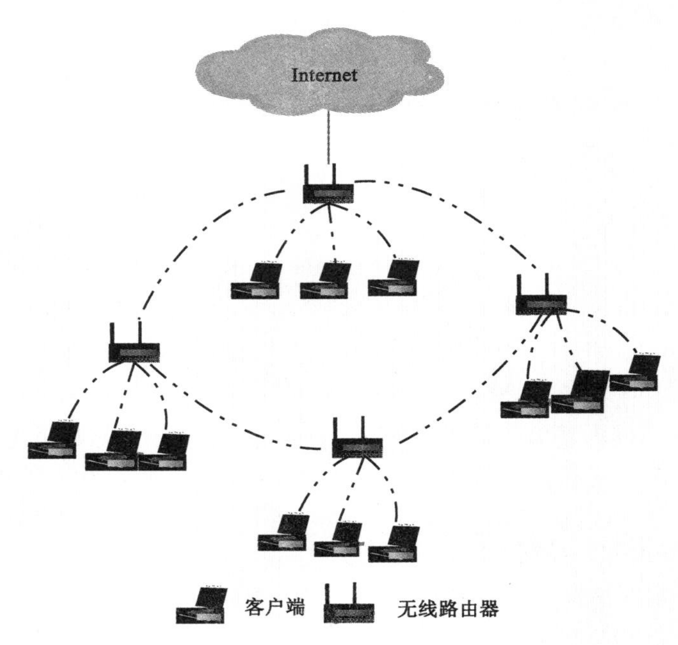

图 2-21　WMN 无线网络结构

AP 也称无线接入点或网络桥接器,一个 AP 能够在几十至上百米的范围内连接多个无线路由器,AP 的主要作用是将无线网络接入核心网,其次要将各个与无线路由器相连的无线客户端连接到一起,使装有无线网卡的终端设备可以通过 AP 共享核心网的资源。IAP

(智能接入点)是在AP的基础上增加了Ad-Hoc路由选择功能。除此之外,AP/IAP还具有网管的功能,实现对无线接入网络的控制和管理,把传统交换机的智能性分散到接入点(AP/IAP)中,大大节省了骨干网络建设的成本,提高了网络的可延展性。在智能接入点的下层,配置无线路由器,即WR,从而为底层的移动终端设备(即用户)提供分组路由和转发功能,并且从智能接入点下载并实现无线广播软件更新。转发分组信息的路由根据当时可使用的节点配置临时决定,即实现动态路由。在该网络结构中,通过使用无线路由器(WR)可以实现移动终端设备与接入点间通信范围的弹性延展。

终端用户/设备(Client)兼备主机和路由器两种角色。一方面,节点作为主机运行相关的应用程序;另一方面,节点作为路由器需要运行相关的路由协议,参与路由发现、路由维护等常见的路由操作。

基于以上的结构,WMN有以下两种典型的实现模式。

① 基础设施网格模式(infrastructure meshing)

该模式在接入点与终端用户之间形成无线回路。移动终端通过WR的路由选择和中继功能与IAP形成无线链路,IAP通过路由选择及管理控制等功能为移动终端选择与目的节点通信的最佳路径,从而形成无线回路。同时移动终端通过IAP可与其他网络相连,从而实现无线宽带接入。这样的结构降低了系统成本,提高了网络覆盖率和可靠性。

② 终端用户网格模式(client meshing)

终端用户自身配置无线收发装置通过无线信道的连接形成一个点到点的网络,这是一种任意网格的拓扑结构,节点可以任意移动,可能导致网络拓扑结构也随之发生变化。在这种环境中,由于终端的无线通信覆盖范围有限,两个无法直接通信的用户终端可以借助其他终端的分组转发进行数据通信。在任一时刻,终端设备在不需要其他基础设施的条件下可独立运行,它可支持移动终端较高速率的移动,快速形成宽带网络,终端用户模式事实上就是一个Ad-Hoc网络,它可以在没有或不便利用现有的网络基础设施的情况下提供一种通信支撑环境。

由于两种模式具有优势互补性,因此同时支持两种模式的网络将在一个广阔的区域内实现多跳的无线通信,移动终端既可以与其他网络相连,实现无线宽带接入,又可以与其他用户直接通信,并且可以作为中间的路由器转发其他节点的数据,送往目的节点。WMN不仅可以看作是WLAN与Ad-Hoc融合的一种网络,又可看作是因特网的一种无线版本。

WMN是由MR(Mesh Router)和MC(Mesh Client)构成的无线网状网络[23]。MR构成WMN的主干部分,提供移动解决方案。与传统的无线网络不同,WMN中的每个MC不仅可以作为主机,而且可以提供路由。因此,WMN是一种动态自组织和自配置的网络,其节点自动建立和维护网络连接。按网络结构层次,WMN网络可分为单级结构、多级结构和混合结构,网络逻辑拓扑分别如图2-22至图2-24所示。

实际上,WMN是从MANET(Mobile Ad-Hoc Networks)网络中分离出来,并承袭了部分WLAN技术的新型无线网络技术。严格地说,WMN是一种新型的宽带无线网络结构,一种高容量、高速率的分布式网络。WMN与传统无线网络相比有许多优势:

a. 可靠性大大增强

WMN采用的网络拓扑结构避免了点对多点星型结构,如802.11WLAN和蜂窝网等由于集中控制方式而出现的业务汇聚、中心网络拥塞以及干扰、单点故障,从而带来额外可靠

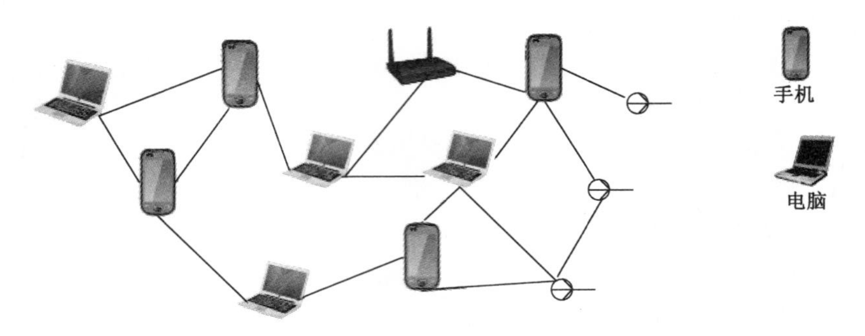

图 2-22 WMN 单级结构逻辑拓扑图

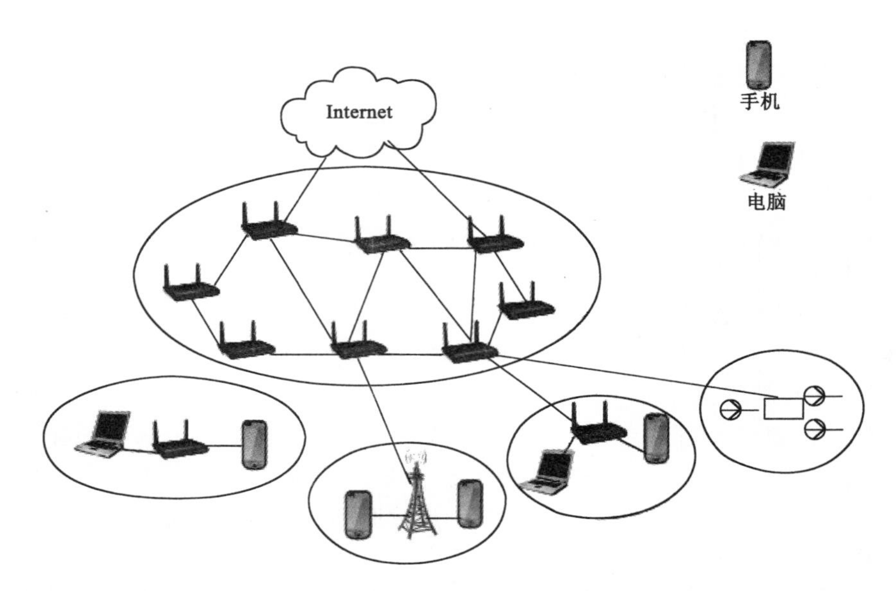

图 2-23 WMN 多级结构逻辑拓扑图

性保证成本投资。

b. 具有冲突保护机制

WMN 可对产生碰撞的链路进行标识，同时可选链路与本身链路之间的夹角为钝角，减轻了链路间的干扰。

c. 简化链路设计

WMN 通常需要较短的无线链路长度，这样降低了天线的成本（传输距离与性能）以及发射功率，也将随之降低不同系统射频信号间的干扰和系统自干扰，最终简化了无线链路设计。

d. 网络的覆盖范围增大

由于 WR 与 IAP 的引入，终端用户可以在任何地点接入网络或与其他的节点联系，与传统的网络相比接入点的范围大大增大，而且频谱的利用率提高，系统的容量增大。

e. 组网灵活、维护方便

由于 WMN 网络本身的组网特点，只要在需要的地方加上 WR 等少量的无线设备，即

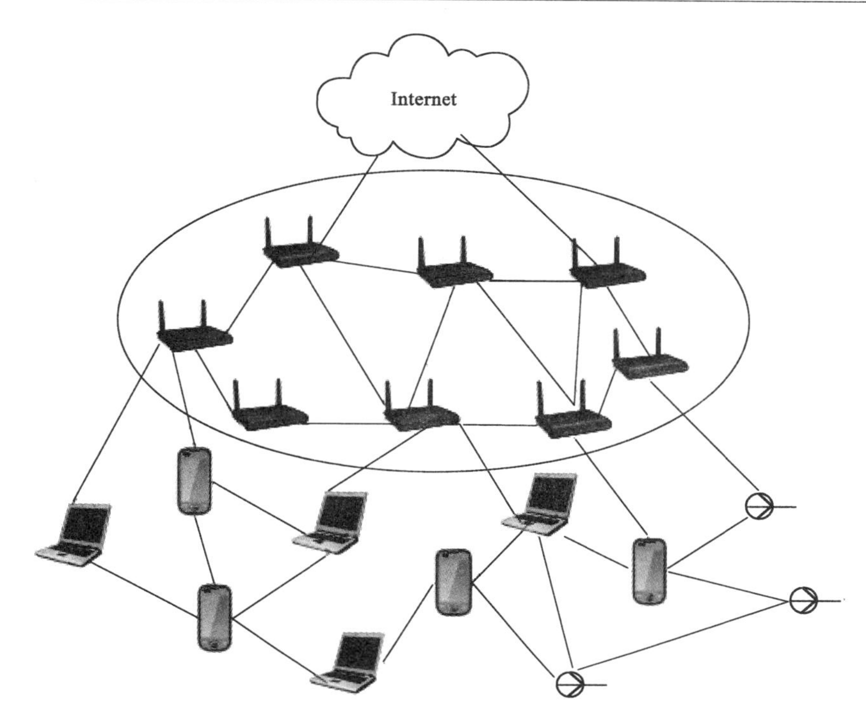

图 2-24　WMN 混合结构逻辑拓扑图

可与已有的设施组成无线的宽带接入网。WMN 网络的路由选择特性使链路中断或局部扩容和升级不影响整个网络运行，因此提高了网络的柔韧性和可行性，与传统网络相比功能更强大、更完善。

f. 投资成本低、风险小

WMN 网络初建成本低，AP 和 WR 一旦投入使用，其位置基本固定不变，因而节省了网络资源。WMN 具有可伸缩性、易扩容、自动配置和应用范围广等优势，对于投资者来说在短期之内即可获得盈利。

当 WMN 技术应用到井下救援时，有以下特点：

a. 基于 WMN 的应急通信网络并没有将煤矿原有的光纤通信网络直接摒弃，而是将光纤通信网络与 WMN 相结合，当煤矿灾害发生时，如果煤矿原有光纤通信网络未被损坏，可将 WMN 通信网络作为其备份通信网络。但是如果光纤通信网络遭到损坏，或灾害现场未被光纤网络覆盖，原有通信系统无法正常工作时，网络链路将自动切换到 WMN 通信网络，确保通信系统正常运转。当然，WMN 通信网络同样具备单独提供通信网络服务的能力，不过将 WMN 网络与原有矿网相结合，不仅可以提高煤矿现有通信设备的利用率，避免资源浪费，而且还可以进一步提升通信系统的可靠性能。

b. 采用待机/唤醒的节电技术。当煤矿井下发生火灾、瓦斯爆炸等灾害时，按照煤矿安全生产的相关规定，必须采取供电闭锁措施或井下全部断电。这就要求应急通信设备具有备用电源（电池）供电。于是如何使设备工作时间延长便成为值得考量的技术问题。例如当救援人员在交接班时，或系统在某些时段闲置时，系统都将自动进入待机状态，使通信设备维持在低电耗状态；一旦通信系统再次工作时，通信设备将被唤醒，保证通信正常。系统待机/唤醒流程如图 2-25 所示。

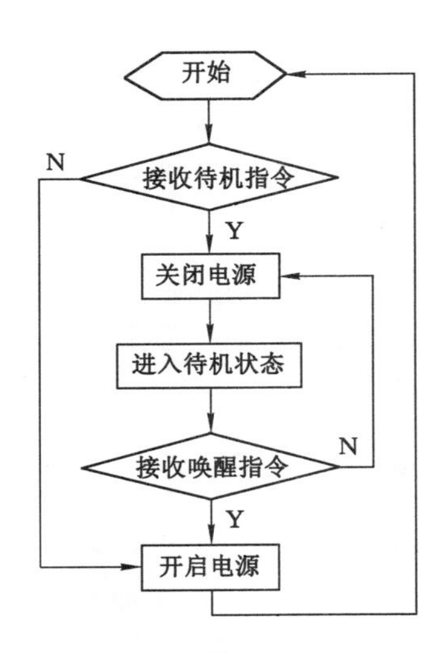

图 2-25　系统待机/唤醒流程图

c. 基于 WMN 自组、自愈特点，系统可靠性增强。煤矿井下灾害事故的发生极有可能对 WMN 网络中的接入点(AP)造成损坏。与传统无线网络相比，WMN 在网络中的某一或某些接入点损坏时，它将损坏接入点抛弃，并重新对网络进行组织，使 WMN 通信网络完成自我愈合，从而增强系统的可靠性。

通过将该应急通信系统在某矿进行实验，工作人员携带救援终端到达地下 600 m 实验地点，WMN 网络组网成功，地面指挥中心能够接收到救援终端发出的清晰语音信息和流畅视频信息，通信比较稳定，实现了煤矿应急通信的要求。煤矿应急通信系统就是要在矿山发生灾害事故时，能为各级救援调度指挥中心提供通信支持，保障救援措施能及时下传，实际救援情况能及时上达。应急通信系统大体可以分为地面指挥中心、井下指挥中心和救援终端三大部分。矿山应急通信系统架构地面指挥中心能够通过井下救援现场上传的语音、视频和环境参数(瓦斯浓度、粉尘浓度、煤尘浓度、氧气含量、环境温度等)监测信息，对灾害程度进行评估并制订相应措施方案。地面指挥系统可以直接与井下指挥中心和救援终端进行通信，保证救援及时。井下指挥中心既需要将地面指挥中心制订的救援方案传达到救援终端，同时也需要将救援现场的情况及时反映给地面指挥中心。救援终端的任务是将救援现场的实时信息进行上传，并按照上级指挥系统的指示组织救援。

(4) 基于 WMN(无线 Mesh)通信技术的应用

作为一种新型的网络形态，WMN 可应用于许多方面，但应用方式主要是无线接入、无线传输和简单组网。近几年来，WMN 技术日新月异，并在很多领域的应用都取得了成功。概括起来，WMN 的主要应用一是针对家庭用户，二是针对商务用户。针对家庭用户的应用主要是以家庭为单位实现无线上网。针对商务用户的应用，可以是一个企业、学校等单位或者是城市，甚至一个国家，自己建立 WMN，实现内部联网或无线访问互联网；也可以是无线局域运营商构筑自己的网络系统，为商务用户提供基本的接入服务和增值服务。面对 WMN 的迅速发展，一些致力于其开发和应用的公司，如美国的 Mesh Networks(现已被摩托罗拉公司收购)、加拿大的北电网络等，都推出了自己的 WMN 设备和组网技术，并且应用这些设备和技术成功地解决了一些热点地区的无线接入问题。

① 无线 Mesh 宽带接入城域网

无线 Mesh 宽带城域网络在美国和中国台湾等地区已经建设完成。现在，巴黎等国外发达城市和国内的北京、上海等城市也在积极规划中。同时，无线 Mesh 网络可以作为未来 Wi-MAX 无线城域网的扩展和补充。现在，宽带家庭网络互联大多采用 802.11WLAN 来实现，在 WLAN 中 AP 的放置需要现场勘察，但仍不免产生覆盖不到的盲区。为了消除盲区，可在家庭互联网络中采用 WMN 技术，放置多个小型室内 Mesh 路由器，以多跳 Mesh 网络互联家庭内部数字设备，可以有效地消除盲区，同时还可以大大提高网络容错性，减少由于迂回访问产生造成的网络拥塞。

② 社区网络互联

采用 WMN 技术，在社区内放置多个室外 Mesh 路由器可将社区内各家庭网络用户互联，形成无线多跳网络。有了社区 WMN，社区内的家庭用户之间就可以共享数个互联网接入设备，大大减少了社区用户上网的费用，提高了网络资源利用率。同时，社区 WMN 还可以使得用户家庭不必通过连接到远端主干网上，就可直接在家庭之间通过社区 WMN 实现相互访问共享资源。

③ 企业网络互联

目前，802.11WLAN 已经在企业办公室写字楼中得到了广泛的应用，但这些 WLAN 或者没有连接，或者采用有线方式相连。采用 WMN 技术就可以通过 Mesh 路由器将这些 WLAN 互联，既可解决连通问题，又节省了成本，同时实现灵活的部署，提高容错性和健壮性。

④ 城域网络互联

通过 WMN 网络，整合城域网、局域网以及 4G 等其他无线接入技术可以形成一个城域范围的多种接入方式的无线接入网络，使得城域无线接入网络的覆盖广度和深度都明显增加。

⑤ 智能交通系统网

WMN 能应用于汽车、火车等交通工具中，结合交通路线沿线的 Mesh 路由器(可以方便地安装在路灯上)为乘客在行进中提供方便的接入信息服务，也可为司机提供信息交流。还能用于交通路线的系统监控，及时掌握交通状况。

⑥ 楼宇自动化无线网

在建筑物里的电力、电梯、空调等设备可以通过 Mesh 路由器采用 WMN 组成无线网络进行管理，可以大大减少以往有线方式和 Wi-Fi 方式组网的成本。

⑦ 校园网

校园无线网络有自己的特点：一是地域范围大、用户多而且通信量大；二是网络覆盖要求高，网络必须能够实现室内、室外、礼堂、宿舍、图书馆、公共场所等之间的无缝漫游；三是负载平衡非常重要，当学生集中在某地同时使用网络时很容易发生通信拥塞。使用无线 Mesh 组网，很容易调整节点数量和位置，实现网络升级，而且能够实现室内外的无缝漫游。

⑧ 需要快速部署或临时安装的场所

对于那些需要快速部署或临时安装的地方，如展览会、交易会、灾难救援等，无线 Mesh 网络是最经济有效的组网方法，可以将成本降到最低。

以上是 WMN 的具体应用领域，它除了单独使用外，还可以与其他无线接入技术相结合实现大范围内的快速无线接入。其中可以将 WMN 应用到采煤工作面特别是薄煤层采煤工作面，形成薄煤层综采工作面远程无线控制系统。而且可以将 WMN 应用到井下救援，为救援提供有效的通信保障和技术支持。在这种情况下，可以基于 WMN 技术迅速构建灵活高抗毁的应急通信网络，作为现有常规通信网的有效补充，WMN 通过多跳传输可以减少干扰、降低功耗、提高频率重用和增加无线覆盖范围，从而为应急通信场合的各类用户提供必要的通信服务保障。图 2-26 给出了一种典型的基于 WMN 的混合式应急通信组网方案，具体组网时可再对此方案进行必要的简化、扩展和改进。

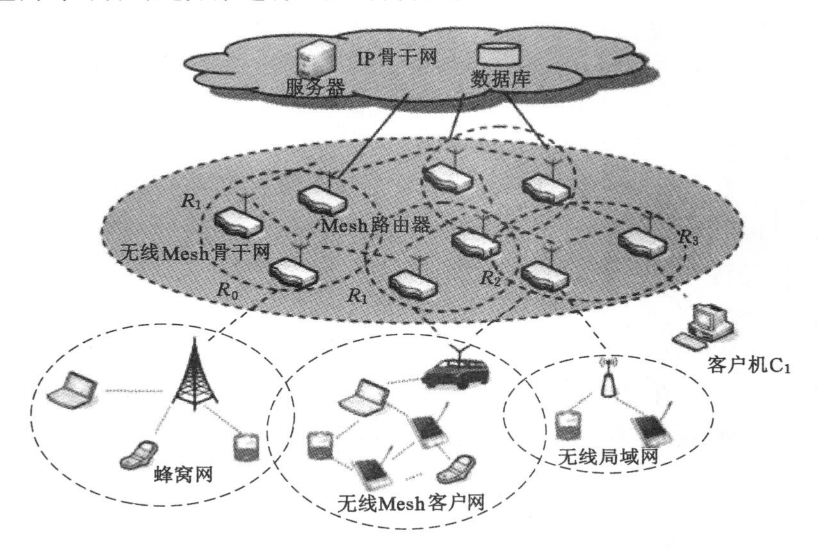

图 2-26　基于 WMN 的应急通信组网方案

近几年，无线 Mesh 通信技术广泛应用于煤矿领域[24]。2010 年以后，季晓刚等人提出了利用无线 Mesh 网络对综采工作面机电设备进行远程监控；傅郁松等人提出了无线 Mesh 技术在煤矿井下应急通信系统中的应用，但均未涉及低功耗技术研究；张锋等人研究设计了基于无线 Mesh 技术的煤矿应急通信系统，该系统能够具备广播、组播、会议、轮询、群发紧急通知短信、群发应急预案等功能，以实现灾后通信的及时有效进行[25]；李文峰等人根据矿山无线多媒体救援通信的特点以及对救援通信设备的要求，提出了无线 Mesh 网络技术应用于矿山救援的可行性和技术参数[26]；文虎等人的发明专利，根据煤矿井下救灾的实际环境，结合高速发展的通信技术，考虑救护队员使用的特殊要求，研究设计了双频 Mesh 无线组网与 SDSL 双绞线联合组网的矿山应急救援通信系统，满足并适应了矿山应急救援通信的需求[27]。

参考文献

[1] 孙继平. 矿井移动通信的现状及关键科学技术问题[J]. 工矿自动化，2009，35(7)：110-114.

[2] 郭银景，李春秋，房鲁韬．矿井透地通信系统中的定时同步研究[J]．工矿自动化，2012，38(1)：36-39．
[3] 陶晋宜．甚低频电磁波穿透地层无线通信系统若干问题的探讨[J]．太原理工大学学报，2000，31(6)：690-693，709．
[4] ZHANG QINGYI，ZHU JIANMING．Application of CPD in analyzing EM field in stratified media with an uniform plane wave slanted through[J]．Journal of China University of Mining & Technology，1999，9(2)：187-191．
[5] 陶晋宜．穿透地层的矿井地下无线通信系统设计方案探析[J]．太原理工大学学报，2000，31(1)：39-42，52．
[6] 司徒梦天．解决地下通信技术难题的方案及关键设备[J]．中国工程科学，2001，3(7)：64-69．
[7] 李彦博，向新，凌立伟．透地通信系统天线小型化设计与测试[J]．工矿自动化，2013，39(7)：18-22．
[8] 刘觉平．麦克斯韦方程组的建立及其作用[J]．物理，2015，44(12)：810-818．
[9] 冯新军．浅析 PED 系统在矿井中的应用[J]．煤矿安全，2003，34(11)：40-42．
[10] 孙红雨，王娜，郭银景，等．透地通信系统研究进展[J]．山东科技大学学报(自然科学版)，2011，30(3)：79-85．
[11] 王文华，孙继平．矿井中频感应通信系统研究[J]．煤矿自动化，2000(4)：8-10．
[12] 张乐，牛高．漏泄通讯系统在矿山井下的应用[J]．中国矿山工程，2010，39(3)：64-66．
[13] 王正祥，郜元昌，王振，等．矿山泄漏电缆通信系统的解决方案[J]．矿山机械，2007，35(10)：162-164．
[14] 胡穗延．KT14 型矿井蜂窝状全双工移动通信系统[J]．煤矿自动化，2000(2)：4-5．
[15] 邓杏松，朱昌平，韩庆邦，等．基于 Wi-Fi 技术的嵌入式矿井安全监测终端设计[J]．现代电子技术，2010，33(3)：109-113．
[16] 马祖长，乔晖，孙怡宁．一种无线传感器网络的设计[J]．仪表技术与传感器，2003(11)：49-51．
[17] 杨维，周嗣勇，乔华．煤矿安全监测无线传感器网络节点定位技术[J]．煤炭学报，2007，32(6)：652-656．
[18] 宋柏，任亚军．基于 USB 的矿井气体检测系统[J]．工矿自动化，2009，35(7)：87-88．
[19] YANG YUAN，ZHANG SHEN，WANG QUANFU，et al．Long distance wireless sensor networks applied in coal mine[J]．Procedia Earth and Planetary Science，2009，1(1)：1461-1467．
[20] 邓明，张国枢，陈蕴．一种基于 ZigBee 协议的矿井人员定位技术研究[J]．计算机技术与发展，2009，19(2)：243-246．
[21] BANDYOPADHYAY L K，CHAULYA S K，MISHRA P K．Wireless Communication in Underground Mines：RFID-Based Sensor Networking[M]．Berlin：Springer，2010：56-58．
[22] 沈自伟．无线 Mesh 网络中的接入点部署与拓扑控制研究[D]．成都：电子科技大学，2013．

[23] 宋文,戴剑波,王飞,等.矿井 WMN 多媒体应急通信系统多跳传输性能研究[J].煤炭学报,2011,36(4):706-710.

[24] 季晓刚,王忠宾,周信.无线 Mesh 网络在综采面机电设备远程监控的研究[J].煤炭科学技术,2011,39(6):78-81.

[25] 傅郁松.无线 Mesh 技术在煤矿井下应急通信系统中的应用[J].工矿自动化,2012,38(5):93-96.

[26] 李文峰,李华.矿山无线救援通信技术研究[J].煤炭科学技术,2008,36(7):80-83.

[27] 文虎,邓军,郑学召,等.矿山救援无线多媒体指挥系统:CN201982135U[P].2011-09-21.

第 3 章　矿山救援过程中的无线 Mesh 网络信号衰减机理研究

3.1　无线 Mesh 网络在矿山救援中应用需求分析

煤矿灾害事故发生后，快速进行应急救援抢险工作是煤矿安全工作的重要组成部分。为了保证广大救援人员的人身安全和预防再生事故，井下灾害地点的电路系统被全部切断，或是在灾害中已经遭到了不同程度的损坏，现存的井下固定式有线通信网络也因遭到损坏而不能正常工作。若没有可靠有效的救援应急通信装置，矿山救护队员下井实施抢险救灾时便失去了与各级指挥中心的实时联系，增加了救灾的盲目性和危险性，并且所有灾区勘察情况只能等救护队员返回地面或井下救援基地才能够了解，这种单一的救援方式必然存在以下 3 个问题：

（1）由于井下救援具有一定的特殊性，所有下井参加救援的人员都是经过长期专业训练的矿山救护人员。因此，根据《矿山救护规程》，一些具有丰富救灾经验的专家无法和救护人员一起下井进行现场指导救援救灾，致使在救灾过程缺乏科学正确的指导，不但影响了救灾工作的高效开展，还存在救护队员的自身安全隐患。

（2）井下缺乏功能全面的救灾通信设备，救灾现场的信息只有在救护队员顺利升井以后才能够得知，而且在复杂、危险、多变的环境下救护队员记录和回忆的灾情，可能存在一定的偏差。另外救援指挥中心领导和专家听取汇报已经是在救护队员返回地面后，再根据救护队员的记录和口述研究确定救灾方案，不但耽误了珍贵的救援黄金期，同时井下灾情可能已经发生了变化，加之救护队员在紧张的环境中观察灾情不全面、不准确，从而导致救灾方案的制订具有一定的偏差，反而为二次救援带来了危险和灾难，这种情况已经在近年的矿山救援中有了血的教训。

（3）在救护队员进入受灾区域后，因为与地面不能实时通信，地面指挥人员无法确定救护队员所处的区域，更无法了解随时可能发生的危险因素，使救护队员处在危险之中，经过多次现场救灾实践总结出，在紧张事故救援过程中，如果井下救护队员和井下救援基地或地面指挥中心的通信联系，即使发生短时间的中断都会给救护队员心中造成极大的恐慌。

基于以上 3 点分析，在矿山灾难或事故发生后使用矿山应急救援无线多媒体通信系统既有必要性也有实用性。灾后事故救援过程中，矿山救护队员携带便携式无线 Mesh 灾区多媒体采集装置、无线 Mesh 中继远传装置及 Mesh 网关基站装置进入井下巷道，将 Mesh 网关基站接入矿山以太工业环网（灾害不严重时）[1]。若灾害较为严重，则将 Mesh 路由通过矿山救援多媒体装置系统专用网关接至地面。在由井下救援基地向受灾区域勘察的进程中，在传输距离规定的范围内或在巷道拐弯处布置无线 Mesh 远传中继设备，构成无线

Mesh 中继自组链式网络系统。矿山救护队员携带的 Mesh 灾区多媒体采集装置能够实时采集行进勘察过程中和灾区现场多媒体信息，再经设置好的 Mesh 中继自组链式网络中的网关设备接入井下工业以太环网(灾害不严重时)或矿山救援多媒体指挥装置系统网络传送至地面专用电脑或中央处理平台，为地面专家提供井下实时多媒体信息，同时，地面指挥中心也能使用该系统装置与一线救护队员进行实时通话交流，及时准确地听取救护队的现场汇报并及时下达科学的救灾命令和救灾方案，从而使抢险救灾工作顺利进行。在救援过程中，Mesh 网关至矿山工业以太环网或 KTE5 型矿山救援可视化指挥装置系统组网技术已经成熟，而由无线 Mesh 网关至灾区的 Mesh 多跳组网仍存在信号衰减、带宽下降，以及巷道坍塌、拐弯、水汽等对无线信号传输的影响，因此必须对其进行研究，找到相关机理和解决方法。

3.2 矿山救援无线 Mesh 网络拓扑结构

3.2.1 概述

无线 Mesh 网络应用到煤矿井下构成矿山无线 Mesh 网络时，其拓扑结构与特征有着不同于地面网状无线 Mesh 网络的特点，本章首先研究矿山无线 Mesh 网络的拓扑结构和特征，根据这些特点进行矿山无线 Mesh 网络的结构设计。

(1) 无线 Mesh 网络拓扑结构

目前无线 Mesh 网络中最常见的无线 Mesh 网络结构即为构架式 WMN，其体系结构如图 3-1 所示[2]。Mesh 路由器实现 Mesh 终端的数据接入及其他 Mesh 路由器的数据转发；Mesh 网关负责 WMN 与有线网络的连接，同时如其自身也装配 AP 则也可以实现 Mesh 终端接入；Mesh 终端只能通过 Mesh 路由器或 Mesh 网关(如果 Mesh 网关装配有 AP)接入无线骨干网络。由于存在专用的骨干网络，这种构架式 WMN 性能稳定，传输质量、传输带宽能够得到较好的保障，因此目前应用较广。

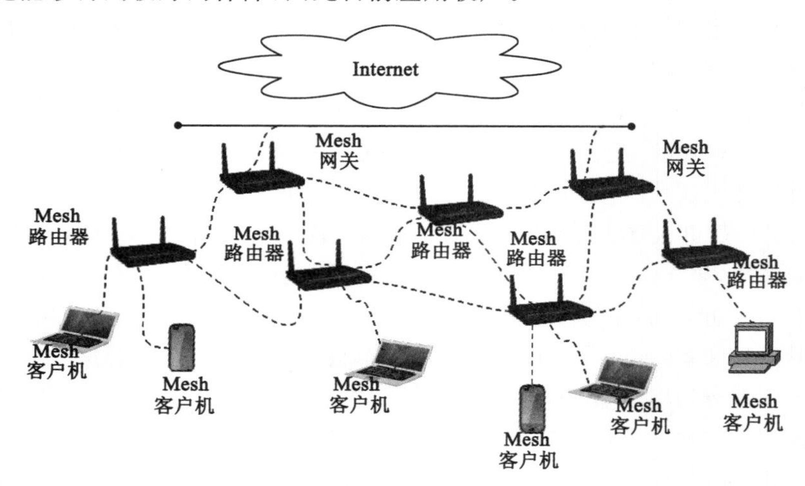

图 3-1 构架式 WMN 体系结构

对等式 WMN 体系结构如图 3-2 所示。网络中没有明确的 Mesh 路由器和 Mesh 网关。

各 Mesh 终端对等连接形成无线网状网络，每个 Mesh 终端都具有 Mesh 路由器和 Mesh 网关的功能。Mesh 终端可以通过其他 Mesh 终端以一定的路由（依据所选择的路由判据）与连入有线网络的 Mesh 终端连接以访问有线网络。其实这种类型的 WMN 与 MANET 类似。这种网络由于要求每个 Mesh 终端都具备 Mesh 路由以及 Mesh 网关功能，对 Mesh 终端硬件及软件设计要求较高，并不适用普通的商用无线 Mesh 网络，只在一定的需求下得到应用，例如专门设计用于抢险救援的场合或军用场合。

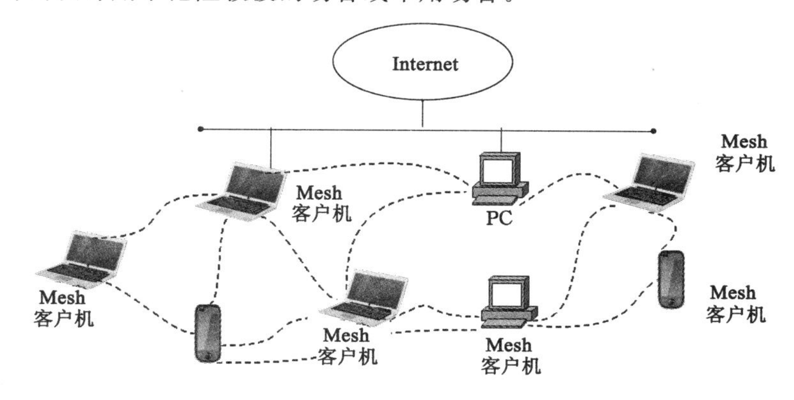

图 3-2　对等式 WMN 体系结构

如果把构架式 WMN 与对等式 WMN 混合则形成了 WMN 的第三种结构——混合式 WMN，其体系结构如图 3-3 所示。在混合式 WMN 中，各个 Mesh 终端不仅可以接入骨干网络，而且终端之间类似于对等式 WMN 也可以同时交换数据，甚至可以通过其他的终端转发数据。很显然，虽然混合式 WMN 结构融合了构架式 WMN 的稳定性和对等式 WMN 的灵活性，但也带来了结构的复杂性。

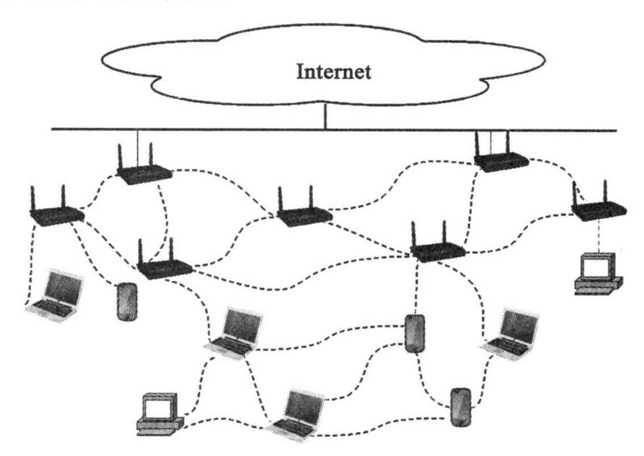

图 3-3　混合式 WMN 体系结构

(2) 无线 Mesh 网络拓扑结构设计

由于矿山巷道的长距离管状结构，矿山无线 Mesh 骨干网络在矿山巷道中布局时呈链状多跳结构[3]。这种链状拓扑结构的骨干网络中的中间节点（Mesh 路由节点）需要经过长距离多跳的形式与网关进行数据交换，且矿山无线 Mesh 骨干网络主要承担数据、语音尤其是视频等宽带业务的回传，因此，保证其骨干链路在长距离多跳后仍保持较高的带宽以满足宽带业务需求成为矿山无线 Mesh 网络的难题。同时，由于节点需要承担数据的本地接入和数据回传任务，为提高节点效率，应尽可能使节点能够并发地处理这些任务。因此，在矿山无线 Mesh 网络结构设计时，应充分考虑使节点能够并发地处理任务及数据回传链路的数据传输。

本章结合无线 Mesh 网络的多模多信道(multi-radio multi-channel，MRMC)技术，采用多模(multi-radio，MR)的方法为矿山无线 Mesh 网络的路由节点配备多个模块，使得节点的本地接入数据、Ingress 数据(接收邻居节点的转发数据)、Egress 数据(向邻居节点转发数据)能够同时进行，实现了节点业务的并发处理；采用多信道(multi-channel，MC)方法为链状骨干链路分配不同的正交信道，使得相邻链路能够并发处理数据。最终利用多模多信道技术设计出符合矿山特征的无线 Mesh 网络结构。在考虑骨干链路多信道分配时，由于矿山巷道电磁波传输衰减特性与地面环境不同，因此本章最后结合矿山巷道电磁波传输衰减特性从理论上详细地分析了矿山无线 Mesh 网络骨干链路在多信道下的链路性能，并指出与地面链状多跳网络相比的不同点，为矿山无线 Mesh 网络骨干链路的信道分配及网络部署提供了一定的理论基础。

矿山巷道纵横交错，图 3-4 为某矿山巷道布局图。

根据矿山无线 Mesh 网络的应用范围可把矿山无线 Mesh 骨干网络分为线形链状结构和环形链状结构。

① 线形链状拓扑结构

对于矿山综掘工作面，随着掘进作业矿井巷道不断地向前推进，其巷道结构为线状结构，因此综掘巷道的无线 Mesh 骨干网络部署如图 3-5 所示的线形链状结构。另外，在一些有轨机车等移动设备的视频监控应用中，无线 Mesh 网络也呈这种线形链状结构。

② 环形链状拓扑结构

综采区包括风巷(回风巷)、机巷(进风巷)和综采工作面(图 3-6)，由于固定的大巷可以布置有线的工业以太环网，因此可以在由风巷、综采工作面、机巷组成的环形结构拓扑中布置如图 3-7 所示的环形链状矿山无线 Mesh 骨干网络。特别地，对于图 3-5 所示的线形链状结构网络，如果某中间节点失效，则只有此节点与网关之间的节点能继续组网，而其余节点会因该节点的失效而发生断路，网络的健壮性较差。与线状网络相比，环网结构的网络拓扑在某个节点失效后，其余节点因存在冗余链路而会继续组网通信，网络的健壮性高于线状结构网络，比如矿山工业以太环网即采取了这种环网结构，因此在可能的情况下可将线形链状拓扑结构的矿山无线 Mesh 骨干网络组成环形结构以提高网络性能。

3.2.2 无线 Mesh 网络的主要特征

与传统地面无线 Mesh 骨干网络相比，矿山无线 Mesh 骨干网络存在以下几个特点：

(1) P2P 模式

网状 Mesh 网络的 Mesh 节点周围往往有多个邻居节点，因此节点呈 PMP 的工作模式，如图 3-8 所示。

而在矿山无线 Mesh 网络中，由图 3-5 和图 3-7 可知，Mesh 节点通常只与左右的邻居节点互联，称为 P2P 模式，如图 3-9 所示。

(2) Mesh 节点功率受限

在煤矿井下，所有电气设备包括给矿山无线 Mesh 骨干网络节点供电的本安电源都需

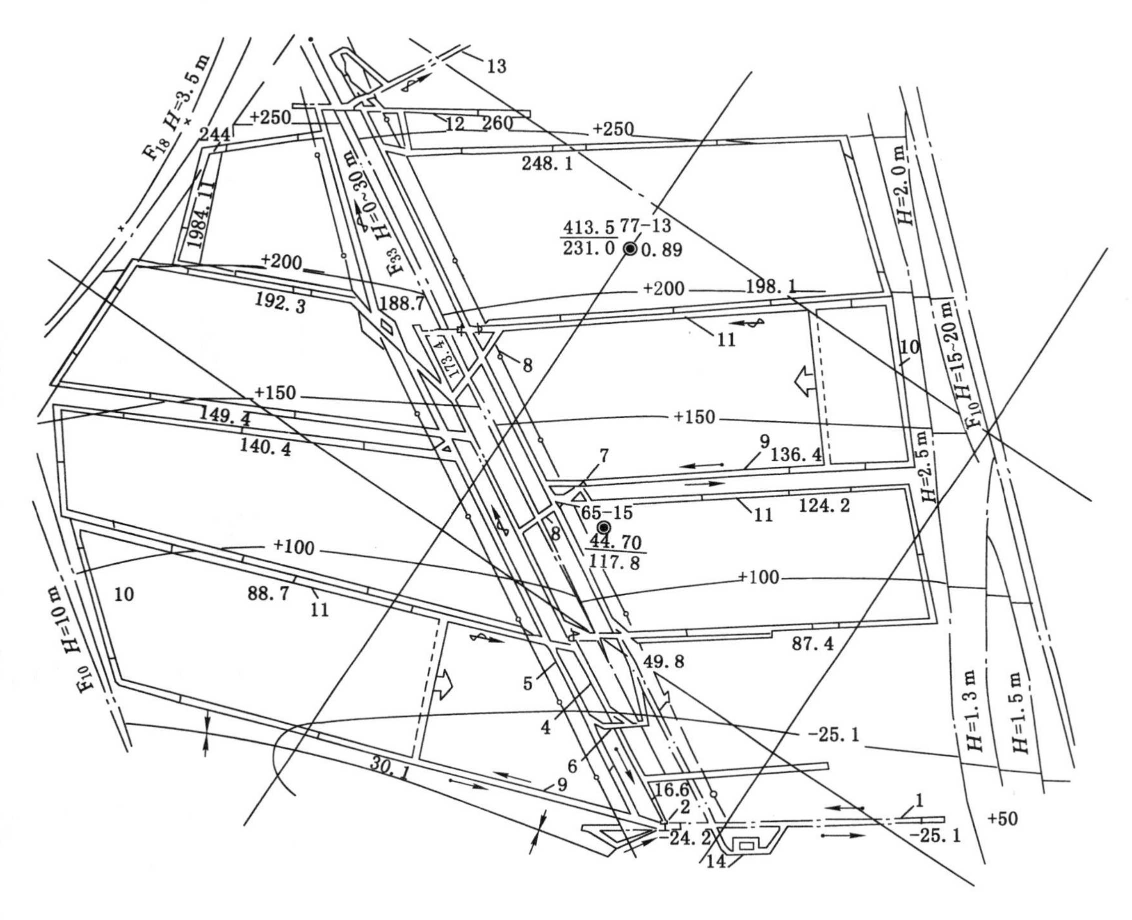

图 3-4　某矿山巷道布局图

1——运输大巷；2——采区煤仓；3——轨道上山；4——运输上山；5——回风上山；6——绕道；7——溜煤眼；8——运煤斜巷；9——运煤平巷；10——开切眼；11——回风平巷；12——水平大巷；13——斜风井；14——下部车场绕道

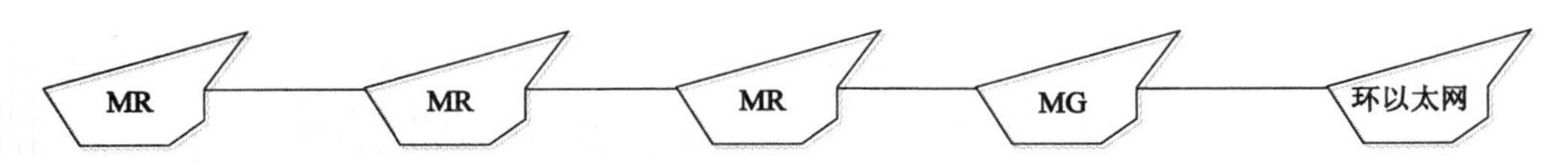

图 3-5　线形链状矿山无线 Mesh 骨干网络结构

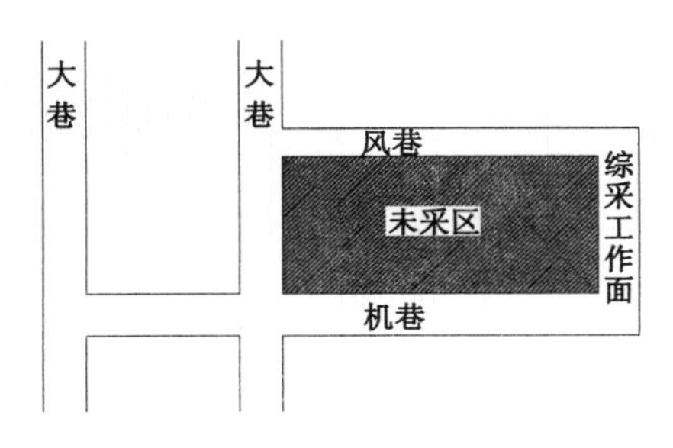

图 3-6　综采区示意图

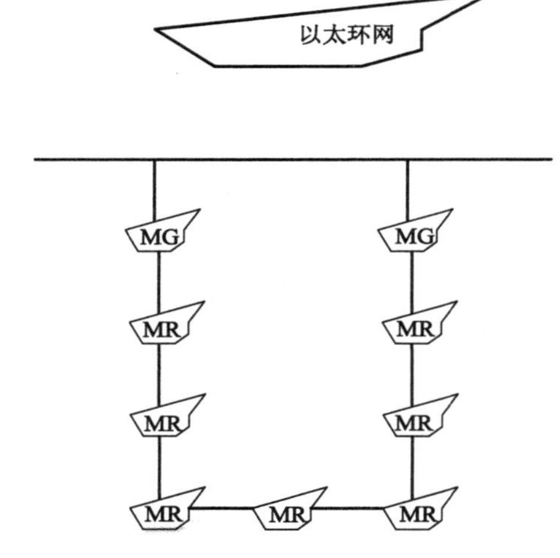

图 3-7 环形链状矿山无线 Mesh 骨干网络结构

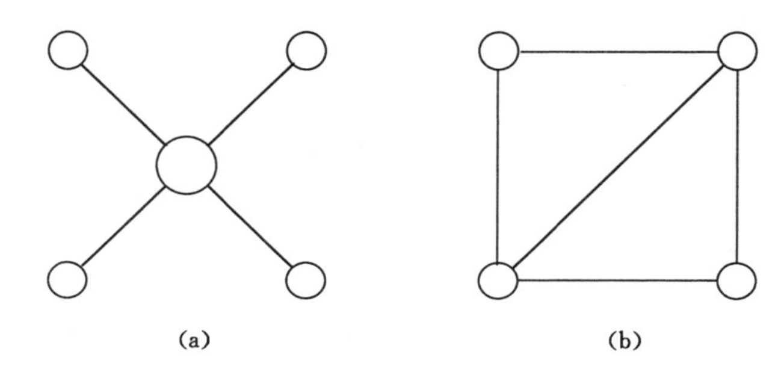

图 3-8 网状无线 Mesh 网络节点 PMP 模式

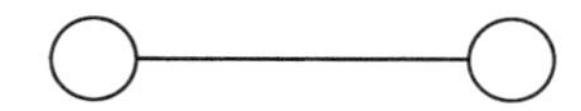

图 3-9 链状矿山无线 Mesh 网络节点 P2P 模式

要满足本安和防爆要求。本安电源是指在“本质安全电路标准”规定的条件下，产生的任何电火花或任何热效应均不能点燃规定的爆炸性气体环境的电源电路，作为供电设备，它主要应用于煤矿、石油、化工、纺织等含有爆炸性混合物的环境中。因此，与地面无线 Mesh 网络供电设备不同，矿山无线 Mesh 网络节点的供电设备功率受限，意味着 Mesh 节点从电源获取的功率受限，进而影响其发射功率，从而影响其传输距离。特别地，在煤矿抢险救援应急通信中应用的矿山无线 Mesh 网络路由节点还存在能量受限的问题。

(3) 多跳传输

传统地面无线 Mesh 网络中，多跳传输一般只有数跳，而在矿山无线 Mesh 网络中，由于矿山巷道呈长距离分布，且巷道多有拐弯和起伏，存在视距区(line of sight，LOS)和非视距区(not line of sight，NLOS)，并且由于其发射功率受限导致传输距离受限，所以矿山无线 Mesh 网络只能采用多跳的形式传输信息，其多跳传输往往达到十几跳甚至几十跳。

(4) 单路径或双路径

地面网状拓扑无线 Mesh 网络由于节点间存在 PMP 的连接模式，节点与网关之间往往存在很多不同的路径，而矿山无线 Mesh 网络呈链状结构，路由节点到网关之间的路径不存在多路径，尤其对于图 3-5 所示的线形链状结构矿山无线 Mesh 网络只有一条到达网关的路径，在图 3-7 中 Mesh 节点也只有两条到达网关的路径。

（5）高带宽回传

由于矿山无线 Mesh 网络呈链状结构，所有接入无线 Mesh 网络的 Mesh 终端的数据都要经过链状骨干网络以多跳的形式汇聚到有线出口，因此链状骨干网络承担着所有数据流业务，特别是应用于宽带多媒体业务时必须具有很高的带宽回传能力，否则无法支持宽带业务数据的通信需求。

（6）无流间干扰

虽然矿山无线 Mesh 网络呈链状结构不存在多路径问题，但正由于这种使用 P2P 连接模式的链状结构使得路径内链路只受到路径内相邻链路的干扰，这种路径内的干扰称为流内干扰，而不存在网状结构无线 Mesh 网络普遍存在的流间干扰问题。

（7）系统应满足煤炭相关行业标准

煤矿是一个特殊的行业，其生产工作环境恶劣，因此井下设备尤其是电气设备要求苛刻，必须满足相关的煤矿井下设备标准，比如本安和隔爆等。

（8）井下巷道电磁波衰减特性的特殊性

与地面环境相比，矿山巷道电磁波的传输衰减特性不同，因此在考虑煤矿井下无线通信的研究或无线通信设备的研制和网络部署时，应充分考虑矿山巷道电磁波传输特性，尤其是矿井下复杂环境特征对电磁波传输性能的影响。

普通的地面无线 Mesh 网络主要由静态无线节点构成，这些静态节点具有充足的电力供应。每个节点不仅可以作为接入点（AP）或网关连接到互联网，也可以作为无线路由器来中继转发其他节点的数据流量，而不用直接到目的节点；而目的节点也可以是相同 Mesh 网络中的一个互联网网关或一个 AP 的移动用户。

在矿山应急救援过程中，救护队员由井下救援基地沿着相关制定好的巷道路线向灾区推进勘察，其行进巷道路线为线状结构。因此，矿山救援巷道的无线 Mesh 主干网络铺设呈现图 3-5 所示的线形结构。

3.2.3　无线 Mesh 网络传播方式和影响分析

无线 Mesh 网络的传播是以电磁波的方式进行的无线传输，在无线通信系统中，电磁波最基本的四种传输路径为直射、反射、绕射和散射[4]。井下巷道壁表面的岩石和煤层结构使电磁波传播造成了一定的衰减。同时，传播环境是受限的、非自由的巷道空间，并且巷道的走向不都是直线，岔道多，拐弯多，又分布在不同的水平面，而且在巷道中可能会有设备和工程材料。这些构成了井下电波传播环境的特殊性和复杂性。以下将分别对这四种传输方式进行介绍，以便后面分析、总结、归纳电磁波在煤矿井下的传输损耗特性。

（1）直射

电波传播过程中没有遇到任何的障碍物，直接到达接收端的电波，称为直射波，直射波更多出现于理想的电波传播环境中。

（2）反射

电波在传播过程中遇到比自身的波长大得多的障碍物时，会在物体表面发生反射，形成反射波；或者当电磁波穿过不同介质的交界面时，会有一部分能量在界面处发生反射作用而回到第一介质，另一部分进入第二介质，反射波的信号强度取决于菲涅尔反射系数。

(3) 绕射

电波在传播过程中被尖利的边缘阻挡时，会由阻挡表面产生二次波，二次波能够散布于空间，甚至到达阻挡体的背面，那些到达阻挡体背面的电波就称为绕射波。经过绕射的电磁波强度比较弱，绕射损耗可以根据障碍物阻挡的菲涅尔区计算。无线电磁波传播示意图如图 3-10 所示。

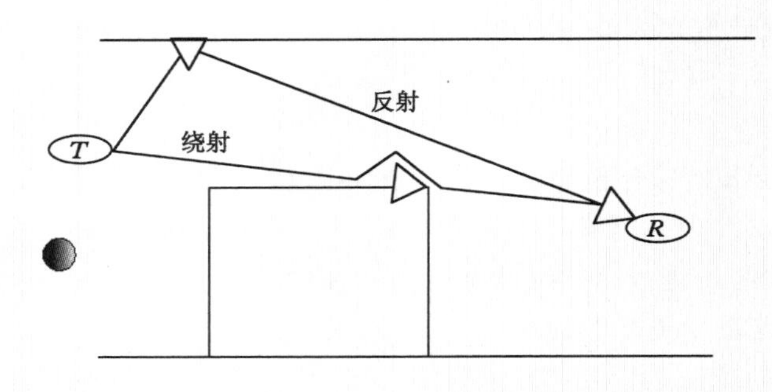

图 3-10　无线电磁波的传播形式

菲涅尔区是在收发天线之间，由电波的直线路径与折线路径的行程差为 $n\lambda/2$ 的折点（反射点）形成的、以收发天线位置为焦点，以直线路径为轴的椭球面。其中 $n=1$ 的区域是对信号做主要贡献的区域，称为第一菲涅尔区，亦称有效区[5]。

如图 3-11 所示，设 A、B 是收发天线的位置，P 是菲涅尔区上任意点。地表面电场对接收点电场的贡献是地面上每一面元的贡献之和，这些贡献由于射线所经路程长度不同而有不同的相位。路径 APB 引起的相移为 $k(r+r')$，$k=2\pi/\lambda$。与直接途径 AB 的相移相差 $\Delta\varphi$。可以求得，对于 $\Delta\varphi$ 为常数的任意 P 点上的面元，对接收点场强的贡献都是同相的，可以直接相加。其中第一菲涅尔区的贡献是占优势的。$\Delta\varphi$ 越大的区贡献越小。除开始几个区外，其他各区的贡献几乎可以忽略。

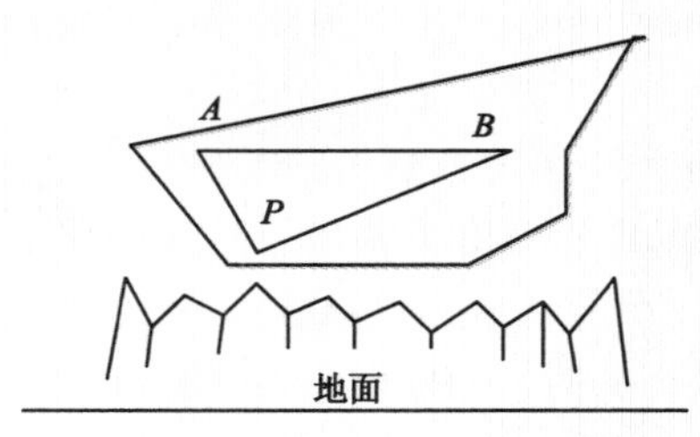

图 3-11　菲涅尔区

(4) 散射

电波在传播过程中遇到障碍物表面粗糙或者体积小但数目多时，会在其表面发生散射，形成散射波。散射波可能散布于许多方向，因而电波的能量也被分散于多个方向，造成多径效应。

电磁波是依靠交变的电场和磁场互感而传播的，这是一种场的传播，不需要传输介质，在真空中就可以传输。除宇宙太空外，现实生活中各种波段的无线电磁波实际上是在各种媒质中传播的。在传播过程中，各种媒质必然要对所传输的电信号产生影响。此外，由于某些媒质的电参数具有明显的随机性，使得通过它传输的电信号也是一个随机信号，故必须考虑实际媒质对电波传播的影响，其影响主要包括以下几个方面：

① 传输损耗

无线电波在媒质中的传播有能量损耗。这种能量损耗可能是由于传输媒质对电磁波的吸收或散射引起的，也可能是由于电波绕过传输介质或障碍物而引起的。这些损耗都会使收信点的场强小于发信点的场强。

② 衰落现象

所谓衰落，一般是指信号电平随时间的随机起伏[6]。它一般分为吸收型衰落和干涉型衰落两种。吸收型衰落是指由于传输媒质电参数的变化，使得信号在媒质中的衰减发生相应的变化而引起的(例如水汽、雨雪等都对无线电波能量有吸收作用)。由于天气情况是随机的，则吸收强弱也有起伏，形成信号的衰落。干涉型衰落主要是由随机多径干涉现象引起的。在某些传播方式中，收、发两点之间信号有若干条传播途径，由于传输媒质的随机性，使得到达收信点的各条途径的时延随机变化，则合成信号的幅度和相位都发生随机起伏。信号的衰落现象严重地影响电波传播的稳定性和通信系统可靠性。衰落特性可用衰落深度、衰落率和衰落持续时间等主要参量描述。根据衰落的快慢我们还可以将其划分为快衰落损耗和慢衰落损耗。在几个或者几十个波长范围内(小尺度区间)，接收信号电平均值的变化，即场强的瞬时变化特性，称为短期衰落或者快衰落，它一般服从莱斯或者瑞利分布。接收机所接收到的信号是通过不同的直射、反射、折射等路径到达接收机。由于电波通过各个路径的距离不同，因而各条路径中发射波的到达时间、相位都不相同。不同相位的多个信号在接收端叠加，如果同相叠加则会使信号幅度增强，而反相叠加则会使信号幅度削弱。这样，接收信号的幅度将会发生急剧变化，就会产生衰落。快衰落是相对于慢衰落而言的。在几百个波长的传输范围内(中等尺度区间)，接收信号的电平中值缓慢变化，称为长期衰落或者慢衰落。这是由发射机和接收机之间的障碍物造成的，这些障碍物通过吸收、反射、散射和绕射等方式衰落信号功率，严重时甚至会阻断信号。无线信号在传输过程中遇到障碍物的阻挡，并在其后面形成阴影区，此区域引起的信号衰落称为阴影效应。这与太阳光照射到障碍物上后产生影子的原理一样，太阳光的电磁波波长很长，因此太阳光的照射阴影可见。

③ 传输失真

无线电波通过媒质传输还会产生失真(振幅失真和相位失真)[7]。产生失真的原因一般有两个：一个是多径传输效应，另一个是媒质的色散效应。

多径传输会引起信号畸变。这是因为无线电波在传播时通过两个以上不同长度的途径到达收信点，收信天线检拾的信号是几个不同途径传来的电波场强之和。由于途径长度有差别，它们到达收信点的时间延迟不同，若多径时延过大，则会引起较明显的信号失真。

媒质的色散效应是由于不同频率的无线电波在媒质中的传播速度有差别而引起的信号失真。载有信息的无线电信号总占据一定频带，当电波通过媒质传播到达收信点时，由于各频率成分传播速度不同而不能保持原信号中的相位关系，引起波形失真。

④ 干扰与噪声影响

任何一个收信系统的最小可用信号电平是由系统的噪声电子决定的。尤其在发信功率受限制的情况下，由于无线电波传输损耗较大，信号很微弱，此时噪声对无线电信号接收有非常重要的影响。

当载有信息的无线电波在信道中传播时，由于信道内存在着许多电磁波源，它辐射的电磁波占据极宽的频带并以不同的方式在空间传播。这些电磁波对这一通信系统而言，就称为环境噪声干扰或外部干扰。环境噪声的来源是多方面的，可分为人为噪声干扰和自然噪声干扰，前者包括通信电子干扰和各种电气设备产生的干扰，后者则包括天电干扰、大气干扰等。与地面空旷非受限环境对比，井下受限空间环境电磁波的传输衰减有着不同特点，因此在进行井下无线救援通信技术研究和装备研制时，要将井下受限空间电磁波传播特性，以及井下复杂环境对电磁波传输特性的影响进行充分考虑和系统研究。

矿山应急救援所处巷道呈不规则远距离隧道状分布，巷道内有多处拐弯和上下山等起伏，同时本安特性标准限制了装备的发射功率，无线 Mesh 网络应用到煤矿井下救援时其主干网络呈链状线性结构，无线中继远传设备（Mesh 节点）的无线电磁波信号一般需要多跳才能到达工业以太网入口或系统专用 Mesh 网关接入固定式环网，因此必须要求无线节点经过远距离多跳通信传输后，仍要保持应有的带宽，这是矿山救援无线多媒体通信传输技术的关键。

3.2.4 无线 Mesh 网络与其他网络的比较

3.2.4.1 无线 Mesh 网络与 Ad-Hoc 网络的比较

无线 Mesh 网络与 Ad-Hoc 网络均是点对点网络[8]。网络中的移动节点都兼有独立路由和主机功能，不存在类似于基站的网络中心控制点，节点地位平等，采用分布式控制方式。因此可以把无线 Mesh 网络看成是 Ad-Hoc 网络技术的另一种版本。但无线 Mesh 网络与移动 Ad-Hoc 网络的业务模式不同，对于前者，节点的主要业务是来往于因特网网关的业务，而对于后者，节点的主要业务是任意一对节点之间的业务流。虽然人们对 Ad-Hoc 网络的研究已经有相当长的时间，但是主要还是在理论上，而且主要应用在军事上，还未进行大规模的商用。

无线 Ad-Hoc 网络和无线 Mesh 网络最大的区别在于节点的移动性和网络拓扑。无线 Ad-Hoc 网络具有较高的节点移动性，网络拓扑变化较快，而无线 Mesh 网络中的中继节点大部分都是静止的。因此，WMN 与无线 Ad-Hoc 网络相比只有很低的节点移动性。拓扑变化的快慢影响着路由的效率。例如，在 Ad-Hoc 网络中使用按需路由协议可以取得很好的效果，而分层的静态路由或表驱动路由更适合 WMN。由于固定中继节点组成静态拓扑，所以大部分 WMN 有更好的能量存储和电源供电，而 Ad-Hoc 网络在很大程度上受到电源的限制。此外，这两种网络的另一个重要的区别是应用场景的不同。Ad-Hoc 网络主要应用于军事领域，而 WMN 适合军用和民用，很多城市都建立了 WMN 来为购物中心、街道和市民提供便宜的因特网服务。

3.2.4.2 无线 Mesh 网络与蜂窝网络的比较

目前随着 4G 技术的快速发展，蜂窝网络得到了空前的发展，但是无线 Mesh 网络与其相比，具有自己的优越性。

（1）可靠性提高

在无线 Mesh 网络中，由于网络链路为网状结构，如果其中的某一条链路出现了故障，Mesh 节点便可以自动发现其周围的其他 Mesh 节点，并自动连接而接入新的链路，并且这个过程只是毫秒级的时间内完成，因而大大地提高了网络的可靠性。但是在采用星型结构的蜂窝移动通信系统中，一旦某条链路出现故障，可能造成大范围的服务中断，这对于应急报警系统来说是非常不利的。

(2) 传输速率大大提高

在IEEE802.11b的标准下，无线Mesh网络的传输速率可以达到20 MB/s，当工作在IEEE802.11a下时，Mesh网络的传输速率可以高到54 MB/s。并且在无线Mesh网络中，可以融合其他网络和技术等，此时速率也可以达到54 MB/s，甚至更高。而3G技术中，在高速移动环境中其传输速率仅支持144 kB/s，步行慢速移动环境中支持384 kB/s，在静止状态下才达到2 MB/s，可见，远远低于无线Mesh网络的速率。

(3) 大大降低成本

搭建无线Mesh网络，可以大大节省骨干网络的建设成本，而且Mesh节点等基础设备比起蜂窝移动通信系统中的基站等设备便宜得多，交换机、路由器这类网络设备也比蜂窝网络中的设备便宜。

3.2.4.3　无线Mesh网络与WLAN的比较

在传统的无线局域网中，每个客户端均通过一条与AP相连的无线链路来访问网络，用户如果要进行相互通信的话，必须首先访问一个固定的接入点，这种网络结构被称为单跳网络。WLAN可在较小的范围内提供高速数据服务，但由于典型情况下WLAN接入点的覆盖范围仅限于几百米，因此如果想在大范围内应用WLAN这种高速率的服务模式，成本将非常高。而在无线Mesh网络中，任何无线设备节点都可以同时作为AP和路由器，网络中的每个节点都可以发送和接收信号，每个节点都可以与一个或者多个对等节点进行直接通信。

这种结构的最大好处在于如果最近的AP由于流量过大而导致拥塞的话，那么数据可以自动重新路由到一个通信流量较小的邻近节点进行传输。依此类推，数据包还可以根据网络的情况，继续路由到与之最近的下一个节点进行传输，直到到达最终目的地为止。这样的访问方式就是多跳访问，从而把接入点的覆盖服务延伸到几千米远。无线Mesh网络的显著特点就是可以在大范围内实现高速通信。

3.3　救援过程中的链状多跳主干链路性能分析

大量研究显示，线形多跳主干链路的传输带宽将随着无线链路跳数的增加急剧下降。在矿山安全生产模拟实验巷道(图3-12)对无线Mesh网络路由器进行大量模拟实验，实验步骤如下：

(1) 两个无线Mesh远传中继器(Mesh节点)实验

测试用电脑1用网线接中继设备1，测试用电脑2用网线接中继设备2，以上所有设备置于模拟实验巷道中，具体结构如图3-13所示。由测试用电脑1向测试用电脑2传输392 MB测试文件，然后通过专用测试软件测试，测试结果如图3-14所示。

可以看出392 MB的文件，用时338 s，392÷338×8=9.27 MB/s(平均带宽在9～12 M)。

(2) 3个无线Mesh远传中继器(Mesh节点)实验

测试用电脑1用网线接中继设备1，测试用电脑2用网线接中继设备3，中间加入中继设备2，以上所有设备置于模拟实验巷道中，具体结构如图3-15所示。由测试用电脑1向测试用电脑2传输392 MB测试文件，然后通过专用测试软件测试，测试结果如图3-16所示。

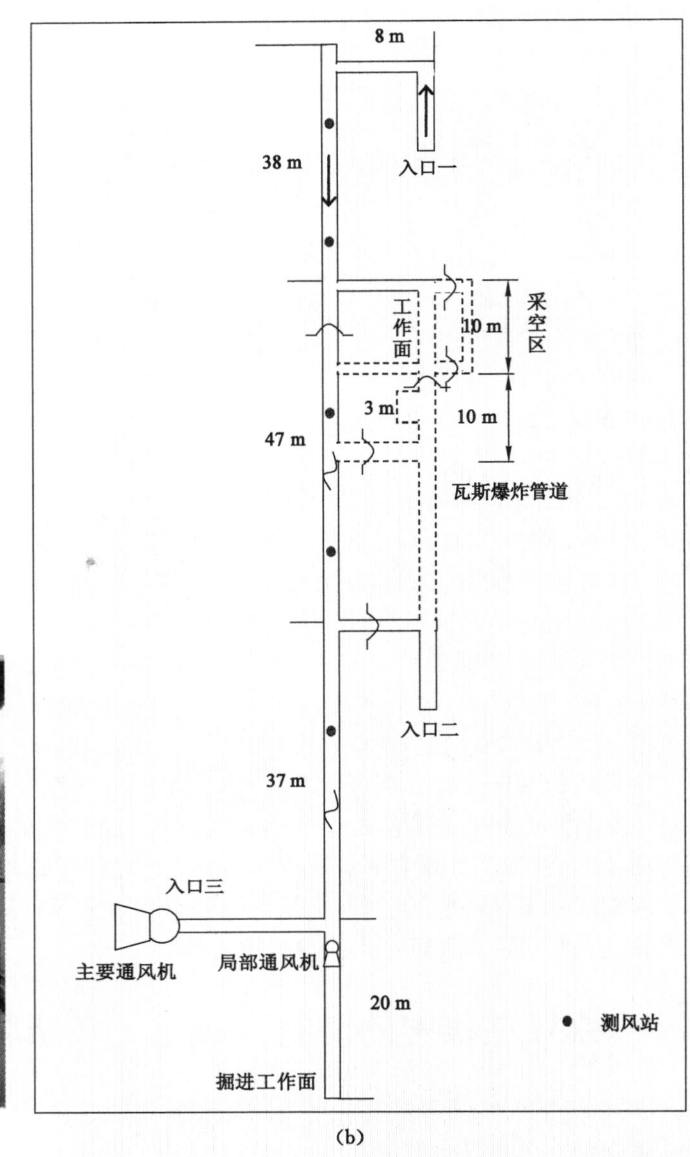

(a) (b)

图 3-12 矿山安全生产模拟实验巷道

(a) 巷道实景;(b) 模拟巷道

图 3-13 2 个无线中继传输结构图

可以看出 392 MB 的文件,用时 751 s,392÷751×8=4.17 MB/s(平均带宽在 4～6 M)。

(3) 4 个无线 Mesh 远传中继器(Mesh 节点)实验

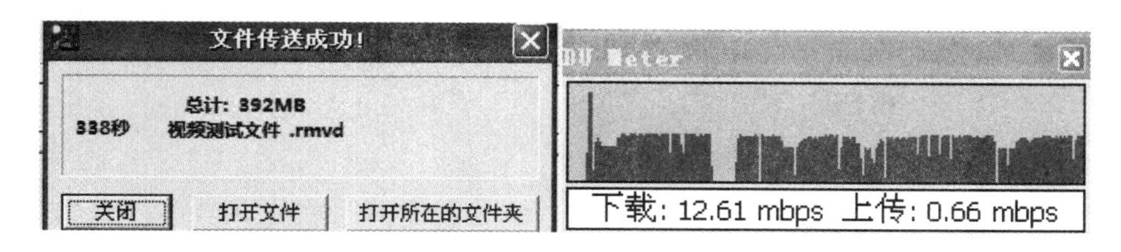

图 3-14　2 个无线中继测试结果图

图 3-15　3 个无线中继传输结构图

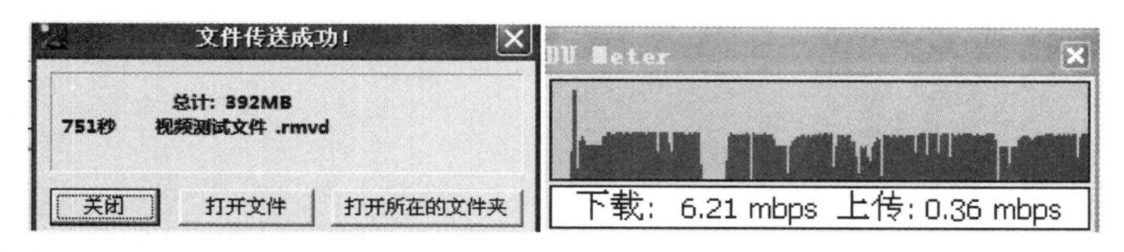

图 3-16　3 个无线中继测试结果图

测试用电脑 1 用网线接中继设备 1，测试用电脑 2 用网线接中继设备 4，中间加入中继设备 2、中继设备 3，以上所有设备置于模拟实验巷道中，具体结构如图 3-17 所示。

图 3-17　4 个无线中继传输结构图

由测试用电脑 1 向测试用电脑 2 传输 392 MB 测试文件，然后通过专用测试软件测试，测试结果如图 3-18 所示。

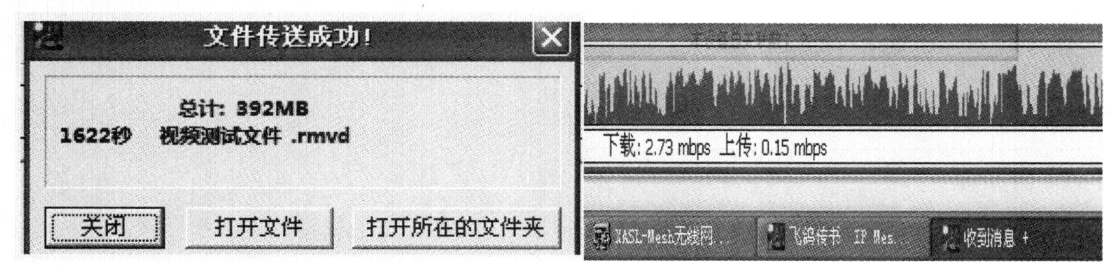

图 3-18　4 个无线中继测试结果图

可以看出 392 MB 的文件，用时 1 622 s，392÷1 622×8＝1.93 MB/s（平均带宽在 2～3 M）。

（4）5 个及以上无线 Mesh 远传中继器（Mesh 节点）实验

经实验测试，当中继加到第 10 个时（9 跳时）组成系统已经无法传输视频信息，并且误码率非常高。

经实验分析发现在 10 个无线中继（9 跳）链状拓扑主干网络其带宽下降趋势可归纳为表 3-1。

表 3-1　链状主干网络带宽下降与节点个数的关系

Mesh 带宽容量	跳数									
	1	2	3	4	5	6	7	8	9	10
最佳情况 $(1/n)$/%	9.27	9.27	4.17	1.93	1.12	0.72	0.38	0.23	0.19	0.11
最差情况 $(1/2)^{n-1}$/%	9.27	9.27	3.17	1.76	0.91	0.47	0.15	0	0	0

经过实验我们不但发现其带宽随着节点（跳数）增加快速下降，而且其网络延时快速上升，当无线中继数目超过 10 个时，延时高达 0.4 s，已不能满足实时传输的需求了。网络延时规律如图 3-19 所示。

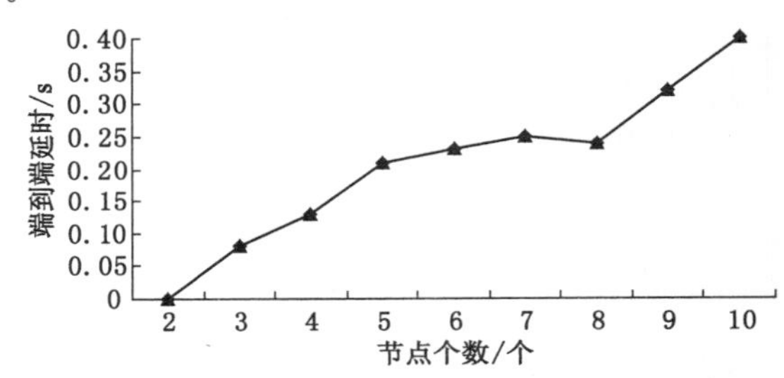

图 3-19　链状网络延时与中继数目的关系

从表 3-1 和图 3-19 可以看出，对于线形多跳网络，各中间节点使用中继远传的方式接力传输，节点对接收和发送信息以及处理数据是单一的；同时，由于链路之间的信号干扰，链路的并发数据处理不能同时进行，从而最终引起吞吐量快速下降和延时快速上升。

在 Mesh 网络应用中，网络的延时不仅与节点个数有关，节点运算能力与相关硬件设备处理数据的速度也对网络延时有重大影响。现今，电子信息技术发展很快，性能更高、综合处理速度更快的芯片极大地加快了数据综合处理速度，降低了网络延时。

3.4　煤矿井下无线信号衰减机理分析

3.4.1　概述

电磁波（又称电磁辐射）是由同相振荡且互相垂直的电场与磁场在空间中以波的形式移动，其传播方向垂直于电场与磁场构成的平面，有效地传递能量和动量。在通信中根据无线电波的波长（或频率）把无线电波划分为各种不同的波段（或频段）[9]。

由于井下巷道为受限空间，巷道中湿度高，高低起伏多，拐弯多，支路多，可燃粉尘悬浮于巷道中，同时在巷道内有大量工业干扰（采煤机、大型防爆变压器等）存在，都有可能造成井下无线传输损耗增大，导致发生能量损耗现象。因此，一个矿山救灾无线通信系统的设计，必须考虑其工作频率在适当的频带范围。

为安全生产和通信需要，煤矿井下配置的低频段通信设备（如井下广播系统等），会干扰其他低频系统，如果将矿山救援无线通信系统的工作频率也设计在频段较低范围内，井下工频电磁干扰就会影响到该系统的正常通信；另一方面，如果工作频率比较低，则发射机功率需加大，天线尺寸也会随之加大。低频电磁波频率低，波长较长，有较强的绕射能力，但信号在低频段传输时，数据误码率比较高，信道容量小，不能传播视频信息。当系统装备的工作频率处在高频段时，波长短，信号反射能力较强、信噪比较高、信道容量大、带宽高、传输速率快，适应较大容量多媒体信息（含视频）传输，也便于组网。井下高频段设备也较少，因此干扰源也少，同时高频段的设备和天线也相对较小，有的甚至可以做成贴片天线，更加方便携带和使用，有助于矿山应急救援。

由于电磁波在巷道中的最高截止频率为246 MHz，选择一个高频率的电磁波，可以保证多媒体信号的有效传输。电磁波的绕射能力在高频段相对较弱，必须配备性能较高的接收机，但高频率电磁波的能量是比较高的，有引爆井下爆炸性气体的可能，这就要求必须有完善的本质安全防爆措施。

电磁波在矿井巷道内不能很好地传播已成为共识，矿井巷道内电磁波的传播受多种因素的影响：矿井属性、非自由的电磁波传播空间、巷道的走向、截面几何尺寸、巷道壁结构、煤岩层材料电磁参数、大功率机电设备、动力电缆与铁轨、流动的运输机车、液压金属支柱、巷道内分布的各种气体等，电磁波传播特性异常复杂多变，预测模型的建立十分困难。

从20世纪50年代开始国内外学者对矿井巷道中的电磁波传播机理与特性做了大量研究。我国学者对比利时保罗·德洛涅教授建立的地下电磁波传播理论进行了分析和研究，在特定条件下做了许多试验，取得重要成果，初步揭示了矿井无线电通信的一般规律。中国矿业大学（北京）的孙继平教授结合我国部分煤矿井下煤岩层介质特性、矿井巷道结构和环境特点，总结出了在特定环境下以及不同形状、不同截面尺寸的矿井巷道的电磁波一般传播特性，对不同巷道形状的电磁波传输截止频率和传输损耗做了数值模拟分析[10]。石庆冬博士对矿井弯曲巷道和圆形巷道电磁波传输机理做了解析分析，并给出了部分频段电磁波衰减近似计算公式[11]。太原理工大学通信研究所的张跃平等人研究了UHF在矿井巷道中的传播特性，并预测了空直隧道传播损耗[12]。杨维博士借鉴陆地移动通信理论和技术，建立了分布式天线的矿井移动通信系统模型，通过研究认为矿井巷道为密集的多径频率选择性衰落信道，这是电磁波在井下巷道传播衰耗严重、通信距离短的主要原因[13]。张长森博士研究了圆形和半圆形隧道电磁波传播特性，并推导了导行波特征方程的近似解[14]。刘会丽分析了隧道中金属物体对传输截止频率和传输衰减的影响[15]。张传雷博士研究了隧道环境因素对电磁波传输特性的影响[16]。张申博士运用几何光学方法研究了电磁波传播规律，对无线数字通信信道进行了建模[17]。北京邮电大学的吴伟陵教授分析了巷道环境对传输性能的影响，以及弱信号的检测方法，运用扩频通信理论和新思路解决矿井巷道的无线通信抗强干扰技术难题，认为扩频通信的分集接收技术在解决矿井通信装置抗干扰性能上有一定优势，并提出了可行的方案[18]。国内的其他学者也通过理论分析和井下试验研究了隧道中的电磁波传播特性。

国外对矿井巷道中的电磁波传播特性研究在20世纪80年代取得了一些成果。比利时的保罗・德洛涅(Paul Delogne)教授在 1982 年出版了第一部系统论述地下无线电通信的专著,从最基本的麦克斯韦方程出发,系统分析了漏泄馈线在隧道中的激励场及场的模式转换和传播问题,由此开启了人们探索地下电磁波传播这个课题[19]。美国亚利桑那州立大学的唐纳德・杜德利(Donald Dudley)教授对有损波导中的电磁波传播做了进一步数学演绎,并将分析方法和结论应用到隧道通信中,取得了较好的效果。莫伊(Z. W. Moe)教授根据煤层的波导特性分析了空隧道以及在低电导率中的固有传播。穆罕默德(Mahmoud)和韦特(Wait)以巷道壁为理想导体研究了矩形巷道的偶极子辐射,忽略了实际巷道壁均为有损介质,但这些假设得到的波模方程会引起误差。阿德森(Adersen)等人对四面非理想导电壁矩形隧道做了另一种近似处理,不是将某些边界条件忽略,而是用均方根最小化算法求得了超定边界条件组下的近似解。埃米尔(Emsile)等研究了矩形巷道中的垂直拐角对电磁波传播特性的影响,在忽略了其他边界条件下得到了近似的波模方程,虽引起一定的误差,但并不妨碍揭示地下电磁波基本的传播规律。在隧道含有传输导线的条件下,穆罕默德、韦特以及希尔(Hill)等人计算了单线波模的激励场,同时计算了矩形和圆形隧道的电磁波传播损耗。山口(Yamaguchi)和德克利克(Dcryck)等人也对矩形巷道的固有传输、传输损耗预测做了相应的研究。

矿井无线通信的抗多径衰落技术研究已经引起国内外相关学者的高度关注。科切尔(Y. Cocheril)和伯比尼亚(M. Berbinea)建立了类似于地下隧道的两种地下传输信道模型,通过仿真分析了这两种模型的性能,并比较了它们之间的信道容量。李纳德(Lienard)建立了与矿井巷道相似的地铁隧道信道模型,描述了信道容量与收发两端阵列天线距离之间的关系,并对随机信道做了仿真分析。北京邮电大学的王健康博士研究了限定空间中的强相关信道下的空时编码性能,提出了此环境下的空时编码性能界和一种能补偿信道相关性对系统性能影响的空时分组编码方案,并进行了性能仿真,结果表明只要有合理的空时编码方案,在矿井强相关无线信道环境下,可以提高矿井通信系统的性能[20]。电子科技大学的聂在平教授和肖海林博士考虑到有限空间内人员的流动性,提出了一种包含有小尺度衰落、相对路径衰落和阴影衰落的室内 MIMO 信道模型,并对模型性能进行了模拟,结果表明在高秩的信道,信道的容量随天线数目的增加和信号相关性的减少而增加,此模型扩展到矿井 MIMO 信道也不失一般性,但考虑到矿井巷道的密集多径路径,相关性很强,故若能降低相关性,则矿井 MIMO 信道容量就可以大大增加[21]。

现有的理论研究和实现方法基本上都集中在研究不同频段的电磁波窄带信号在巷道中传播的幅频特性以及巷道的截面尺寸、弯曲度等因素对传输特性的影响,或将矿井巷道假设为理想的波导,波模的建立均假设在理想的条件下。国内外学者对矿井电磁波传播特性进行了大量的研究,提出了一些经验公式、推导公式和理论模型,这些公式都是在特定条件下得出的,从客观上讲加深了我们对电磁波在巷道中传播机理的认识,但对于实际矿井通信系统的规划和设计并没有起到实质效果,尤其是在抗多径衰落和抗干扰技术方面仍需要作进一步研究,目前的煤矿井下无线通信装置仍不能胜任井下复杂环境中安全生产和抢险救灾的需要。因此,在复杂矿井巷道的电磁波传播机理、环境条件对传播特性的影响效果、多径衰落特性、频率选择性衰落信道建模、抗多径衰落理论和方法等方面的研究,尤其是结合实际矿井的环境特点研究还需要进一步的深入。为达到无线救援多媒体通信的需求,本专著设计矿山无线通信的救援工作频率选择在 UHF 频段内,也就是 300~3 000 MHz 范围内。

3.4.2　电磁波在井下巷道内的传输衰减

为保证矿山救援过程中无线通信的正常、可靠运行，本专著的研究对象为矩形模拟巷道和拱形模拟巷道，分析井下巷道中 UHF 电磁波的传输规律和特性。从某种角度而言，对井下巷道电磁波传输规律和特性的研究，就是分析研究电磁波衰落特性。

井下巷道电磁波的传输环境十分复杂，而且是一个动态的变化过程。根据研究可知：巷道电磁波的影响因素及衰减形式主要取决于围岩电参数、巷道支护形式、横截面尺寸、巷道壁倾斜和粗糙、巷道弯曲程度、粉尘/雾滴以及多因素的电磁波干扰（如电缆设施、设备停启、电火花、运输机电等干扰）。

在实际的井下巷道内架设着许多导体（如通信电缆、供水钢管、机车铁轨、绞车钢缆及机电设备动力线等），这些导体介质的存在会使巷道内的电磁波特性发生剧烈变化，从而对无线信号的传输造成很大影响。沿空巷道粗糙的壁面会使电磁波在传播过程中发生反射、折射、散射等现象，所以最终到达接收端的信号为不同传播路径的多种电磁波的合成，这就是常说的多径效应。多径效应会产生时延扩展、多普勒扩展等使信号的波形展宽，产生严重的失真，进而导致码间串扰，引起噪声的增加和误码率的上升，造成多径衰落，使通信质量下降，整个通信系统的性能也随之降低。

波导中电磁波的传播与横电磁波（TEM 波）的传播有很多不同之处。由波导的一端进入的波，在碰到波导壁面时一定会发生反射，依此类推，电磁波在波导中传播时，会沿着波导发生多次反射，各种反射波的互相作用会产生无穷多个离散的特征场型，称之为离散模式，某种离散模式的存在取决于波导的尺寸和形状、波导内的介质和工作频率。

为简化分析条件，在本部分的研究中先假设巷道内没有任何物体。在这种假设条件下，巷道内的电磁波传播特性依赖于巷道截面形状尺寸、巷道壁粗糙度、壁的吸收、巷道的弯曲度等，通过分析计算出电磁波在矩形巷道和拱形巷道中的传输衰减特性。

(1) 矩形巷道中 UHF 电磁波的传输衰减

巷道内折射引起的衰减损耗与传输频率的平方成反比关系，频率越高则衰减越小。并且在巷道宽度大于高度时，水平极化波的衰减较垂直极化波的衰减小，且随频率变化较缓。

设备布置在矩形巷道内时，有较高的利用率，在煤矿井下巷道的各种形状中，矩形是最基本截面形状，通过大量研究分析，矩形巷道（图 3-20）中水平极化和垂直极化的电磁波传输衰减公式为：

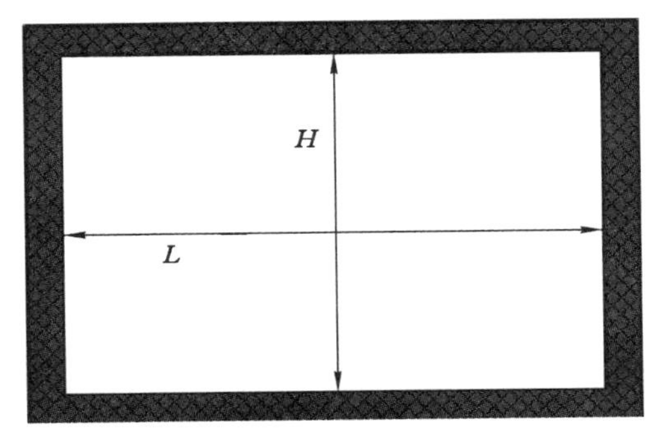

图 3-20　模拟矩形巷道

$$\begin{cases}\alpha_{\mathrm{EH}}=4.343\lambda^2 z\left[\dfrac{\varepsilon_1}{L^3\sqrt{\varepsilon_1-1}}+\dfrac{1}{H^3\sqrt{\varepsilon_2-1}}\right]\\ \alpha_{\mathrm{EV}}=4.343\lambda^2 z\left[\dfrac{1}{L^3\sqrt{\varepsilon_1-1}}+\dfrac{\varepsilon_2}{H^3\sqrt{\varepsilon_2-1}}\right]\end{cases} \tag{3-1}$$

式中 L——矩形巷道的宽度；

H——矩形巷道的高度；

λ——电磁波的工作频率；

$\varepsilon_1,\varepsilon_2$——介电常数；

z——传输距离。

(2) 拱形巷道中 UHF 电波的传输衰减

从力学角度来看，拱形巷道具有自主支护特点，比矩形巷道承受的顶压和侧压大，因此在石门、大巷常用。拱形巷道(图 3-21)中电磁波传输衰减公式为：

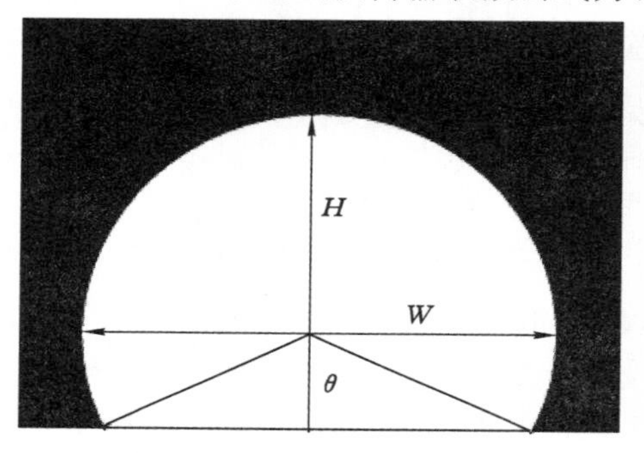

图 3-21 拱形巷道

$$\begin{cases}\alpha_{\mathrm{k}}=5.13\lambda^2 z\left[\dfrac{\varepsilon_{\mathrm{r}}}{W^3\sqrt{\varepsilon_{\mathrm{r}}-1}}+\dfrac{1}{H^3\sqrt{\varepsilon_{\mathrm{r}}-1}}\right]\\ \alpha_{\mathrm{v}}=4.58\lambda^2 z\left[\dfrac{1}{W^3\sqrt{\varepsilon_{\mathrm{r}}-1}}+\dfrac{\varepsilon_{\mathrm{r}}}{H^3\sqrt{\varepsilon_{\mathrm{r}}-1}}\right]\end{cases} \tag{3-2}$$

其中 $W=2r$，为拱形巷道宽度的最大值；$H=r(1+\cos\theta)$，为拱形巷道高度的最大值，r 为拱形巷道半径；ε_{r} 为介电常数；z 为传输距离。

(3) 巷道壁对矿山无线电波衰耗特性的影响

在矿井发生灾害时，由于受到爆炸破坏力的影响，实际矿井受到损害，巷道界面是具有一定粗糙度的，上述成果为井下无线电波传输研究做出了巨大的贡献，但在分析中均将矿井巷道的四壁等效为理想光滑的，不能准确反映矿井的真实状态，下面对矩形巷道壁粗糙度而引起的电波损耗进行分析和仿真。

在煤矿应急救援时建立的无线救援通信装备频率选在 2.4 GHz，其波长远小于巷道截面尺寸，可以将巷道视作有损耗的介质波导，选用直角坐标系(图 3-22)，巷道的宽为 a，高为 b，两侧壁的相对介电常数为 $\varepsilon_{\mathrm{r1}}$，顶、底板的相对介电常数为 $\varepsilon_{\mathrm{r2}}$，巷道内是电参数为($\varepsilon_0,u_0$)的空气。参数 k_1、k_2 满足导行条件：$k_1 a\cong m\pi$，$k_2\cong n\pi$。

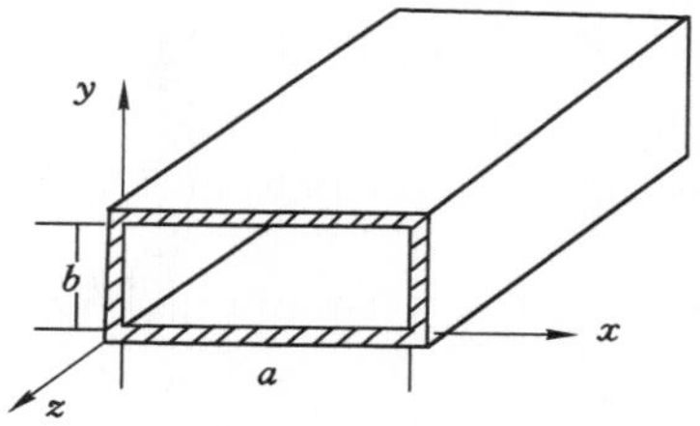

图 3-22 矩形巷道波导结构示意图

其中 m 为场沿顶、底板的半波数，n 为场沿侧壁的半波数。假设井下巷道粗糙度参照均值为 0，方差为 δ^2 的高斯分布，电磁波入射角为 θ_i，在巷道表面粗糙的情况下，两条反射波之间的波程差：$d = 2\times\delta\cos\theta_i$，相位差：$\varphi = d\times k$，其中 $k=\frac{2\pi}{\lambda}$（λ 为电磁波的工作频率）。

设入射到左右两侧壁的掠射角（入射角接近于 90°时为掠射）为 φ_1，入射到上下壁的掠射角为 φ_2，则有：

$$\sin\varphi_1 = \frac{k_x}{k} = \frac{m\lambda}{2a} \tag{3-3}$$

$$\sin\varphi_2 = \frac{k_y}{k} = \frac{n\lambda}{2b} \tag{3-4}$$

无线电波沿 z 方向传播，在巷道左右两侧壁上发生的反射次数为：

$$N_1 = \frac{z\tan\varphi_1}{a} = \frac{zm\lambda}{a\sqrt{4a^2-m^2\lambda^2}} \tag{3-5}$$

在巷道上下壁上发生的反射次数为：

$$N_2 = \frac{z\tan\varphi_2}{b} = \frac{zn\lambda}{b\sqrt{4b^2-n^2\lambda^2}} \tag{3-6}$$

则不同模式下的粗糙损耗因子：

$$f = e^{-[N_1(2k\delta)^2\sin\varphi_1+N_2(2k\delta)^2\sin\varphi_2]} \tag{3-7}$$

整理可得：

$$f = e^{-\left[z4\pi^2\delta^2\lambda^3\left(\frac{m^3}{a^3\sqrt{4a^2-m^2\lambda^2}}+\frac{n^3}{b^3\sqrt{4b^2-n^2\lambda^2}}\right)\right]} \tag{3-8}$$

当考虑在 Eh(1,1)模式下，由以上公式可得：

$$\alpha_r = 8.686\,\pi^2\,\delta^2\lambda z\left(\frac{1}{a^4}+\frac{1}{b^4}\right) \tag{3-9}$$

3.4.3　影响传输损耗的因素

由于在进行煤矿井下救援过程中情况复杂，无线信号在煤矿井下受限空间内的传输与地面上有很大的不同，无线信号的传输受到井下各种因素的影响，信噪比降低、能量损耗严重，最终影响到多媒体通信质量。因此，综合考虑和深入分析矿山巷道内影响电磁波传输的因素，是我们在设计矿山无线救援多媒体通信系统的关键点。

(1) 频率高低对无线信号传输的影响

由式(3-1)和式(3-2)可以得到井下巷道中电磁波的传输频率越高，电磁波衰减越小，这是因为高频的电磁波在巷道中形成了有效的波导。由式(3-1)和式(3-2)得出超高频的电磁波衰减曲线如图 3-23 和图 3-24 所示（参数取值为 $L=6$ m、$H=4$ m、$r=2.5$ m、$\theta=70°$，介电常数为 10）。

由图 3-23 和图 3-24 可以看出，当处于特高频频段的低频段时，电磁波的传输衰减随频率增大衰减非常快；当电磁波处在特高频频段的高频段时，传输衰减随着频率增大没有太大变化。根据实验分析，将 1 000～3 000 MHz 频段作为矿山救援无线通信的较佳工作频段，而且地面多媒体通信网大多处在该频段，与地面系统的连接具有很好的兼容性。

同时由图 3-23 和图 3-24 还能判断出，垂直极化波的传输衰减大于水平极化波的传输衰减，因此，在矿山应急救援无线通信中水平极化方式传输是首选。

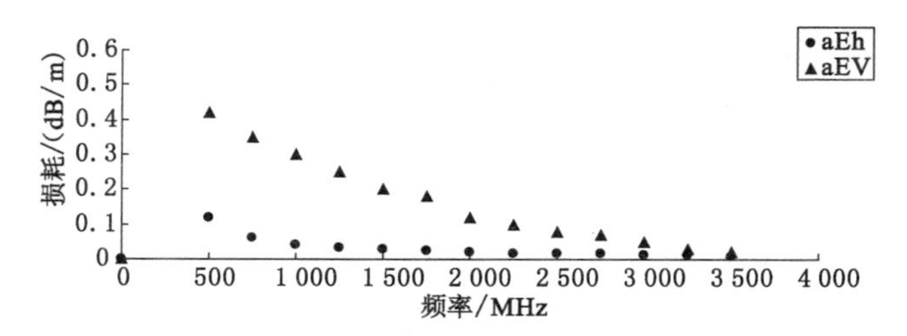

图 3-23　矩形模拟巷道中 UHF 电磁波的衰减规律

aEh——特高频频段的高频段；aEV——特高频频段的低频段

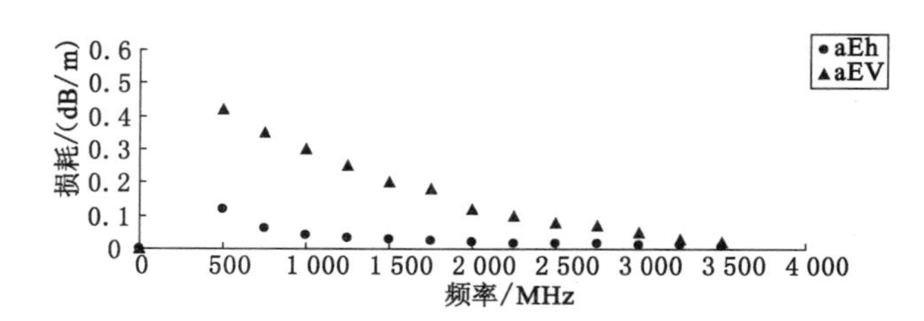

图 3-24　拱形模拟巷道中 UHF 电磁波的衰减规律

aEh——特高频频段的高频段；aEV——特高频频段的低频段

（2）巷道截面对无线传输的影响

由于矿山巷道截面受开采条件、通风条件、运输条件等制约，因此并没有固定的截面尺寸。由式(3-1)和式(3-2)得知，传输频率一定的电磁波，巷道的截面积越大，电磁波的传输衰减就越小。经过多次模拟实验，在频率相同的情况下，在等效半径为 3.5 m 的巷道内电磁波传输衰减最小。实验表明电磁波的工作频率在 UHF 频段时，电磁波波长与巷道等效半径比值越小，电磁波在巷道内的衰减越小。

（3）井下拐弯、分路对无线信号传输的影响

由于采矿需求和通风需求的特点，井下巷道是根据实际工作需要和功能而设置的，存在许多拐弯和分路。将电磁波传输频率固定，巷道弯曲度越大，电磁波衰减越大，甚至无法传输；用同一弯曲度巷道作参考，电磁波衰减随着频率的增加而增加。分支其实可以看作巷道弯曲的一种特殊情况，其中的电磁波衰减规律与井下拐弯相类似。

表 3-2、表 3-3 为某大学矿山救援技术中心相关人员在山东兖矿集团某矿井下巷道得到的实验数据。由实验可见，在平直巷道中，电磁波频率越高，衰减率越小；在拐弯巷道中，频率越高，衰减率越大。可见理论分析和实验结果的趋势是一致的。

表 3-2　　平直巷道中电磁波频率对衰减率的影响

频率/MHz	40	80	150	480	900	1 800	3 000	4 500
衰减/dB	310	250	120	10	25	1.2	0.6	0.4

表 3-3　　拐弯巷道中电磁波频率对衰减率的影响

频率/MHz	40	80	150	480	900	1 800	3 000	4 500
衰减/dB	15	22.8	35.2	56	61	68.6	72.4	82.1

通过理论计算和实验结果可以看出，在平直巷道中，电磁波频率越高，越有利于电磁波的传输；在弯曲巷道中，电磁波频率越高，越不利于电磁波的传输。综合设备的通用性原则与电磁波传输效果，采用 2.4 GHz 作为井下移动通信的工作频率为最佳。

为了分析矿井中的信号分布状态，采用三维仿真对当发射信号源位于矿井底部中央时 2.4 GHz 水平极化信号的传输特性进行了仿真，定义巷道宽度 3.5 m，巷道高度 2.6 m。反射面粗糙度的标准方差为 0.2。结果如图 3-25 所示。

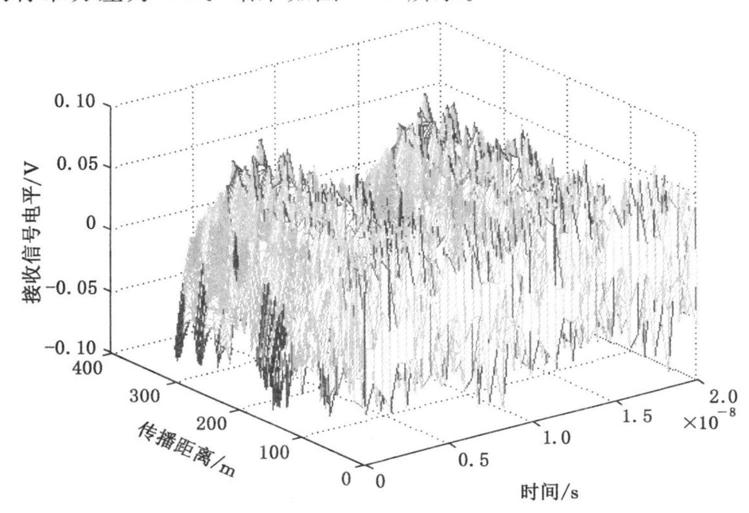

图 3-25　2.4 GHz 水平极化接收信号三维仿真结果

(4) 井下支护对无线信号传输的影响

为了保障煤矿井下的正常生产、运输和工作人员的人身安全，矿井巷道需要进行不同程度和方式的支护，并且随着工作面的不断推进，支护工作必须紧密配合。经研究，电磁波传输的截止频率会根据支护立柱排数的增加而改变，支护立柱排数越多影响越大，尤其是金属支柱的影响更大。

(5) 巷道的凹凸不平、倾斜对无线传输的影响

凹凸不平的巷道壁，会引起漫反射，进而导致能量损耗，电磁波传输频率越高，由凹凸不平引起的损耗越大，巷道越不规则，损耗越大。通过对矩形矿山截面的巷道壁在不同粗糙度下的损耗进行了分析，仿真结果如图 3-26 所示。

由图 3-26 可以看出，电磁波损耗是随着波长增大而增加的，一定程度上是由粗糙度引起的。在一般情况下，电磁波波长越大，粗糙的巷道壁相对变得越平，粗糙度引起的衰减越大。这是因为，当波长 λ 增加时，入射与巷道壁的掠射角 φ 变大，折射进入巷道介质中的能量变多，损耗变大。而且，掠射角变大后，波在单位长度上的反射次数增多，这也使得损耗变大。综上所述，波长增加时，由粗糙引起的衰减也增大。

设巷道壁倾斜角的均方根为 θ，巷道壁倾斜引起的衰减如图 3-27 所示。可以看出，巷道壁倾斜引起的损耗随倾角的增加而增加。

(6) 粉尘和水汽对无线传输的影响

假设圆形巷道中飘浮着粉尘。设巷道的截面积为 Q，取一柱体积元，柱体积元两底面离

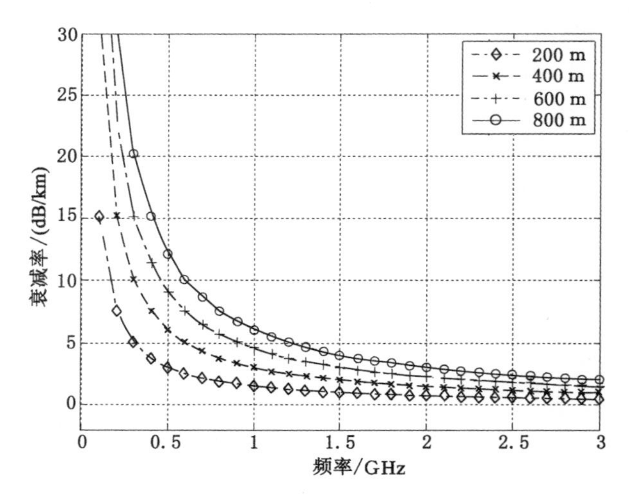

图 3-26　巷道壁粗糙产生的损耗

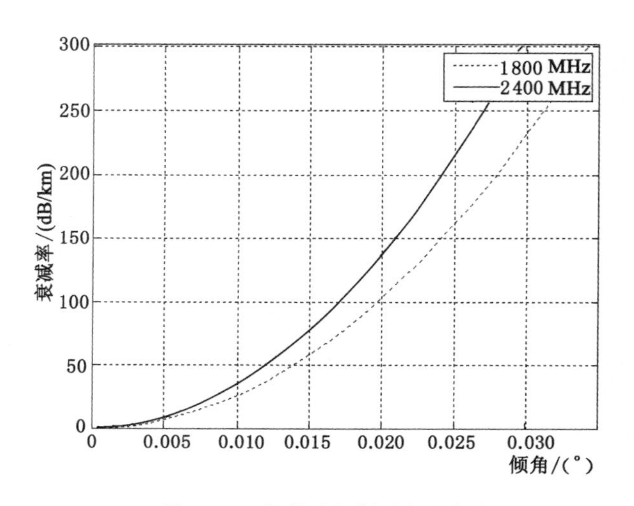

图 3-27　巷道壁倾斜引起的损耗

发射端的距离分别为 r 和 $r+\mathrm{d}r$，柱体积元左端入射波的平均功率密度为 $S(r)$，平均功率为 $p(r)$。由于煤矿巷道壁通常是岩石和煤等有耗介质，因此巷道中的电磁波衰减很大(散射到巷道壁上的电磁波的功率大部分被墙壁吸收掉)。因此可以假设，电磁波在一个充满粉尘巷道中的衰减主要就由粉尘和巷道壁造成的衰减两部分组成。下面对粉尘造成的电磁波衰减进行理论推导，暂不考虑极化的影响。

我国规定，含游离二氧化硅在10%以上的粉尘，浮游浓度不得超过 2 mg/m^3；含游离二氧化硅小于10%的粉尘(包括煤尘)，浮游浓度不得超过 10 mg/m^3。其中粒径小于 2 μm 的粉尘基本是飘浮在空气中不下落，这部分在总粉尘中的比例份额最大，可达40%～46.5%，悬浮的粉尘数约为 4.35×10^9 个/m^3。但是在发生爆炸等事故后，悬浮的高浓度粉尘的数量将远大于这个数目。将在后面讨论悬浮的粉尘浓度、发射的电磁波频率对电磁波传播衰减的影响。

巷道中由于粉尘的存在，加大了电磁波的衰减损耗。其基本规律：在相同的传播频率下，随着粉尘浓度的增大，传播衰减在增大。在《煤矿安全规程》规定的粉尘浓度以下，传播衰减并不是很大。但是，如果粉尘浓度超出了规定的 1 个数量级，则衰减增加 50 dB/km。在相同的粉尘浓度下，随着频率的增加，传播衰减在增大。但是在空巷道中，电磁波则是随着传播频率的增大，衰减在减小，因此在有粉尘的巷道中，随着传播频率的增大，传播衰减是由衰减叠加所决定的。

煤矿生产的主要环节都会产生粉尘，巷道中的粉尘多为悬浮粉尘，粒径在 0.25～10 μm 之间，粉尘间距约为 10 mm。当通信电磁波频率在超高频频段时，波长在 0.01～0.1 m 之间。可认为粉尘微粒彼此孤立，粉尘对电磁波的散射和吸收衰减符合瑞利散射规律。

设粉尘颗粒半径为 r，相对介电常数为 ε，入射波为均匀平面波。当均匀平面波入射到矿尘颗粒上时，颗粒内部将感应出电偶极子，并按入射平面波频率振荡，相当于一个偶极子天线向空间各方向辐射电磁能量，产生散射场。利用瑞利散射近似公式，计算出散射截面和吸收截面分别为：

$$\sigma_d = 42.7 \frac{\pi^5 r^6}{\lambda^4} \left| \frac{-1}{\varepsilon + 2} \right|^2 \tag{3-10}$$

$$\sigma_a = \frac{8\pi^2 r^3}{\lambda} \mathrm{I_m} \left(- \frac{\varepsilon - 1}{+2} \right) \tag{3-11}$$

式中　λ——波长；

$\mathrm{I_m}$——虚部；

σ_d——散射截面；

σ_a——吸收截面。

粉尘颗粒的总衰减截面：

$$\sigma = \sigma_a + \sigma_d \tag{3-12}$$

可以看出，吸收截面要比散射截面大得多。粉尘所引起的总衰减常数为：

$$\alpha \cong \alpha_a = 4.343 \times 10^3 \times NS \frac{8\pi^2 a^3}{\lambda} \mathrm{I_m} \left(- \frac{\varepsilon - 1}{\varepsilon + 2} \right) \tag{3-13}$$

式中　α——总衰减系数；

α_a——吸收衰减系数；

a——圆形巷道的半径；

S——煤矿井下巷道横截面积；

N——单位体积内粉尘颗粒数。

巷道中粉尘浓度决定了粉尘对电磁波的衰减作用，尤其对高频信号影响更大，原因主要是粉尘是有耗介质，特别是当粉尘和井下水雾相结合，形成雾滴，飘浮于空气中，当电磁波穿越水雾时，电磁波的能量将会被吸收，从而引起能量损耗，同时也会引起电磁波发生散射，加大了传输衰减。另外，被水雾浸湿的巷道壁，也进一步加大了电磁波的衰减。

水汽对电磁波的影响可考虑以下两方面：① 主巷道相对湿度 70%～80%，粉尘含量较少，水汽主要以游离态的分子形式存在，对电磁波的影响主要是吸收。当传播频率不高时，吸收功率很小，衰减率随频率的增大而增大。目前，巷道移动通信电磁波频率一般低于 1 000 MHz。当 f=1 000 MHz 时，水汽吸收引起的衰减为 $1.244\,4 \times 10^{-4}$ dB/km，与其固有传播损耗相比，衰减很小。② 采煤工作面巷道相对湿度高达 95%，甚至出现过饱和湿度，粉尘含量高达 48 mg/m³，水汽以雾滴的形式存在，电磁波在传播时，会与离散的雾滴相互作用，对电磁波起衰减作用。在超高频频段，散射截面比吸收截面小得多，单位体积内雾滴的总衰减率约为：

$$\alpha = 4.343\,\frac{0.6\pi}{\rho\lambda}\,I_m\left(-\frac{n^2-1}{n^2+2}\right)M \tag{3-14}$$

式中 ρ——水汽密度；

λ——波长；

M——雾滴含水量；

n——雾滴的复折射指数；

I_m——虚部。

由此可见，单位体积内的衰减只与含水量有关，而与雾滴的大小和分布无关。实验证明，衰减率随着雾滴含水量的升高而升高。

电磁波在巷道中传播时：① 水汽引起的电磁波衰减，与其固有的传播损耗相比，在传播频率不高时可忽略不计。② 巷道壁潮湿使电导率和相对电容率提高，引起电磁波衰减率的变化很显著，当频率略高于巷道截止频率时，使电磁波的衰减率降低；当频率远高于巷道截止频率时，E 模式衰减率因电容率增大而减小，M 模式和 EH 模式因电容率增大而增大，且变化显著。③ 粉尘加大了电磁波的衰减损耗，衰减随频率和粉尘浓度的增加而增加。

由于这两种因素在矿山发生灾害时，对无线信号的衰减比较弱，所以对其不予以深入研究。

3.5 基于 MIMO-OFDM 技术的矿山救援无线 Mesh 网络结构设计

3.5.1 概述

频谱资源的严重不足，已经成为遏制井下无线多媒体通信传输的瓶颈。所以如何充分开发利用有限的频谱资源，提高频谱利用率，减少信号衰减带来的井下救援多媒体通信信息中断问题是本书研究的内容之一。本书设计采用 MIMO(multiple-input multiple-output)技术和 OFDM(orthogonal frequency division multiplexing)技术来实现 Mesh 组网的高速率数据传输和提高传输质量。无线通信业务的需求推动了天线技术的发展，天线技术的进步则为提高通信系统的容量提供了另一维设计空间。最早的天线设计工作源 Marconi 为跨越大西洋电报系统定向天线的设计。而天线阵列的使用则是从第二次世界大战开始，当时主要用于雷达。

随着无线通信的蓬勃发展，频谱效率的进一步提高被认为是无线通信研究的紧迫问题。空域或者空时联合处理被认为是提高现代无线通信系统性能“最后的疆域”，通过在接收端、发射端或两端均使用多天线，可以获得显著的通信系统和链路性能的改善。传统的多天线技术如智能天线技术，主要集中于在接收端空域处理（如波束形成算法）或者空时联合处理（如适用于 CDMA 系统的空时二维 Rake 接收系统），以获取接收分集增益、提高信噪比、对抗其他用户干扰并进而提高小区覆盖范围，提高系统容量。

早期，智能天线配置于基站。从天线配置角度来说，大多数智能天线系统可以视为 SI-

MO 系统(单发多收,如上行链路的接收波束形成)或 MISO 系统(多发单收,如下行链路的发射波束形成)。智能天线的基本原理在于不同用户信号通常以不同角度到达基站,从而可通过波束形成自适应最优合并,实现干扰抑制,提高 SINR,实现空分多址等功能。

智能天线技术能有效提高频谱效率。传统的智能天线技术重视空域一维处理,通过对用户信号的相干合并,一般能实现阵列增益以提高接收信噪比。但是在特定环境下,如基于 CDMA 体制的城市小区中,智能天线的性能受到挑战。因为在这样的环境中,存在大量的散射体,由于多径效应导致每一个用户的信号均有较大的角度扩展,同一用户的信号可能从较大的角度范围内到达,传统的智能天线需要提供更大的自由度以接收这些多径信号。从某种意义上说,由于接收信号间相关性的减弱,会导致智能天线接收合并性能的下降。

20 世纪 90 年代中期,基于瑞利(Rayleigh)衰落、信道有大量散射体、信道系数无关、最优编解码、发射端无信道信息接收端准确可知信道等假设,贝尔实验室的泰拉塔尔(Telatar)、福斯基尼(Foschini)等人从理论上证明了收发端均使用多天线可以使通信链路容量成倍增加这一令人振奋的成果,即在 TM 发射天线,RM 接收天线的多输入多输出(MIMO)系统中,信道容量随线性增加。独立同分布瑞利衰落 MIMO 信道中,信道容量在大信噪比(SNR)时,满足:(SNR) min log(SNR) T $RC \propto (M, M)$。这一振奋人心的结果提供了提高衰落信道中系统容量和可靠性的新技术手段。

MIMO 技术可认为是一种新型的“智能天线”技术。但是它提供了阵列天线应用的新思路并更着重于空时联合处理。通过在接收端和发射端空时二维甚至空时频三维的联合设计和优化的编码、调制,MIMO 系统能极大地改善通信链路的容量和通信可靠性。传统智能天线系统中信号在向量信道中传输,而基于空时二维编码的 MIMO 系统中发射信号等效于在矩阵信道中传输。MIMO 技术的一个鲜明特色在于它利用多径效应而不是试图对抗它。这里的多径效应在窄带系统中体现为具有不同空间角度的时间具有不可分辨的信号分量,而在宽带系统中则包括所有时间可分辨和不可分辨的信号分量。

但是,MIMO 信道容量是最优 MIMO 系统性能的上限,并不意味着能实现它。另外最优系统的空时联合处理由于高复杂度而难以实用化。因此,对无线通信工程师而言,发挥 MIMO 潜力的关键在于为发端设计优化的信号传输形式,并在收端设计合理的接收处理算法。按照系统获得的增益类型,当前的 MIMO 传输方案设计的目标主要可以分为两大类:获取空间复用增益和空间分集增益。当前的 MIMO 系统设计主要着眼于最大化其中一种增益。针对这一问题,福斯基尼和塔罗克(Tarokh)等人做了大量开拓性工作,推动了无线通信向其极限性能的逼近。

在无线通信环境中,多径传播和多普勒频移是造成信道变化的主要因素,考虑到井下移动终端的相对运动速度较慢,故多普勒影响可以忽略,仅考虑由井下巷道环境带来的多径效应。由前面的分析可知,矿山巷道的电磁波传播环境异常复杂,由此产生的多径衰落现象严重破坏了有用信号的传输相位、频率和幅度特性,其结果是产生的多径干扰导致矿山无线通信系统的可靠性急剧下降,电磁波在矿山巷道内的可靠传输距离仅为数百米。因此,必须采取相应的抗多径衰落技术以提高通信系统的可靠性。

对于矿井独特的非自由空间环境,传统的井下单发射天线和单接收天线的通信系统即单输入单输出,存在着诸多问题,如多径衰落严重、环境机电噪声影响大、发射机功率受限、传输损耗大等,特别是多径衰落深度达到上限时,通过增加发射功率克服这种深度衰落是不可能的,同时井下设备的防爆要求也不允许采用大功率通信设备,故在抗多径衰落方面略显不足。

借鉴陆地移动通信系统抗多径衰落的经验,对抗矿山巷道多径衰落的有效方法有两种。一种是多载波技术,如 OFDM 系统,这是一种特殊的多载波重叠传输方案,既可以看作是调制技术,也可以看作是复用技术,能很好地对抗频率选择性衰落和窄带干扰。另一种是多天线 MIMO 技术。采用何种方法必须考虑煤矿井下通信终端的特殊设计要求是最大限度地利用发射功率,尽可能提高通信距离和通信可靠性,以满足井下环境的使用。

20 世纪 80 年代,国内外学者开始研究 MIMO 系统,并从实验的角度证明了在无线链路的发送端和接收端可以同时使用多个天线,并能够在不增加额外频谱带宽和发射功率的前提下,有效地提高信道容量。特别是 MIMO 系统采用阵列天线技术,充分利用信号的所有空时频域特性,尤其是通过对发射端一个分组内的发射符号进行合理的空时编码,提高了频谱利用率、增加了发射效率、减小了发射功率、减少了空间电磁干扰及增大了系统容量,减轻了多径衰落影响,提高了无线通信系统的性能。MIMO 技术已从理论上很好地解决了现有无线通信技术难题,其巨大优势已成为 3G/4G 的重要组成部分。目前 MIMO 技术的研究内容主要包括四个方面:① MIMO 衰落信道的建模与仿真;② MIMO 信道容量的分析;③ 基于 MIMO 的空时编解码方案;④ 基于 MIMO 的接收处理算法与天线选择技术。

3.5.2 MIMO-OFDM 技术特点及应用

在高频段进行高数据率无线通信,将面临显著的频率选择性衰落。在传统的单载波通信系统中,码间串扰的影响十分突出,需借助于均衡器消除码间串扰。随着数据传输速率的提高,均衡器及接收机的设计就变得越来越困难。

而 OFDM 调制技术通过将宽带信道分解为大量窄带信道,克服多径效应,简化接收机设计,从而大大改善这一系统瓶颈。OFDM 调制是 20 世纪 50～60 年代提出的用于军事无线链路的多载波调制(MCM)技术的较优化特例。MCM 的基本思想是将宽带信道划分为大量的窄带信道,使用多个合理设计的子载波传输用户信号,实现并行数据传输和频分复用。与单载波数据传输相比,相同数据率下,在 MCM 中单个子载波上信号传输速率大大降低,这是 MCM 的主要优势所在。

萨姆普斯(H. Sampath)等人开发了频谱可以相互交叠而正交调制的方案,极大地改善了频谱利用率和对发射滤波器的频率特性的限制[22]。OFDM 技术的另外两个重要进展是离散傅里叶变换(DFT)技术和循环前缀(CP)的引入。DFT(IDFT)技术及相应的 FFT(IFFT)技术为 OFDM 调制的数字化实现奠定了基础,而循环前缀的引入则为 OFDM 解决了宽带应用中的符号间干扰问题,大大简化了接收机的设计。OFDM 已成为主流的 MCM 技术。

在 OFDM 的应用中,有几个重要问题需要注意。其一,符号间干扰的问题。不同 OFDM 符号之间的信号仍然可能出现干扰,这一问题主要通过循环前缀(CP)或者尾部添零(ZP)来解决;其二,由于无线信道中很可能出现频率选择性衰落,而在 OFDM 中,用户数据调制在大量的子载波上,某时刻只可能有部分子载波被丢失,出现所有载波均被抵消的可能性很小,结合前向纠错编码(FEC)技术对各子载波调制信号进行编码传输,可以获得频率分集增益,有效降低误码率;其三,OFDM 发射信号具有较大的功率峰值平均比(PAPR),这对射频功放的设计和效率带来挑战,这主要通过预编码、预失真等方法来解决;其四,OFDM 对时间同步尤其是频率同步误差和时变信道的多普勒效应非常敏感，由于这些误差，可能会产生严重的载波间干扰(ICI)，因此在高速移动的场合，需要开发新技术以改善OFDM的性能。

在20世纪80年代以前，由于传统MCM需要大量晶振产生载波信号，其计算量大，存储要求高等原因导致过去未能大规模实用化，仅限于军事应用。现在DSP、VLSI、FFT技术的发展已经扫除了快速实现多载波调制和解调OFDM的应用障碍。目前OFDM调制已经成为一种非常有吸引力的调制方案。在通信领域，OFDM技术获得了广泛的研究和采纳，无线局域网IEEE802.11、Hiper Lan Ⅱ、固定无线接入802.16等标准均选择OFDM调制技术以支持高数据率。

最初的MIMO系统特性及实现方案的研究均是针对窄带系统。但是未来无线通信系统是宽带系统，面临可能导致破坏性结果的ISI问题。因此，在宽带应用中必须寻找具有优化的性能、复杂度折中的信号处理方案以发挥MIMO提高频谱效率的潜力。目前宽带MIMO系统方案可分为两大类：空时均衡MIMO系统和OFDM调制MIMO系统。前者主要借助于空时MIMO均衡，将宽带频率选择性衰落信道恢复为平坦衰落信道，从而使窄带MIMO方案下的系统设计得以延伸至宽带应用。典型的MIMO均衡方法有线性MIMO均衡、MIMO判决反馈(DF)均衡以及更为复杂的空时Turbo均衡等。一般MIMO均衡器复杂度较高。

OFDM调制的MIMO系统，或称为MIMO-OFDM系统，综合了MIMO高频谱效率和OFDM简化接收机的特点，受到了广泛的重视。MIMO和OFDM技术已经成为4G的核心技术。

根据带宽可以将MIMO分为窄带MIMO和宽带MIMO，其中窄带MIMO系统中的基本概念和结论可以进一步推广到MIMO-OFDM系统中。关于MIMO-OFDM特性研究的主要涉及MIMO-OFDM系统的容量特性、编码传输方案及性能分析、信道估计和同步技术等方面。MIMO-OFDM已经引起了标准化组织和通信企业的极大重视。在系统研制方面，Iospan公司处于领先地位，据文献报道Iospan公司的试验结果：在基站功率为35.5 dBm，高度49英尺(约14.94 m)，2.683 GHz载频，2 MHz带宽，下行链路2×3配置的空间复MIMO-OFDM系统实现了80%可靠性下13.6 MB/s的数据传输速率。

3.5.3　MIMO-OFDM基本模型

矿山巷道无线通信环境与陆地移动通信环境完全不同，陆地环境下的MIMO系统可以充分利用空间位置设置多天线系统，从而避免MIMO信道之间的强相关性造成的通信容量的下降。研究表明，若地铁隧道中收发天线之间无直视路径，且路径分量相互独立，服从Rayleigh衰落分布；若收发天线之间存在直视路径，则服从莱斯衰落分布。实际地铁隧道的散射环境并非满足上述要求，采用Nakagami衰落分布则更能很好地描述地铁隧道的衰落分布。矿山巷道中无线传播环境与地铁巷道类似，故电磁波传播衰落同样遵循Nakagami衰落分布，只是矿山移动终端在移动通信过程中，其移动速度较地铁移动终端要慢得多，故多普勒扩展对信道特征在时域内的变化影响不大。

众所周知，在未来的宽带无线通信系统中，存在两个严峻的挑战，即多径衰落信道和带宽效率。OFDM通过将频率选择性多径衰落信道在频域内转变成平坦信道，从而减小了多径衰落的影响；而MIMO技术能够在空间中产生独立的并行信道同时传输多路数据流，这样就有效地增加了系统容量，即由MIMO提供的空间复用技术能够在不增加系统带宽的情况下增加频谱利用率。如果将OFDM和MIMO两种技术相结合,就能够达到两种效果:一是通过复用系统具有很高的系统容量和频谱利用率,二是通过分集系统具有很高的系统可靠性。同时,在多输入多输出正交频分复用(MIMO-OFDM)系统中加入合适的数字信号处理的算法,即空时编码,还可以更好地增强系统整体的稳定性。

MIMO的两大优点:① 较低的发射功率能够提高系统可靠性;② 降低硬件设计复杂度、延长移动终端工作时间、增强抗多径衰落和抗干扰能力。采用空间分集可以充分发挥MIMO系统的优势,但需要配置多根发收天线进行数据的联合处理。在实际的井下通信环境中,基站可以部署较多的天线数目,而移动终端的天线数目受到限制。另外,基站的位置要根据井下环境的实际场强测量结果进行合理地选择。

在矿山巷道中进行无线通信时,选择较高频率可以实现低损耗的传输,但由此会产生多径衰落现象。从理论上讲,当工作频率在900 MHz时,波长为1/3 m,只要空间分集的接收机两副天线距离d达到$d>0.5\lambda$时,两副天线的间隔为20 cm以上,可以认为这两副天线所接收的信号是不相关的,就可以采用空间分集方式,而安装这样两副天线是不困难的。本章根据矿山无线通信的环境特点、设计要求,从矿山MIMO信道建模、天线的配置方案、限发射功率分配等几个方面探讨MIMO技术在矿山巷道无线通信中的应用可能。

在MIMO-OFDM系统中,利用了频率、时间和空间3种分集技术,使无线通信系统对噪声、干扰、多径的容量大幅度增加。并且,当在较好的信道情况时,使用空间复用的编码方式,可以将传输速率成倍地提高。下面将运用公式推导说明MIMO-OFDM的基本模型。

假设有一个MIMO-OFDM系统,它有N_T个发送天线,N_R个接收天线,发送端基带信号可以用下式表示:

$$u_{n_r}(t)=\frac{1}{\sqrt{K}}\sum_{t=-\infty}^{\infty}\sum_{k=-K/2}^{K/2-1}U_{n_t,n,k}g(t-nT_S)\mathrm{e}^{\mathrm{j}2\pi\frac{k}{T_D}(t-nT_f-T_G)} \tag{3-15}$$

式中 $u_{n_r}(t)$——第n_t个发送天线基带信号;

K——系统子信道数;

$U_{n_t,n,k}$——第n_t个发送天线、第n个OFDM符号第k个信道上发送的信号;

T_f——OFDM符号周期,包括数据周期T_D和保护间隔T_G,$T_f=T_D+T_G$;

$g(t)$——成型函数,由下式给出:

$$g(t)=\begin{cases}1, & 0\leqslant t\leqslant T_f\\0, & t>T_f \text{ 或 } t<0\end{cases} \tag{3-16}$$

基带信号上变频到发射信号,得到:

$$s_{n_t}(t)=u_{n_t}(t)\mathrm{e}^{\mathrm{j}(2\pi f_I t+\phi_I)}$$

式中 f_I,ϕ_I——第n_t个发送天线的载波频率和相位(不同天线间该值近似)。

实际发送信号为$s_{n_t}(t)$实部,即$\mathrm{Re}[s_{n_t}]=\mathrm{Re}[u_{n_t}(t)\mathrm{e}^{\mathrm{j}(2\pi f_I t+\phi_I)}]$

假设,接收天线n_r与发射天线n_t有$L_{n_rn_t}$条发送路径,同时将第$L_{n_rn_t}$条路径信道复增益写作$h_{l_{n_rn_t}}$,那么接收天线n_r与发送天线n_t的信道可以由下式描述:

$$h_{n_rn_t}(t)=\sum_{l_{n_rn_t}}^{L_{n_rn_t}-1}h_{l_{n_rn_t}}\delta(t-\tau_{n_rn_t}) \tag{3-17}$$

在接收端,所有发送天线发送信号的叠加便是接收天线所接收到的信号,即:

$$r_{n_r}(t) = \sum_{n_t=1}^{N_T} s_{n_t}(t) h_{n_r n_t}(t) + \eta(t) \tag{3-18}$$

式中　$\eta(t)$——信道加性噪声，是来自发送天线 n_t 到接收天线 n_r 的噪声和。

接收到的信号在接收端进行下变频，得到：

$$z_{n_r}(t) = r_{n_r}(t) \mathrm{e}^{-j(2\pi f_0 t + \phi_0)}$$

式中　f_0，ϕ_0——相干载波的频率与相位。

加性噪声被忽略后，采样后接收信号变成：

$$z_{n_r,n,b} = Z_{n_r}(nT_S + bT' + \tau)$$

式中　$z_{n_r,n,b}$——在第 n_r 个接收天线上和第 n 个 OFDM 符号的第 b 个采样点的值；

T'——载波时间极大值。

在 $b=0,1,\cdots,K-1$ 上做 K 点快速傅里叶变换，便得到第 n_r 个接收天线上、第 n 个 OFDM 符号的第 k 个子信道的值：

$$z_{n_r,n,K} = \frac{1}{\sqrt{K}} \sum_{k=0}^{K-1} z_{n_r,n,b} \mathrm{e}^{-\mathrm{j}2\pi \frac{k}{K} b} \tag{3-19}$$

将上述频域值进行去载波频偏和去采样频偏处理，从而去掉码间干扰和信道间干扰。最后，再将其进行空频或空时联合解码，即可得到最初的发送数据。

OFDM 系统克服了频率选择性衰落，为 MIMO 技术的应用提供了一个很好的平台，MIMO 技术又可以为 OFDM 系统提供明显的分集增益或者系统容量的增加，因此两者的结合可以带来极大的性能增益。但由于各支路独立编码、解码，增加了天线数目，这自然会增加系统的复杂度和设备成本。因此，在进行实际系统设计时，应该在性能增益、实用性等方面权衡利弊。此外，为了进一步改善空时处理技术的性能，还可以在以下两个方面做深入研究：一是侧重空时技术的性能分析和设计；二是侧重空时技术的应用，如将空时编码和传统的信道编码相结合、将空时编码与多用户检测技术相结合、将空时编码和天线选择相结合等。这些改进技术的使用，都会在一定程度上提高空时处理技术的有效性和可靠性，从而更好地满足实际系统的具体要求。

3.5.4　MIMO-OFDM 关键技术研究

MIMO-OFDM 系统的信息处理复杂度相对较高，其系统发送端如图 3-28 所示。

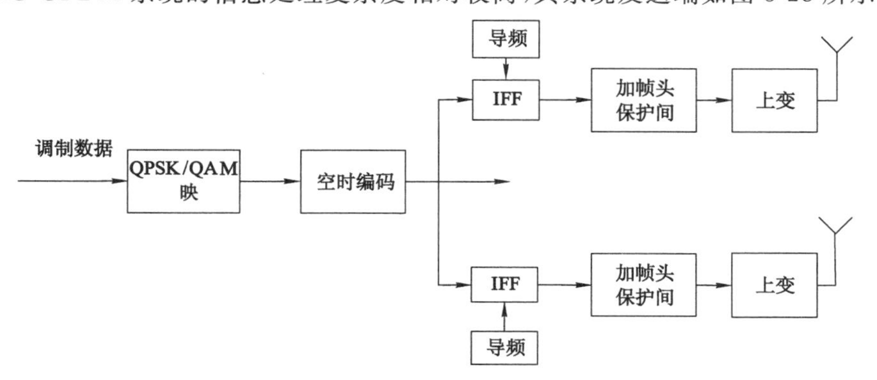

图 3-28　MIMO-OFDM 系统发送端框图

下面探讨 MIMO-OFDM 系统中的两项关键技术，即空时编解码和同步。

上述的图 3-28 给出完整的基于空间复用的 MIMO-OFDM 系统，这样的系统能够同时利用空间复用技术和 OFDM 技术的特点，有利于提高系统的容量和传输速率。通过多路数据流在发送天线的同时发射，可以实现在相同带宽情况下的多路空间并行信道，不仅发挥了 OFDM 技术和空间复用技术的优势，同时有效地利用了空间的并行性和频率选择性。

(1) 空时编解码

空时编码首先是针对窄带系统提出的，而且目前对空时码的研究，多数还是局限于平衰落情况下的研究。前面几章我们也主要讨论了平衰落下的空时编码技术，并在此基础上进一步探讨了引入空时分组编码的多天线系统的信道容量以及符号差错性能。然而，实际的无线衰落信道基本上都是频率选择性信道，此时，空时码的设计变得比较复杂。因此，如何在频率选择性信道中应用空时码就成了一个不容忽视的问题。另一方面，OFDM 系统利用频率分集技术，提供了一种将频率选择性信道变换为平衰落信道的有效方法。因此人们很自然地想到，在频率选择性衰落信道中，如何将空时编码技术和 OFDM 进行有机地结合。第一个将这两者相结合的系统是阿格拉瓦(D. Agrawal)等人提出的，后来 Ben Lu 等人也做了进一步的探讨。

MIMO-OFDM 系统中，多个并行平衰落子信道是通过正交频分复用技术把频率选择性衰落信道转变的。OFDM 技术同空时编码技术相结合是系统的编码关键技术，即 STC-OFDM。STC-OFDM 系统模型如图 3-29 所示。

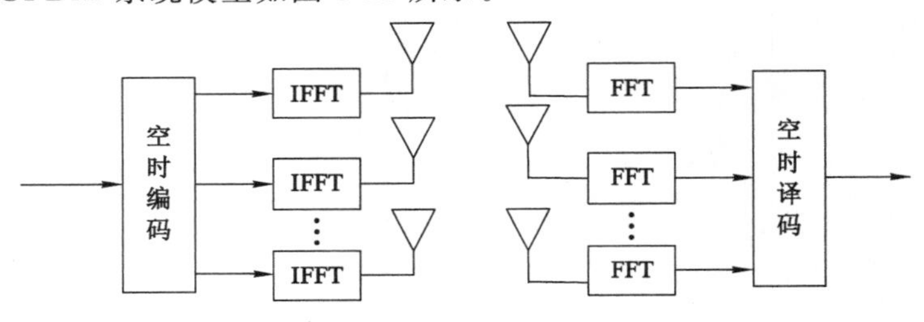

图 3-29　STC-OFDM 系统模型

MIMO-OFDM 系统和 OFDM 系统在结构上大体相似，只是进行空时编码之后再进行 OFDM 调制。同 MIMO 系统相似，假设接收端和发送端的天线数分别为 n_r 和 n_t。信道为准静态信道，即在一个 OFDM 符号帧内信道的冲激响应不变，而且不同天线之间的信道冲激响应是不相关的。同时假设空时码的码字长度等于 OFDM 的子载波数 K，每个空时码字包含有 n_tK 个码符号，在一个 OFDM 码字持续时间内同时发送，每个码符号用某一发射天线在某一个 OFDM 的子载波上发送。

假设在时刻 t，输入的信息序列由空时编码器进行编码的输出码字为：

$$c^t = c_{10}^t, c_{20}^t, \cdots, c_{n_T0}^t, c_{11}^t, c_{21}^t, \cdots, c_{n_T1}^t, \cdots, c_{1(k-1)}^t, c_{2(k-1)}^t, \cdots, c_{n_T(k-1)}^t \tag{3-20}$$

其中，时刻 t 第 i 根天线的第 k 个子载波上传输的数据由 $C_{i,k}^t$ 表示，调制星座图上的星座点信号由 $i=1,2,\cdots,n_r$ 表示。

然后信号点序列 $C_{i,0}^t, C_{i,1}^t, \cdots, C_{i,(k-1)}^t$ 分别被进行 OFDM 调制，并映射到第 n_t 根发射天线上去，最后将这些调制信号由第 i 个发送天线在时刻 t 同时发送。在 OFDM 系统中引入循环前缀，消除了由于信道时延扩展而引起的码间干扰问题。假设，信道的最大时延扩展小于循环前缀的长度，而且收发端完全同步，那么，经过信号速率采样的接收天线 j 上的接收信号，在去循环前缀及快速傅里叶变换后的输出为：

$$r_{jk}^{t} = \sum_{i=1}^{n_T} H_{jik}^{t} c_{ik}^{t} + n_{jk}^{t} \tag{3-21}$$

其中，第 k 个子载波频率处的冲激响应是由 t 时刻从第 i 根发送天线到第 j 根接收天线之间的信道来表示，即 $j = 1,2,\cdots,n_r$，H_{jik}^{t}。接收端的噪声和干扰构成的复高斯随机变量由 n_{jk}^{t} 表示。

假设接收端已知信道信息，则接收端译码器可运用最大似然检测算法：

$$\sum_{j=1}^{n_r} \left| r_{jk}^{t} - \sum_{i=1}^{n_T} H_{jik}^{t} c_{ik}^{t} \right|^2 \tag{3-22}$$

时域中的信道脉冲响应模型也可以转化为抽头延迟线模型：

$$H_{ji}(t-\tau) = \sum_{l=1}^{L} H_{ji}^{tl} \delta(\tau - \tau_l) \tag{3-23}$$

其中 L 表示径数，τ_l 表示第 l 径的时延，H_{ji}^{tl} 表示第 l 径的复幅度。

令 T_f 表示每个 OFDM 帧的持续时间，Δf 表示 OFDM 子载波间的间隔，则有：

$$\begin{cases} T_f = KT_S \\ T_S = \dfrac{1}{W} = \dfrac{1}{k\Delta f} \end{cases} \tag{3-24}$$

于是，第 l 条径的延迟可以表示为：

$$\tau_l = n_l T_S \tag{3-25}$$

对信道脉冲响应进行傅里叶变化，可以得到 t 时刻的信道频率响应为：

$$H_{jik}^{t} = \sum_{l=1}^{L} h_{ji}(t, n_l) \exp(-\mathrm{j}2\pi n_l / K) \tag{3-26}$$

(2) 同步

同步是通信系统服务质量的重要部分之一，一个与发射端调制载波同频同相的相干载波提供给接收端，是接收端对接收信号进行同步解调的前提。由于偏差一般存在于收发端的本地振荡器提供的频率之间，同时在无线信道传输后，信号载频因信道的多普勒效应而发生变化，所以在接收端需要实现载频同步。

判断一个信号到达的关键就是利用粗时间同步找出一个 OFDM 帧的近似起始时刻。在单天线 OFDM 系统采用长训练字来判断信号到达时刻的方法是一个重要判断方法。

不同前导字之间保持正交，而且判断的方法同已知时域上前导字的前后两部分是相同的，因此，判断有用信号大致的起始时刻也可以通过对前导字的前后两部分做相关运算来实现。

$2p^2$ 为改进后的前导字序列中的半个前导字长，一般取与其相距 $2p^2$ 距离的后 G 个采样点和其中的 $G(0 < G < 2p^2)$ 个采样点做相关运算，延时和相关算法的信号流程可以由图 3-30 来说明。

具体算法为：

$$\varphi_n = \frac{|\varphi_n|^2}{(p_n)^2} \tag{3-27}$$

其中：

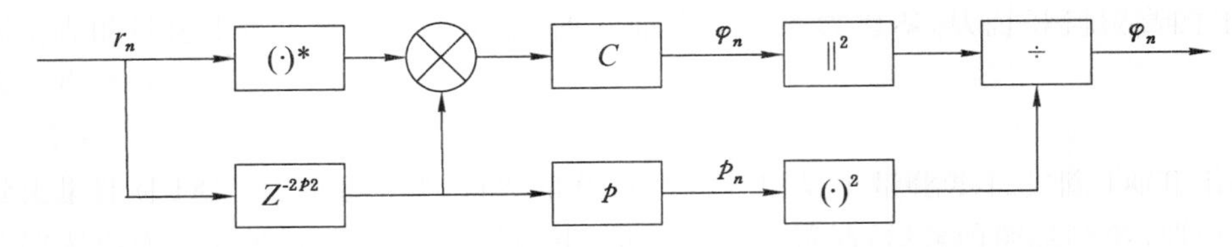

图 3-30　粗时间同步延时和相关算法的信号流程

$$\varphi_n = \sum_{k=0}^{G-1}(r_{j,n+k+2p^2}^*)p_n = \sum_{k=0}^{G-1}|r_{j,n+k+2p^2}|^2$$

式中　$r_{j,n}$——第 j 个接收天线上的第 n 个采样点。

粗时间同步取得后，系统的细时间同步可以根据 OFDM 帧大致开始时刻处采样点和附近几个采样点来做相关运算。每个发送信号的信号帧头准确到达时间可以通过做细时间同步来获得。

$$\varphi'_n = \frac{|\varphi_n|^2}{(p'_n)^2} \tag{3-28}$$

其中：

$$\varphi_n = \sum_{k=0}^{p^2-1}(c_{i,k}^* r_{j,n+2k+1})p'_n = \sum_{k=0}^{2p^2-1}|r_{j,n+k}|^2$$

为确保接收端已知，可通过接收端和发送端事先约定来实现。$c_{i,k}^*$ 为对应第 i 个发送天线前导训练字序列。

通常做频偏估计之前要进行定时恢复，因此，下面要做的就是载波频率同步。接收信号会产生相位偏转的原因是由于有频偏的存在，$-2\pi\Delta f\Delta t$ 是每过 Δt 时间累计的相位偏移量。

前导训练字前后两部分符号相同，因此得出相应的频偏，可以根据前后两部分位置采样点之间的相偏来估算。相邻采样点之间的相偏为 $\theta = 1/(2p^2)\angle\phi_{\text{dop}}$ 是因为前后对应位置之间总共相差为 $2p^2$ 个采样点。取得粗时间同步时刻为 ϕ_{dop}，$\Delta f = \theta/2\pi$ 为相应的频偏，减少频偏的影响可以通过对时域上数据序列补偿相应的相偏来完成。

粗时间同步时刻的采样点开始，$q\theta$ 是后续的第q 个采样点的补偿相偏，减小相应采样点上的频偏影响采用对时域上的数字采样序列乘以相应的序列 $\exp(-\mathrm{j}q\theta)$ 就可以，其中 q 为解调快速傅里叶变换窗的大小。

3.5.5　MIMO-OFDM 在井下无线救援通信中的应用

煤矿井下的特殊传输环境和安全生产要求矿井无线通信系统提供高数据传输速率和可靠性。然而频谱资源匮乏和巷道的特殊传输环境引起的衰落和干扰要求采取措施提高频谱利用率和传输可靠性。基于 MIMO 技术和 OFDM 技术的特点，将这两种技术相结合，可以实现很高的数据速率，另外通过分集技术可以提高其很强的可靠性。

基于 MIMO-OFDM 技术的矿山无线通信系统发送端原理框图如图 3-31 所示，即输入数据经过信道编码、交织、QAM 调制映射，然后进行空时分组编码，变成多路输出，再对每路信号进行串并转换、IFFT 变换实现 OFDM 调制，再加上插入保护间隔循环前缀(CP)，最后调制到载波上并进行功率放大，经发射天线发射出去。

接收端原理框图如图 3-32 所示，接收过程与发射过程相反，发射信号经过衰落信道后，

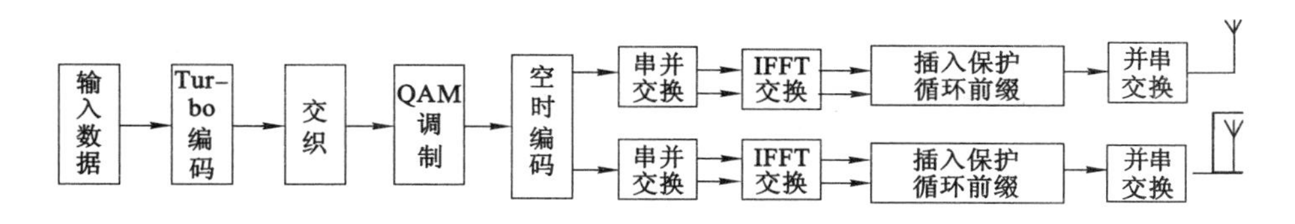

图 3-31 系统的发射框图

由接收机接收,对接收信号进行变频处理,经过 OFDM 解调、空时译码、QAM 调制,再进行解交织和信道译码来纠正随机错误和突发错误,最后输出数据。

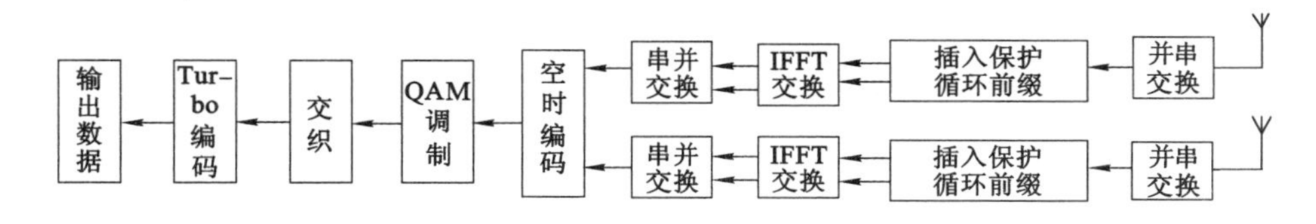

图 3-32 系统的接收框图

系统的空时编码方案采用正交空时分组编码,因为其编码矩阵列与列的正交性,从而使接收端可以用最大似然检测译码,大大降低了译码的复杂度,而且仍能得到最大的发送分集增益。而分层空时编码技术无法达到最大分集增益,抗衰落性能差。空时网格编码的译码要采用 Viterbi 译码实现,复杂度较高。同时由于矿山通信的特殊环境,所以该系统采用了正交空时分组编码,正交空时编码不仅能得到最大分集增益,还有很低的译码复杂度。系统 OFDM 调制的各个子信道采用 IFFT 变换和 FFT 变换来实现系统的调制和解调,对于子信道数目很大时,则系统的运算量小,实现简单。

对于 MIMO-OFDM 技术在矿山无线信道充分发挥效能的一个重要条件是发射端应实时掌握信道状态信息(CSI),并不断地调整发射天线的权向量,以使得系统一直处在最佳的工作状态,也就是说当发射机获知全部的 CSI 时,系统性能可以达到最优,这就要求实时反馈大量信道状态信息。可是矿山巷道是一种时变衰落信道,需要反馈的信息量将会很大,这不但会增加反馈链路的负担,同样还会大大增加系统的复杂度。这个问题的本质就是矿山多天线相关信道是否成功转为非相关信道的问题。

为此,对信道状态信息(CSI) $\hat{h}(\tau,t)$ 各元素的相关性进行进一步的分析,如果 $\hat{h}(\tau,t)$ 的各元素之间完全不相关,就有可能获得最大的分集增益。

为了求得 $\hat{h}(\tau,t)$ 各元素之间的相关性,计算任意两个元素之间的协方差:

$$E[\hat{h}_i(\tau,t)\hat{h}_j^*(\tau,t)]=E[\boldsymbol{v}_i^H H(\tau,t)H^H(\tau,t)\boldsymbol{v}_j] \tag{3-29}$$

设 $\boldsymbol{R}_{\mathrm{SCM}}$ 为一常数矩阵,其特征向量 $\boldsymbol{v}_i$ 和 $\boldsymbol{v}_j$ 是非随机的,因此:

$$\begin{aligned}E[\boldsymbol{v}_i^H H(\tau,t)H^H(\tau,t)\boldsymbol{v}_j]&=\boldsymbol{v}_i^H E[H(\tau,t)H^H(\tau,t)]\boldsymbol{v}_j=\boldsymbol{v}_i^H\boldsymbol{R}_{\mathrm{SCM}}\boldsymbol{v}_j\\&=\begin{cases}0 & i\neq j\\ \lambda_i & i=j\end{cases}\end{aligned} \tag{3-30}$$

这样就证明了 $\hat{h}(\tau,t)$ 的各元素之间是完全不相关的,并且 $E[|\hat{h}(\tau,t)|^2]=\lambda_i$。相关

衰落的 MIMO 信道被转换为独立衰落的 MIMO 信道，即：

$$\boldsymbol{H}_{N\times M}(\tau,t)\Rightarrow\hat{\boldsymbol{H}}_{N\times M}(\tau,t)=\begin{bmatrix}\hat{h}_1(\tau,t)\delta_1 & \cdots & \hat{h}_M(\tau,t)\delta_1\\ \vdots & \ddots & \vdots\\ \hat{h}_1(\tau,t)\delta_N & \cdots & \hat{h}_M(\tau,t)\delta_N\end{bmatrix}\tag{3-31}$$

这就表明系统可以获得分集增益，同时也将矿山多天线空间相关信道转化为空间独立信道。因此，MIMO-OFDM 技术在矿山应急救援通信中能够获得良好的性能。

对 MIMO-OFDM 在宽带瑞利衰落信道中的性能进行了仿真比较。对于 MIMO 空时码的选择，分别取正交的 STBC 码和准正交 STBC 码。OFDM 系统采用子载波为 128，符号数 40，循环嵌缀包含 32 个采样，假设每个发射天线为等功率发射，接收端天线的功率也相同，信道状态信息(CSI)已知。如果采用四相相移键控(QPSK)调制方式，子载波用 128，发射端和接收端分别采用 4 根天线和 1 根天线时，将 OSTBC-OFDM 和 QOSTBC-OFDM 的误码率进行比较，并采用准静态瑞利衰落信道，仿真结果如图 3-33 所示。当在小信噪比时，OSTBC-OFDM 的性能比 QOSTBC-OFDM 稍强，但 QOSTBC-OFDM 的速率是 OSTBC-OFDM 的1/2，且随着信噪比的增大，它的性能逐渐接近 OSTBC-OFDM。

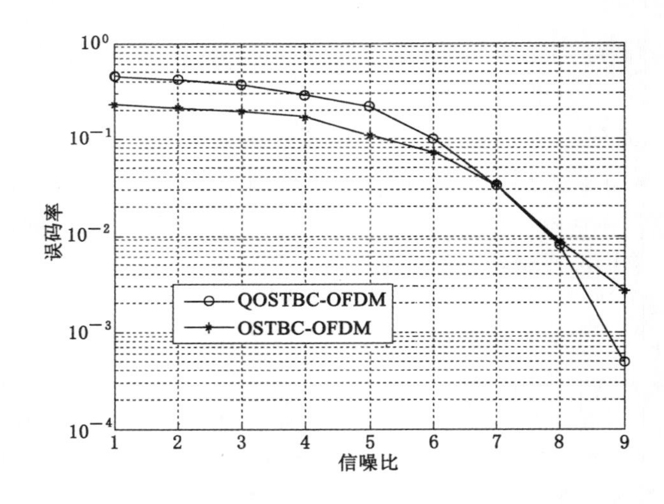

图 3-33　天线数为 4 发 1 收的系统性能比较

图 3-34 显示采用 QPSK 调制方式，在标准 MIMO-OFDM 系统下，子载波使用 128，发射端和接收端分别采用 4 根天线和 2 根天线时，进行比较 OSTBC-OFDM 和 QOSTBC-OFDM 的误码率，仍采用准静态瑞利衰落信道。从图中可看出，在小信噪比时，QOSTBC-OFDM 的性能较 OSTBC-OFDM 稍微差些，然而它的速率却比 OSTBC-OFDM 高出一倍，同时信噪比逐渐增大时，QOSTBC-OFDM 的性能随之接近于 OSTBC-OFDM。

图 3-35 显示了 BPSK、QPSK 和 8PSK 三种不同调制方式对准正交空时编码在 OFDM 系统中的性能影响。从图中可以看出，在相同的误码性能条件下 BPSK 信噪比最优，比 QPSK 和 8PSK 分别有 1.2 dB 和 3.3 dB 的优势。

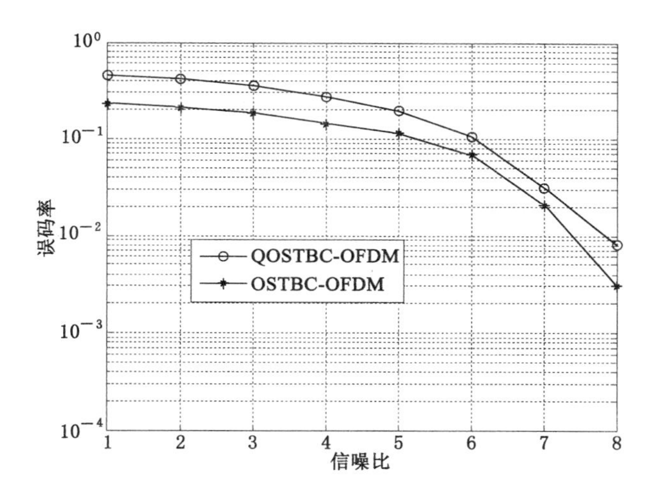

图 3-34　天线数为 4 发 2 收的系统性能比较

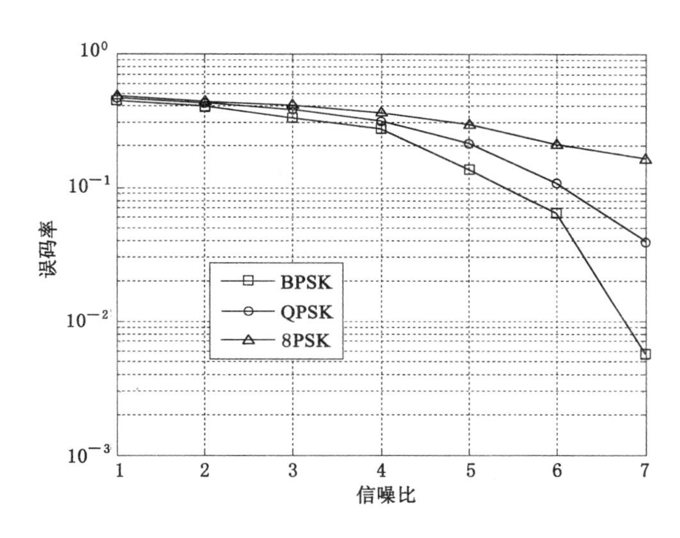

图 3-35　不同调制方式对准正交编码的影响

参考文献

[1] 顾义东. 无线 Mesh 技术在煤矿工作面通信系统中的应用[J]. 工矿自动化，2014，40(12)：96-98.

[2] 方旭明. 下一代无线因特网技术：无线 Mesh 网络[M]. 北京：人民邮电出版社，2006.

[3] 张锋，顾伟. 无线 Mesh 技术在煤矿井下应急通信系统中的应用[J]. 中国矿业，2010，19(11)：106-108.

[4] 姚善化. 复杂矿井巷道中电磁波传播特性及相关技术研究[D]. 合肥：安徽大学，2010.

[5] 邹高翔，童创明，王童，等. 空间与地面菲涅尔区的特性研究[J]. 弹箭与制导学报，2017，37(1)：129-134.

[6] 郭日峰.对空无线通信导航信道中的多径衰落研究[D].西安:西安电子科技大学,2010.
[7] 陈美子,王晓东,李少博,等.高清立体视频的传输失真估计模型[J].计算机应用,2014,34(12):3409-3413.
[8] 冯坤,段立,察豪.移动 Ad-Hoc 网络安全分析综述[J].微计算机信息,2006,22(6):50-53.
[9] PORTNOV Y A. The gravitational redshift of a optical vortex being different from that of an gravitational redshift plane of an electromagnetic wave[J]. Journal of Astrophysics and Astronomy,2018,39(3):38.
[10] 孙继平,贾倪.矿井电磁波能量安全性研究[J].中国矿业大学学报,2013,42(6):1002-1008.
[11] 石庆冬,孙继平.弯曲矩形隧道电磁波衰减特性[J].中国矿业大学学报,2001,30(1):93-95.
[12] 张跃平,张文梅,盛剑桓,等.宽带 UHF 无线电波在隧道中的传播信道的特性[J].通信学报,1998,19(8):62-67.
[13] 杨维,李滢,孙继平.类矩形矿井巷道中 UHF 宽带电磁波统计信道建模[J].煤炭学报,2008,33(4):467-472.
[14] 张长森,胡照鹏.矿井巷道无线传感器网络连通性研究[J].计算机工程与应用,2014,50(22):122-125.
[15] 刘会丽,魏占永,孙继平.规则隧道中长列金属物体对电磁波截止频率影响的研究[J].河北工业大学学报,2004,33(5):85-88.
[16] 孙继平,张传雷.梯形隧道中横截面尺寸对电磁波传播特性的影响[J].电子与信息学报,2006,28(8):1504-1507.
[17] 张申.帐篷定律与隧道无线数字通信信道建模[J].通信学报,2002,23(11):41-50.
[18] 吴伟陵.通向信道编码定理的 Turbo 码及其性能分析[J].电子学报,1998,26(7):35-40.
[19] DELOGNE P P, LALOUX A A. Theory of the slotted coaxial cable[J]. IEEE Transactions on Microwave Theory and Techniques, 1980,28(10):1102-1107.
[20] 王健康,刘江华,罗涛,等.时变平衰落信道下结合 Doppler 分集的 MIMO 系统性能分析[J].北京邮电大学学报,2004,27(5):80-84.
[21] 肖海林,聂在平,杨仕文.室内 MIMO 无线信道:模型和性能预测[J].电波科学学报,2007,22(3):385-389.
[22] SAMPATH H, PAULRAJ A. Linear precoding for space-time coded systems with known fading correlations[C]//Conference Record of Thirty-Fifth Asilomar Conference on Signals,Systems and Computers. IEEE,2001:246-251.

第 4 章　矿山救援多媒体数据同步采集传输技术研究

4.1　井下多媒体数据同步采集传输技术的研究

煤矿安全监测监控是保证矿山安全生产的重要手段，是煤矿现代化管理的重要技术措施。目前我国开发出了多种煤矿监测监控系统实现了对矿山安全、生产方面多种参数的连续监测和数据处理，有效地预防了井下瓦斯等事故的发生。但也存在一系列的问题，其主要表现在：网络结构与通信方式不规范，产商各自为政；缺乏统一的通信及信息交换标准，网络之间没有互联，不能做到信息共享、统一管理，各系统间很难做到无缝连接；传输速率低，一般都在 4 800 B/s 以下。针对以上问题，本专著就针对现有的较为前沿的多媒体综合数据同步采集传输提出以下方案。具体如下：依据各种状态参数实时监控井下状况，保持井下信息传递的通畅性，对矿山的安全生产具有十分重要的意义。而目前矿井内的通信以及电源的供给大多还使用有线电缆，施工难度大、成本高、安全设计复杂。因此采用电池供电和无线通信相对于有线电缆具有明显的优势[1]。基于 ZigBee 的矿用数据采集综合实验平台可以将不同传感器采集的数据通过 ZigBee 无线网络发送给中继器进行处理和保存，各部分均使用电池供电，节点可以实现多点采集，而且中继具有友好的人机交互界面和触摸屏，能对整个系统实现复杂灵活的控制。

基于 ZigBee 的矿用数据采集综合实验平台由节点和中继两部分组成，如图 4-1 所示。节点主要位于矿井中巷道的上方，每隔 30～50 m 设一个，它的主要作用是进行数据的采集和传递。每个节点由 ZigBee 模块和传感器模块组成，传感器模块将待采集量转化为数字量，再由 ZigBee 模块将这些信息通过无线网络传给下一个节点。每个节点不仅会将本节点的信息采集并发送，还会将上一个节点的数据打包并与本节点的数据一起发送给下一个节点。这样各个节点接力似地将信息依次传递下去，组成了一个线型的网络系统。当其中的某个节点出现问题，系统会自动跳过这个节点，与下一个节点进行通信。数据最终会传送给中继，中继再将数据显示出来，并存储于 Flash 中，以便以后查阅。显示模块是一个人机交互界面，通过它可以按节点、按时间查看数据，可以对数据进行分析处理，以折线的形式显示出来，也可以通过触摸操作对网络进行参数设定和控制，系统总体框图见图 4-1。

在多媒体通信中，多媒体数据采集、压缩、编解码、传输，信息接收过程中，经常会发生通信信号的时延抖动、数据丢失、网络通信条件变化，导致媒体之间某些相互的关系发生改变。特别是通过多媒体数据压缩和编码，通过不同的渠道汇集在一个相同点的多媒体数据，情况更为严重。因而，井下应急救援多媒体通信技术中的一个关键问题就是如何保持不同媒体之间的同步。

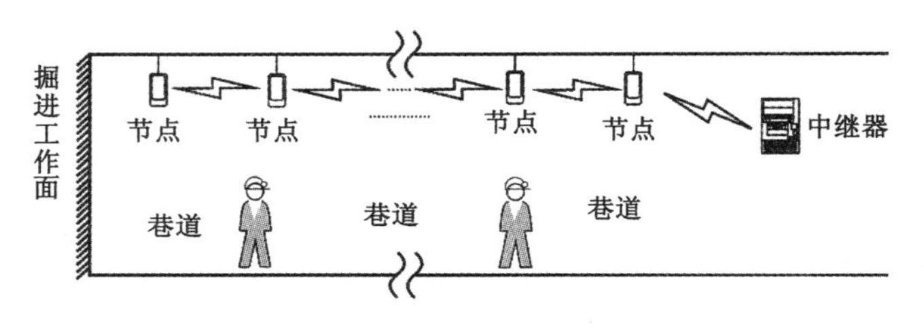

图 4-1　系统总体框图

4.1.1　音视频同步技术研究

音视频同步是多媒体系统服务质量(quality of service,QoS)研究中的一项重要内容。在视频会议、可视电话、视频点播等多媒体应用中,由于网络传输中的延迟、抖动、时间偏差、网络传输条件的变化以及发送端的发送速度与接收端的接收速度的不匹配等问题,使得接收端的媒体存在异步现象[2]。通过媒体同步技术可解决这些问题,其中音视频的同步是一个关键性技术。

目前为止,国内外已提出多种同步模型及同步方案。例如:埃斯科瓦尔(Escobar)等人提出适用于多种通信模式的流同步协议是需要全网同步时钟的自适应同步方案[3];兰根(Rangan)等人提出一种适用于多个信源一个信宿的基于反馈的同步技术,基于实时通信协议的同步方案,利用语音与其唇形之间的对应关系的同步方案以及音频嵌入视频同步方法等。

由在内容上互相关联的文本、数据、图形、图像、动画、音频和视频等媒体数据构成的一种复合信息实体即多媒体数据。按照数据对时间的关系和数据生成方式的差别,可以将不同媒体类型的数据划分连续媒体和静态媒体。在互联网环境下,多媒体信息从发送端需要经过一段距离才能到达接收端。在传输过程中,由于受到各种因素的影响,导致在接收端不能正确播放。我们这里列出影响音视频同步的主要因素有时延抖动、不同的采集起始时间、时钟偏差、不同的播放起始时间、数据丢失、网络传输条件的变化。

在各 MPEG(moving pictures experts group)视频标准中,音频和视频是分开编码的,音视频之间的同步通过分别给它们打时间截来实现,在解码端根据节目的参考时钟,利用锁相环将解码端的时钟恢复到与编码端相同的本地时钟。但是通常情况下,编码时钟频率与解码端的时钟频率是有差异的,因此就必须要考虑在解码端音频和视频之间的同步性。时间标签以理想的解码器为标准来制定的,它假定解码器处理码流是在理想状态下进行,是瞬时的。在实际应用时数据量往往较大,出现了不同的到达延迟,同时还有可能出现部分数据丢失,从而导致参考时钟与时间标签不可避免地在传送过程中出现误码与部分差错。因而,这种音视频的同步方案在网络环境下进行多媒体通信是有一定的缺陷的。

在可视电话系统、视频会议系统中音视频同步是需要解决的关键问题,在国际上许多科研工作者进行大量的研究工作,Tsuhan Chen 等提出了唇同步方案,唇同步虽然实现了音视频同步,但这种方案系统复杂且有较大的时间耗损,而且在应用中必须要将人脸信息采集在视频之中。在大多数的视频通话系统中,常会采集一些非讲话人的信息,这样唇同步技术的应用便受到了很大的限制。李晓妮等提出基于 H.264 视频标准下的嵌入式音视频同步压缩技术,该技术是一种将音频嵌入视频之中进行同步编码的技术方案。

4.1.2　多媒体的同步模型研究

多媒体系统中集成了具有各种不同时态特性的媒体对象，有依赖于时间的媒体（如视频、音频或动画），也有独立于时间的媒体（如文本、图像或表格）。媒体对象的时态相关性可能隐藏在建立过程中，也可能由用户自己定义。多媒体同步就是保持和维护各个媒体对象之间和各个媒体对象内部存在的时态关系，组织多种媒体序列以实现某种特定的表现任务。

多媒体的同步模型是用于表述各媒体之间的时序状态关系，因为使用环境的差异，多媒体之间时序状态关系的体现方式也有差异，与之相对应的同步模型机制的建立方式也不同。目前常用的三种模型分别是基于时间轴同步模型、基于参考点同步模型和基于层次同步模型。

将所有独立的对象都关联到一个时间轴上进行描述的方法称之为时间轴同步法，去掉时间轴上的任何一个对象都不会影响其他对象的同步。这种同步方法需要维持一个整体时间，每个对象可以将整体时间映射到它的局部时间，并依据此局部时间来表现。当局部时间与整体时间的误差超出一个指定限度时，则需要重新与整体时间进行比较并校准。在基于时间轴的同步控制方法中，同步关系依赖于一个公共的时间轴来表达。系统必须时刻维持一个全局的时间轴，否则系统总的同步关系将会遭到破坏。这种方法采用的思想极为朴素，易于实现。但对于音频流，由于存在一个重新抽样的问题，给维持公共时间轴增加了极大难度。霍奇（Hodges）提出时间轴同步模型，基于时间的同步模型不能定义用户交互，此类模型定义的多媒体演示过程是固定的，用户只能被动地观看。而多媒体技术的交互性要求用户参与执行过程。定义用户交互过程必然要引入事件驱动的机制。事件驱动的同步模型用一种脚本描述语言来建立多媒体的应用，但是，这种模型的事件定义的逻辑关系复杂，实际的可操作性较差，直观性也不好。而两个最典型的时间轴模型为：基于时间 Potir 网的多媒体同步模型 OCPN 和路径表达式。吉布斯（Gibbs）提出主动对象模型中应用了修改后的时间轴同步模型。斯坦梅茨（Steinmetz）研究提出参考点的同步模型，该模型对时间轴的同步模型进行了改进。

依赖于时间的单媒体如音频和视频是由连续时间间隔（周期性）表现的离散子序列单元（如视频帧、音频样本）组合而成。对象中每个子单元的位置称作参考点，对象间的同步是通过连接这些参考点来实现的。类似于基于时间轴的同步方法，基于参考点的同步可以在表现的任何时候实现同步。相对分层同步来说，基于参考点的同步还需要检测媒体之间的不协调，增加了复杂性。另外，单纯的基于参考点同步不能实现多媒体表现中的延迟动作。巴科维斯克（Bakowisk）在基于参考点同步的基础上给出了一种同步模型。在这个模型中，同步分为对象内同步（intr-object synchronization）和对象间同步（inter-object synchronization）。对象内同步是指单媒体序列的同步，它又可进一步分为动态对象（dynamic object）和静态对象（static object）的同步。动态对象的表现是由一系列连续的离散子序列的表现组成的（如视频序列的每一帧），它的表现呈周期性，其中每一个表现的位置称为参考点。静态对象的表现（如文字、图形等）只有两个参考点，即表现的起点和终点。媒体间的同步也是由参考点来描述的。参考点以及与之相关的对象一起称作同步元素，它可以表示为对象参考点（object-reference point），两个或以上的同步元素可以组合成一个同步点，整个媒体间的同步就是由所有这些同步点序列来实现的。基于参考点的媒体间同步具有以下优点：

（1）动态对象的表现可以在松散和紧密的复合同步之间进行灵活选择，从而使得这种方法比只使用一个绝对或虚拟的定时器作为同步基点的方法更灵活。

(2) 在一些不可预测的表现阶段,该方法也能很好地处理对象之间的同步。

(3) 如果表现对象延迟了,则利用这种方法仍然能够保持住同步点。

(4) 通过改变动态对象的表现周期,可以非常简单地实现快进、回放以及减慢等操作而且这些操作不会影响同步点。

埃费尔斯贝格(Effelsberg)提出了四层同步模型,梅拉(Meira)和穆拉(Moura)系统地评价了以上三种同步模型,并对比分析了它们之间的优缺点。

4.1.3 多媒体同步控制机制

在多媒体通信网络中,发送端同时产生的各种媒体流,要求接收端同时或者在一个可以接受的时间范围内播放。由于各种媒体流具有各自不同的特性要求不同的QoS,一般情况下,使用具有不同QoS的信道传输不同的媒体流。由于终端以及网络中存在许多不确定因素,不同的媒体流会经历不同的延迟或抖动,甚至丢包。从各个媒体流角度看,发送端任意两个相邻媒体单元的产生时间间隔,在到达接收端时不可能依旧保持原有的时间间隔。从若干个相关媒体流角度看,在发送端同时产生的若干个不同媒体单元,它们到达接收端的时间可能各不相同。因而,需要有效的同步控制机制解决媒体流内和流间的同步问题。为了解决同步问题,解决网络、终端中不确定因素对多媒体单元表现产生的负面影响,可以通过在接收端设置缓存,引入附加的缓存延迟等措施,使得每个媒体流中各个媒体单元,以及各个相关的媒体流经历相同的端到端延迟。在单一媒体流中,利用接收端缓存可以在输出每个媒体单元平缓抖动,保持连续媒体流的连续性。对于多个相关的媒体流,接收端缓存可以补偿媒体流之间的传输延迟差别。一般地,对于接收端缓存有两种管理方式:第一种方式,利用接收端等待每个媒体单元,直到该媒体单元到达后,调度播放;第二种方式,只在一定的时间范围内等待每个媒体单元,超越了这个范围,则认为该媒体单元丢失,即使该媒体单元随后到达,也丢弃不用,直接播放下一个媒体单元。在分组交换网中,如果接收端确定的同步播放时间过早,就会丢失一些最慢的媒体单元;另一方面,如果接收端确定的同步播放时间过迟,又会加大端到端的传输延迟,影响通信的业务品质,特别是对于实时媒体通信的影响更为明显。研究表明,为了保证接收端可以获得令人满意音频品质,要确定适当的播放同步点,至少可以保证有序地恢复90%～99%的音频分组,即音频分组丢失率在1%～10%之间是可以接受的,不会产生明显的影响。

多媒体服务机制中的同步控制,是维护多媒体系统之中每个媒体内部或媒体对象之间相互约束关系,使多媒体信息在数据采集、压缩、编解码、传输、存储及播放过程中保持应有方式状态。多媒体同步控制机制由两部分组成:媒体内同步控制机制和媒体间同步控制机制。连续性与实时性是媒体内同步的表现形式:每个媒体对象在同步点保持同步播放是多媒体间同步的表现形式,也是多媒体同步控制机制的主要目的之一。谢泼德(Shepherd)和扎尔莫尼(Salmony)提出同步信道技术,该技术可在不改变每个媒体流的情况下在各自信道上传送,同时采用一个附加的信道传输同步的信息。埃斯科瓦尔等提出了一个适应多种通信模式的流同步协议。费拉里(Ferrari)等提出分布式时延抖动控制同步方案。兰根等提出了基于反馈同步技术,该技术无须全网同步的时钟,采用了相对时间戳同步法。

本专著在以上研究的基础上,研究H.264视频标准下嵌入式音视频同步编码技术。以Hi3512处理器为设计基础进行矿山救援多媒体采集系统的硬件设计,采用Microsoft Visual C、双码流网络视频服务器配套SDK、微软基础类(MFC)等软件开发工具,开发具有搜索发现服务器设备地址、红外摄像仪视频监测、视频录像、音频对讲传输、传感器采集数据显示、报警提示的视音频和环境参数同步采集传输的软件系统。

在计算机行业里多媒体主要是指多种形式的感知媒体。它不是单一媒体,是两种或两种以上的单一媒体的有机组合,指的是文本、图形、动画、视频、语音、音乐或数据等多种形态信息处理的集成呈现。在日常生活中通过感官所获得的各种信息基本都是通过多媒体方式接收的,因此多媒体方式是当前人们最自然的信息交流方式。多媒体的采集、处理、存储、传输、播放技术也在飞速发展和不断完善之中。

多媒体技术离不开计算机技术,它是利用计算机对文本、图形、图像、声音、动画、视频等各种信息进行数字化综合处理,从而建立相应的逻辑关系和人机交互关系的技术。多媒体数据不同于普通的数据流,其数码率随着内容的不同不断变化,例如在音频内容中的停顿、视频内容中的物体运动的剧烈程度都会引起数码率的变化,并且这个变化是不可预测的,具有很大的突然性。本章主要对井下救援过程中的多媒体采集、压缩、传输进行研究和探讨。

在采集方面最主要的是要有实时性和同步性,采集到救援现场的视音频信息数据流不但要在计算机桌面显示,而且还要编码保存,相应软件系统将视频采集的数据模块设为位图型式的视频帧,通过在服务器端显示和编码保存。

一般而言,多媒体网络系统涉及三种类型的同步问题:内容关系同步,空间关系同步,时间关系同步。内容关系同步也叫共享数据同步,它要处理的基本问题是多个媒体对象与一个共享数据之间的依赖关系。空间关系同步处理多个媒体对象在输出设备上输出时的布局问题。时间关系同步处理媒体对象之间以及媒体对象内部的时序关系。这里主要讨论时间关系同步问题。我们所说的媒体对象,可以是一段实时视频流,一段实时音频流,一段文字,一幅图像,一段已制作好的动画,一段存储在介质上的视频或音频,或用户与多媒体之间的一次交互行为,也可以是上述任意对象的组合。时间关系同步可分为三类:媒体对象之间的同步,媒体流之间的同步,媒体流内的同步。这三类同步构成多媒体同步的三个层次,最高层是多媒体对象之间同步,最低层是媒体流内的同步。其中媒体流内的同步在一个时间相关媒体流内(主要是等时媒体流内)进行,因此,与时间无关的媒体,如文字、图像等不存在这种同步问题。

媒体对象之间同步要解决的是多媒体合成时的高层同步问题。图4-2显示出一个多媒体系统中各个媒体对象之间的时序关系。该系统启动后,首先记录一段语音流(音频1)和一段视频流(视频1);然后播放已进行了媒体流之间同步的节目(节目重播);此后,系统显示两张幻灯片(幻灯片1,幻灯片2);在幻灯片1和幻灯片2之间插入一次用户交互行为;幻灯片2之后自动开始一段动画(动画1),伴随着动画播放一段音频流(音频2),动画结束后,系统即停止运行。

媒体对象同步要解决的首要问题是如何描述媒体对象之间的时序关系。多媒体系统正是按照这种已描述的时序关系播放媒体对象的。媒体对象之间同步主要由多媒体应用系统本身实现,但有一部分功能要由网络来完成,即一部分媒体对象之间的同步要分解成QoS要求,如延时、实时,交付低层网络完成。媒体流之间同步的主要任务是保证不同媒体流之间的时间关系,例如音频和视频之间的时态关系、音频和文本之间的时态关系等。媒体流间同步的目的是保证多种媒体流在播放时,它们之间时间差不超过所规定的值。媒体流之间

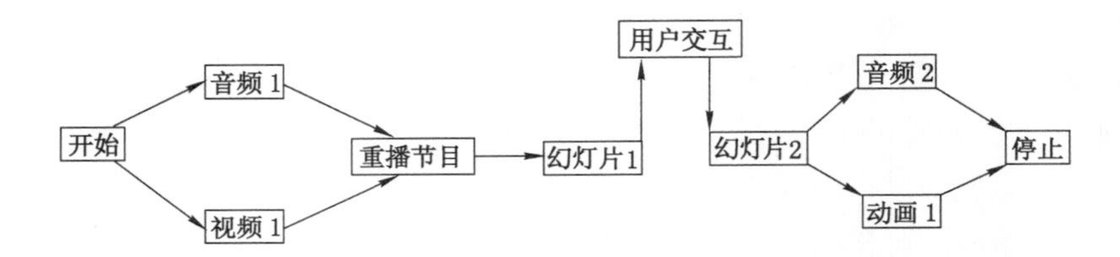

图 4-2　媒体对象之间的时序关系

的时间差主要由低层网络的延迟造成。

一般情况下，将媒体流之间的同步要求分解成各个媒体流的延迟要求，网络通过满足延迟要求而达到同步要求的目标。媒体流间同步的复杂性与需要同步的媒体数目有关。媒体流内同步主要针对等时媒体(音频和视频)而言。等时媒体对低层网络的 QoS 要求主要是延时抖动。消除延时抖动是媒体流内同步的一个重要功能，目的是以与发送端相同的时钟频率重播等时媒体。其实现途径有两条：一是依赖低层网络的 QoS 保证；二是依赖弹性缓冲器。一般的做法是，网络提出延时抖动的上界，接收端设置适当大小的弹性缓冲器以消除有界抖动延迟。

多媒体同步的表示方法有基于区间的同步表示法(在这种方法中，将每个对象的表现持续时间称为一个区间)，基于参考时间轴的同步表示法(这种方法把各媒体对象的表现事件对应于一个公共时间轴上，来进行同步描述和实现)，基于控制流的同步表示法(在基于控制流的同步表示法中，媒体表现同步是依赖于事先定义好的同步点而实现的)。

多媒体数据传输的同步控制技术有时间戳同步法(时间戳同步法是指在每个媒体的数据流单元中加入统一的时间戳，具有相同时间戳的信息单元将在输出设备上同时表现)，同步标记法(同步标记法的基本思路是发送时为媒体流指定同步标记，接收时按收到的同步标记进行同步处理。同步标记法有两种实现方法：一种是用一个辅助信道来传输同步标记，另一种是在同一个媒体流中传输同步标记和媒体数据)，多路复用同步法(这种方法是将多个媒体流的数据复用到一个数据流或一个报文中，从而使它们在传输中自然保持着媒体间的相互关系，这样接收端分解出来的多媒体信号之间也具有同步关系，从而达到媒体流间同步的目的。如在分组交换网的多媒体会议系统中，它为每个会议连接建立一条多媒体虚电路(MVC)。发送者将所有的媒体流多路复用到多媒体虚电路上，复合成一条按顺序组织的分组报文流，从而保证了媒体流之间的同步关系。分组报文流顺序到达目的地，接收端从多媒体虚电路中把各种媒体数据流分解出来提交给应用进程。这种多路复用的同步方法理论上也适用于电路交换的通信网，此时，系统将各种媒体流按照它们同步的时间关系时分复用到一条通信线路上，这样也可在接收端获得正确的媒体流间同步)和源同步方法(这种方法是在信息包一级采用反馈机制来同步相关的信息流，即在源端利用目的地端反馈来的有关延迟信息改变媒体信息的传送速率)。

唇同步系统的目的就是为了让唇形和声音相对应。人的语音实际上包含两部分的信息：一部分是听觉上的，一部分是视觉上的。人们在用语言进行交流时，不仅仅是听觉上的交流，同时还包含了视觉上的交流。因而当说话者的声音和唇形不同步时，传递给观众的信息就会缺失，可能会使观众感到困惑，影响理解和交流。

目前唇同步的研究领域有网络上视频流的修补、虚拟人物讲话时的唇部驱动等。根据应用的不同，唇同步的实现方式也各不相同。当视频流在网络上传播时，时常会因为网络带宽的原因而出现画面上人物唇形与声音不同步的情况，特别是在视频电话、视频会议的应用中，唇形不同步的影响很大。因而近年来在这方面的研究有很多。其中 D. Shah 和 S. Marshall 试图找到声音和图像数据的关系，然后再利用这种关系，将唇形数据和语音数据放在一起通过网络传递，从而实现唇形与语音的同步。

4.2　双码流网络视频服务器技术

4.2.1　双码流技术产生的背景

视频图像的清晰度和流畅度是衡量视频监控系统性能的重要因素[4]。原始视频图像数据一般都比较大，将其直接传送到网络上将占用相当大的带宽，严重影响视频图像的流畅度，因此在传送前要对原始视频图像数据进行压缩，以降低图像清晰度为代价来提高视频图像的流畅度。随着网络视频监控图像清晰度要求的不断提高，视频流所需的网络带宽环境越来越严格：图像清晰度越高，视频流所需的带宽条件也就越高，网络承载监控资源的压力也就更大，尤其是在高清监控已经兴起之后，如何解决网络带宽环境这一问题也成为研究的热点。

在网络化的视频监控中，模拟音视频信号经成像、采集、编码后，在网络上传输的数字音视频流俗称“码流”。影响视频码流质量的两个最重要的指标为视频分辨率和视频码率。

视频分辨率是指在编码时，每一帧图像所存储的信息量，以每英寸的像素数（PPI）来衡量。目前监控领域主流的分辨率为 QCIF（176×144）、CIF（352×288）、D1（704×576），从发展来看，高清分辨率 1080P（1 920×1 080）和 720P（1 280×720）也已进入人们的视线。

与视频分辨率相对应的，视频码率是指视频流在信道中传送数据的速率，以 B/s（bits per second，比特/秒）为单位，表明了视频流在网络传输中所占用的带宽。一般情况下，视频分辨率越大，视频码率也越大，图像也越清晰，但与此成正比的，视频码流在网络传输中所占用的带宽也越大，视频解码显示时占用的系统资源也越多。因此在视频监控所采用的视频分辨率越来越高时，现有的互联网络很难承载码率过大的视频流，现有的计算机对高分辨率的视频进行多路解码时也有性能的瓶颈。

为了解决这一难题，“双码流”的概念应运而生。双码流，顾名思义，将同一视频源编出两路码流，这两路码流可以是同一分辨率的，也可以是不同分辨率的。双码流也是一种既能保证硬盘录像机本地录像效果、又能提高硬盘录像机网络传输效果的技术。该技术充分发挥 DSP 编码芯片的性能，将视频信号编码成两路独立的码流，其中一路高码率的码流用于本地高清存储，另一路低码率的码流用于网络传输，同时兼顾本地存储和远程网络传输。双码流能实现本地传输和远程传输两种不同的带宽码流需要，本地传输采用高码流可以获得更高的高清录像存储，远程传输采用较低的码流以适应 CDMA/ADSL 等各种网络而获得更高的图像流畅度。

视频监控领域的双码流技术已经发展到了高清双码流。支持 720P（1 280×720，30 帧/s）＋Full D1（720×480，30 帧/s）的双码流技术已经成为主流技术，被用于某些厂商的高清网络摄像机和高清网络视频编码器中。同时有的 Hybrid 网络摄像机，它在输出 720P 网络数据流的同时，可以选择第二码流输出 YPbPr 的模拟高清视频。作为第二码流，通常可以选择 H.264

和 MJPEG 等不同的压缩方式。H.264 常用于实时视频流的预览,而 MJPEG 压缩方式通常用于高清图片抓拍。

高清实时双码流可以满足不同的应用需求。同时独立传输一路 25 帧/s 的 720P(1 280×720)和一路 25 帧/s Full D1(720×576)实时视频图像。也可以选择一路实时视频浏览,一路用于报警抓拍图像,从而满足不同的行业需求。即使是 1080 P 分辨率格式也是 25 帧/s 全帧率实时浏览,用户不但可以看到连续的图像,也不会错过或遗漏任何一个关键的事件。

双码流概念的提出比较有戏剧性,当初是受产品平台本身的处理能力限制,在全主码流的方式下,系统的网络传输表现不理想,为了解决此问题才提出了双码流概念,后随着主流厂家的推广,越来越被广大用户所接受。数字音频和视频传输所涉及的一个重要概念是所谓的“码流”。网络上传输数字视频和声音属于流媒体传输范畴,信道中传送的数据流俗称码流,码流带宽则是指传输流在信道中传送数据的速率,通常以比特/秒(B/s)为单位。一个码流的带宽包括在该流中所有数据每秒传送的比特数。音频和视频数据信息从源端同时向目的地传输,并作为连续实时流在目的地被接收。这里的“源”指的是服务器端的应用,而“目的地”或称“接收端”是指客户端应用。

模拟音频和视频信号经过捕获设备转换成数字形式后,其数据量是非常惊人的,必须采用压缩方式。所以,实现数字视频和声音传输的一般做法是:在源端先将数字音视频信息进行压缩,然后经过有服务质量保证的网络传输压缩码流到目的地,最后在目的地将之进行解压后显示或回放出来。目前,当今的两大主流压缩格式阵营分别为 MPEG 和 H.系列。MPEG(moving picture experts group)运动图像专家组,隶属于 ISO/IEC 的一个专家工作组,主要负责为数字音视频编码算法开发和制定标准。MPEG-4 于 1998 年 11 月公布,是针对一定比特率下的视频、音频编码,更加注重多媒体系统的交互性和灵活性。MPEG-4 传输速率在 4 800~6 400 B/s 之间,分辨率为 176×144,它可以利用很窄的带宽通过帧重建技术进行压缩和传输数据,从而能以最少的数据获得最佳的图像质量。H.系列则是由国际电信联盟(ITU-T)制定的,H.264 标准使运动图像压缩技术上升到了一个更高的阶段,能够在较低带宽上提供高质量的图像传输,在同等的图像质量条件下,H.264 的数据压缩比能比 H.263 高 2 倍,比 MPEG-4 高 1.5 倍。H.264 获得优越性能的代价是计算复杂度的大幅增加,例如分层设计、多帧参论、多模式运动估计和改进的帧内预测等,这些都显著提高了预测精度,从而获得比其他标准好得多的压缩性能,但也因此对硬件处理能力和软件的架构提出了严格的要求。在目前的视频服务器领域,尚无法实现真正意义上的 H.264 标准,用于服务器的主流压缩格式还是 MPEG-4。因此,双码流传输技术成为解决带宽瓶颈的利刃。

4.2.2 双码流网络视频传输的相关技术

目前比较先进的技术方法就是实现任意码流格式选择编码,即在编码时不再指定码流,可实时选定码流进行 MPEG-4 高压缩比编码,不仅实现了双码流传输和存储,还包含了任意选择码流实时压缩和并存。以下就是双码流应用的示意图(图 4-3),上面部分代表录像数据码流,下面部分代表网络传输码流。由于两路码流相互独立,采用双码流技术的网络视频服务器,既能保证视频服务器本地录像效果、又能提高视频服务器网络传输的效果。

以下是网络视频服务器录像和网络传输视频数据的相关框图(图 4-4)。

视频数据的录像和网络传输,涉及视频压缩硬件(DSP)、视频压缩算法、网络传输处理

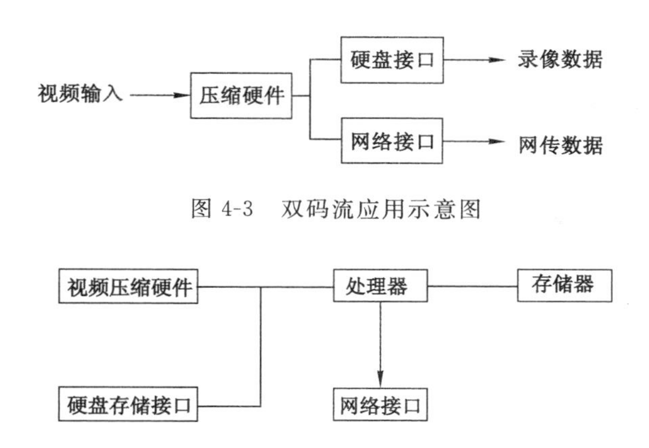

图 4-3　双码流应用示意图

图 4-4　网络视频服务器部分框图

器、硬盘存储接口等部分。因此，实现双码流需要具备如下条件：

(1) 高性能 DSP 和高效的算法。视频压缩硬件(DSP)和压缩算法配合，每秒能够处理超过 25 帧以上的数据，这样才能一方面保证录像数据的实时，另一方面为网络传输提供独立的数据流。其实 DSP 与数字视频监控是有不解之缘的，正如 DSP 在人们的心目中留下的印象就是一种具有高性能的核心引擎，并且总是在不断地催生最新产品、推进新兴市场。数字视频市场的迅猛发展就得益于更高速度和性能 DSP 的不断更新换代，其中 DSP 几乎主导了数字视频监控产品和市场，而由 DSP 而演化出的数字媒体处理平台可以全面覆盖数字视频媒体处理产品。

在 MPEG-1 时代，数字视频监控产品的主流为视频压缩卡，一般采用视频和音频的组合方案，视频由一个可以实现 MPEG-1 视频编解码的专用集成电路(ASIC)来承担，而音频则大量采用 TI 的 TMS320VC5402，因为这个具有 100 MIPs，即每秒处理 1 亿条指令的通用 DSP 在业界应用极广，在音频处理方面具有绝对优势。曾经有人用它设计出数字相机，虽然其速度和分辨率还有待提高，但这毕竟是一个很好的尝试。

到了 MPEG-4 时代，数字视频监控产品除了视频压缩卡，还有嵌入硬盘录像机(DVR)，而可选择的处理器平台已经有了很多种。当时 TI 的 C6x 高速通用 DSP 平台业已推出，其处理能力可以达到 1 600 MIPS，即每秒处理 16 亿条指令，完全支持 MPEG-4 编解码。作为 C6x 系列平台中的一员，TMS320C6205 芯片可在数字视频监控产品中一显身手。而其最强劲的对手是 PNX1300 芯片。两者均有处理 CIF 分辨率下 MPEG-4 的编码能力，前者集成 PCI 接口，功耗较低而不需要散热器，最适于视频压缩卡；后者集成协处理器和视频接口，但功耗较高而必需加散热器，更适合嵌入式系统，特别是曾成功移植 PSOS 嵌入式实时操作系统。

虽然由于各自有所突显的优势，因此市场上曾经有一些不同的产品推出，但在大市场的环境下却始终难成气候，原因在于：首先，任何一种全新的通用处理器将需要完善的开发支持体系，如果开始冲劲有余而后又底气不足，特别是后续产品难以为继，那么必然面临市场的强大阻力；其次，任何数字视频标准，在推出到商用需要不断完善，而专用编解码芯片很难以不变应万变，特别是 ASIC 一旦有所疏漏，将会连累到最终产品。这也是众多数字监控厂商最终坚持采用软件可编程的 DSP 的原因，不仅如此，他们还希望能始终把握主流方向。

(2) 高性能主处理器。系统的主处理器需要具有足够的性能,能够完成系统其他调度任务的同时,还能够处理网络数据的传输。

4.2.3 双码流视频压缩编码算法的研究

目前,顾客需要更高质量的压缩技术,从而降低传输数据的速率,占用较少的传输带宽和存储容量。在不同类型的压缩技术中,JPEG 和 MJPEG 都基于单帧图像,MJPEG 使用的是差分算法,一般传输速率为每秒 25 帧,占用带宽为 5～12 M。此外,小波压缩技术适用于多路视频,对于每秒 25 帧的视频,占用的带宽为 4～10 M。MPEG-2 能提供 DVD 画质的视频,可用于全动态侦测,每秒 50 帧的视频占用的带宽为 2～5 M,但没有延时模式。MPEG-4 是目前流行的一种压缩技术,图像质量较依赖于实现方式,能提供延时模式,一般每秒压缩率能达到 1～4 M。最后,还有 H.264 或 MPEG-4Pt10/AVC,比 MPEG-4 的效率要高 10%～40%,然而,由于其较高的延时性,因此不适合应用于一些需要 PTZ 摄像机来监视的实时场景,一般来说,其传输速率是 0.5～3 MB/s。

此外,差分编码方式也很重要。整个帧是在等间隔中存储的,而在标准帧之间,只存储了改变的场景。在 MPEG 编码中有 I 帧和 P 帧,可以看到在实时和延时模式下 I 帧和 P 帧的序列。

MPEG-4 制定之前,MPEG.1、MPEG.2、H.261、H.263 都是采用第一代压缩编码技术,着眼于图像信号的统计特性来设计编码器,属于波形编码的范畴。第一代压缩编码方案把视频序列按时间先后分为一系列帧,每一帧图像又分成宏块以进行运动补偿和编码,这种编码方案存在以下缺陷:将图像固定地分成相同大小的块,在高压缩比的情况下会出现严重的块效应,即马赛克效应:不能对图像内容进行访问、编辑和回放等操作;未充分利用人类视觉系统(human visual system,HVS)的特性。

目前,对视频信号进行 MPEG-4 压缩编码主要有三种方式:第一种是纯软件的方式,即把摄像头或图像传感器捕获的视频信号直接交给计算机,后续所有的编码工作都由计算机软件来完成。这种方式完全依赖计算机,计算机 CPU 负担过重,因而难以实现实时性。第二种方式是使用专用芯片编码,这类芯片固化了 MPEG-4 的压缩算法,可对视频码流进行高速而有效的压缩;但这类专用芯片价格十分昂贵,用户难以对其进行二次开发,故适用面较窄。第三种方式是自主开发硬件平台和压缩软件进行编码,这种方式设计灵活,节约成本,而且能大幅度提高处理速度。

(1) MPEG-4 标准及其编码原理

MPEG-4 是由 ITU.T 的视频编码专家组(VCEG)及 ISO/IEC 的移动图像专家组(MPEG)大力发展研究的新一代基于对象(object-based)的视频压缩标准,它充分利用了人眼视觉特性,抓住了图像信息传输的本质,从轮廓、纹理思路出发,支持基于视觉内容的交互功能,适应了多媒体信息的应用由播放型转向基于内容的访问、检索及操作的发展趋势。MPEG-4 利用带宽很窄,但更注重多媒体系统的交互性和灵活性,主要应用于视频电话(video phone)、视像电子邮件(video email)、电子新闻(electronic news)和远程监控等。MPEG-4 则代表了基于模型/对象的第二代压缩编码技术。

AV 对象(audio visual object,AVO)是 MPEG-4 为支持基于内容编码而提出的重要概念。对象是指在一个场景中能够访问和操纵的实体,对象的划分可根据其独特的纹理、运动、形状、模型和高层语义为依据。在 MPEG-4 中所见的视音频已不再是过去 MPEG-1、

MPEG-2 中图像帧的概念，而是一个个视听场景（AV 场景），这些不同的 AV 场景由不同的 AV 对象组成。AV 对象是听觉、视觉或者视听内容的表示单元，其基本单位是原始 AV 对象，它可以是自然的或合成的声音、图像。原始 AV 对象具有高效编码、高效存储与传输以及可交互操作的特性，它又可进一步组成复合 AV 对象。因此，MPEG-4 标准的基本内容就是对 AV 对象进行高效编码、组织、存储与传输。AV 对象的提出，使多媒体通信具有高度交互及高效编码的能力，AV 对象编码就是 MPEG-4 的核心编码技术。

MPEG-4 不仅可提供高压缩率，同时也可实现更好的多媒体内容互动性及全方位的存取性，它采用开放的编码系统，可随时加入新的编码算法模块，同时也可根据不同应用需求现场配置解码器，以支持多种多媒体应用[7]。因此，MPEG-4 视频压缩标准的最显著特点是：既可用于低码率（5.64 kB/s）的视频压缩编码，又可用于高码率（4 MB/s）的视频压缩编码；既可用于传统的矩形帧图像，又可用于任意形状的视频对象压缩编码。MPEG-4 采用基于对象的编码，把一段视频序列看成由不同的视频对象 VO（video object）组成，每个 VO 在某一特定时刻的实例称为视频对象面 VOP（video object plane），编码器根据实际情况对各个 VOP 或只对特定的 VOP 编码，即 MPEG-4 用 VOP 代替了传统的矩形帧作为编码对象，用形状、运动、纹理信息代替 H.263 等传统视频编码采用的运动、纹理信息来表示视频。编码仍按宏块进行，采用形状编码、预测编码、基于 DCT 的纹理编码的混合编码方法。除去 VO 的图像剩余背景部分，采用传统的矩形 DCT 变换编码。最后 VO 场景描述信息的编码、VOP 流、背景编码流一起送入 MPEG-4 帧复合器，形成 MPEG-4 视频流输出。图 4-5 简单描述了 MPEG-4 视频编码原理。

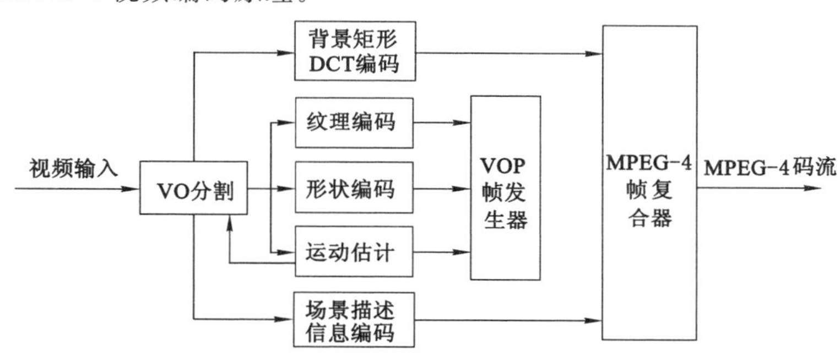

图 4-5 MPEG-4 视频编码原理简图

需要特别指出的是：虽然 MPEG-4 标准最大的特点是引入了对象的概念，但目前还没有非常成熟的算法能够提取和分离对象，其实现方法复杂、运算量大，因此实际应用中的 MPEG-4 编码器都是将视频帧划分为矩形块或者宏块进行编码。

（2）关键技术

MPEG-4 除采用第一代视频编码的核心技术，如变换编码、运动估计与运动补偿、量化、熵编码外，还提出了一些新的有创见性的关键技术，并在第一代视频编码技术基础上进行了卓有成效的完善和改进。下面重点介绍 MPEG-4 视频编码中一些关键技术：

① 离散余弦编码（DCT）

DCT 主要完成图像数据由空域转向频域，各系数相互独立，这意味着各系数可分开处理，同时，图像的高频系数大部分接近于零。人的视觉系统对低频比对高频敏感得多，因此可以用更大的量化步长来量化高频系数，使大部分高频系数为零，从而得到较高的压缩比，但人眼很难察觉。

② 量化

量化是针对 DCT 变换系数进行的，量化过程就是以某个量化步长去除 DCT 系数。量化步长的大小称为量化精度，量化步长越小，量化精度就越细，包含的信息越多，但所需的传输频带越高。不同的 DCT 变换系数对人类视觉感应的重要性是不同的，因此编码器根据视觉感应准则，对一个 8×8 的 DCT 变换块中的 64 个 DCT 变换系数采用不同的量化精度，以保证尽可能多地包含特定的 DCT 空间频率信息，又使量化精度不超过需要。

③ Intra 块 DC 系数和 AC 系数的帧内预测

由于 Intra 编码方式的各块之间的 DC 和 AC 有较强的连续性，所以我们量化后可以进一步进行预测。DC 和 AC 的预测方向有两个：水平方向和垂直方向。其预测方向主要取决于相邻块 DC 系数的相关性，AC 的预测只对块的第一行或第一列进行预测。是对第一行进行预测还是对第一列进行预测主要取决于预测方向，其预测方向和 DC 预测方向一致。

④ 之型扫描与游程编码

由于经量化后，大多数非零 DCT 系数集中于 8×8 二维矩阵的左上角，即低频分量区，之型扫描后，这些非零 DCT 系数就集中于一维排列数组的前部，后面跟着长串的量化为零的 DCT 系数，这些就为游程编码创造了条件。所谓游程编码就是对扫描后 64 个系数进行编码：用非 0 系数的大小(Level)、其前面连续 0 的个数(Run)及终止标志(Last："0"便是其后还有不为 0 的系数；"1"表示该系数为最后不为 0 的数，余下的系数全为 0)加起来构成一个三维矢量(Last，Run，Level)。然后就可以对这些矢量进行霍夫曼(Huffman)编码。

⑤ 变字长编码(VLC)

游程编码形成的三维矢量是一种有效表示方式，实际传输前，还须对其进行比特流编码，产生用于传输的数字比特流。其中用得最多的就是 Huffman 编码，Huffman 编码中，根据所有编码信号的概率生成一个码表，码表中对大概率信号分配较少的比特表示，对小概率信号分配较多的比特表示，使得整个码流的平均长度趋于最短。

⑥ 运动估计

运动估计用于帧间编码，即 P 帧和 B 帧编码。通过在参考帧图像中搜索到与当前块最接近的块。从而使传输的误差块可以用更少的比特表示，从而达到压缩目的。运动估计的准确程度对帧间编码的压缩效果非常重要。运动估计以宏块或块为单位进行，计算被压缩图像与参考图像的对应位置上的宏块或块间的位置偏移。这种位置偏移是叫运动矢量(MV)，一个运动矢量代表水平和垂直两个方向上的位移。现在 MPEG-4 所用的运动估计算法主要有：MVFAST(motion vector field adaptive search technique)，改进的 PMVFAST(predictive MVFAST)和 EPZS(enhanced predictive zonal search)算法。

⑦ 运动补偿

运动补偿实际上是一种预测编码的思想，因此，运动补偿又可称为运动预测。运动预测的过程为：根据前面在运动估计中得到的匹配 MV，在当前宏块/块和参考帧中的匹配宏块/块之间进行预测(即计算差值)，编码器只需对预测误差和使用的 MV 进行码流编码。帧内图像 I 帧不参照任何过去的或者将来的其他图像帧，压缩编码采用类似 JPEG 压缩算法。每幅图像分成 8×8 的图像块，对每个图像块进行离散余弦变换 DCT。DCT 变换后对每个系数进行量化，然后对量化后的系数进行 DC、AC 预测，对预测后的差值进行扫描，然后再进行游程编码，最后用 Huffman 编码或者用算术编码得到最后的码流。

其中 DC 预测后的 DC 差值可直接查表得到对应的码字。预测图像 P 帧的编码是以图像宏块为基本编码单元，一个宏块定义为 16×16 像素的图像块。预测图像 P 使用两种类型的参数来表示：一种参数是当前要编码的图像宏块与参考图像的宏块之间的差值，另一种参数是宏块的运动矢量。通过运动估计求得最佳运动矢量，然后通过运动补偿得到的宏块与编码宏块相应像素值之差得到差值模块。然后仿照 I 帧编码算法对差值进行编码，计算出的运动矢量也要进行 Huffman 编码。双向预测图像 B 帧的编码方法与预测图像 P 的算法类似。不过，它除了可以参考过去的图像之外，它还参考将来的图像，参考过去帧和将来帧的均值帧。除了这三个参考帧之外，它还有一种参考模式，即直接模式。直接模式就是以将来的 P 帧的运动矢量的一半作为自己的运动矢量，以此矢量进行运动补偿，这样的方法使 MV 都不用编码传输，加上其量化步长一般比 I 帧和 P 帧大，所以可以达到高的压缩率。

4.2.4　双码流传输在视频服务器中的应用

MPEG 码流完全依靠编码器对 MPEG 语法和语义的准确使用来处理素材，编码端正确设置固定标志比特位、同步类型、数据包起始码等，并按照一定格式进行编码，所获得的数据码流通过网络传输至客户端。客户端按照固定格式解释 MPEG 码流，获得所传递的原始数据，称之为解码。一套完整的传输系统必须同时包括编码和解码两部分，如图 4-6 所示。双码流是通过在编码端采用两种格式进行分别编码来实现的，对包括芯片在内的硬件系统和软件操作系统提出了非常高的要求。目前的解决方法有两种：一种是采用更高主频的芯片来进行编码压缩处理，通常至少要达到 500 MHz，这样做的好处是成本相应偏低；另一种

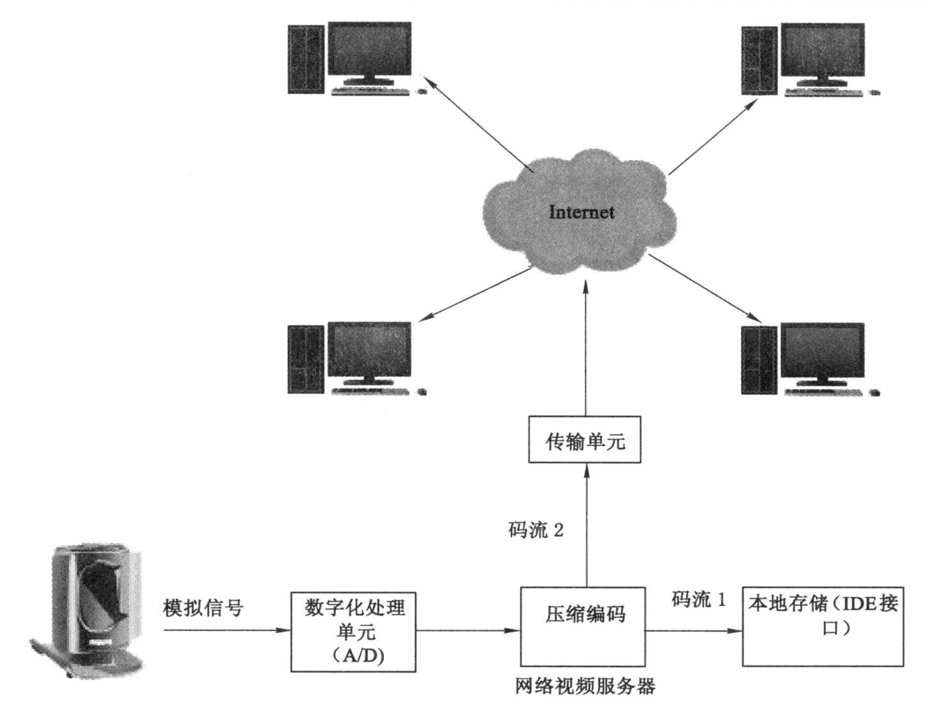

图 4-6　网络视频服务器双码流示意图

则是采用两片芯片,一片芯片做一种码流,这样做的优势则是稳定性比较高。传统意义上的双码流采用一种码流用于网络传输,一种码流用于高品质实时存储,同时兼顾本地存储和远程网络传输。现代先进的科学技术创造性地将双码流技术拓宽应用,实现任意码流格式选择编码,即在编码时不再指定码流,可实时选定码流进行 MPEG-4 高压缩比编码,不仅实现了双码流传输和存储,还实现了任意选择码流实时压缩和存储。这种双码流的提出具有非常现实的意义。

有的网络视频前端可以编出相同分辨率的两路码流,分别传输至浏览客户端和存储服务器。这种编码与传输的方式,可以充分降低监控主机的码流转发压力,但非常容易造成网络的拥塞,只能用在网络带宽非常充裕的场合,如图 4-7 所示。

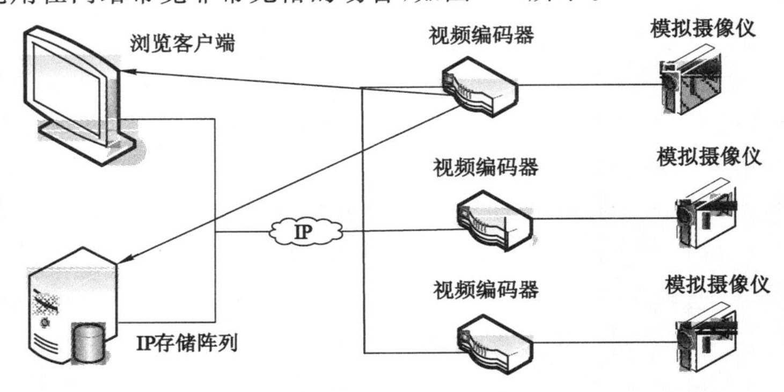

图 4-7　相同分辨率双码流

有的网络视频前端则可以编出不同分辨率的两路码流,分辨率较大的码流用作录像存储,分辨率较小的码流用作实时浏览。这样可以充分降低远程浏览所占的网络带宽的压力,但用法不够灵活,用户在带宽充裕的情况下也只能浏览低分辨率的图像,如图 4-8 所示。

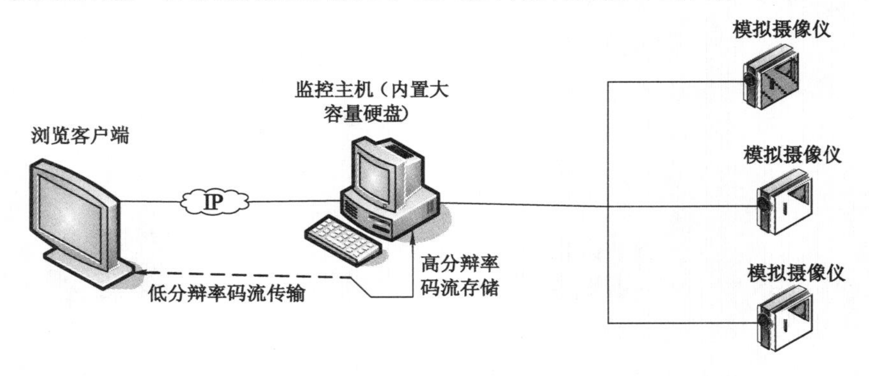

图 4-8　不同分辨率双码流

实际上,双码流是对网络视频监控的一次提速,这种创造性地将双码流拓宽应用,实现任意码流格式选择编码技术,使大规模的视频监控系统中成百上千台摄像机产生海量的视频、音频、存储、报警以及管理数据,能在用户所能获得的网络资源有限的情况下,得以确保传输系统的稳定运行。图 4-9 描述了一种典型的嵌入式网络视频的处理流程。

原始视频图像数据首先经过原始视频处理模块进行处理;视频采集模块从原始视频处理模块获得视频图像数据,交由视频编码模块对其编码,然后将编码后的视频图像传送给

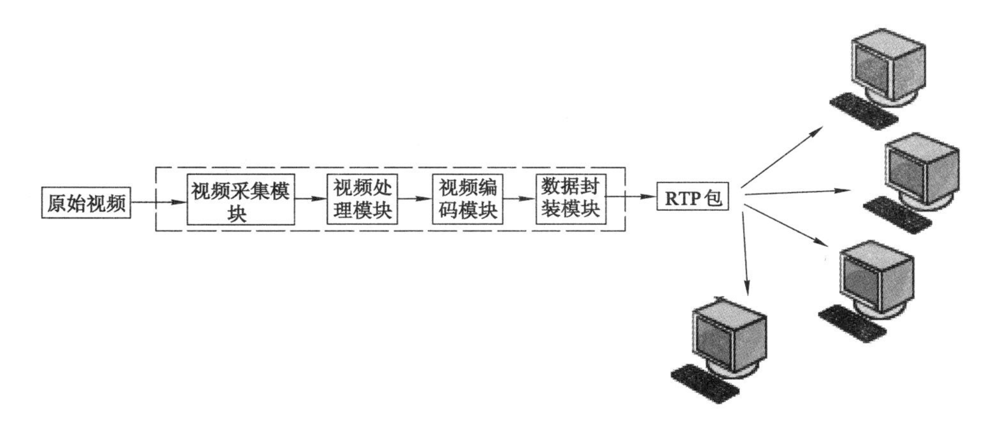

图4-9　嵌入式网络视频的处理流程图

RTP数据封装模块；经过封装的视频图像数据以RTP包的形式传送到网络上；终端用户接收RTP包后，组装成视频帧交付给上层的解码模块进行解码播放。其中，管理员用户是终端用户的一种，其在拥有所有终端用户权限的同时可以根据应用需求对视频图像的分辨率等参数进行设置。

结合上述网络视频的处理过程以及多分辨率双码流传送的技术特点可得出：实现多分辨率双码流网络视频传送，需要解决以下三个方面的问题：

(1) 视频源问题：通常视频源只能为视频采集编码模块提供一个恒定分辨率的原始视频图像，如果需要实现多分辨率的双码流视频传送，则需要原始视频图像处理模块对从摄像头接收到的原始视频图像数据进行"缩放"处理，以使图像的分辨率符合管理员用户的配置请求。这样，原始视频处理模块就可以同时提供两个视频帧，第一帧是未缩放的原始视频图像，第二帧是缩放后的视频图像，它们分别存放于同一帧缓冲区的不同位置。

(2) 视频采集和编码问题：多分辨率双码流机制的视频采集模块需要能够采集到上述两个视频图像，编码模块需要提供两种视频编码方式对视频图像进行编码，同时需要根据管理员用户的分辨率配置请求决定对哪一帧视频图像进行编码。

(3) 协议封装问题：双码流的协议封装模块需要针对两种编码方式提供两种编码图像的封装方式。

本书综合以上两种方式的优缺点，进行灵活双码流设置。NVR(network video recorder)与网络前端配合，可以编出不同分辨率的两路码流，高分辨率码流用作为本地存储，在实时浏览时，能根据使用者观看画面的大小和使用者所在网络带宽的容量大小进行自动调节。

比如，将高分辨率码流设置为主码流，那么实时浏览的码流可以选择次码流。这样的双码流设置有两个优点，下面以矿山救援无线多媒体通信系统中的双码流设置(图4-10)为例来说明：

① 在录像分辨率不变的情况下，矿山无线救援井下计算机和地面指挥用计算机可以根据实际带宽的大小进行分辨率自动调节，这样窄带可以用低分辨率的方式进行井下视频浏览，而带宽较宽可以用高分辨率进行地面指挥中心视频浏览。

② 一路视频数字码流采用低码率的编码方式适用于在矿山调度室大屏与监视器上观

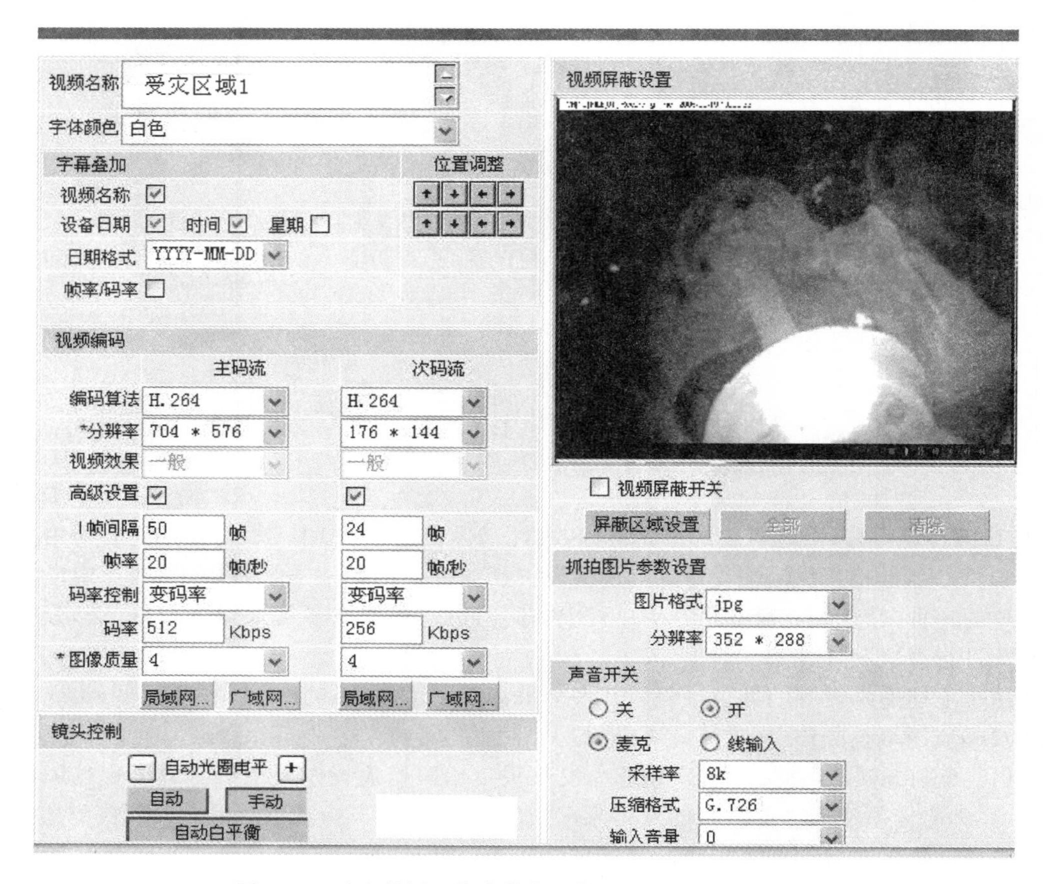

图 4-10　矿山救援无线多媒体通信系统中的双码流设置

看，另外一路视频数字码流采用高码率的编码方式，可以直接在存储设备上实现数字化存储以及事后事故分析调用。

4.2.5　双码流技术在网络传输视频中的应用

随着网络建设的铺开，基础网络建设不再成为 IP 监控的制约，技术发展的最终阶段还将是单码流，但是根据目前特殊化的需求，采用这个方法有非常重要的现实意义，可以突破网络瓶颈，根据网络带宽实时选择码流格式，达到前端高清存储，同时保持对后端网络带宽的较低要求。从技术上说，实现双码流较为困难，要求研发人员对于 MPEG 码流的逻辑结构及协议有比较完整的了解；从成本上说，实现双码流需要增加不少的生产成本，无论是采用高速单芯片还是双芯片的体系，但由于带宽的瓶颈和市场的要求，不得不采用这种双码流的技术。就当前而言，尤其是在网络带宽限制的情况下，双码流技术在目前市场上会存在很长的时间。

双码流的实现，为本地存储掀起了新的一页，是对网络视频监控的一次提速。双码流技术通过分别编码，另行存储，根据网络带宽灵活选择码流大小，让本地高清存储与低码流传输并存有了可能。通过选择合适的硬件系统和解决体系，能够实现自带 IDE 硬盘存储。我们欣喜地看到很多有实力的公司针对我国国情，独立开发出具有自主知识产权的能够实现双码流、自带 IDE 硬盘的视频服务器，进一步为网络视频监控发展提速。

在网络视频服务器中，双码流技术是一种能保证视频服务器本地录像、网络传输质量的技术。该技术充分发挥编码芯片的性能，将音视频信号编码成两路码流，一路用于本地录像，一路用于网络传输。网络带宽较低时，在不降低本地录像质量的前提下，可以通过灵活调节网络码流的码率和帧率来提高网络传输的效果。局域网、广域网同时传输时，分别采用录像码流和网络码流，使两者达到最佳状态。由于采用双码流技术降低了网络带宽的需求，相同带宽的情况下，可以同时传送更多路图像。双码流应用示意图如图 4-11 所示。

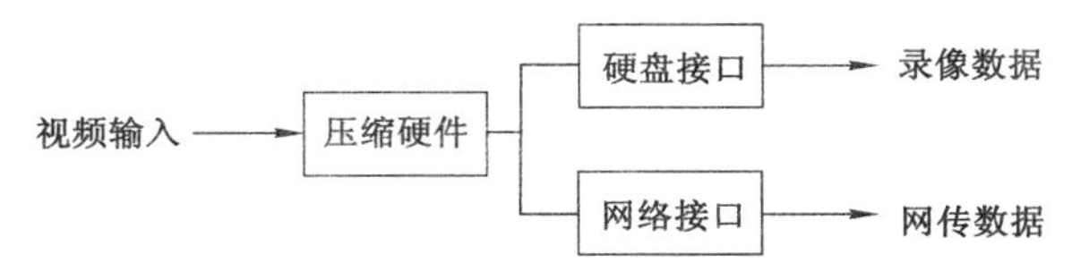

图 4-11　双码流传输示意图

同时，在带宽不足时，也可以通过其他方法进行传输的优化，如带宽自适应处理技术。相对于普通的单码流系统而言，自适应处理在软件系统中增加了处理模块，用于监测网络带宽。它是根据带宽的情况，进行相关处理，如降低网络传输的帧率，调整压缩硬件的压缩参数等功能，实现较好的网络传输效果(图 4-12)。

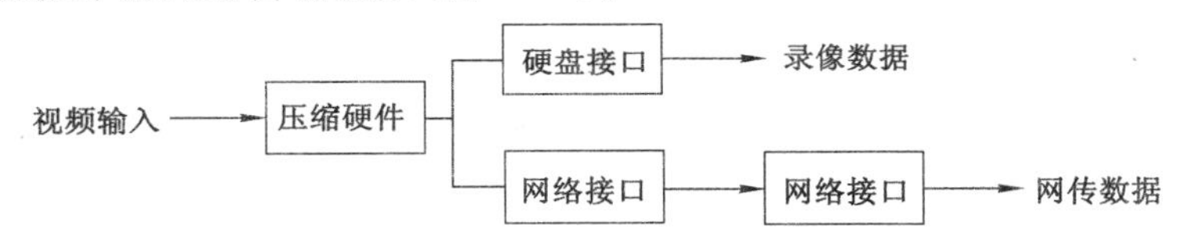

图 4-12　带宽自适应传输示意图

视频编码设备通过增加对带宽不够的特殊处理和协议支持也可以推动视频资源联网。总的来说，采用双码流和带宽自适应都可以提高带宽不够时的网络传输效果，双码流技术的灵活性更高。

本书提出了一种多分辨率双码流网络视频传送机制，该机制允许视频监控系统提供两种视频码流，且为码流提供多种分辨率，客户端可以根据应用需求以及当前的网络状况设置码流的分辨率，并且可以灵活访问这两种码流。该机制具有更好的灵活性和实际应用价值。通过对原始视频图像处理机制、视频采集编码机制、协议封装机制的改进完成了多分辨率双码流传送的设计。改进后的原始视频图像处理机制可以根据管理员用户的分辨率配置请求对原始视频图像进行不同程度的缩放；视频采集编码机制可以获得以上两帧视频图像，并且根据客户端的配置请求决定对哪一帧视频图像进行编码；协议封装机制可以提供对两种编码格式视频图像的数据封装，并且将封装后的报文发送到网络中。

4.3　H.264/AVC 编码及其发展

H.264/AVC 是 ITU-T 的 VCEG 和 ISO/IEC 的 MPEG 组成的联合视频组(joint video team，JVT)开发的一个新的数字视频编码标准，它既是 ITU-T 的 H.264 标准，又是 ISO/IEC 的 MPEG-4 的第 10 部分——AVC(advanced video coding)。1998 年 1 月开始征集草案，1999 年 9 月，完成第一个草案，2001 年 5 月制定了其测试模式 TML-8，2002 年 6 月的 JVT 第 5 次

会议通过了 H. 264 的 FCD 版,2003 年正式通过该标准。

事实上,H. 264/AVC 标准的开展可以追溯到 1996 年。1996 年制定 H. 263 标准后,ITU-T 的 VCEG 开始了两个方面的研究:一个是短期研究计划,在 H. 263 标准基础上增加选项(之后产生了 H. 263＋与 H. 263＋＋);另一个是长期研究计划,制定一种新标准以支持低码率的视频通信。长期研究计划产生了 H. 26L 标准草案,在压缩效率方面与先期的视频压缩标准相比,具有明显的优越性。2001 年,ISO 的 MPEG 组织认识到 H. 26L 标准潜在的优势后,ISO 开始组建 JVT,其主要任务就是将 H. 26L 标准草案发展成为一个国际性标准。于是,在 ITU-T 中正式命名为 H. 264 标准,在 ISO/IEC 中该标准命名为 AVC,作为 MPEG-4 标准的第 10 个选项。

H. 264/AVC 与以前的标准一样,也是 DPCM 加变换编码的混合编码模式,但它采用"回归基本"的简洁设计,不用众多的选项,获得比 H. 263＋＋好得多的压缩性能;加强了对各种信道的适应能力,采用"网络友好"的结构和语法,有利于对误码和丢包的处理;应用目标范围较宽,以满足不同速率、不同解析度以及不同传输(存储)场合的需求。

总之,H. 261 是视频编码的经典之作,H. 263 是其发展,主要应用于通信方面,但 H. 263众多的选项往往令使用者无所适从。MPEG 系列标准从针对存储媒体的应用发展到适应传输媒体的应用,其核心视频编码的基本框架是与 H. 261 一致的,但其码率是比较高的,难以用于 ISDN 这样的低速率网络。而 MPEG-4 的"基于对象的编码"部分由于尚有技术障碍,目前还难以普遍应用。因此,在此基础上发展起来的 H. 264/AVC 克服了两者的弱点,在混合编码的框架下引入了新的编码方式,提高了编码效率,面向实际应用,同时,它是两大国际标准化组织共同制定的,其应用前景是不言而喻的。

高度密集的数据给带宽和存储带来巨大挑战,当前主流的 H. 264 开始不敷应用,而新一代视频编码标准 H. 265 似乎成了数字 4K 时代的"救世主"。

H. 265 标准是 ITU-T VCEG 继 H. 264 标准之后所制定的新的视频编码标准。H. 265 标准围绕着现有的视频编码标准 H. 264,保留原来的某些技术,同时对一些相关的技术加以改进。新技术使用先进的技术用以改善码流、编码质量、延时和算法复杂度之间的关系,达到最优化设置。具体的研究内容包括:提高压缩效率、提高鲁棒性和错误恢复能力、减少实时的时延、减少信道获取时间和随机接入时延、降低复杂度等。H. 264 标准由于算法优化,可以低于 1 MB/s 的速度实现标清数字图像传送;H. 265 标准则可以实现利用 1～2 MB/s 的传输速度传送 720P(分辨率 1 280×720)普通高清音视频传送。

H. 265 标准又称为 HEVC(high efficiency video coding,高效率视频编码,本文统称为 H. 265),是 ITU-T H. 264/MPEG-4 AVC 标准的继任者。2004 年由 ISO/IEC Moving Picture Experts Group(MPEG)和 ITU-T Video Coding Experts Group(VCEG)作为 ISO/IEC 23008-2 MPEG-H Part 2 或称作 ITU-T H. 265 开始制定。第一版的 HEVC/H. 265 视频压缩标准在 2013 年 4 月 13 日被国际电信联盟(ITU-T)接受为正式标准。理论上 H. 265 比 H. 264 效率提高 30％～50％(尤其是在更高的分辨率情形下)。

2012 年 8 月,爱立信公司推出了首款 H. 265 编解码器,而在仅仅 6 个月之后,国际电信联盟就正式批准通过了 HEVC/H. 265 标准,标准全称为高效视频编码(high efficiency video coding),相较于之前的 H. 264 标准有了相当大的改善,中国华为公司拥有较多的核心专利,是该标准的主导者。

H.265 标准旨在有限带宽下传输更高质量的网络视频，仅需原先的一半带宽即可播放相同质量的视频。这也意味着，我们的智能手机、平板机等移动设备将能够直接在线播放 1080P 的全高清视频。H.265 标准也同时支持 4K(4 096×2 160)和 8K(8 192×4 320)超高清视频。可以说，H.265 标准让网络视频跟上了显示屏“高分辨率化”的脚步。

H.264 标准统治了过去的 5 年，而未来的 5 年甚至 10 年，H.265 标准很可能将会成为主流。H.263 标准可以 2～4 MB/s 的传输速度实现标准清晰度广播级数字电视（符合 CCIR601、CCIR656 标准要求的 720×576）；而 H.264 标准由于算法优化，可以低于 2 MB/s 的速度实现标清数字图像传送；H.265 High Profile 可实现低于 1.5 MB/s 的传输带宽下，实现 1080P 全高清视频传输。

H.265 标准重新利用了 H.264 标准中定义的很多概念。两者都是基于块的视频编码技术，所以它们有着相同的根源和相近的编码方式，包括：

① 以宏块来划分图片，并最终以块来细分。

② 使用帧内压缩技术减少空间冗余。

③ 使用帧内压缩技术减少时间冗余（运动估计和补偿）。

④ 使用转换和量化来进行残留数据压缩。

⑤ 使用熵编码减少残留和运动矢量传输以及信号发送中的最后冗余。

事实上，视频编解码从 MPEG-1 诞生至今都没有根本性改进，H.265 也只是 H.264 在一些关键性能上的更强进化以及简单化。

除了在编解码效率上的提升外，在对网络的适应性方面 H.265 也有显著提升，可很好运行在 Internet 等复杂网络条件下。在运动预测方面，下一代算法将不再沿袭“宏块”的画面分割方法，而可能采用面向对象的方法，直接辨别画面中的运动主体。在变换方面，下一代算法可能不再沿袭基于傅里叶变换的算法族，有很多文章在讨论，其中提醒大家注意所谓的“超完备变换”，主要特点是：其 $M\times N$ 的变换矩阵中，M 大于 N，甚至远大于 N，变换后得到的向量虽然比较大，但其中的 0 元素很多，经过后面的熵编码压缩后，就能得到压缩率较高的信息流。

当你考虑“只是在普通互联网上传输 4K 内容，还是要实现最好的图像质量”时，就要先厘清“更多的压缩”和“更好的压缩”这两个概念。如果只是更多的压缩，4K 和超高清不一定要保证比今天的 1080P 或 HD 做到更好的图片质量。更好的压缩则意味着更聪明的压缩，面对同样的原始素材，更好的压缩会以更好的方式，在不牺牲质量的情况下令数据量减少。更多的压缩很容易，而更好的压缩需要更多的思考和更好的技术，通过更智能的算法来处理图像，在维持质量的同时保持更低的比特率，这正是 H.265 所要做的。

如何实现更好的压缩，举例来讲，我们通常会发现在很多的图像素材里，如视频会议或者电影的很多场景中，每一帧上的大部分内容并没有改变太多，视频会议中一般只有讲话者的头在动（甚至只有嘴唇在动），而背景一般是不动的，在这种情况下，我们的做法不是对每一帧的每一个像素编码，而是对最初的帧编码，然后仅对发生改变的部分进行编码（图 4-13）。

关于运算量，H.264 的压缩效率比 MPEG-2 提高了 1 倍多，其代价是计算量提高了至少 4 倍，导致高清编码需要 1 000 亿次运算/秒的峰值计算能力。尽管如此，仍有可能使用 2013 年的主流 IC 工艺和普通设计技术，设计出达到上述能力的专用硬件电路，且使其批量生产成本维持在原有水平。5 年（或许更久）以后，新的技术被接受为标准。随着半导体技

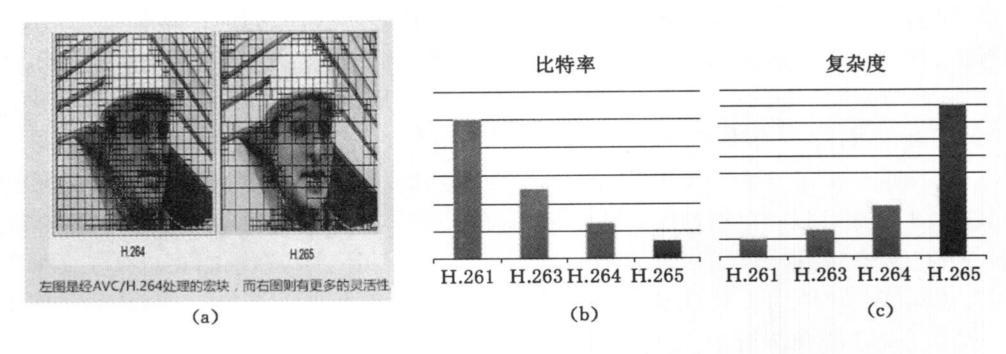

(a) (b) (c)

图 4-13 H.265 与其他编码技术的对比

术的快速进步，相信届时实现新技术的专用芯片的批量生产成本应该不会有显著提高。因此，5 000 亿次运算每秒或许是新一代技术对于计算能力的需求上限。

H.265/HEVC 的编码架构大致上与 H.264/AVC 的架构相似，主要也包含帧内预测(intra prediction)、帧间预测(inter prediction)、转换(transform)、量化(quantization)、去区块滤波器(deblocking filter)、熵编码(entropy coding)等模块，但在 HEVC 编码架构中，整体被分为了三个基本单位，分别是编码单位(coding unit，CU)、预测单位(predict unit，PU)和转换单位(transform unit，TU)。

比起 H.264/AVC，H.265/HEVC 提供了更多不同的工具来降低码率，以编码单位来说，H.264 中每个宏块(macroblock/MB)大小都是固定的 16×16 像素，而 H.265 的编码单位可以选择从最小的 8×8 到最大的 64×64。

H.265 将图像划分为“编码树单元”(coding tree unit，CTU)，而不是像 H.264 那样的 16×16 的宏块。根据不同的编码设置，编码树单元的尺寸可以被设置为 64×64 或有限的 32×32 或 16×16。很多研究都显示更大的编码树单元可以提供更高的压缩效率(同样也需要更高的编码速度)。每个编码树单元可以被递归分割，利用四叉树结构，分割为 32×32、16×16、8×8 的子区域，图 4-14 就是一个 64×64 编码树单元的分区示例。

通常，较小的编码单元被用在细节区域(如边界等)，而较大的编码单元被用在可预测的平面区域。

在信息量不多的区域(颜色变化不明显，比如车体的红色部分和地面的灰色部分)划分的宏块较大，编码后的码字较少，而细节多的地方(轮胎)划分的宏块就相应地小和多一些，编码后的码字较多，这样就相当于对图像进行了有重点的编码，从而降低了整体的码率，编码效率就相应提高了。

每个编码单元可以四叉树的方式递归分割为转换单元。与 H.264 主要以 4×4 转换，偶尔以 8×8 转换，所不同的是，H.265 有若干种转换尺寸：32×32、16×16、8×8 和 4×4。从数学的角度来看，更大的转换单元可以更好地编码静态信号，而更小的转换单元可以更好地编码更小的“脉冲”信号，如图 4-15 所示。

一个编码单元可使用以下预测模式中的一种进行预测，如图 4-16 所示。

帧内预测：H.265 有 35 个不同的帧内预测模式(包括 9 个 AVC 里已有的)，包括 DC 模式、平面模式和 33 个方向的模式。H.265 的帧内预测模式支持 33 种方向(H.264 只支持 8 种)，并且提供了更好的运动补偿处理和矢量预测方法。反复的质量比较测试已经表明，在

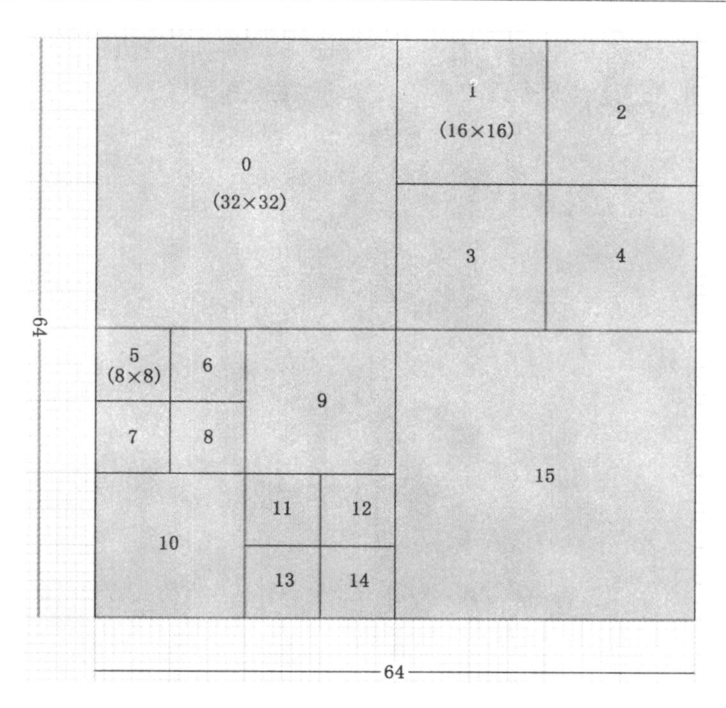

图 4-14　H.265 图像分区

图 4-15　H.265 转换尺寸图

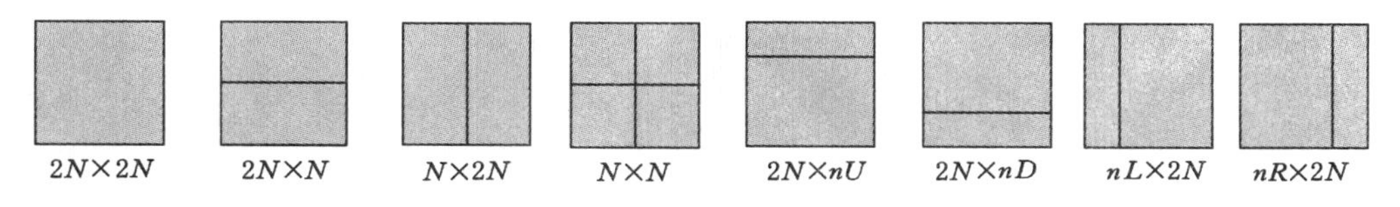

图 4-16　H.265 编码单元的预测模式

相同的图像质量下，相比于 H.264，通过 H.265 编码的视频大小将减少 39%～44%（图 4-17）。由于质量控制的测定方法不同，这个数据也会有相应的变化。帧内预测可以遵循转换单元的分割树，所以预测模式可以应用于 4×4、8×8、16×16 和 32×32 的转换单元。

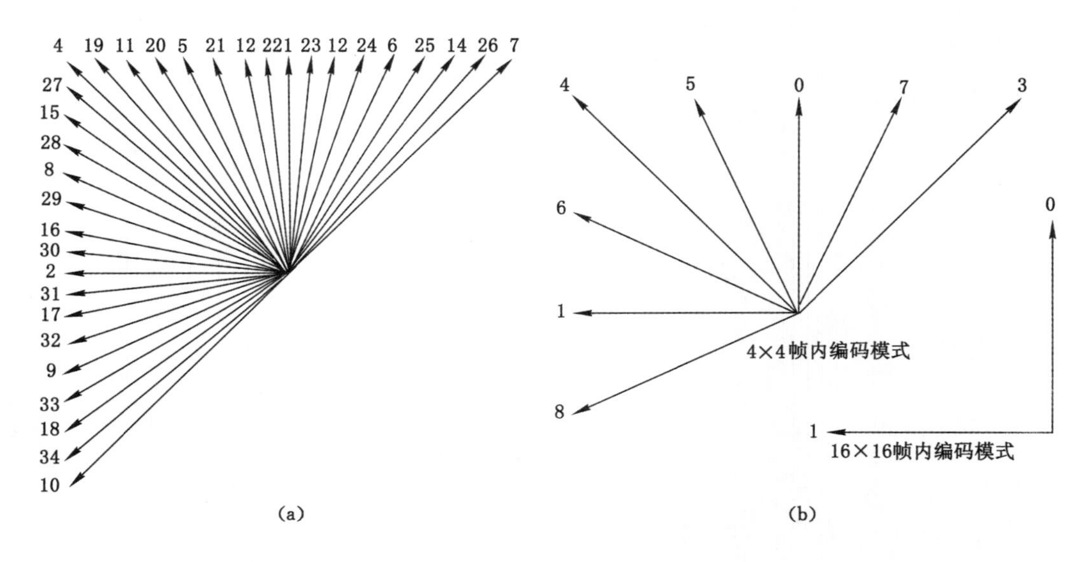

图 4-17 H. 265 与 H. 264 帧内预测对比

(a) H. 265；(b) H. 264

帧间预测：针对运动向量预测，H. 265 有两个参考表：L0 和 L1。每一个都拥有 16 个参照项，但是唯一图片的最大数量是 8。H. 265 运动估计要比 H. 264 更加复杂。它使用列表索引，有两个主要的预测模式：合并和高级运动向量。

通过主观视觉测试得出的数据显示，在码率减少 51%～74%的情况下，H. 265 编码视频的质量还能与 H. 264 编码视频的质量近似甚至更好，其本质上说是比预期的信噪比(PSNR)要好。这些主观视觉测试的评判标准覆盖了许多学科，包括心理学和人眼视觉特性等，视频样本非常广泛，虽然它们不能作为最终结论，但这也是非常鼓舞人心的结果。通过 H. 264 与 H. 265 编码视频的主观视觉测试对比，可以看到后者的码率比前者大大减少了。

与 H. 264 在 4×4 块上实现去块所不同的是，HEVC 只能在 8×8 网格上实现去块。这就能允许去块的并行处理(没有滤波器重叠)。首先去块的是画面里的所有垂直边缘，紧接着是所有水平边缘。但可与 H. 264 采用一样的滤波器。

采样点自适应偏移(sample adaptive offset)：去块之后还有第二个可选的滤波器，叫做采样点自适应偏移。它类似于去块滤波器，应用在预测循环里，结果存储在参考帧列表里。这个滤波器的目标是修订错误预测、编码漂移等，并应用自适应进行偏移。

由于 HEVC 的解码要比 AVC 复杂很多，所以一些技术已经允许实现并行解码。最重要的是拼贴(tiles)和波前(wavefront)。图像被分成树编码单元的矩形网格。当前芯片架构已经从单核性能逐渐往多核并行方向发展，因此为了适应并行化程度非常高的芯片实现，H. 265 引入了很多并行运算的优化思路(图 4-18)。

HEVC 标准共有三种模式：Main、Main 10、Main Still Picture。Main 模式支持 8 bit 色深(即红绿蓝三色各有 256 个色度，共 1 670 万色)，Main 10 模式支持 10 bit 色深，将会用于超高清电视(UHDTV)上。前两者都将色度采样格式限制为 4∶2∶0。其中在 2014 年对标准进行了扩展，支持 4∶2∶2 和 4∶4∶4 采样格式(即提供了更高的色彩还原度)和多视图

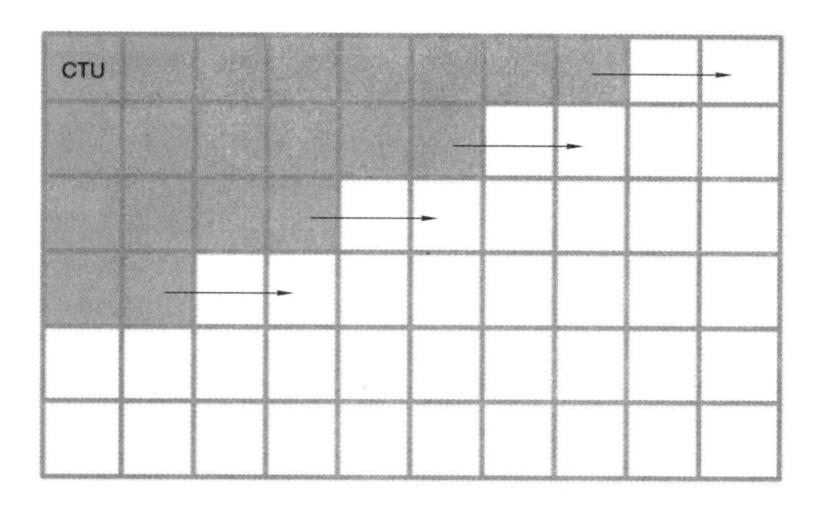

图 4-18　H.265 并行处理示意图

编码(如 3D 立体视频编码)。

事实上,H.265 和 H.264 标准在各种功能上有一些重叠,例如,H.264 标准中的 Hi10P 部分就支持 10 bit 色深的视频。另一个 H.264 的部分(Hi444PP)还可以支持 4 ∶ 4 ∶ 4 色度抽样和 14 bit 色深。在这种情况下,H.265 和 H.264 的区别就体现在前者可以使用更少的带宽来提供同样的功能,其代价就是设备计算能力:H.265 编码的视频需要更多的计算能力来解码。已经有支持 H.265 解码的芯片发布了——博通公司在 2013 年 1 月初的 CES 大展上发布了一款 Brahma BCM7445 芯片,它是一个采用 28 纳米工艺的四核处理器,可以同时转码四个 1080P 视频数据流,或解析分辨率为 4 096×2 160 的 H.265 编码超高清视频。

与之前从 H.261 到 H.264 的其他标准相比,H.265 标准的显著改善不仅表现在帧间压缩领域,还表现在帧内压缩方面。由于可变量的尺寸转换,H.265 在块压缩方面有很大的改善,但是增加压缩效率的同时也带来了一些新挑战。

视频编码是一个复杂的问题,对于内容的依赖性很高。众所周知,有静态背景的和高亮的低动态场景可以比高动态、黑场的图片进行更多的压缩。所以对于像 H.264 这样的现代化编解码器来说首要解决的是最困难的场景/情境。例如,有细节的关键帧、高动态的"勾边(crisp)"图像、黑暗区域的慢动态、噪声/纹理等。

H.265 在帧内编码方面效率更高,所以细节区域可以被编码得更好,在平滑区域和渐变区域也是如此。与 H.264 相比,H.265 的运动估计和压缩更有效,而且在伪影出现前可以在更低的比特率上操作。好消息的是,H.265 产生的伪影更加"平滑",质量的降低也非常协调,即便对非常激进的分辨率/比特率编码时,也观感良好。

然而,正如硬币的两面,当处理黑暗区域的慢动态和噪声/纹理两种问题时,H.265 的优势也会变成弱势。黑暗区域和噪声/纹理要求更精确的高频保留和更小的色阶变化。这通常被称之为编码的心理优化。

由于 H.264 使用小的转换,可以轻松将量化误差变成特征/细节,虽然与原始内容不同,但是感觉上"近似"。接近原生频率范围的误差生成可以通过小的边界转换来阻止,因此也更加可控。而更大转换的 H.265 要使用这种方式则会更加复杂。

H.265编码视频的存储依然是个问题，即使蓝光光盘协会正在寻求一个能够在蓝光光盘上存储4K视频的解决方案，也只有至少达到100 GB容量的光碟才能存储H.264编码的蓝光4K电影。而另一方面，即使H.265编码和芯片部件已经准备就绪，但是仍然缺少支持4K内容的存储和重放解决方案，并且能够兼容现有的蓝光标准。这也是H.265发展中的一个主要挑战。

高像素数量导致需要更复杂的编解码器来最小化带宽需求。持续连接PC或TV，平滑处理4K信号的最小码流是20 MB/s，例如Netflix要求用户的互联网连接至少提供持续的25 MB/s带宽量。20～25 MB/s代表带宽的巨大改善，原生的、非压缩的4K视频需要在60 MB/s的带宽上才会有好的表现。

对于大多数的行业应用来说，H.265就是解决这一问题的答案之一，但是也要付出一定代价：显著增加的算法复杂性据说需要10倍于目前2K部署所用H.264编解码器的计算能力来支撑，而提供这种能力所需的硅也远非一个简单的商品条目。

很多制造商希望在上游芯片和IC技术供应商的努力之下，解决成本和功能不平衡的问题，让H.265快速取代H.264。就目前来看，H.265在广电领域已经有比较好的发展，但是否会成为专业应用领域的主流规范还存有疑问。因为安防监控领域等专业领域不仅受制于上述挑战，而且还要看终端用户。对于项目化的专业用户和需要监控的一般消费者而言，平安城市、交通检测和银行监控等这类专业用户需要更加稳定和可靠的系统。他们中大多数已经在使用现有的技术，对于是否采用H.265还心存犹豫，这就需要更长的验证周期。

另一方面，中小企业和家庭、商店用户等消费者需要低安装成本，因此更加倾向于采用新技术。基于这个原因，H.265可能首先在中小企业应用中获得成功，并在消费者市场获得认可。如果H.265标准快速成熟，其压缩效率比H.264提升50%，它就能够节省20%的投资，保证更高的性能以及更低的网络和系统建设成本。

4.4 视频、音频和环境参数同步采集传输技术研究

4.4.1 概述

随着信息技术的不断发展，人们将计算机技术引入视频采集、制作领域，传统的视频领域正面临着模拟化向数字化的变革，过去需要用大量的人力和昂贵的设备去处理视频图像，如今已经发展到在家用计算机上就能够处理。用计算机处理视频信息和用数字传输视频信号在很多领域有着广泛的应用前景。

实时音视频数据采集和网络传输系统应用广泛，如视频会议、远程教育、实时视频监控、视频通话等。在多媒体技术的发展过程中产生了各种各样的文件格式和数据压缩格式，实时音视频数据采集和传输技术的发展历程与多媒体技术的发展历程类似，也有各种不同的采集技术和传输技术可供选择，根据实际问题的需要，选择合适的技术设计音视频数据实时采集和传输系统是十分重要的。在Windows环境下，实时音视频采集可以使用采集设备（如采集卡）自带的SDK进行，此类方法的优点是使用方便，缺点是硬件相关性强，不够灵活，不能适应复杂应用场合的需要。更常用的是使用微软公司提供的VFW（Video for Windows）、Direct Show和Windows Media。

4.4.2　视频采集与处理

首先对视频信号有一个大致的分类，视频信号按照不同的分类方法，有多种不同的格式。按照电视制式分为 PAL 制和 NTSC 制。中国和欧洲采用的电视制式是 PAL 制(逐行倒相制)，一个 PAL 信号是 25 fbps 的帧频率；美国和日本采用的 NTSC 制，一个 NTSC 信号是 30 fbps 的帧频率。按照信号质量分为复合视频 S-Video 和 YUV。复合视频是把亮度、色差和同步信号复合到一个信号中，当把复合信号分离时，滤波器会降低图像的清晰度，亮度滤波时的带宽是有限的，否则就会无法分离亮度和色差，这样亮度的分离受到限制，对色差来讲也是如此；S-Video 是利用 2 个信号表现视频信号，即利用 Y 表现亮度同步，C 信号是编码后的色差信号，现在很多家用电器(如电视机，VCD，SHVCD，DVD)上的 S 端子，是在信号的传输中，采用了 Y/C 独立传输的技术，避免滤波带来的信号损失，因此图像质量较好；YUV 视频信号是 3 个信号 Y，U，V 组成的，Y 是亮度和同步信号，U 和 V 是色差信号，由于无须滤波、编码和解码因而图像质量极好，主要应用于专业视频领域。按照信号的种类分为模拟信号和数字信号。模拟视频信号携带了由电磁信号变化而建立的图像信息，可用电压值的不同来表示，比如黑白信号，0V 表示黑，1V 表示白，其他灰度介于两者之间；数字视频信号是通过把视频核的每个像素表现为不连续的颜色值来传送图像资料，并且由计算机使用二进制数据格式来传送和储存像素值。数字视频信号没有噪声，用 0 和 1 表示，不会产生混淆，数字视频信号可以长距离传输而不产生损失，可以通过网络线、光纤等介质传输，很方便地实现资源共享。

4.4.2.1　视频采集

视频素材有模拟信号和数字信号两种，将模拟信号转变为计算机能识别的数字信号，多采用视频采集卡来完成。视频采集卡是将模拟摄像机、录像机、电视机输出的视频信号或者视频音频的混合信号输入电脑，并转换成电脑可辨别的数字数据存储在电脑中，成为可编辑处理的视频数据文件。如果视频素材源已经是数字信号，此时视频采集卡的功能主要是将视频信息采集成计算机能直接调用的视频文件。如现在普遍使用数字摄像机拍摄成的视频素材已经数字化了，但视频信息是保存在 DV 磁带中的，计算机无法直接调用。这就需要相应设备(数字视频采集卡)将其转换成能直接保存在计算机硬盘里的视频数据文件。通过压缩减少图像所要求的数据量，节省存储空间，提高存取速度。视频压缩技术除了利用空间冗余、频谱冗余和心理视觉冗余对视频图像进行帧内压缩外，还利用相邻图像帧之间的相似性而产生的时间冗余对视频图像进行帧间压缩，进一步提高压缩效率。

目前视频采集卡是视频采集和压缩同步进行的，采集卡都是把获取的视频序列先进行压缩处理，然后再存入硬盘，视频序列的获取和压缩是在一起完成的，免除了再次进行压缩处理的不便。视频流在进入电脑的同时就被压缩成 MPEG 或其他格式文件，这个过程就要求电脑有高速的 CPU、足够大的内存、高速的硬盘、通畅的系统总线，所以电脑的配置应尽可能地高些。以采集 DV 视频为例，采集过程如图 4-19 所示。

(1) 使用 IEEE1394 连接将 DV 设备(摄像机或录像机)与计算机连接起来。DV 设备的连接点可能已使用了 DVIN/OUT 或 IEEE1394 作为标记。

(2) 打开摄像机电源，并将其设为 VTR 模式。

(3) 运行采集卡配套采集软件，进行采集的参数设置。

(4) 为采集的视频素材指定存储临时磁盘。

图 4-19　采集 DV 视频过程

(5) 进行视频采集。

本专著中所使用的本质安全型新型红外摄像仪与救护队专用正压呼吸器配接使用，在肩头固定，遇到需要进行精确摄像时可从肩头取下，拿在手里探查。可捕获井下灾区现场视频图像，进行灾区周围环境视频信息采集。

本质安全型红外摄像仪主要是以现有的高灵敏彩色红外夜视摄像头为基础进行设计改造，依据 GB 3836.4—2010，采用增加特殊机壳保护、镜头保护、防水防尘保护和本安型电路而设计制造。

设备中摄像头的功能是把景物光像转变为电信号。其结构由三部分组成，即：光学系统部分（主要指镜头部分）、光电转换部分（CCD）以及电路部分（主要指视频处理和控制电路）。从能量转变的角度来看，光—电—光的转换过程是摄像头的工作原理。本质安全型红外摄像头原理框图如图 4-20 所示。

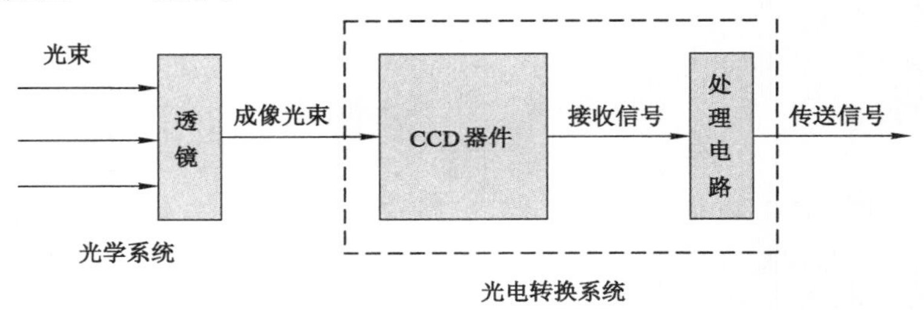

图 4-20　本质安全型红外摄像头原理框图

4.4.2.2　视频处理

目前矿山多媒体通信终端主要为有线装置，平时有线线缆在矿井潮湿环境下腐蚀严重，信号不好，维护困难，突发灾害时，信号中断，铺设线缆缓慢，延误救援时间；其次，视频图像质量不好，对光感应度差，不能适用于全黑环境，且音频质量差，不能真实反映井下实际情况，影响救援进度。

资料查新和现场调研表明，由于煤矿井下环境特殊，将多媒体通信用于矿井通信还处在一个新的研究领域。目前，对井下多功能视频采集平台的研究较少，对基于嵌入式构架的井下多功能视频采集平台的研究更少，主要存在以下的问题：

(1) 图像质量不好，目前国内大部分视频压缩率不高，图像质量不好，普通录像机 VCD 级别的图像居多，少数高清晰度产品价格十分昂贵。

(2) 光照度适应范围小，在适应光照范围方面，就低照度或全黑环境下没有专门技术方面的研究，适应光照度范围十分小。在救援通信中有很多微光、弱光甚至全黑的外部环境，所以不能准确地反映矿山井下巷道的实际情况，影响井下监控、救援工作。

(3) 多为有线传输，井下采煤作业的实际环境十分特殊，地面潮湿、温度高、巷道结构十分复杂，平时通信信号不稳定，电缆线腐蚀严重，一旦矿难事故发生，井下通信马上就中断了。而且，在一些特殊环境中，建立有线通信电缆，后期电缆维护都十分困难，当突发事件发生后，井下通信恢复速度缓慢，延迟救援时间，影响救援效率。

（4）多采用 MPEG-4 图像压缩编码方式，现有救援通信设备中的视频处理技术多采用 MPEG-4 图像压缩编码方式，使用基于 IP 的网络视频解码端设备，实现端到端的视频数据传输。在较高分辨率（如 768×576）图像的通信，或者同时需要对多路灾区视频进行压缩编码，采用 MPEG-4 压缩编码就不能满足要求。

针对以上的矿山救援背景和现状，设计了一种专门应用于矿山救援通信中的视频处理系统。本专著中的灾区双码流网络视频系统的处理器选用海思半导体公司的 Hi3512 芯片，其功能主要有网络传输、系统控制、H.264 视频压缩编码、音频信号处理等。处理器 Hi3512 控制着双码流网络视频系统工作，通过 Hi3512 芯片的相应通信接口完成视频输入、输出、音频编码采集、网络处理连接、时钟控制等初始化配置工作。

该芯片采用 ARM926EJ-S、数字信号处理（digital signal processing，DSP）双处理器内核以及硬件加速引擎的多核高集成度的系统级芯片（system on chip，SoC）构架，具备强大的视频处理功能。独立的 16 kB 指令高速缓冲存储器和 16 kB 数据高速缓冲存储器，内嵌 16 kB 指令紧耦合存储器和 8 kB 数据紧耦合存储器，具有 DSP 增强结构，内嵌 32×16 MAC 和 JAVA 硬件加速器，内置内存管理单元（memory management unit，MMU），支持多种开放式操作系统，最高工作主频可达 240 MIPS。同时其内嵌的 DSP 内核具有 3 个算术逻辑单元（arithmetic-logic unit，ALU），支持 MPEG-4、H.264/AVC 等多种协议，满足系统实时性能的要求。

Hi3512 的工作原理：红外视频输入单元通过 RBT.656 接口接收，然后由 VADC 输出的数字视频信息，通过总线把接收到的原始图像写入外存（SDRAM）中；图像被视频编解码器从外存中读取，进行帧间预测、帧内预测、离散余弦变换、量化、熵编码、IDCT 变换、反量化、运动补偿等操作，最后将符合 H.264 协议的裸码流和编码重构帧写入外存中；视频输出单元从外存中读取图像并通过 ITU-RBT.656 接口送给 VDAC 进行显示；ARM 对视频编码器输出的码流进行协议栈的封装，最后送网口发送[8]。

4.4.3 音频采集与模块分析

音频技术用于实现计算机对声音的处理。音频技术包括音频采集（模拟音频信号转换为计算机识别的数字信号）、语音解码/编码、文字—声音的转换、音乐合成、语音识别与理解、音频数据传输、音频视频同步、音频效果与编辑等。通常实现计算机语音输出有两种方法，分别是录音/重放和文字—声音转换。音频数据的采集，常见方法有 3 种：直接获取已有音频、利用音频处理软件捕获截取声音、用麦克风录制声音。

嵌入式音频采集系统是把嵌入式系统与数字音频技术结合起来的新型技术。它受环境噪声和电源噪声的影响较大，对声音的控制比较复杂，所以设计系统时除了将音频系统成功地融入嵌入式系统设计中外，还要尽可能确保音频产品表现出最佳的音响效果。嵌入式音频采集系统有以下特点：

（1）资源受限，嵌入式环境的硬件资源一般很有限。要在有限的资源条件下达到产品所需的性能，系统设计需要一些特殊处理措施。

（2）与网络相关，网络带宽以及网络环境会对产品性能产生影响，不稳定的网络环境会导致声音失真，嵌入式音频系统需要尽可能减少这种失真概率。

(3) 同步要求，很多产品如网络视频电话既要传输声音，又要传输图像数据，这就需要声音与图像数据同步。

考虑到以上音频采集的特点和应用限制，本专著中采集音频使用与矿用呼吸器配套使用的矿用本安耳麦，进行井下救灾时，采集灾区现场救护队员的语音信息，上传至各级指挥中心，同时接收各级指挥中心领导的命令和安排。系统具体采集的音频信号的输入可以通过本安型麦克风输入，通过音频编码芯片完成采集音频信号。音频编码芯片采用一款高性能、内置耳机输出放大器的 TLV320AIC23 立体声编解码音频芯片。

TLV320AIC23 芯片与 Hi3512 的串行输入输出接口 SIO(serial input/output)连接。TLV320AIC23 工作在 12C 主模式，Hi3512 工作在 12S 从模式，并通过 12C 总线对 TLV320AIC23 内部的音频编码器进行初始化和配置。SIO 接口支持 8 kHz、16 kHz、22.05 kHz、24 kHz、44.1 kHz 和 48 kHz 的采样率。TLV320AIC23 的模块电路如图 4-21 所示。

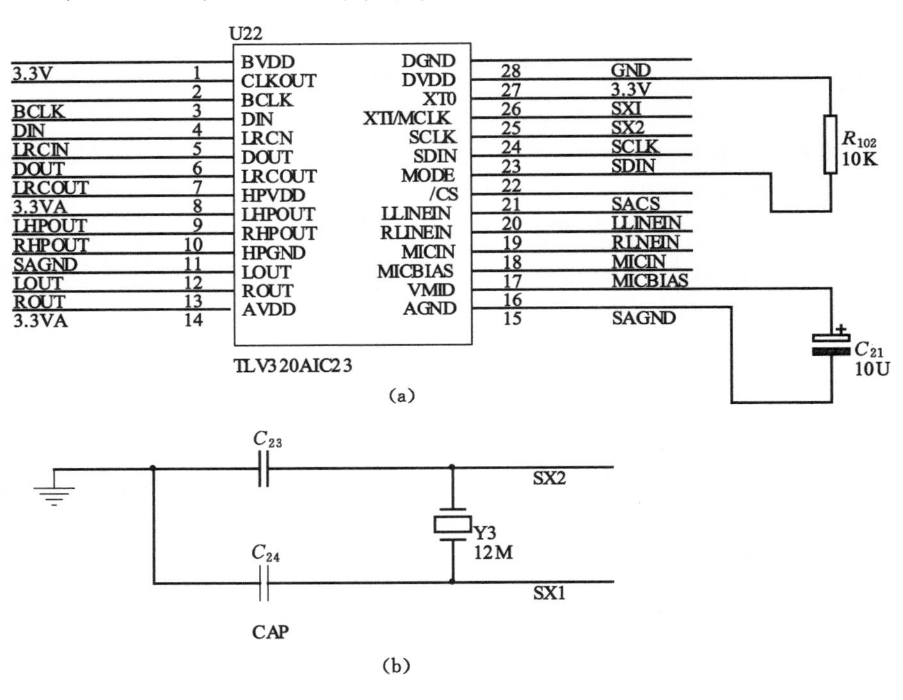

图 4-21 TLV320AIC23 的模块电路

(a) 音频采集编码图；(b) 晶振电路图

4.4.4 网络存储

网络存储技术(network storage technologies)是基于数据存储的一种通用网络术语[9]。迄今为止的存储技术发展都是从硬件成本诱发的进展，已经经历了集中存储、分散存储和网络存储三个阶段。随着 1 GB 的磁盘存储器的成本每年以 30%～40%速度下降，存储器的发展第三次浪潮将“以信息为中心”作为技术发展的特征，即人们不再主要考虑将数据存放在什么地方，而将如何有效地利用收集到的数据。

网络存储结构大致分为 3 种：直连式存储(direct attached storage，DAS)、网络存储设备(network attached storage,NAS)和存储网络(storage area network,SAN)。

传统外存(即 Memory 以外的存储器,如磁盘、磁带等)的设计思想是提供面向单台计算机的存储服务,存储系统通过标准接口(如 SCSI 或 Fiber Channel)与计算机直接相连,故称之为直连式存储系统。DAS 常采用“独立磁盘冗余阵列”(redundant array of independent disks,RAID),以提高组合存储容量和系统备份能力。至今,DAS 仍然是小型机和大型主机的主要存储模式。DAS 这种直连方式,能够解决单台服务器的存储空间扩展、高性能传输需求,并且单台外置存储系统的容量,已经从不到 1 TB 发展到了 2 TB,随着大容量硬盘的推出,单台外置存储系统容量还会上升。

DAS 可以构成基于磁盘阵列的双机高可用系统,满足数据存储对高可用的要求。但是,直连式存储依赖服务器主机操作系统进行数据的 I/O 读写和存储维护管理,数据备份和恢复要求占用服务器主机资源(包括 CPU、系统 I/O 等),数据流需要回流主机再到服务器连接的磁带机(库),数据备份通常占用服务器主机资源 20%～30%,因此许多企业用户的日常数据备份通常只能在深夜或系统不繁忙时进行,以免影响正常业务系统的运行。直连式存储的数据量越大,备份和恢复的时间就越长,对服务器硬件的依赖性和影响就越大。随着用户数据的不断增长和存储容量的增加(如数百吉字节以上),对系统管理员来说,备份、恢复、扩展、容灾备份等问题变得十分棘手。随着网络技术的广泛应用,采用 DAS 方式不利于存储资源的共享和提高存储资源的利用率,因此需要能够支持多台服务器共享存储的系统,这就是网连存储系统和存储区域网产生的背景。

NAS 的中文意思是“网络附加存储”。按字面意思简单的理解就是连接在网络上,具备资料存储功能的装置,因此也称为“网络存储器”或者“网络磁盘阵列”。从结构上讲,NAS 是功能单一的精简型计算机,因此在架构上不像个人计算机那么复杂,在外观上就像家电产品,只需电源与简单的控制钮。

NAS 是一种专业的网络文件存储及文件备份设备,它是基于 LAN(局域网)的,按照 TCP/IP 协议进行通信,以文件的 I/O 方式进行数据传输。在 LAN 环境下,NAS 已经完全可以实现异构平台之间的数据级共享,比如 NT、Unix 等平台的共享。设备主要用来实现在不同操作系统平台下的文件共享应用,与传统的服务器或 DAS 存储设备相比 NAS 设备的安装、调试、使用和管理非常简单,采用 NAS 可以节省一定的设备管理和维护费用。NAS 设备提供 RJ-45 接口和单独的 IP 地址,可以将其直接安在交换机上,通过简单的设置(如设置机器的 IP 地址等)就可以在网络即插即用地使用,在进行网络数据在线扩容时也无须停顿,从而保证数据流畅存储。

SAN 是独立出一个数据存储网络,系统间的互联利用专用通道(通常为光纤通道)来实现。在该网络中提供了多主机连接,允许任何服务器连接到任何存储阵列,让多主机访问存储器和主机间互相访问一样方便,这样不管数据放置在哪里,服务器都可直接存取所需的数据。同时,SAN 也允许企业独立地增加它们的存储容量。

光纤通道工业协会(Fibre Channel Industry Association,FCIA)于 2005 年公布了 4 GB/s的光纤通道标准,并已经研究和制定 8 GB/s 的光纤通道标准,向 10 GB/s 以太网技术的传输速率靠拢。

但 SAN 内无操作系统,客户机不能直接访问 SAN,因此这就造成 SAN 在异构环境下不能实现文件共享。SAN 是只能独享的数据存储池,NAS 是共享与独享兼顾的数据存储池。因此，NAS与SAN的关系也可以表述为NAS以网络方式接入，而SAN以专用信道(通常为光纤通道)接入。

SAN结构中，文件管理系统还是分别在每一个应用服务器上，而NAS则是每个应用服务器通过网络共享协议(如NFS、CIFS)使用同一个文件管理系统。换句话说，NAS和SAN存储系统的区别是NAS有自己的文件系统管理。

NAS是将目光集中在应用、用户和文件以及它们共享的数据上。SAN是将目光集中在磁盘、磁带以及连接它们的可靠的基础结构。分析表明，从桌面系统到数据集中管理再到存储设备的全面解决方案将是NAS加SAN。

灾区多媒体采集传输的双码流系统设计中，操作系统、文件系统和驱动程序等存放于Flash存储器；运行嵌入式操作系统、应用服务程序和临时存放音视频信息在同步动态随机存储器(synchronous dynamic random access memory，SDRAM)进行。Flash存储器选用的是ISSI的S29AL016D70TF。它是一个16 MB的Flash存储器，采用48脚PLCC封装和3 V电源供电。S29AL016D70TF与Hi3512的接口连接框图如图4-22所示。

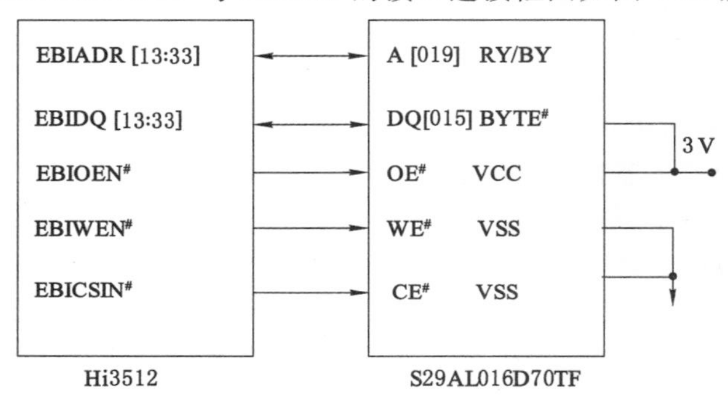

图4-22　Flash存储器接口设计框图

4.4.5　音视频的同步采集传输

井下救援多媒体数据中音频、视频对象具有严格的时间关系，称为时域约束关系。网络中存在时延抖动以及发送方与接收方时钟的差异，将会破坏时域特征，也就使得音视频数据语义的完整性遭到破坏。因此，在音视频数据传输的过程中时域特征需要有同步机制来维持。为了使音视频信息在救援通信网络上更好地传输，本专著将实时传输协议(RTP)和实时传输控制协议(RTCP)应用于其中，来支持实时救援音视频信息传输。

救援多媒体应用中的一个关键问题是音视频同步，音视频同步机制需要解决以下四个问题：

① 同步规范传输。在客户端拥有相同的同步规范播放音视频。

② 时钟的同步。特别重要是在多个节点或存储位置的分布式多媒体。

③ 同步过程指信息在采集、存储、传输、恢复及在用户端播放时都需要进行同步，其中在客户端的井下救灾本安型计算机和地面救援指挥中心专用电脑上执行是最终同步。

④ 在客户端支持用户操作。

4.4.5.1　音视频通信同步方法

通信计算机网络的快速发展，越来越多的多媒体传输要求实时同步，网络传输中的不稳定因素而带来的同步丧失无法用单机多媒体同步方法来解决。为此本专著结合前人研究，概述了以下三种主要应用的音视频同步方法。

(1) 时间戳同步法。该法是在发送端给每一个多媒体数据单元流中都添加一致的时间戳(时间码),在接收端具有相同时间戳多媒体单元使它同时播放,以达到媒体间同步[10]。绝对时间戳同步和相对时间戳同步是时间戳同步法的两种方法。使用绝对时间标志称为绝对时间戳同步法。使用全局时间和局部时间标志为相对时间戳同步法,时间戳同步技术既可以用于音视频通信,又可以用于音视频数据的存取,而且对于多点通信也适应,也就是说,不同信源发往同一接收地或是同一信源发往不同目的地。该方法之所以能被广泛应用,主要是它具有数据流不需改变和不需附加同步信道的特征。其不足之处是确定时间戳操作和选择相对时标比较复杂。

(2) 反馈同步方法,反馈同步方法主要应用于音视频传输网络环境下,在接收端进行失调检测获得的信息是这种方法最大的特点[11]。在接收端进行同步控制或在发送端进行同步控制是反馈同步方法两种实现机制。

在接收端同步控制,主要使用失调信息在接收端进行再同步接收信息。根据在接收端网络最大延迟是设置一个缓存区,缓存区中先存入发送端发送的媒体数据,然后根据网络的负载情况使用同步调速器控制回放速度,当网络畅通,接收端的播放速度加快;当网络拥塞,然后减慢播放速度,实现媒体间的同步。端到端的通信延迟大是在接收端同步控制的最大缺点,音视频实时通信较差。

在发送端同步控制,根据接收到的失调信息在发送端进行同步调节。将一个一定容量缓冲区设置在信道和信源之间,通信网络发生拥塞时,发送的音视频信息被发送端先存进缓冲区,在通信网络不拥塞时进行音视频数据传输。发送端依据通信网络的负载情况来控制音视频数据的发送频率,会造成视频质量的下降,同时反馈控制的需求,对数据发送有较大影响,滞后性较大。

(3) 多路复用同步法。此法是将多个音视频流数据复用到一个数据流中,并在音视频传输中保持着媒体间的相互关系,从而达到媒体间同步[12]。比如,在常用的分组交换网多媒体会议系统中,给每个会议建一个多媒体虚电路,所有媒体流多路被发送者复用到多媒体虚电路上,复合成一条分组报文流,该报文流有一定的顺序组织,媒体间的同步得到了保证。提交给用户进程之前,在接收端从多媒体虚电路将各种媒体流解复用出来。虚电路多路复用同步方法之所以简单,是因为该方法在接收端不需要重新同步、全同步时钟网和附加同步信道。实现起来简单,开销较小,传输实时有保证,存取数据适用好是该方法的优点;但该方法也存在无法满足不同层次的同步需求、较差的灵活性、相对不需要的报文也必须保留、来自不同信源的媒体流难以处理、数据结构发生了变化、直接连接困难等缺点。

4.4.5.2　音视频同步模型

在一些重特大突发灾害事故的处置现场,尤其是在一些区域性灾害的处置过程中,由于情况特别复杂,需要在抢险救灾现场与后方指挥中心之间建立一个全方位的信息沟通平台,以便后方能在最短的时间内给予最为科学的技术支持和物质支援。而这种全方位的信息沟通仅仅依靠语音和数据通信是不够的,还需要信息量更大的实时图像、图形、数据传输,使指挥中心的指挥员能及时获得现场信息,从而提高决策的准确性和及时性。在地面,灾害现场与指挥中心的信息传输只能依靠电台和移动电话进行,这些通信方式存在通信死角、易受环境干扰、有距离限制等缺点,而海事卫星 BGAN(broadband global area network)宽带系统和 YJ-NET 矿山应急救援车载视频通信系统可以实现广范围的双向语音视频通信。在井下，临时铺设的应急救援音视频指挥系统可以实现救援小队、井下指挥基站、井上指挥基站三方的语音视频通信。

矿山应急救援指挥可以采用三级指挥机制。本专著按三级指挥流程和信息传输模型，设计矿山应急救援指挥通信装置，解决应急救援中的信息传输问题。矿山应急救援指挥通信装置的系统构成包括救援终端、井下指挥基站、井上指挥基站和远程指挥站 4 个部分，如图 4-23 所示。救援终端由语音、图像和多参数传感器组成，实现现场信息的采集、编码、调制功能并将信息传输到通信网络中。井下指挥基站、井上指挥基站和远程指挥站三方可以观测现场的图像、环境数据和互相通话，井下指挥基站和井上指挥基站可以双向视频。远程指挥站可以通过办公局域网、因特网或者卫星视频系统传输信息。

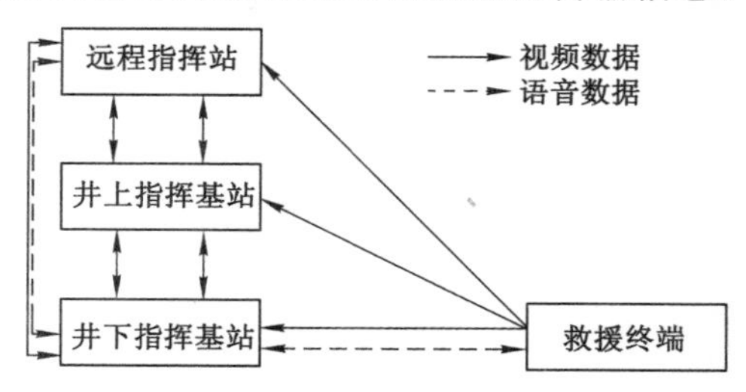

图 4-23　矿山应急救援指挥通信装置的系统构成

任何一种技术最重要的是针对一种应用。目前多媒体的传输都采用流化技术，普遍采用 RTP/RTCP 协议。基于此本专著提出了一种视音频同步模型。该模型采用分层同步法和时间戳同步法相结合。模型结构如图 4-24 所示。

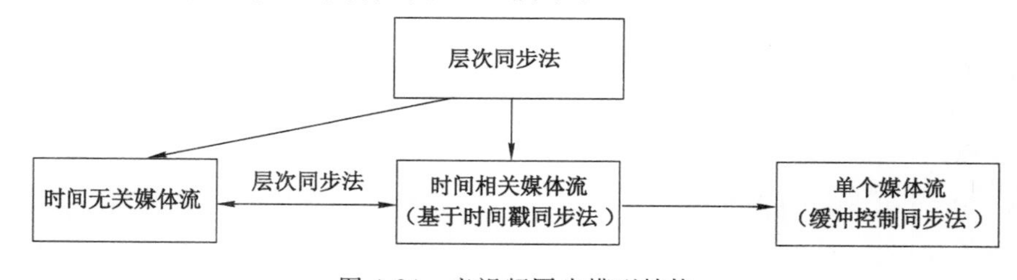

图 4-24　音视频同步模型结构

(1) 层次同步模型

在层次同步模型中，采用两个主要的同步操作符：动作(action)间的顺序同步和并行同步。一个动作可以是原子动作或是组合动作[13]。原子动作与某一媒体对象的表现相关联，而组合动作由原子动作与联结它们的同步操作符的集合组成。

如图 4-25 所示，运用层次同步模型的多媒体表现可看作是一棵树，其叶子是原子动作(或表现对象)，而其节点是同步操作符。组合动作可以看作是该树的某一个子树。层次同步模型的主要缺点是同步只允许发生在动作的开始点或结束点。

对于音视频通信系统来说，同步机制分散在传输层之上的各个模块之中，而不是作为一个独立的部分存在，因此必须通过层次化分析来理解各种相关的因素，并据它研究同步控制机制。使用较为广泛的是图 4-26 所示的四层同步模型。

对同步机制进行分层，并对分层后每层所应完成的任务进行描述是建立四层参考模型

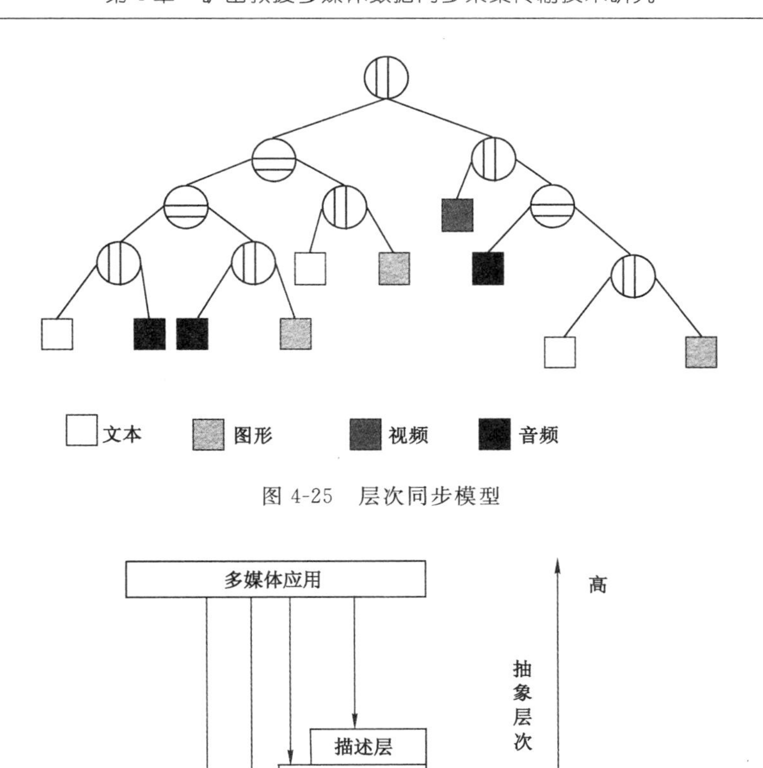

图 4-25　层次同步模型

图 4-26　媒体同步四层参考模型

主要实现的两个目标。在四层参考模型中，同步规划是实现同步的前提。第一步，由同步机制按照同步描述数据来确定生成调度方案，负责何时对其中的哪个媒体对象或哪个逻辑数据单元者进行处理是调度方案的主要任务，它与要进行的音视频数据处理有密切的关系；第二步，根据音视频数据的特点，同步机制进行必要资源申请；第三步，调度方案的执行过程中，该模型需要充分考虑音视频对象之间的时态关系，同时偏差控制同步容限对媒体对象之间规定的偏移范围。

(2) 时间轴同步模型

音视频内容在播放时，音视频不同步是最大的难点[14]。经研究分析认为，从技术上来说，时间戳法是解决音视频同步问题的最佳方案。

第一步，选择一个时间是线性递增的参考时钟；

第二步，在生成数据流时依据参考时钟上的时间给每个数据块都打上包括开始时间和结束时间的时间戳；

第三步，在播放时参考当前参考时钟上的时间来安排播放读取数据块上的时间戳。

根据时间的相关性，将多媒体对象分为与时间相关媒体和与时间无关媒体。其中图片、图表、文本等为与时间无关媒体，音频、视频等为与时间相关媒体。媒体的同步分为两种，即时间无关媒体与时间相关媒体的同步。

所有媒体对象都是相互独立地依赖在同一个时间轴就是时间轴同步模型，从图 4-27 所示的时间轴同步模型中，我们可以看到，其媒体对象之间相互独立，每一个媒体对象的时态特性都不受其他媒体对象操作所影响。

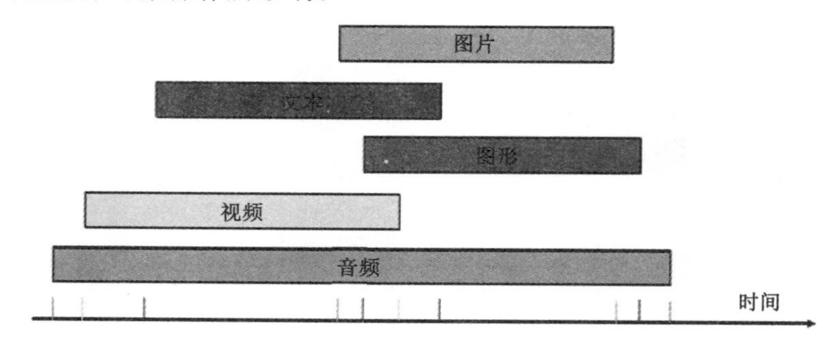

图 4-27 时间轴同步模型

时间相关媒体流之间的同步必须是细粒度的同步，就是要在中间过程以及开始点和结束点都要保持同步。流技术在音视频通信中应用，同步基于相关协议 RTP/ RTCP 进行。音视频时间戳同步如图 4-28 所示。

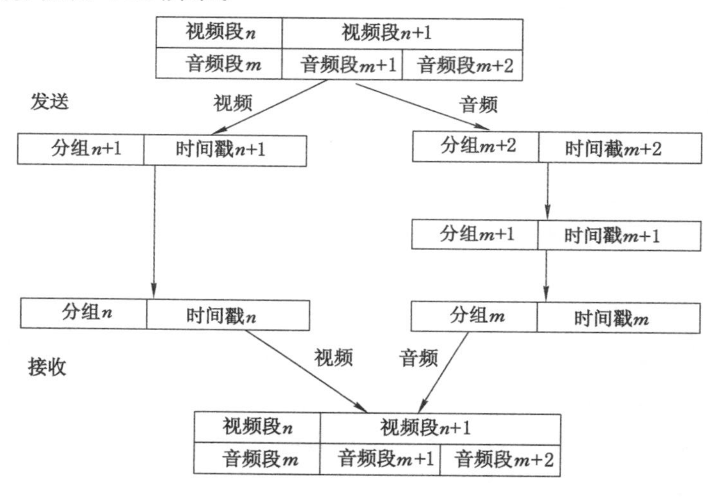

图 4-28 音视频时间戳同步示意图

4.4.6 环境参数同步采集与传输的分析

矿山生产中时常发生灾害事故，由于井下灾区条件与环境的险恶性、复杂性和矿山救援通信技术及装备发展缓慢，致使抢险救援过程中救护队员不能与井下救护基地和地面各级救援指挥中心进行准确、实时的联系，有效地反映灾区现场情况，在一定程度上影响了救灾抢险指挥决策。鉴于此，本专著提出了一种采用灾区现场到井下救援基地以无线通信方式传输数据，基地到地面指挥中心采用有线通信方式传输数据的应急救援数据采集方案，完成对井下灾区环境参数的实时采集与传输。该传输方案既能保证数据传输的准确、实时，又能给救援带来极大的方便，使井下救援基地和地面指挥中心能准确了解灾区情况，为救援节省时间，以利于开展救援。

系统从整体上分为两部分:设置在灾区现场的数据采集子系统。井下救援基地到地面指挥中心的有线数据传输子系统。现场数据采集子系统用于采集现场各种参数(瓦斯、气体、温度等)并且进行数据处理,然后以无线方式传输到井下救援基地,有线传输子系统用于将现场传来的各种参数以有线方式传输到地面指挥中心。系统整体方案如图 4-29 所示。

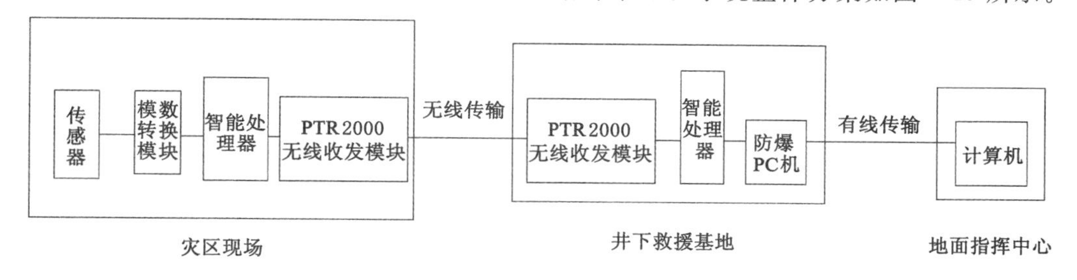

图 4-29　矿山灾区环境参数无线采集系统方案

数据采集就是使用各种传感元件将被测对象的各种参量通过适当的转换后,再经信号调理、取样、量化、编码、传输等步骤,最后送到控制器进行数据处理的过程。本专著中采用的方案是将超小型高精度气体和温度传感器测量的微量模拟信号在 A/D 转换成数字信号前进行前期调理,然后将数字信号压缩;压缩后的数字信号通过系统装备提供的特定协议打包并上传,主要是通过系统专用网络服务器的 RS485 通信接口上传。此功能的设计在 KTW185 煤矿救灾无线多媒体通信装置上完成,主要工作是在前端转换器上设计增加一块具有环境参数信息采集、信号 A/D 转换、信号放大、信号调制与压缩打包,以及能够实现本安型设计的电路板来完成。该电路板不改变双码流网络服务器的结构和功能。环境参数数据采集原理如图 4-30 所示。

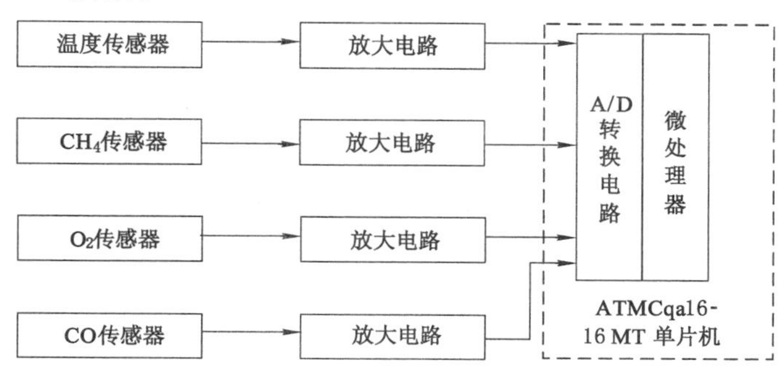

图 4-30　环境参数数据采集原理图

4.4.6.1　传感器的特性

传感器是一种能够感受规定的被测量并按照一定规律转换成可用输出信号的器件或装置。它的输入量是某一被测量,可能是生物量,也可能是物理量和化学量;它的输出量是某种物理量,这种量可以是光、电、气等量。由于电量易于传送、转换、处理等特点,传感器的输出量一般为电量,它包括电压、电阻、电流、电容等形式。

传感器通常由敏感元件、转换元件和信号转换电路组成。敏感元件可以直接感受或响应被测量并输出与被测量成确定关系的某一物理量;转换元件可以将敏感元件感受或响应的被测量转换成电信号;信号转换电路可以将非适合电量转换成适合电量。传感器只完成被测量至电量的基本转换，然后输入到测控电路，进行信号的放大、运算、处理等进一步转换。它在现在通信技术和监控监测技术中主要用于信息的采集、控制、储存、调节等工作。在整个测量工作中，测试工作的成败起着决定性作用，是否把被测对象的状态真实地感应并准确地传递。因此，选择或设计制造出符合测试要求的传感器的前提是对传感器的基本原理、性能以及被测对象的属性有深入的理解。其基本特性主要有静态特性和动态特性两种。

（1）传感器的静态特性

它是处于相对稳定情况下需要测量的信号值的输入和输出关系[15]。为准确分析传感器的静态特性，它的输入参数量值 x 与输出参数量值 y 的相互关系一般可以采用下式来描述：

$$y = a_0 + a_1 x + a_2 x^2 + a_3 x^3 + \cdots + a_n x^n \tag{4-1}$$

其中，a_0 为 x 在 0 时输出量值；$a_1, a_2, \cdots, a_n$ 为非线性系数。传感器的静态特性可用灵敏度、重复性、漂移和线性度等性能指标表述。

（2）传感器的动态特性

它是指输入量值的变化和时间具有相关性的响应特性[16]。传感器动态性好，其输出量变化的规律和输入量紧密相关，它们的时间函数是相同的。一般用在工业监测系统上的传感器，除制造精度和成本原因，它们的输出信号与输入信号的时间函数具有动态差异性，这个动态差异性称为信号输入与信号输出的动态误差。

目前各类新型传感器不断出现，但总的工作原理都是相似的，因此它们工作的动态特性通常都可以用下式来描述：

$$a_n \frac{\mathrm{d}^n y}{\mathrm{d}t^n} + a_{n-1} \frac{\mathrm{d}^{n-1} y}{\mathrm{d}t^{n-1}} + \cdots + a_1 \frac{\mathrm{d}y}{\mathrm{d}t} + a_0 y = b_m \frac{\mathrm{d}^m x}{\mathrm{d}t^m} + b_{m-1} \frac{\mathrm{d}^{m-1} x}{\mathrm{d}t^{m-1}} + \cdots + b_1 \frac{\mathrm{d}x}{\mathrm{d}t} + b_0 x \tag{4-2}$$

其中，$a_0, a_1, \cdots, a_n, b_0, b_1, \cdots, b_m$ 是传感器的结构特性有关常数；x, y 为时间 t 的函数。

4.4.6.2　选用传感器的原则

在工程应用中，时常会碰到不同的检测目的和条件，为了使用传感器选择的合理和正确，一般在选用传感器时将下面几个传感器特性进行充分考虑。

（1）线性度

传感器的线性度是传感器的一个重要特性参数，它指描述传感器输出和输入之间的线性程度[17]。输出与输入关系可分成线性和非线性。在实际应用中，线性关系好的传感器具有很好的应用效果，但完全具有线性关系的输入和输出仅是一种理想状况，目前使用的传感器还是以非线性居多。图 4-31 所示的是传感器的线性度。

在工程应用和电路设计中，为了方便标定和处理数据，需要得到线性关系，因此引入多种非线性补偿环节。例如常用非线性补偿电路或计算机软件进行线性处理，使传感器的输出与输入关系为线性或接近线性。

确切地说，全量程范围内实际特性曲线与拟合直线之间的最大偏差值 $\Delta L_{\max}$ 与满量程输出值 Y_{FS} 之比为传感器的线性度。线性度也称非线性误差，用 γ_L 表示，即：

$$\gamma_L = \pm \frac{\Delta L_{\max}}{Y_{FS}} \times 100\% \tag{4-3}$$

式中　$\Delta L_{\max}$——最大非线性绝对误差；

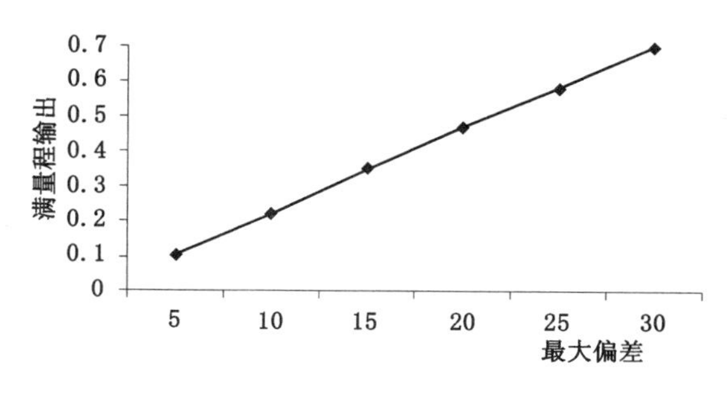

图 4-31　传感器的线性度

Y_{FS}——满量程输出值。

(2) 灵敏度

灵敏度是传感器静态特性的一个重要指标。在实际测量中,传感器的灵敏度越高越灵敏[18]。灵敏度高,意味着传感器所能感知的变化量精确,即被输入量稍有变化,输出量就有明显变化。灵敏度是输出增量 Δy 与引起输出增量相应输入增量 Δx 之比。用下式表示:

$$S = \frac{\Delta y}{\Delta x} \tag{4-4}$$

当然,我们也不能忽视到当灵敏度越高时与测量信号无关的外部噪声也容易混入,同时放大系统也会放大噪声。这时必须考虑控制噪声,检测出微小量值。为保证此点,控制传感器本身噪声,提高装置的信噪比,防止外部干扰信号进入。

(3) 频率响应特性

频率响应特性是指传感器对不同频率成分的正弦输入信号的响应特性[19]。正弦信号作用在一个传感器输出端时,其输出响应同样是正弦信号且同频率,仅仅是输出端与输入端的正弦信号的幅值和相位不同。

(4) 抗干扰能力

传感器的工作经常受到外界干扰,特别是在煤矿井下灾区复杂环境,存在着高温、浓烟、电磁场、采煤机引起的振动、电源电压变化等干扰因素,使传感器不能严格按转换函数关系工作,因而产生误差[20]。干扰严重时,测量无法进行,故传感器的抗干扰能力是非常重要的,同时要对传感器进行适当的保护。

(5) 稳定性

稳定性是指测量仪器保持其计量特性随时间恒定的能力,对于传感器而言,要求它经过规定时间使用以后,其输出特性不发生变化[21]。传感器稳定性保证的前提是在选用传感器前,应针对使用环境特点,选择较合适的传感器类型。环境参数测试一般在复杂环境条件下进行,制约环境传感器稳定性的因素较多,传感器的使用必须认真考虑环境因素特点,合理选择。

(6) 精确度

传感器的精确度表示传感器的输出与被测量环境数据的准确程度[22]。由于测试时,将传感器放置在测试系统的输入端,因此,测量值能否被传感器真实地反映,对整个测试系统至关重要。在井下灾区环境中进行环境参数测量时,也不是传感器的精确度越高越好,传感器的精确度越高,价格越昂贵,同时在某些测量过程中也不需要特别高的精度。因此,应根据实际情况，选择性价比高的传感器。传感器的精度是指传感器在其量程范围内，它的基本误差（包括随机误差和系统误差）与满量程输出的百分比值，即

$$P = \pm (S_L + 3S)/Y_{FS} \times 100\% \tag{4-5}$$

式中 S_L——传感器的系统误差限，在数值上取传感器的正、反行程校准曲线与工作直线间的最大差值（绝对值）；

S——计算重复性用到的标准偏差。

（7）重复性

重复性是指传感器在相同的工作条件下，输入按同一方向做全测量范围连续变动多次时，特性曲线的不一致性[23]。在数值上用各校准点上正、反行程校准数据标准偏差平均值的3倍对满量程输出的百分比值来表示：

$$\delta_R = \frac{3S}{Y_{FS}} \times 100\% \tag{4-6}$$

假设正、反行程的测量过程是等精度的，即正行程的子样标准偏差和反行程的子样标准偏差具有相等的数学期望。极差是指某一测量点校准数据的最大值与最小值之差，计算时，先求出各校准点正、反行程校准数据的极差，再计算出总的平均极差。

传感器的选择除考虑以上因素外，还应根据使用要求、使用环境、生产加工难度等因素，兼顾质量轻、体积小、结构简单、体积小、价格便宜和易于维护等因素。

4.4.6.3 井下灾区环境参数传感器选型

目前现有煤矿气体检测设备质量体积大，组成及技术原理复杂，如煤矿束管监测系统包括采样器、束管、抽气泵、气路控制装置及分析仪器等分体式部件，集成化程度低；专用气体分析仪可分析的气体品种有限、准确度较低。一般的气相色谱仪，虽然克服了专用气体分析仪的缺点，但分析耗时长。而利用多个检测器分别对不同浓度组分的混合气体检验，无法达到定量的程度；设计上不满足煤矿灾区防爆要求，无法深入事故现场进行气体采集、化验、爆炸危险性预测等一体化操作。近年来，国内工业色谱仪的防爆系统主要是以隔爆型防爆结构为主，结合正压型防爆结构的复合防爆型式。按照这种型式，一方面仪器的设计上防爆等级不易提高；另一方面，也给仪器的生产带来不便，如隔爆零件加工要求高、难度大。虽然目前国外工业色谱仪的防爆系统也有正压型为主体的复合防爆型式，但由于国内外防爆标准的差异，国外防爆系统的设计方法不符合我国防爆标准的要求。市场上出现的矿山气体检测用气相色谱仪，如安捷伦公司的 490Micro GC 便携式气相色谱仪和英福康公司的 3000Micro GC 微型气相色谱仪，体积小巧、检测速度快、精准度高，是该类设备的技术优势。但是，两者都不能达到煤矿防爆要求，这也是亟待解决的问题。

目前，井下多参数传感器品种很多，主要包括可燃气体、有毒气体和温度传感器等，环境参数采集单元选型关键在于检测所测环境指标气体浓度和温度的精度、采集转换输出信号类型及所使用工业标准。

本专著设计关键在环境气体和温度传感器的选型，环境参数数据采集转换的设计，多种气体和温度同步采集、传输和显示。同时，根据矿山应急救援环境的特殊性，救护队员工作的特殊性，必须选择使用体积小巧轻便的采集单元。

（1）CH_4传感器

甲烷传感器在煤矿安全检测系统中用于煤矿井巷，采掘工作面、采空区、回风巷道、机电

硐室等处连续监测甲烷浓度，当甲烷浓度超限时，能自动发出声、光报警，可供煤矿井下作业人员、甲烷检测人员、井下管理人员等随身携带使用，也可供上述场所固定使用。

甲烷传感器监测原理：一般采用载体催化元件为检测元件。产生一个与甲烷的含量成比例的微弱信号，经过多级放大电路放大后产生一个输出信号，送入单片机内 A/D 转换输入口，将此模拟量信号转换为数字信号。然后单片机对此信号进行处理，并实现显示、报警等功能。

技术参数：

① 红外原理检测范围：0～100%LEL、50%Vol、100%Vol

② 可选分辨率：0.1%LEL(0～100%LEL)、0.01%Vol(0～100%Vol)

③ 检测方式：泵吸式显示方式、LCD 液晶背光显示

④ 检测精度：±2%FS

⑤ 报警方式：声光报警(报警点可调)

⑥ 响应时间：小于 30 s

⑦ 恢复时间：小于 40 s

⑧ 线性误差：±1.0%

⑨ 不确定度：2%Rd±0.1

⑩ 零点漂移：≤±2.0%FS/年

⑪ 跨度漂移：≤±1.0%FS/月

⑫ 工作电源：DC3.6 V

⑬ 传感器寿命：5 年以上

⑭ 使用环境：温度－20～＋70 ℃；

相对湿度≤95%RH(非凝露)；

在凝露环境下使用需订制电池容量：DC 3.6 V，5 000 mA，带充电保护功能

⑮ 外形尺寸：190 mm×180 mm×100 mm($L\times W\times H$)

⑯ 标准配件：0.8 m 采样手柄一根，仪器箱一个，充电器一个

⑰ 质量：1.5 kg

特点：具有自动调零功能；标校可靠性更高，性能更稳定，使用更简单方便；采用高分辨率的单片机，测量的数值均准确可靠；开机并具有自动稳零功能；可选择的调试菜单结构，方便调试，操作简单。具体如图 4-32 所示。

热导式甲烷传感器是利用甲烷与空气导热系数不同来测量甲烷浓度的。这种传感器在工作时需通入恒定的电流，将其加热到一定的温度(180 ℃左右)，功耗较大；且其中的半导体热敏电阻受二氧化碳和水蒸气影响较大，元件一致性和互换性也较差。热导式甲烷检测仪在测定低浓度的甲烷时，输出信号很小，误差较大。因此，这类传感器制成的甲烷检测仪适用于测量高浓度的甲烷(5%～100%)。目前这种传感器在矿井中应用较少。其原理和结构如图 4-33 和图 4-34 所示。

催化燃烧式甲烷传感器应用载体热催化燃烧原理，由载体催化元件构成测量电桥，当测定器所处的环境中存在甲烷气体时，由于甲烷在催化元件表面产生无焰燃烧，使载体催化检测元件的阻值发生变化，桥路失衡产生信号输出，信号输出值与甲烷含量呈线性比例关系，

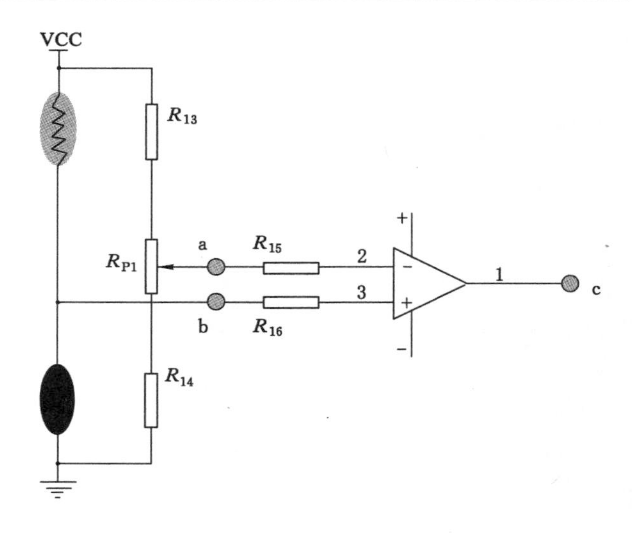

图 4-32　CH_4传感器

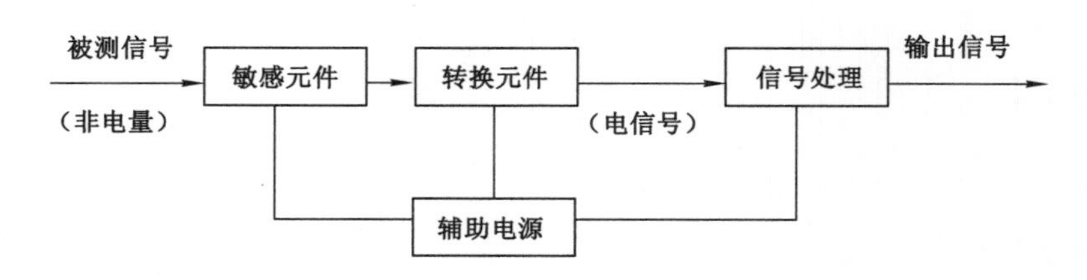

图 4-33　某种热导式甲烷传感器原理图

从而实现甲烷含量的监测与报警。其结构图如图 4-35 所示。

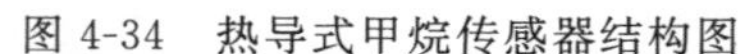
图 4-34　热导式甲烷传感器结构图

图 4-35　催化燃烧式甲烷传感器结构图

电化学甲烷传感器(electrochemical gas sensor)是把测量甲烷气体在电极处氧化或还原而测电流，得出甲烷气体浓度的探测器。传感器有 2 或 3 个与电解液接触的电极，偶尔也有 4 个电极。典型电极由大表面积贵金属和多孔厌水膜组成。电极和电解液与周围空气接触，并由多孔膜监测。一般用矿物酸作电解液。但有些传感器也用有机电解液。电极一般放在有气体进孔和电接触的塑料盒内。其原理和结构如图 4-36 和图 4-37 所示。

(2) O_2传感器及放大电路

氧气传感器(O_2-A2)是一种检测设备，主要用于测量环境中氧气浓度。

ME3-O_2型氧气传感器是根据电化学原电池的原理工作，利用待测气体在原电池阴极

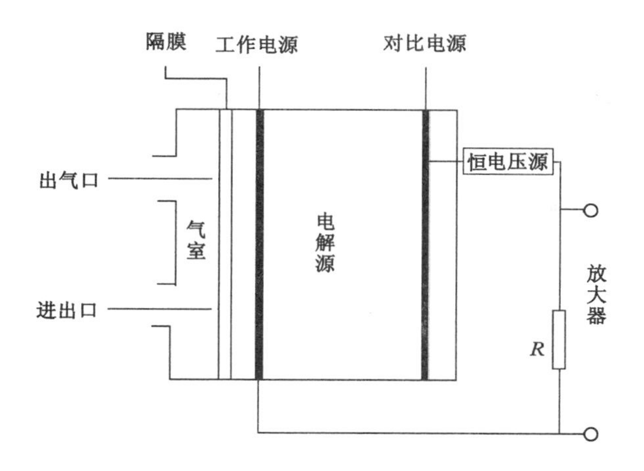

图 4-36　电化学甲烷传感器原理图

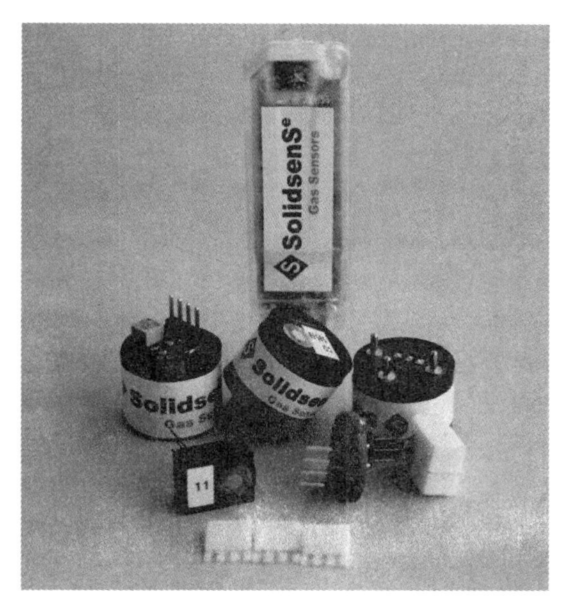

图 4-37　电化学甲烷传感器结构图

上的电化学还原和阳极的氧化过程，产生电流，并且待测气体电化学反应所产生的电流与其浓度成正比并遵循法拉第定律。这样，通过测定电流的大小就可以确定待测气体的浓度。因此，通过对电流大小的测定来确定气体浓度的测量。其结构图形如图 4-38 所示，具体技术参数指标如下：

① 测量范围(LEL)：0～30%VOL

② 响应时间：≤15 s

③ 稳定性(月)：<2%

④ 温度范围：－20～55 ℃

⑤ 灵敏度：0.15±0.05 mA(空气中)

⑥ 压力范围(kPa)：标准大气压±10%

⑦ 湿度范围:0～99%RH 无凝结

⑧ 储存温度:3～20 ℃

⑨ 负载电阻:100 Ω

⑩ 使用寿命:>2 年

图 4-38　ME3-O_2型氧气传感器

由于该传感器具有低功耗、高精度、高灵敏度、线性范围宽、抗干扰能力强、优异的重复性和稳定性,被广泛应用于工业、矿山及环保中氧气的检测。

顺磁性的氧传感器由一个圆柱形的仓体,仓内放有一个小的环璃哑铃组成。哑铃是空心的,充有惰性气体(如氮气),悬挂在一条挂紧的铂金丝上,位于一个非均匀的磁场中,其结构如图 4-39 所示。这种哑铃设计要求能让哑铃自由的转动。当含有氧气成分的样品气体流过哑铃时,氧气会被磁场中比较强的部分所吸引,从而引起哑铃的转动。包括一条光源、光电二极管和放大器电路的精确度光学系统被用于测量哑铃的自转的程度。在一些顺磁性氧气传感器设计中,应用反方向的电流来使哑铃恢复到它的正常位置。使哑铃恢复正常的电流与氧气的浓度成正比,从测量数值上反映,就是氧气的百分比浓度。不同厂家设计了各式各样的不同顺磁性氧气传感器。这些传感器就包括热磁/磁风传感器和磁空腔传感器。通常普通条件下使用,顺磁的氧气传感器有非常好的反应时间特征,并且没有消费品零件,使用寿命长,还可以提供在 1%到 100%氧气浓度范围的优秀精确度。这种动态磁场传感器是相当精细的并且对振动和位置是敏感的。由于在测量敏感性的不足,顺磁性氧气传感器不推荐用于痕量的氧气测量。其他气体产生的磁化率可能导致一定程度上的计量误差。

图 4-39　顺磁氧传感器结构图

极谱氧气传感器中阳极(典型的为银)和阴极(典型的为金)浸没在氯化钾电解质溶液中,其原理和结构如图 4-40 和图 4-41 所示。电极与样品之间通过一个半透膜分离,这也是氧气扩散进入传感器的机制。一般来说,银质阳极相对于金质阴极有一个潜在的 0.8 V 极电压。根据法拉第定律,代表氧浓度的分子氧气消耗电化学上与电流的强度正比例。极谱氧气传感器的好处是：当不运行时，没有银电极（阳极）的消耗，存储时间几乎是无限的。类似电化学氧气传感器，它们对位置也不敏感。由于极谱分析的氧气传感器的独特设计，这种传感器测定的是溶解在液体中的氧气。对于其他气相氧气测量，极谱分析的氧气传感器仅适用于百分比浓度的氧气测量。相对高的传感器替换频率是另一个潜在的缺点，以及维护传感器膜和电解质也是问题。

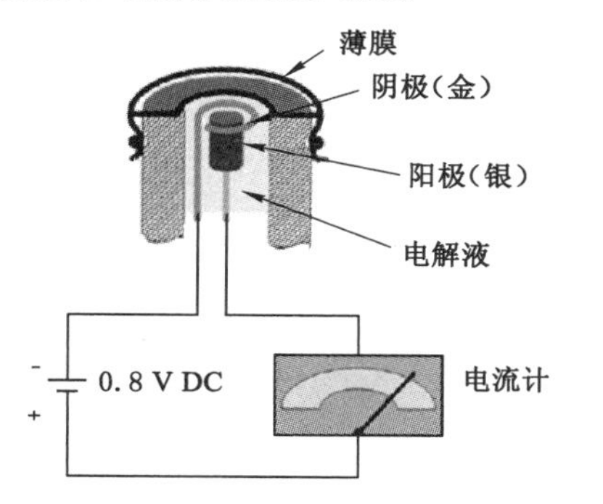

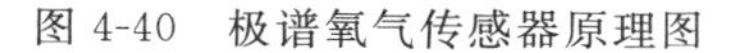

图 4-40　极谱氧气传感器原理图

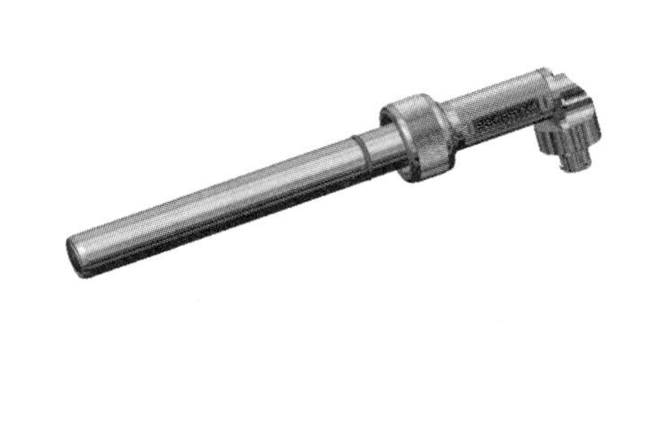

图 4-41　极谱氧气传感器结构图

对极谱氧气传感器的一个变化是有些制造者设计非耗尽的电量传感器，它使用 2 个相似的电极浸泡在包括有氢氧化钾的电解质溶液中。正常情况下，1.3 V DC 的外部 EMF 横跨电位是作为消耗或氧化作用反应的机制起作用的。这是因为反应的电流与样品气体的氧浓度成正比。对其他类型传感器相同，从这种传感器获得的信号在显示之前被放大并且被修正。不同于常规极谱氧气传感器，此种传感器可以设计用于百分比浓度的氧气测定和痕量氧气测量。然而，不同于氧化锆，一个传感器不可能同时用于测量百分比水平氧气和痕量水平的氧气浓度。这种类型传感器的主要好处是它可以测量每十亿分之一水平的氧气浓度。传感器是位置敏感的，并且重置成本是相当昂贵的，在某些情况下，一个传感器的价格与其他使用传感器一台分析仪整机价格相当。而且不建议用于氧气浓度超出 25％的应用检测。

氧化锆氧气传感器使用固体电解质，含有氧化锆和氧化钇成分。氧化锆探针在反面的边上镀有充当传感器电极的铂金，其结构如图 4-42 所示。如果要使用氧化锆氧气传感器，必须把它加热到大约 650 ℃。在这个温度，根据分子的主要成分，锆晶形成多孔，允许氧气离子的运动从氧气的更高浓度到一个更低浓度。根据氧气分压，要创造这个分压差别，一个电极通常被暴露在空气（20.9％氧气），当另一个电极被暴露在样品气体时，氧气离子横跨氧化锆的运动将导致在两个电极之间产生电压，电压的大小与参考气体和样品气体之间氧气浓度差有关。氧化锆氧气传感器具有非常快反应时间特征。另一优势在于同一个传感器可以被用于测量 100％氧气浓度，并且可用于测量痕量的氧气浓度。由于高温操作的影响，频繁的开关操作会缩短该传感器的寿命。在使用过程中，这样不断加热和冷却，往往会使构成材料形成“传感器疲劳症”。氧化锆氧气传感器一个主要的使用限制是它们不适用于有还原性气体（如碳氢化合物的气体、氢气、一氧化碳）存在时的微量氧测量。在操作温度为 650 ℃，还原性气体会与氧气反应，在检测之间产生消耗，从而使测量值低于实际氧气浓度。错误的程度与还原性气体浓度成正比。氧化锆氧气传感器是“De facto 标准”在原位燃烧控制等方面的应用。

（3）CO 传感器

CO 气体不仅是井下发生灾害后容易爆炸的气体，还是一种有毒气体，矿井空气中的

图 4-42　氧化锆氧气传感器结构图

CO 浓度超过 0.002 4%，就会对人体造成一定的伤害，因此井下救援过程必须对它的含量进行重点监测。

1964 年，由威肯斯(Wickens)和哈特曼(Hatman)利用气体在电极上的氧化还原反应研制出了第一个气敏传感器；1982 年英国华威(Warwick)大学的佩尔绍德(Persaud)等提出了利用气敏传感器模拟动物嗅觉系统的结构，自此后气体传感器飞速发展，应用于各种场合，比如气体泄漏检测、环境检测等。现在各国研究主要针对的是有毒气体和可燃烧气体，研究的主要方向是如何提高传感器的敏感度和工作性能、恶劣环境中的工作时间以及降低成本和智能化等。对 CO 气体检测的适用方法有比色法、半导体法、电化学气体传感器检测法、红外吸收探测法等。

比色法是根据 CO 气体是还原性气体，能使氧化物发生反应，因而使化合物颜色改变，通过颜色变化来测定气体的浓度，这种传感器的主要优点是没有电功耗。

半导体 CO 传感器是目前实际使用最多的 CO 气敏传感器，通过溶胶-凝胶法获得 SnO_2 基材料，在基材料中掺杂金属催化剂来测定气体。

电化学 CO 传感元件主要是通过化学反应产生电子流，而这一电子流又与气体体积分数成比例关系。CO 电化学气体传感器敏感电极如常用的金属材料电化学电极有 Pt、Au、W、Ag、Ir、Cu 等过渡金属元素，这类元素具有空余的 d、f 电子轨道和多余的 d、f 电子，可在氧化还原的过程中提供电子空位或电子，也可以形成络合物，具有较强的催化能力。目前有一种新型的 CO 电化学式气体传感器，即把多壁碳纳米管自组装到铂微电极上，制备多壁碳纳米管粉末微电极，以其为工作电极，Ag/AgCl 为参比电极，Pt 丝为对比电极，多孔聚四氟乙烯膜作为透气膜制成传感器，对 CO 具有显著的电化学催化效应，其响应时间短，重复性好。目前市面上主流的 CO 传感器都是采用电化学原理检测的。电化学 CO 传感器采用密闭结构设计，其结构是由电极、过滤器、透气膜、电解液、电极引出线(管脚)、壳体等部分组成，见结构图 4-43。CO 传感器外观结构如图 4-44 所示，具体技术参数指标如下：

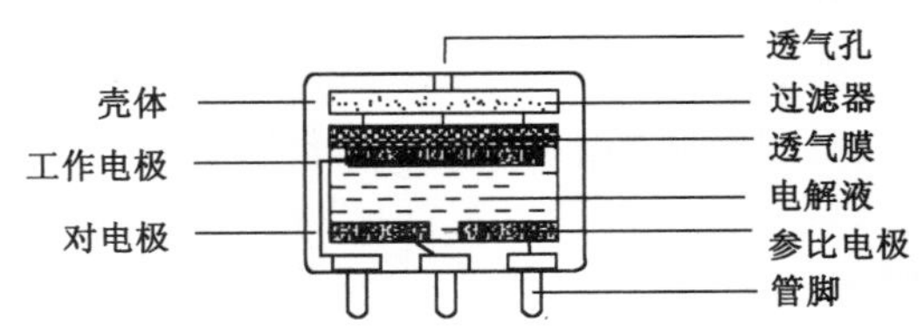

图 4-43　电化学 CO 传感器结构示意图

① 测量范围：0～0.1%

② 最大负载：0.2%

图 4-44　瑞士 Membrapor CO/CF-1000 型 CO 传感器外观结构图

③ 工作寿命：空气中 2 年

④ 输出信号：70±15 nA/10^{-6}

⑤ 分辨率：0.000 1%

⑥ 温度范围：－20～50 ℃

⑦ 响应时间（T_{90}）：<25 s

⑧ 湿度范围：15%～90%

⑨ 基准线：－0.000 2% ～＋0.000 3%

⑩ 典型信号漂移：<2%

⑪ 偏置电压：不需要

如图 4-43 所示，当一氧化碳气体通过外壳上的气孔经透气膜扩散到工作电极表面上时，在工作电极的催化作用下，一氧化碳气体在工作电极上发生氧化。其化学反应式为：

$$CO+H_2O \longrightarrow CO_2+2H^+ +2e^- \tag{4-7}$$

在工作电极上发生氧化反应产生的 H^+ 离子和电子，通过电解液转移到与工作电极保持一定间隔的对电极上，与水中的氧发生还原反应。其化学反应式为：

$$1/2O_2+2H^+ +2e^- \longrightarrow H_2O \tag{4-8}$$

因此，传感器内部就发生了氧化还原的可逆反应。其化学反应式为：

$$2CO+2O_2 \longrightarrow 2CO_2 \tag{4-9}$$

这个氧化还原的可逆反应在工作电极与对电极之间始终发生着，并在电极间产生电位差。但是由于在两个电极上发生的反应都会使电极极化，这使得极间电位难以维持恒定，因而也限制了对一氧化碳浓度可检测的范围。

为了维持极间电位的恒定，加进了一个参比电极。在三电极电化学气体传感器中，其输出端所反映出的是参比电极和工作电极之间的电位变化，由于参比电极不参与氧化或还原反应，因此它可以使极间的电位维持恒定（即恒电位），此时电位的变化就同一氧化碳浓度的变化直接有关。当气体传感器产生输出电流时，其大小与气体的浓度成正比。通过电极引出线用外部电路丈量传感器输出电流的大小，便可检测出一氧化碳的浓度，并且有很宽的线性丈量范围。这样，在气体传感器上外接信号采集电路和相应的转换和输出电路，就能够对一氧化碳气体实现检测和监控。

半导体一氧化碳传感器采用半导体型一氧化碳传感元件作为敏感元件，其结构如图 4-45 所示，要求其敏感元件恒温在 200 ℃左右时能快速响应，因此要给其增加电热丝加热，所以要提供比较大的电流。当温度、湿度甚至风变化大时对其精确测量很不利，还有就是容易受到其他气体的交叉干扰，如酒精、氮氧化物、氢气、烷类等气体的干扰，容易误报，但其价廉。一般使用寿命可达5年。

图 4-45　半导体一氧化碳传感器结构图

本专著中所选用的一氧化碳气体传感器是一款专门针对空气中存在的CO气体，进行24 h实时在线监测浓度含量的模块产品，是圣凯安科技公司采用原装进口最优质的气体传感器，通过32位微处理器和24位数据采集器后，再多次进行全量程的温湿度补偿。然后再用99.999%纯度的标准气体进行标定校准之后的产品模块。可直接输出模拟电流4～20 mA，模拟电压0.4～2 V、0～5 V，数字信号TTL，RS485通信协议等信号。因此，无须二次开发，即可直接选用标准信号，进行数据传输、在线监测等工作。该传感器的电路设计可防止电路反接、电压过高、电流过大，同时产品设计还考虑防雷、大屏幕液晶显示24 h在线监测，实时显示气体浓度变化值，反应速度快、无零点漂移、低误差率、一致性好、抗干扰能力强等优点。智能型软件处理：32位微处理器＋24位采集芯片，可在00.000～99999数值之间任意值测量检测。多种量程单位可选：%LEL、%VOL、ppm、ppb、$\mu g/m^3$；多次实验检测全量程温湿度补偿和数据校准，大大提高了产品的精确度和稳定性。可检测500多种有毒有害气体，为国内最全的检测仪器。

(4) 温度传感器

温度是表征物体冷热程度的物理量，是工农业生产过程中一个很重要而普遍的测量参数。温度的测量及控制对保证产品质量、提高生产效率、节约能源、生产安全、促进国民经济的发展起到非常重要的作用。由于温度测量的普遍性，温度传感器的数量在各种传感器中居首位，约占50%。不少材料、元件的特性都随温度的变化而变化，所以能作温度传感器的材料相当多。温度传感器随温度而引起物理参数变化的有：膨胀、电阻、电容、电动势、磁性能、频率、光学特性及热噪声等。随着生产的发展，新型温度传感器还会不断涌现。

由于工农业生产中温度测量的范围极宽，从零下几百摄氏度到零上几千摄氏度，而各种材料做成的温度传感器只能在一定的温度范围内使用。

温度传感器(temperature sensor)是指能感受温度并转换成可用输出信号的传感器。温度检测仪器的关键部件是温度传感器，它有多种类型。以检测方式可分为主要非接触式和接触式，以器件材料材质及元件特性可分为热电阻传感器和热电偶传感器。

其中接触式温度传感器的检测部分与被测对象有良好的接触，又称温度计。接触式温度传感器通过传导或对流达到热平衡，从而使温度计的示值能直接表示被测对象的温度。一般测量精度较高，在一定的测温范围内，温度计也可测量物体内部的温度分布。但对于运动体、小目标或热容量很小的对象则会产生较大的测量误差，常用的温度计有双金属温度计、玻璃液体温度计、压力式温度计、电阻温度计、热敏电阻和温差电偶等。它们广泛应用于工业、农业、商业等部门。在日常生活中人们也常常使用这些温度计。随着低温技术在国防工程、空间技术、冶金、电子、食品、医药和石油化工等部门的广泛应用和超导技术的研究，测量 120 K 以下温度的低温温度计得到了发展，如低温气体温度计、蒸汽压温度计、声学温度计、磁温度计、量子温度计、低温热电阻和低温温差电偶等温度计。低温温度计要求感温元件体积小、准确度高、复现性和稳定性好。利用多孔高硅氧玻璃渗碳烧结而成的渗碳玻璃热电阻就是低温温度计的一种感温元件，可用于测量 1.6～300 K 范围内的温度。具体如图 4-46 所示。

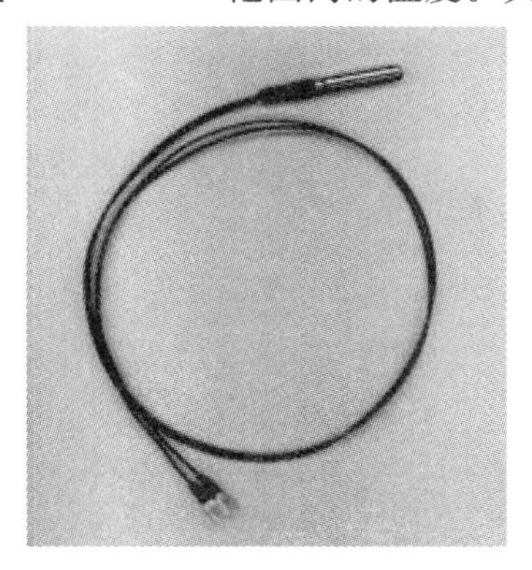

图 4-46　接触式温度传感器示意图

非接触式温度传感器的敏感元件与被测对象互不接触，又称非接触式测温仪表，具体如图 4-47 所示。这种仪表可用来测量运动物体、小目标和热容量小或温度变化迅速（瞬变）对象的表面温度，也可用于测量温度场的温度分布。

图 4-47　非接触式温度传感器

最常用的非接触式测温仪表基于黑体辐射的基本定律，称为辐射测温仪表。辐射测温法包括亮度法（见光学高温计）、辐射法（见辐射高温计）和比色法（见比色温度计）。各类辐射测温方法只能测出对应的光度温度、辐射温度或比色温度。只有对黑体（吸收全部辐射并不反射光的物体）所测温度才是真实温度。如需测定物体的真实温度，则必须进行材料表面发射率的修正。而材料表面发射率不仅取决于温度和波长，而且还与表面状态、涂膜和微观组织等有关，因此很难精确测量。在自动化生产中往往需要利用辐射测温法来测量或控制某些物体的表面温度，如冶金中的钢带轧制温度、轧辊温度、锻件温度和各种熔融金属在冶炼炉或坩埚中的温度。在这些具体情况下，物体表面发射率的测量是相当困难的。对于固体表面温度自动测量和控制，可以采用附加的反射镜使与被测表面一起组成黑体空腔。附加辐射的影响能提高被测表面的有效辐射和有效发射系数。利用有效发射系数通过仪表对实测温度进行相应的修正，最终可得到被测表面的真实温度。最为典型的附加反射镜是半球反射镜。球中心附近被测表面的漫射辐射能受半球镜反射回到表面而形成附加辐射，从而提高有效发射系数。

至于气体和液体介质真实温度的辐射测量，则可以用插入耐热材料管至一定深度以形成黑体空腔的方法。通过计算求出与介质达到热平衡后的圆筒空腔的有效发射系数。在自动测量和控制中就可以用此值对所测腔底温度（即介质温度）进行修正而得到介质的真实温度。

非接触式温度传感器主要优点是测量上限不受感温元件耐温程度的限制，因而对最高可测温度原则上没有限制。对于 1 800 ℃以上的高温，主要采用非接触测温方法。随着红外技术的发展，辐射测温逐渐由可见光向红外线扩展，700 ℃以下直至常温都已采用，且分辨率很高。

本专著选择的是美国 AD590 电流输出型温度传感器，供电电压为宽电压，范围是 3～30 V，输出电流 223 μA（－50℃）～423 μA（＋150 ℃），灵敏度为 1 μA/℃。将采样电阻 R_0 串接在电路中，输出电压即为 R_0 两端的电压。为了保证 AD590 电流输出型温度传感器两端电压不低于 3 V，R_0 的电阻值不能取得过大。超过 1 km 时，AD590 电流输出型温度传感器输出电流信号仍能有效传输。由于它是一种高阻电流源，所以选择开关或 CMOS 多路转换器所引入的附加电阻造成的误差可不必考虑。适用于井下多点温度测量和远距离温度测量的控制。

以上选择的传感器在性能、结构、信号采集方式、精度、环境适应性、体积等方面比与其相类似的传感器更符合 KT113 设备灾区前端采集设备。它们各自工作输出的信号为非标准电流信号，要达到可靠传输的目的，必须经过信号器处理，将信号处理成能够透明采集、传输的标准信号。

4.4.6.4 信号调理

信号调理简单地说就是将待测信号通过放大、滤波等操作转换成采集设备能够识别的标准信号[24]。信号调理将数据采集设备转换成一套完整的数据采集系统，这是通过直接连接到广泛的传感器和信号类型（从热电偶到高电压信号）来实现的。关键的信号调理技术可以将数据采集系统的总体性能和精度提高 10 倍。因为工业信号有些是高压、过流、浪涌等，不能被系统正确识别，必须调整和理清。所以需利用内部的电路（如滤波器、转换器、放大器等）来改变输入的信号类型并输出。

数据采集设备有一定的输入范围限制，为了适合它，传感器产生的电信号必须放大处理。为了更准确地测量信号，信号放大电路放大的低电压信号，并隔离和滤波信号。此外，一些传感器需要一个电压或电流源产生的输出电压。

信号调理功能中最为普遍的是放大功能。如为了提高分辨率和降低噪声，需要对热电偶信号进行放大。通过对信号放大，使调理后信号的最大电压范围和模数转换器（analog to digital converter，ADC）的最大输入范围相等，从而得到最高的分辨率。隔离功能也是一种常见的信号功能，它隔离计算机与传感器的信号，以达到安全目的。某些被监测系统，在运行过程中会产生瞬间高压，如果没有经过信号隔离，高压会对一些处理芯片造成严重损害。

隔离的信号调理设备通过使用变压器、光或电容性的耦合技术，无须物理连接即可将信号从它的源传输至测量设备。除了切断接地回路之外，隔离也阻隔了高电压浪涌以及较高的共模电压，从而既保护了操作人员也保护了昂贵的测量设备。

使用隔离还有一个原因，就是防止插入式采集通信设备受到共模电压和接地电压的影响。采集信号和数据采集单元输入采用不同的参照"接地线"，电势差可能会产生在这两个接地线之间，接地回路便因此产生，它将会引起采集单元的读数不准。如果电势差太大，测量系统也会造成损害。

在传感器信号调理电路中使用单个测量单元来测量多个信号的技术是多路复用技术。通过多路复用技术，一个测量系统可以不间断地将多路信号传输至一个单一的数字化仪，从而提供了一种节省成本的方式来极大地扩大系统通道数量。多路复用对于任何高通道数的应用是十分必要的。如温度这样缓慢变化的模拟信号常使用多路复用方式。模数转换器(ADC)采集一个通道后，转换采集另一个通道，然后再采集下一个通道，如此不断往复。由于 ADC 可以采集多个通道，因此，相对于每个通道来说，有效采样速率与所采样的通道数呈反比。

在信号采集过程中难免会有一些不需要的信号介入，因此在调理电路中必须将它滤除。这就是调理电路的滤波功能。滤波器在一定的频率范围内去除不希望的噪声。几乎所有的数据采集应用都会受到一定程度的 50 Hz 或 60 Hz 的噪声(来自于电线或机械设备)。大部分信号调理装置都包括了为最大限度上抑制 50 Hz 或 60 Hz 噪声而专门设计的低通滤波器。噪声滤波器可以滤除那些降低测量精度的高频信号，它可以用在温度传感电路上，因为温度是直流信号。许多仪器信号调理(signal conditioning extensions for instruments，SCXI)模块在使用数据采集设备对信号数字化前使用 4 Hz 和 10 kHz 滤波器来滤除噪声。

某些传感器信号调理也能提供激励源，这就是激励功能。激励对于一些转换器是必需的。例如，应变计、电热调节器以及 RTD 需要外部电压或电流激励信号。通常 RTD 和电热调节器测量都是使用一个电流源来完成，这个电流源将电阻的变化转换成一个可测量的电压。应变计是一个超低电阻的设备，通常利用一个电压激励源来用于惠斯登电桥配置。如恒流源和恒压源都是通常压力传感器采用的两种激励。两种激励方法是有区别的，主要是功能作用不同。

线性化功能也是一种常见的信号调理功能。许多传感器是非线性的，比如热电偶测量的物理量的响应，但为了方便标定和处理数据，加入线性化调理电路从而得到线性关系。

本专著研究设计的传感器调整电路是由可调激励源、放大电路和滤波电路组成。CO 和 O_2 的传感器是一个电流信号的激励源，通过集成运放电路将其电流信号转化为电压信号，再进行放大电路放大，将其相位和放大倍数进行调整，最后经过滤波电路形成一个纯净的信号源，结合单片机的 A/D 采样功能，按照多路复用的方式输出。图 4-48 至图 4-50 为本专著设计的 CH_4、CO、O_2 传感器放大电路原理图。

4.4.6.5　ATmega16 单片机

单片机(microcontrollers)是一种集成电路芯片[25]，是采用超大规模集成电路技术把具有数据处理能力的中央处理器 CPU、随机存储器 RAM、只读存储器 ROM、多种 I/O 口和中断系统、定时器/计数器等功能(可能还包括显示驱动电路、脉宽调制电路、模拟多路转换器、A/D 转换器等电路)集成到一块硅片上构成的一个小而完善的微型计算机系统，在工业控制领域广泛应用。

单片机又称单片微控制器，它不是完成某一个逻辑功能的芯片，而是把一个计算机系统集成到一个芯片上，相当于一个微型的计算机。与计算机相比，单片机只缺少了 I/O 设备。

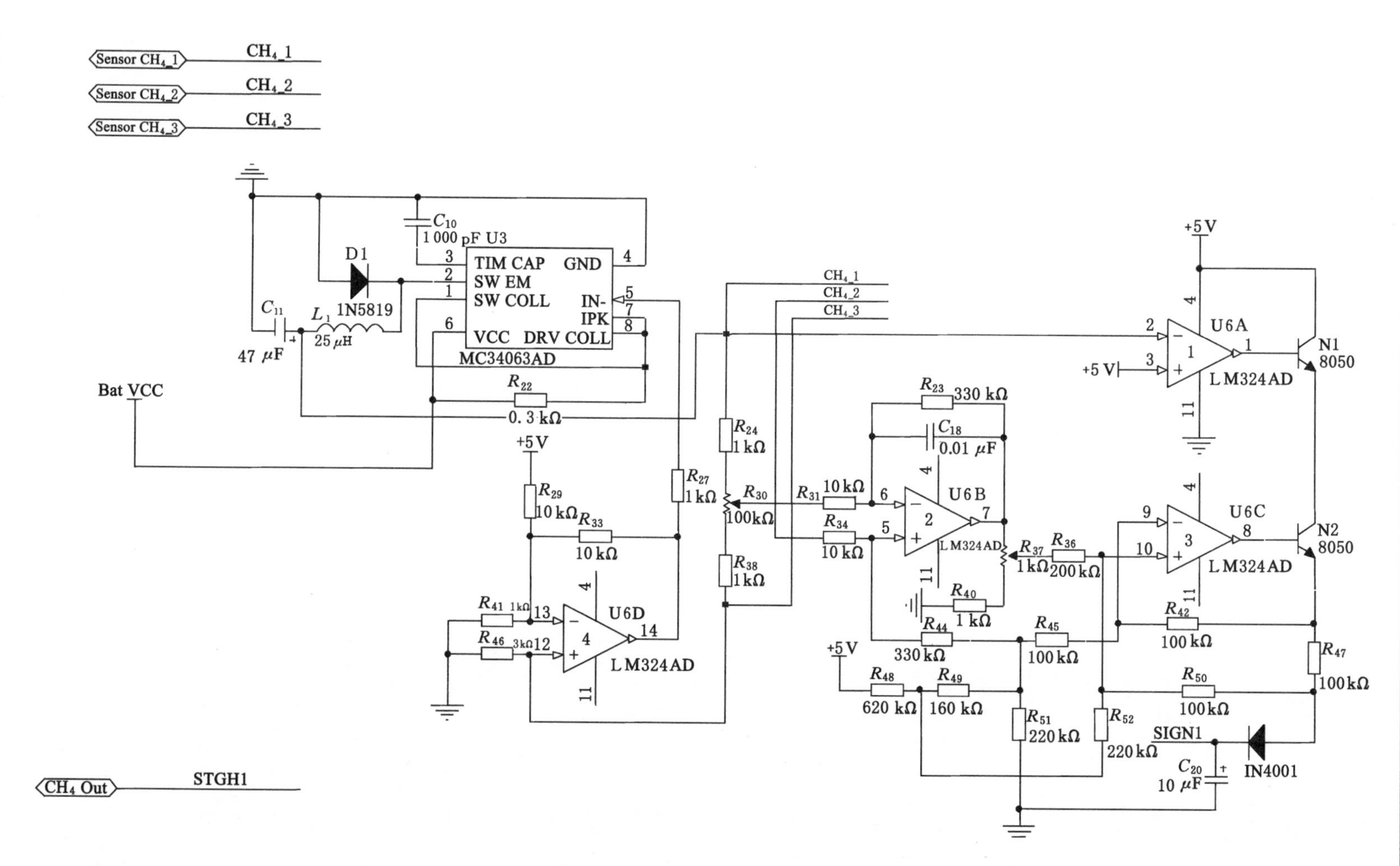

图4-48 CH_4传感器放大电路原理图

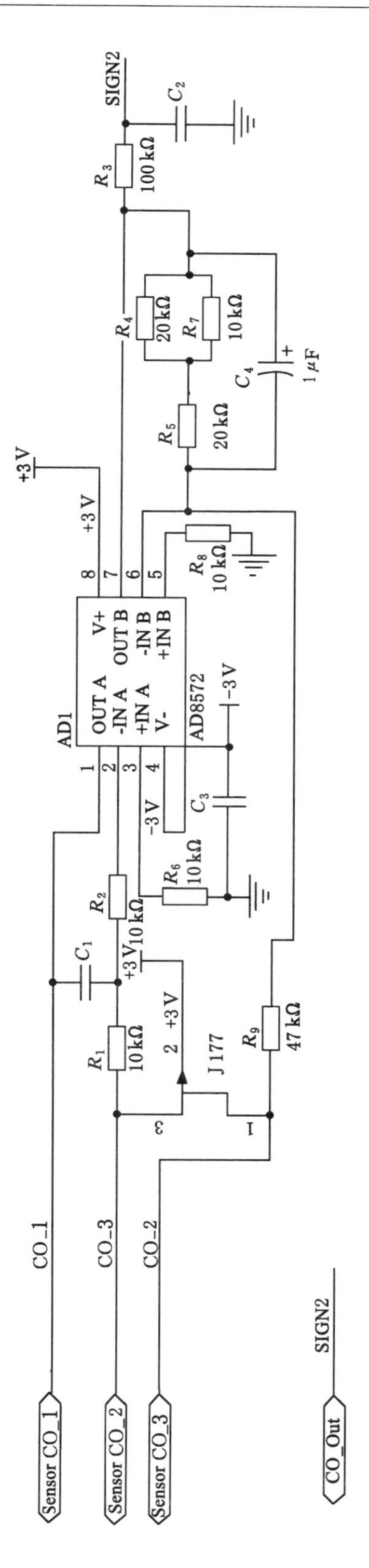

图 4-49　CO传感器放大电路原理图

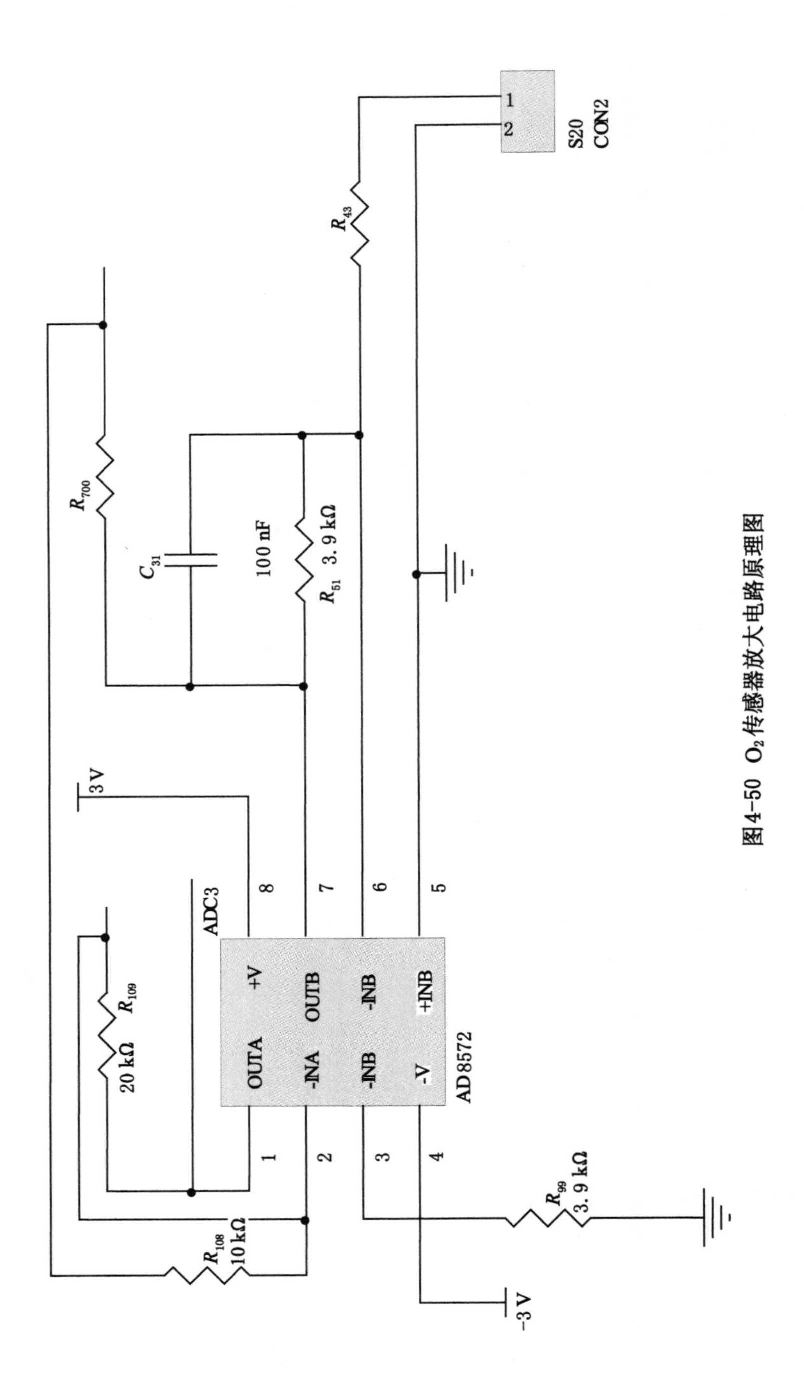

图4-50 O_2传感器放大电路原理图

概括地讲：一块芯片就成了一台计算机。它的体积小、质量轻、价格便宜等特点，为学习、应用和开发提供了便利条件。同时，学习使用单片机是了解计算机原理与结构的最佳选择。

单片机的使用领域已十分广泛，如智能仪表、实时工控、通信设备、导航系统、家用电器等。从 20 世纪 80 年代，由当时的 4 位、8 位单片机，发展到现在的 300 M 的高速单片机。各种产品一旦用上了单片机，就能起到使产品升级换代的功效，常在产品名称前冠以形容词——“智能型”，如智能型洗衣机等。单片机作为计算机发展的一个重要分支领域，根据发展情况，从不同角度，单片机大致可以分为通用型/专用型、总线型/非总线型以及工控型/家电型。

ATmega16 单片机是基于增强的 AVR RISC 结构的低功耗 8 位 CMOS 微控制器。由于其先进的指令集以及单时钟周期指令执行时间，ATmega16 单片机的数据吞吐率高达 1 MIPS/MHz，从而可以减缓系统在功耗和处理速度之间的矛盾。

ATmega16 AVR 内核具有丰富的指令集和 32 个通用工作寄存器。所有的寄存器都直接与运算逻辑单元（ALU）相连接，使得一条指令可以在一个时钟周期内同时访问两个独立的寄存器。这种结构大大提高了代码效率，并且具有比普通的 CISC 微控制器最高至 10 倍的数据吞吐率。

ATmega16 单片机有如下特点：16 K 字节的系统内可编程 Flash（具有同时读写的能力，即 RWW），512 字节 EEPROM，1 K 字节 SRAM，32 个通用 I/O 口线，32 个通用工作寄存器，用于边界扫描的 JTAG 接口，支持片内调试与编程，3 个具有比较模式的灵活的定时器/计数器（T/C），片内/外中断，可编程串行 USART，有起始条件检测器的通用串行接口，8 路 10 位具有可选差分输入级可编程增益（TQFP 封装）的 ADC，具有片内振荡器的可编程看门狗定时器，一个 SPI 串行端口，以及 6 个可以通过软件进行选择的省电模式。

工作于空闲模式时 CPU 停止工作，而 USART、两线接口、A/D 转换器、SRAM、T/C、SPI 端口以及中断系统继续工作；停电模式时晶体振荡器停止振荡，所有功能除了中断和硬件复位之外都停止工作；在省电模式下，异步定时器继续运行，允许用户保持一个时间基准，而其余功能模块处于休眠状态；ADC 噪声抑制模式时终止 CPU 和除了异步定时器与 ADC 以外所有 I/O 模块的工作，以降低 ADC 转换时的开关噪声；Standby 模式下只有晶体或谐振振荡器运行，其余功能模块处于休眠状态，使得器件只消耗极少的电流，同时具有快速启动能力；扩展 Standby 模式下则允许振荡器和异步定时器继续工作。

本芯片是以 Atmel 高密度非易失性存储器技术生产的。片内 ISP Flash 允许程序存储器通过 ISP 串行接口，或者通用编程器进行编程，也可以通过运行于 AVR 内核之中的引导程序进行编程。引导程序可以使用任意接口将应用程序下载到应用 Flash 存储区。在更新应用 Flash 存储区时引导 Flash 区的程序继续运行，实现了 RWW 操作。通过将 8 位 RISC CPU 与系统内可编程的 Flash 集成在一个芯片内，ATmega16成为一个功能强大的单片机，为许多嵌入式控制应用提供了灵活而低成本的解决方案。ATmega16单片机具有一整套的编程与系统开发工具，包括：C 语言编译器、宏汇编、程序调试器/软件仿真器、仿真器及评估板。

ATmega16 单片机是通过在单一的时钟周期内执行强大的指令，每兆赫兹可实现 1 MIPs的处理能力，使设计者可以优化功耗与速度之间的矛盾。ATmega16 单片机功能强大，在诸多嵌入式控制应用中，它不但灵活性好而且成本低。ATmega16 单片机同时还是一款具有程序调试器/ 软件仿真器、宏汇编、C 语言编译器、仿真器及评估版的编程与系统开发工具。图 4-51 是 ATmega16 单片机和环境参数传感器工作原理图。

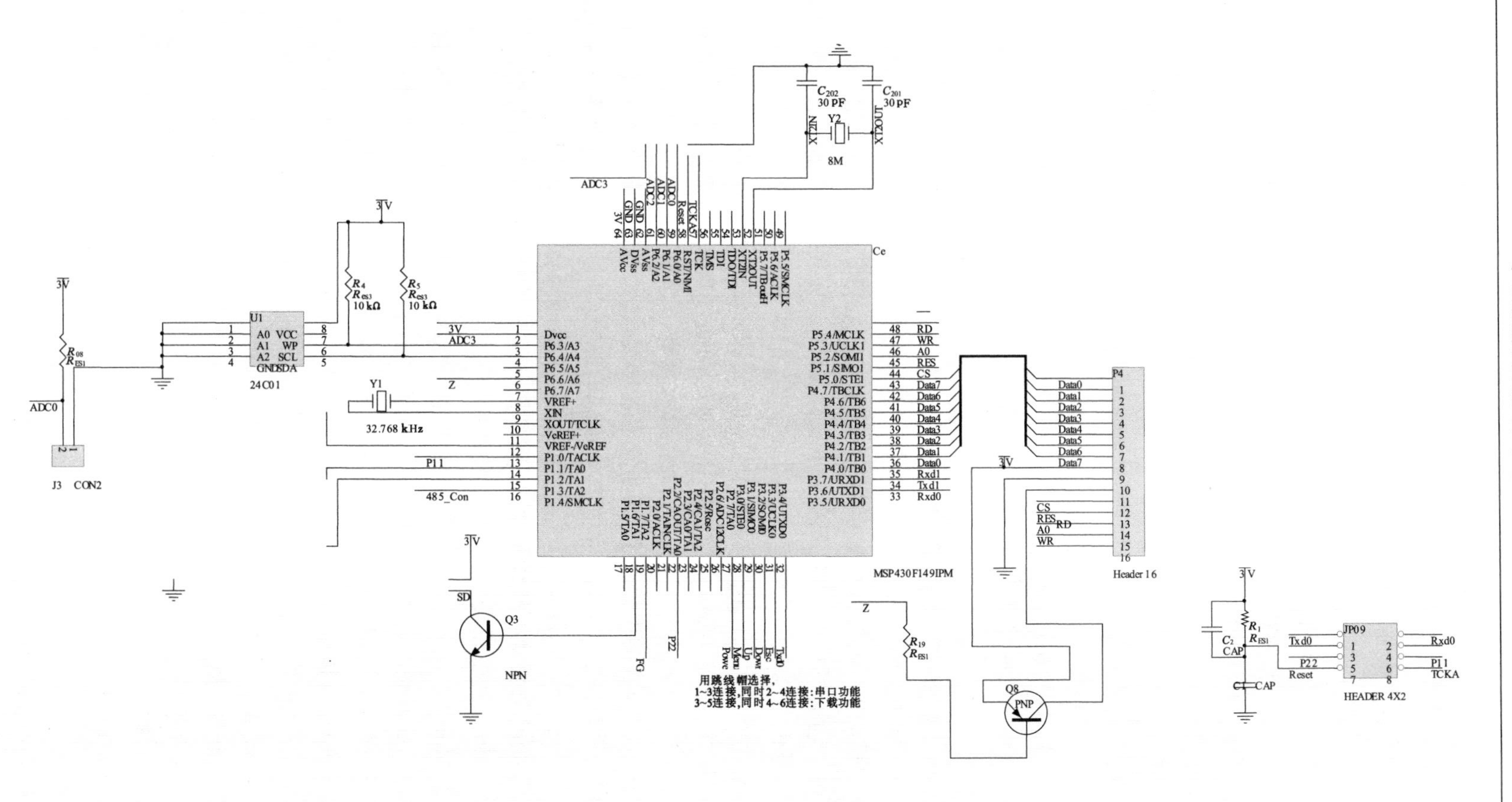

图 4-51 ATmega16 单片机和环境参数传感器工作原理图

4.4.6.6 软件设计

整个系统软件的流程图和 RS485 接口电路图,如图 4-52 和图 4-53 所示。

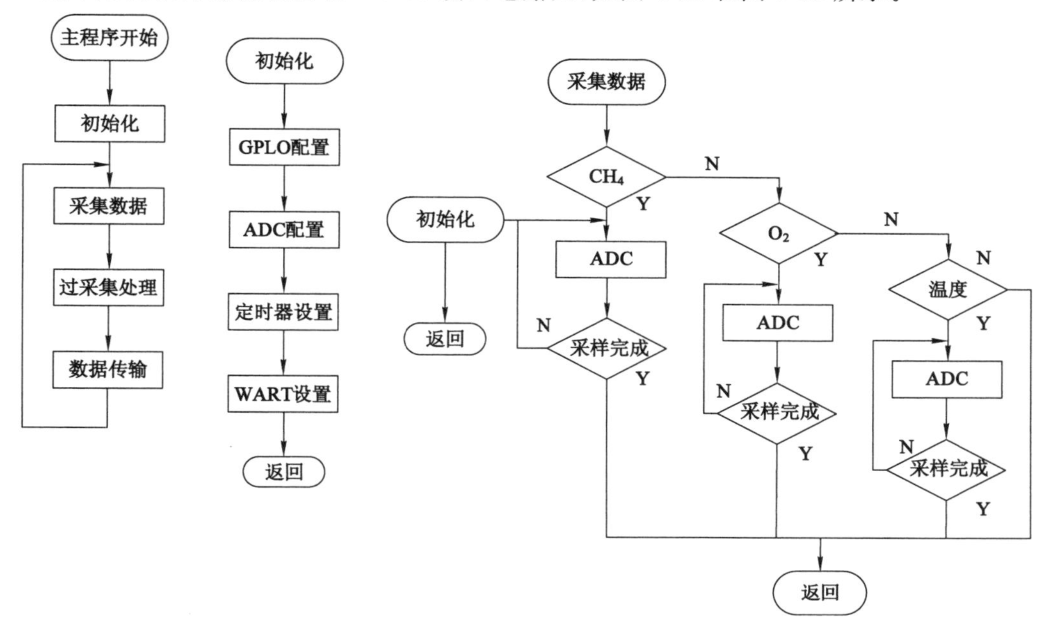

图 4-52 气体数据采集软件流程图

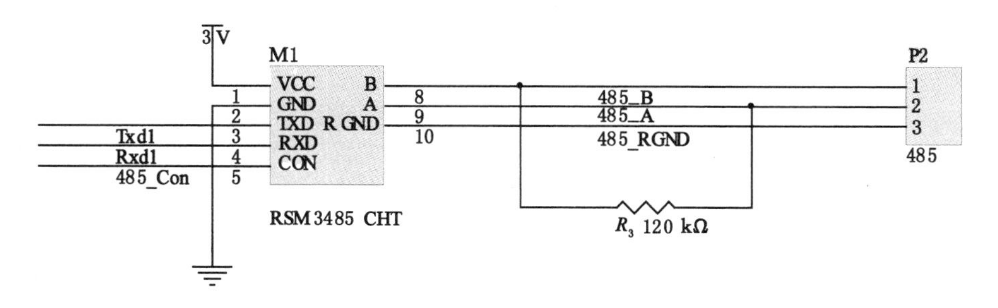

图 4-53 RS485 接口电路原理图

参考文献

[1] RALF STEINMETZ,KLARA NAHRSTEDT,安博一. Multimedia Systems[M]. 北京:清华大学出版社,2006.

[2] STAELENS N, MEULENAERE J, BLEUMERS L, et al. Assessing the importance of audio/video synchronization for simultaneous translation of synchronization and delay of audio and video for communication services[J]. Multimedia Systems,2012,18(6):445-457.

[3] ESCOBAR S, MEADOWS C, MESEGUER J. A rewriting-based inference system for the NRL Protocol Analyzer and its meta-logical properties[J]. Theoretical Computer

Science,2006,367(1):162-202.

[4] 陈晓娟,陈淑荣.实时视频图像的清晰度检测算法研究[J].微型机与应用,2010,29(17):36-38,42.

[5] 郭洪健,毛燕琴,沈苏彬.一种双码流网络视频传送技术的实现机制[J].系统仿真学报,2013,25(11):2693-2698.

[6] 齐谊娜,徐海龙,王晓丹.H.264与MPEG-4压缩编码标准的分析与比较[J].计算机测量与控制,2006,14(12):1720-1722.

[7] BTTISTA S,CASALINO F, LANDE C. MPEG-4:A multimedia standard for the third millennium,2[J]. IEEE Multimedia,2000,7(1):76-84.

[8] 黄伟华,郑贤忠.基于Hi3512的H.264视频编码器设计[J].计算机工程与设计,2013,34(4):1254-1259.

[9] 王刚.计算机网络存储技术[J].计算机系统应用,2015,24(1):14-20.

[10] 宋军,顾冠群.多媒体通信媒体间同步技术综述[J].电信科学,1996,12(9):3-9.

[11] 单梁.混沌系统的若干同步方法研究[D].南京:南京理工大学,2006.

[12] 杨德进.多路复用中MBOC信号相关域特性评估方法研究[D].西安:中国科学院大学(中国科学院国家授时中心),2017.

[13] 汤光明,郭锦娣,张明清,等.多媒体复合同步模型[J].计算机工程与设计,2001,22(5):22-24,89.

[14] 刘芳.基于时间轴模型的音视频同步的研究与实现[D].广州:暨南大学,2008.

[15] 隋文涛,张丹.传感器静态特性的评定[J].传感器与微系统,2007,26(3):80-81,86.

[16] 杨文杰.压力传感器动态特性与补偿技术研究[D].太原:中北大学,2017.

[17] 张德福,葛川,李显凌,等.高精度位移传感器线性度标定方法研究[J].仪器仪表学报,2015,36(5):982-988.

[18] 许传龙,王式民,孔明,等.静电传感器空间灵敏度特性研究[J].计量学报,2006,27(4):335-338,396.

[19] 许传龙,赵延军,杨道业,等.静电传感器空间滤波效应及频率响应特性[J].东南大学学报(自然科学版),2006,36(4):556-561.

[20] 崔淑琴.智能压力传感器的研究与设计[D].哈尔滨:哈尔滨理工大学,2005.

[21] 邹盛亮.光纤法珀压力传感器信号质量及稳定性研究[D].天津:天津大学,2016.

[22] 朱瑜,柯其威.提高压力传感器测量物体密度精确度的方法[J].实验室研究与探索,2016,35(12):34-39.

[23] 钟海见.传感器的重复性和稳定性关系问题的探讨[J].自动化仪表,2003,24(5):17-19.

[24] 周娟,袁良豪,曹德森.压力传感器信号调理电路设计[J].北京生物医学工程,2007,26(4):395-398.

[25] 李红刚,张素萍.基于单片机和LabVIEW的多路数据采集系统设计[J].国外电子测量技术,2014,33(4):62-67.

第 5 章　本质安全型电源及电路的研究

在改革开放之前，我国的煤矿防爆电机设备大部分是综合性电机厂生产，由于它们是按照通用标准设计的电气设备，所以不能特别适应煤矿井下起动频繁、负荷变化的恶劣环境，导致了其使用寿命普遍低于国外同类产品寿命。由于煤矿井下的空间是十分狭小的，而且空气也是比较潮湿的，煤矿井下一些煤尘、瓦斯等危害十分容易发生，这些都使煤矿防爆电气设备的工作条件处于相对的恶劣情况，然而这种情况会在一定程度上使设备发生磨损，也会使材料出现老化等问题，对其防爆性能产生不利的影响。煤矿防爆电气设备的安全与否，条件的好坏都关系着每位员工的生命安全。除此之外，煤矿井下环境中存在许多可燃可爆气体，最怕出现的就是电火花。不同的电路，产生的电火花能量也是不同的。而电火花的能量大小是决定点燃瓦斯的主要原因。在设计设备的安全电路时，首先就要限制电火花的能量[1]。

首先由于井下环境潮湿，有的地方甚至淋水，此外井下温度还较高，所以煤矿井下电气设备要耐潮防滴(溅)，隔爆外壳和结合面防锈蚀，使用电气绝缘材料。其次由于井下常有岩石、煤等脱落，电气设备的挂、碰、拉、撞，易使设备受损，因此煤矿井下电气设备要具有坚固的外壳。再者要求选材和结构应便于搬运、有一定过负荷能力、体积小、操作简单、维护方便、具有防爆性。隔爆型电气设备的特点是能承受内部的混合物爆炸而不受到损坏，能通过外壳结合面或者结构孔洞但不能使内部爆炸，它的外壳一般由铸钢、钢板、铝合金、灰铸铁制成，能承受 1.5 倍参考压力动静压试验，既能经隔爆接线盒(或插销座)接线，又能直接接线。

通常意义上讲，可以将防爆电气设备分为两类[2]，Ⅰ类防爆电气设备和Ⅱ类防爆电气设备。Ⅰ类防爆电气设备是指适合用于煤矿井下使用的电气设备，其实质上是适用于甲烷和煤尘存在的场所的电气设备。Ⅱ类防爆电气设备是指除煤矿外的其他爆炸性气体环境适用的电气设备。

(1) 隔爆型电气设备(d)[3]：按其允许使用爆炸性气体环境的种类不同可分为Ⅰ类和ⅡA 类、ⅡB 类、ⅡC 类。在这种防爆型式中，可能引起爆炸的电气设备部件全部被封闭在一个坚硬的外壳中，该外壳能承受通过外壳任何接合面或结构间隙渗透到外壳内部的可燃性混合物在内部爆炸而不损坏和变形，并且能阻止因内部爆炸产生的高温火焰通过壳内任何接合面及各结构开口向外部爆炸性环境传播，确保外部爆炸性气体不会被引爆。

(2) 增安型电气设备(e)[4]：在正常运行条件下不会产生电弧、火花的电气设备，采取一些附加措施以提高安全程度，防止其内部和外部部件可能出现危险温度、电弧和火花可能性的防爆型式。增安型电气设备，虽然能在组别较高的爆炸危险环境中安全使用，但是一旦内部元件出现故障时，就无法保证防爆的安全性，所以选用前要认真考虑使用环境、维修管理等条件。

(3) 气密型电气设备(h)[5]：其采用气密外壳。主要防止环境中的爆炸性气体进入设备外壳内部。外壳为达到气密性要求，一般采用熔化、胶黏或挤压的方法进行密封，这种外壳不具备可拆卸性，如果进行了拆卸，则无法保证其气密性。

(4) 本质安全型电气设备(i)[6]：本质安全通常指某个系统，而不是指某一个设备。本质安全指变送器或传感器经电缆与关联设备(安全栅等)组成的本质安全系统。本质安全系统主要由本质安全电路、本质安全设备以及关联设备组成。本质安全电路指在规定条件(包括正常工作和规定的条件)下产生的任何火花或任何热效应均不能点燃规定的爆炸性气体环境的电路。本质安全设备指在其内部的所有电路都是本质安全电路的电气设备。关联设备指内部装有本质安全电路和非本质安全电路，且结构使非本质安全电路不能对本质安全电路产生不利影响的电气设备。关联设备在危险场所安装使用时，应加其他形式防爆外壳保护；在安全场所安装使用时，其外壳可选用一般型。

(5) 浇封型电气设备(m)[7]：这种防爆形式是将可能产生引起爆炸性混合物爆炸的火花、电弧或高温部分的电子元部件，浇封在浇封剂中，从而防止了周围爆炸性混合物被点燃。用专用浇封绝缘材料灌封潜在的引燃源，这种材料应能在内部故障条件下防止断裂，导致危险部件暴露。

(6) 充油型电气设备(o)[8]：充油型防爆形式是将整个设备或设备的危险部件浸在油内，使油面以上或外壳外面的爆炸性气体不会被点燃。早期开关设备主要用这种防爆技术方法。通过油(保护液)将电弧、火花浸没，保证油面以上或外壳外爆炸性气体不被引爆。

(7) 正压型电气设备(p)[9]：正压型防爆形式是一种通过保持设备外壳内部保护性气体的压力高于周围爆炸性环境气体压力的措施。经过科研人员的探索，主要有两种方法可以用于正压设备保护。一种是在系统内部保持静态正压，另一种是保持连续空气体或惰性气体流动，从而阻止可燃性混合物进入外壳内。在设备起动工作前用保护气体对外壳内部进行置换、冲洗带走设备内部的原有可燃气体是两种方法的共同点，这种方法的关键要素是准确监测，定时换气，保证系统安全可靠。

(8) 充砂型电气设备(q)[10]：这种防爆形式主要是用一种在外壳内充填砂粒或其他规定特性的细粒状材料，使之在规定条件下，壳内产生的电弧或火花都不能点燃周围爆炸性气体的电气设备保护形式。由于充砂型电气设备以砂粒为保护材料，砂粒本身及装填容器使爆炸性混合物没有点燃能力，当砂粒充填到一定的厚度时，砂粒层有较好的散热作用和间隙作用，从而达到防爆安全的目的。常用的充填材料是石英砂。

本专著研究开发的矿山救援无线多媒体通信装备采用的防爆型式为本质安全型。

5.1 本质安全型电源概述

5.1.1 本质安全型电源的定义

防爆电源是防爆系统中的关键部分，它给危险环境中使用的各种电气设备提供能量。防爆电源最常用的有隔爆型电源和隔爆兼本质安全型电源，隔爆兼本质安全型电源即输出本质安全型电源，通常称为本质安全型电源，也简称本安电源。本安电源有时也指隔爆兼本质安全型电源内部的本质安全电源部件，即不含隔爆外壳及接线端子等辅助部分的内部核心电源部件[11]。

随着矿山机械化与自动化程度得到不断的提高，本质安全型电气设备在井下监控、检测以及通信系统中的应用日益广泛，而本质安全型防爆电源是保证系统实现本质安全的关键环节。输出本质安全型防爆电源需要提供本质安全用电，但是在防爆电源产品设计过程中，为了减小设计难度，通常设计成隔爆兼本质安全的防爆型式。由于隔爆兼本质安全电源的整个电路被放置在一个满足相关标准要求的防爆外壳内，只要保证输出满足本质安全要求即可，而其他的防爆性能由隔爆外壳来保证。因此，设计一个隔爆兼本质安全电源，关键是要设计一个满足本质安全要求的输出限能保护电路，而其他部分电路的设计则相对灵活。

5.1.2　本质安全防爆电源的发展现状

本质安全电源的雏形是一个由16节湿式锂电池通过串联而组成的蓄电池组，其标准输出电压为24 V，一个大电阻串联在蓄电池之间，能将短路时产生的瞬时电流有效控制，在封装时将电阻和蓄电池组合为一体。在井下移动通信过程中将蓄电池作为便携电源非常不实用，并且故障比较多，维护较麻烦。由于近年来，国家对煤矿安全生产的重视，科研工作者投入了大量精力，本质安全理论研究工作发展速度较快，部分研究成果已经达到国际水平。王聪通过运用开关电路技术，采用较小的储能器件(电容、电感)，使得电路达到设计要求[12]；张玉良设计了一种带备用电池多路输出的隔爆兼本质安全型开关直流稳压电源；李小军采用镍氢电池组成功研制了便携移动设备的本安电源[13]，该电源容量5 V、13.2 A·h，在井下便携移动电源领域有一定的突破，具有一定的科学研究价值[14]；解红霞等利用2512型、2W/500 mΩ、1%精度的电阻作为电流信号检测传感器，结合MCS-96系列单片机组成的检测控制系统设计了24 V/1 A大容量本安电源，该电源电路中短路电流关断时间小于2 ms[15]。但在本质安全型的产品方面我国生产的产品与一些发达国家的相关同类产品对比，仍有差距。目前我国生产电源仍以隔爆兼本质安全型电源及相关产品居多，如：KDW127/18J矿用隔爆兼本质安全电源、JXJ1-Ⅱ矿用隔爆兼本质安全电源变换箱、KDW15A-15矿用隔爆兼本质安全电源箱、KDW-660/18B矿用隔爆兼本质安全电源，但是由于其质量和体积均较大，很难满足矿山应急救援通信需求。

改革开放后的40年来，我国防爆电气设备制造行业得到了迅速发展，无论是产品品种，还是产品技术水平方面都取得了长足的发展。有一套防爆型式完善的基础防爆标准，建立了适应我国经济发展需要的防爆电气工业体系，为我国煤炭、石油、化学等工业部门的高速发展做出了巨大贡献。目前，矿用防爆电气产品向真空化、大容量、组合化发展，微电子技术开始在矿用防爆电气产品中应用。工厂所用防爆电气产品为满足不同用户和不同场所要求，向多品种发展，同时发展粉尘防爆电气产品。1983年对《防爆电气设备制造 检验规程》(GB 1336—1977)进行了修订，修订后的《爆炸性环境用防爆电气设备》(GB 3836—1983)构架和技术内容方面在总结国内积累经验的基础上采用了当时欧洲EN标准的许多规定。根据积极采用IEC标准的原则，对GB 3836—1983系列标准进行了修订，制定出《爆炸性环境》(GB 3836)系列国家标准实施至今。在防爆电气产品的安装使用和维护修理方面，我国先后制定、发布了爆炸危险场所分类、爆炸危险场所电气设备安装、检查和维护以及修理方面的国家标准，这些标准中一些是等同采用相应的IEC标准，一些是等效或修改采用。这些标准对爆炸危险场所电气设备的安全使用起到了很大作用。同时我国还根据自己的国情制定了许多防爆电气产品的使用标准，基本上形成了较完善的防爆电气标准体系。

虽然经过近几十年的发展，防爆电气行业已经形成了较完整的科研、设计、制造、检测体系，但是可生产适用煤矿和工厂各种爆炸危险场所的不同防爆级别和不同温度组别的防爆电气产品较少。目前，国内的防爆电气设备制造行业95%以上为民营、乡镇、个体企业，一些资历雄厚的企业生产出的产品种类、结构、性能方面都比较先进，质量也比较稳定，大部分产品主要用于国内营销，仅有部分出口。但也有部分生产规模较小，技术、工艺、设备相对比较薄弱，产品质量不稳定。近年来由于我国防爆技术标准化工作逐步与国际接轨，虽然在防爆技术的应用水平方面有了一定的改善和提高，但是由于长期以来人们安全意识淡薄、安装施工人员又缺乏专业防爆知识，在防爆电气设备的应用安全方面还存在着许多不够乐观、不尽人意的地方，特别是随着进一步改革开放，大量国外防爆电气设备纷纷进入我国市场，常常出现一个项目采用了多个国家的防爆产品，由于各国在防爆设备的设计和安装方面存在一定的差异，本身又未经国家指定的防爆检验机构认证，加上安装人员对国外标准规范不够熟悉，最终致使安装的防爆电气设备严重不符合防爆要求的情况时有发生。据不完全统计，就危险化学品生产企业安全生产许可证实施的100多个检查项目而言，约有90%的项目或装置存在有不同程度的防爆安全隐患，严重威胁着国民经济持续健康发展。

随着我国煤矿机械化、自动化程度的提高，本质安全(简称本安)型电气设备在井下的监控、通信、信号、仪表和自动化系统中应用日益广泛。本安电源是本安型电气设备的一种，设计本安型电气设备须从本安电源入手，待电源合格后方能再考虑其负载电路。因此，它是本安电路、电气设备和本安系统的最关键环节，是基本单元。

为了提高本安电源的输出功率，可通过以下措施实现：

(1) 采用快速电子保护电路：当电源输出端过载或短路时保护电路动作，迅速切断电源，缩短电路的放电持续时间，可大大减小火花放电的能量。因此，要尽量减少保护电路的环节，以缩短各保护接续的积累时间。在电源中广泛采用这种方法，能大大提高电源的容量。

(2) 采用保护性元件(组件)：电感元件(如在电源变压器副边)并联分流保护元件以后，也能减少外电路的放电火花，即提高电感元件的使用功率。

(3) 尽量采用电阻性电源(干电池、蓄电池等)和电阻性负载(如无电容、无电感的晶体管电子线路)，由于电阻性电源和负载，没有储能元件，放电仅仅是电源本身的放电，所以比含有电感、电容元件的电路放电能量小得多。也就相对大大提高了电源的输出功率。

采用上述措施虽能提高电源的输出功率，但受诸多因素的影响与制约，如放电时间不能无限制地缩短，电路中也不可能完全不存在储能元件等，所以各种保护措施都有弊端。

5.1.3 本安电源工作原理及特性

根据GB 3836.4—2010的要求，本质安全型系统用电常用两级独立的过流保护和两级独立的过压保护进行设计，为了进一步加强可靠工作性，可设置过热保护。本专著以常见的本安电源进行举例说明串联稳压、过流保护、限流保护、截流保护和过压保护电路的特征。

(1) 串联稳压电路

如图5-1所示，Q_t 电压输出调整三极管，Q_f 为放大管作比较放大，R_3、R_4、R_5 为取样电阻，稳压管作为基准电压。当 U_i 处于过压状态时，经过 R_3、R_4、R_5 的取样 Q_f 的基极 U_{bf} 增大，Q_t 基极 U_{bf} 减小从而导致 U_o 减小。当 U_i 处于欠压状态时，经过 R_3、R_4、R_5 的取样 Q_f 的基极 U_{bf} 减小，Q_t 基极 U_{bf} 增大从而导致 U_o 增大，从而起到稳压作用。输出电压 $U_o = [U_{DZ}/(R_4 + R_5)](R_3 + R_4 + R_5)$。

(2) 过流保护电路

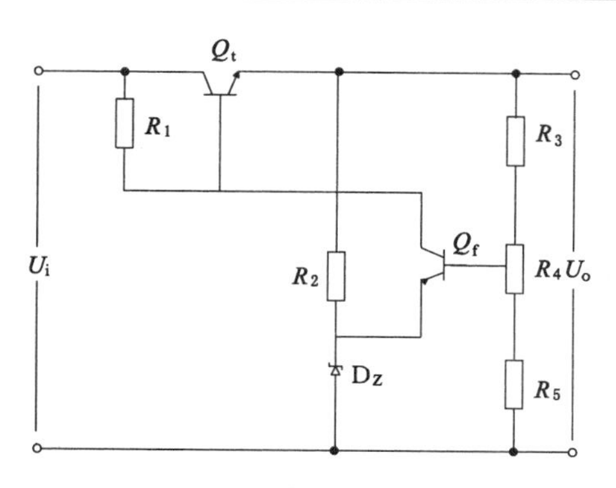

图 5-1　串联稳压电路

在救援通信设备的保护电路设计中，有一些负载电流较大的电路，若由于负载内部产生局部短路或其他原因造成负载电流超过最大允许电流时，若不及时断开负载电源，就会引起负载过热烧毁或电源过载使整个电路系统不能正常工作甚至烧毁电源，所以在出现过流时，采用过流保护电路达到瞬间断开负载电源、保护负载电源和电路的作用。

如图 5-2 所示，当负载电流增大时 Q_1 的基极电压减小，当 $I_0 > I_{0m}$ 时，Q_1 导通，Q_2 的栅极变为高电平，Q_2 截止，从而达到过流保护作用。

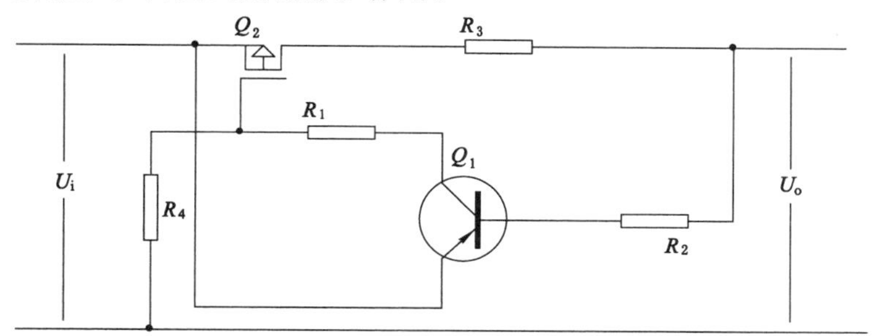

图 5-2　过流保护电流

(3) 限流保护电路

当电路负载出现过载或短路时，输出电压下降而将输出电流限制在某一数值上。限流保护电路保护范围大，抗干扰性和抗负载电流的冲击性能好，其电路简单，故障排除后电源容易恢复；但保护速度较慢，输出端短路时，调整管的损耗大。按功率计算方法，调整管的功率损耗为输入电压和短路电流的乘积，其值比截流保护电路要大得多。

如图 5-3 所示，取样电阻 R_s 和保护管 Q_2 组成限流保护电路，当负载电流 $I_0 < I_{0m}$ 时，取样电阻上的电压 $U_{R_s} = I_0 \cdot R_s$ 小于 Q_2 管阈值电压 U_{on}，Q_2 截止，稳压电路正常工作；当 $I_0 \geqslant I_{0m}$ 或负载短路时，使取样电阻的电压 $U_{R_s} > U_{on}$，Q_2 导通，Q_2 管的 I_{Q2c} 对调整管 Q_1 的基极电流 I_{Q1b} 进行分流，使 I_0 和调整管上电流受到限制，从而达到限流作用。

(4) 截流保护电路

电源输出端过载或短路时，截流保护电路快速切断电源，使输出电流为零或接近于零，从而起到保护负载作用。截流保护电路的保护动作速度快、效果好、调整管的功率损耗小，适用于输出功率较大、内阻要求小的电源；但电路比较复杂，抗干扰性和抗负载电流的冲击

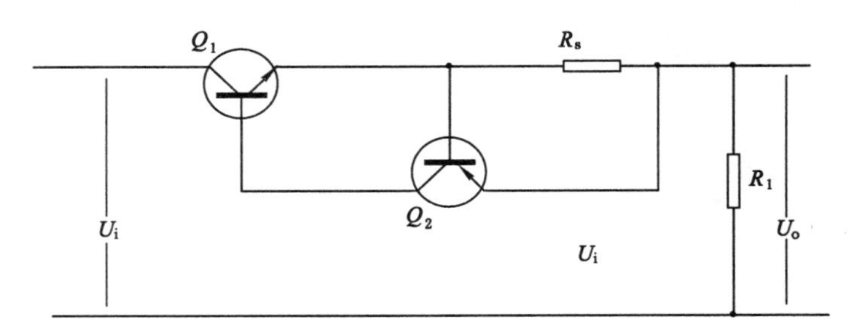

图 5-3 限流保护电路

性较差，一般适用于向电阻性或电感性负载电路供电，电路调试比较麻烦，故障排除后电源也不易自动恢复，需要再加个恢复电路后才能自动恢复。

如图 5-4 所示，在正常工作时，设定输出电流为 I_0，Q_2 的基极电压为 $U_1R_2/(R_1+R_2)<U_{be2}+U_o$，输出电流增大时即流过电阻 R_s 的电流持续增大；当 Q_2 的基极电压 $U_1R_2/(R_1+R_2)=U_{be2}+U_o$ 时，Q_2 导通，输出电流减小。

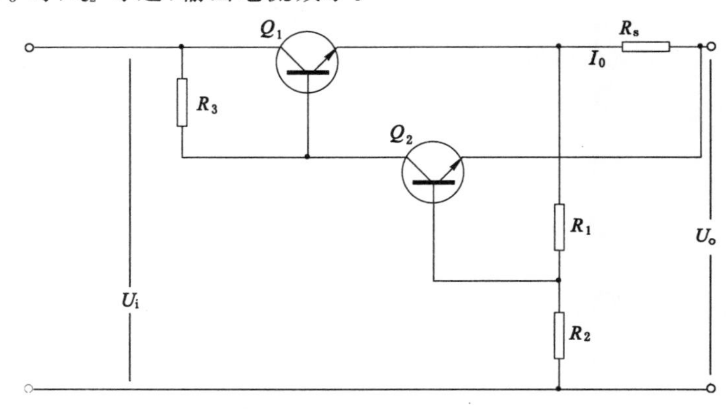

图 5-4 截流保护电路

假定增大到 I_c 时触发电路动作，则出现下面等式：

$$U_1R_2/(R_1+R_2)=U_{be2}+U_o$$

$$U_1=U_o+I_cR_s$$

整理得出：

$$I_c=(R_1U_o/R_2R_s)+U_{be2}(R_1+R_2)/R_sR_2$$

限制电流（即短路电流）：

$$I_s=[(R_2+R_s)/R_sR_1]U_{be2}$$

保护特性如图 5-5 所示。

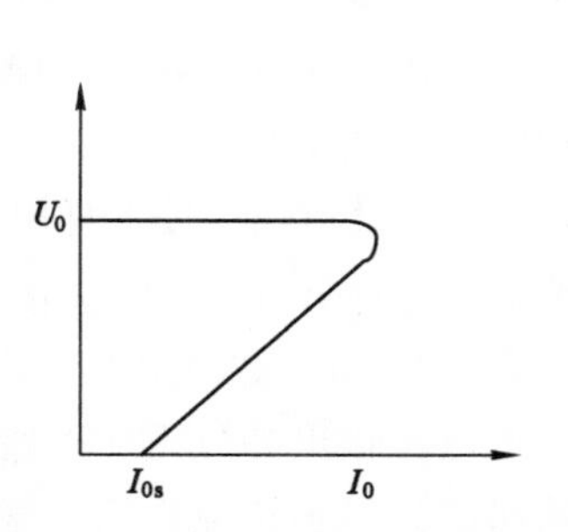

图 5-5 截流保护特性

（5）过电压保护电路

如图 5-6 所示，当输入电压 U_i 在规定范围内，R_2、R_3 串联分压，R_3 上的电压 U_{R_3} 小于二极管 D_s 的击穿电压，即 $U_{R_3}<U_{D_s}$ 则 D_z 截止，这时可控硅 S_1 截止，三极管 Q_1 导通，U_o 正常输出；当输入电压 U_i 超过规定值时，那么 $U_{R_3}>U_{D_s}$ 二极管 D_s 反向击穿，可控硅 S_1 导通，三极管 Q_1 截止，电路断开，从而起到过压保护作用。

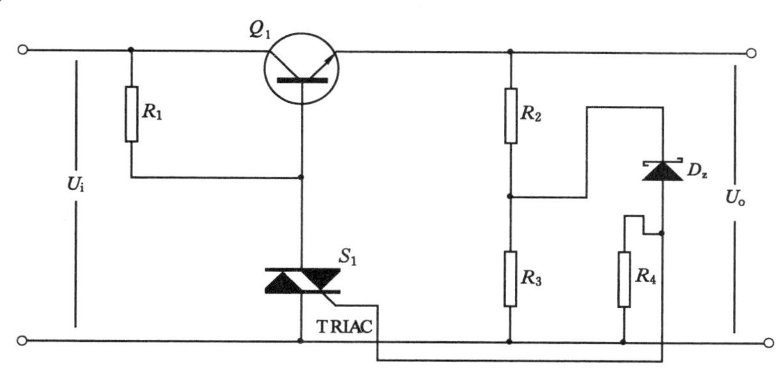

图 5-6　过压保护电路

5.1.4　本安电源的组成

本安电源的组成如图 5-7 所示，它主要是由电源降压变压器、整流滤波电路、调节电路、多重限压限流电路等组成。来自安全环境中的电网交流电压，先经降压变压器降压，然后整流滤波，输入到电压调节电路，再经过多重限压限流电路后输出到本质安全现场设备。变压器起隔离降压的作用；整流滤波电路是将变压器降压后的交流电压变为单向的脉动直流电压，并对脉动直流电压进行平滑处理，使之成为一个含纹波成分很小的直流电压；电压调节电路是用来保持输出电压的稳定；多重化输出限能电路是本安电源之所以能实现本质安全的重要部分，它通过控制输出电压、电流，尽量减小故障时的火花能量，这样可以满足本质安全的要求，不会引燃危险环境的易燃易爆气体。

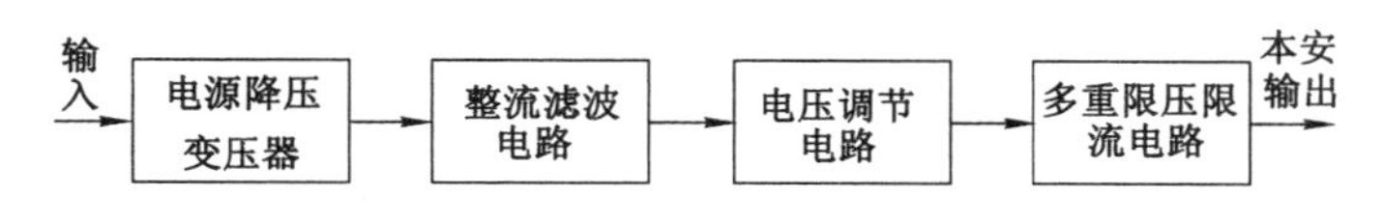

图 5-7　本安电源组成框图

对于本安电源组成中的电压调节电路部分，可以分为线性电压调节电路和开关变换器电压调节电路。

线性电压调节电路是通过调节工作于线性状态的晶体管的集—射之间的电压，使输出电压一直维持稳定，不随输入电压及负载等的变化而改变。但由于线性电压调节电路存在效率低、电网适应性差、体积大等缺点，逐渐被另外一种电压调节电路——开关变换器电压调节电路取代。该种形式的电压调节电路的主要电路结构是 DC/DC 变换器，通过调节变换器开关管的占空比来实现输出电压的稳定。

开关变换器分为非隔离型开关变换器和隔离型开关变换器。非隔离型开关变换器包括 Boost、Buck、Buck-Boost、Sepic、Cuk 和 Zeta 六种变换器。其中，前三种变换器结构较为简单，也较为常用，而后面三种变换器结构相对复杂，使用元器件多，成本高，所以实际中应用较少。隔离型开关变换器主要通过高频开关变压器控制输出与输入隔离，主要拓扑结构有单端反激变换器、单端正激变换器、推挽变换器、半桥变换器和全桥变换器以及各类组合开关变换器等。不同的拓扑结构有不同的功率适用范围，隔爆兼本质安全开关电源，在本安型电气设备特别是本安型传感器中应用较多，其功率一般不会做到很大，相对于其他变换器，单端反激变换器结构及控制比较简单、功率相对较小，尤其适合隔爆兼本质安全开关电源。

5.1.5 本安电源分类

根据对本安防爆系统结构体系的分析，本专著将本安电源细分为一次本安电源和二次本安电源，因在系统中的地位与作用的不同，二者具有不同的功能及结构特点[16]。

5.1.5.1 一次本安电源

（1）一次本安电源结构

本专著将一次本安电源的结构归纳为以下三种。

第一种结构如图 5-8 所示，该结构先经工频变压器降压、隔离，然后由整流器整流，再经线性变换器加之相应的控制电路实现电压稳定输出，最后输出采用多重化保护电路以确保其本安特性。工频变压器的使用使得这种结构体积很大、很笨重；线性变换器的使用降低了该结构的效率。线性稳压器对电源有一个最小压差要求，为了使电源在所有输入电压范围内都能满足这个要求，在设计工频变压器变比时，交流输入电压要取最小值，如果输入电压取最大值，会增大损耗，不利于实现电源的安全性和可靠性。在 20 世纪末，这种结构普遍应用于国内产品与研究对象上。第二种结构是用开关变换器取代了线性变换器实现电压等级的变换，如图 5-9 所示。与本安电源结构相同，先由工频变压器降压、隔离，再整流，然后经过开关变换器实现稳定输出，最后经多重化保护电路实现输出本安。由于工频变压器具有隔离作用，因此该结构中的开关变换器无须再隔离，可以采用非隔离型开关拓扑结构。使用开关变换器可使电源的效率得到显著提高。

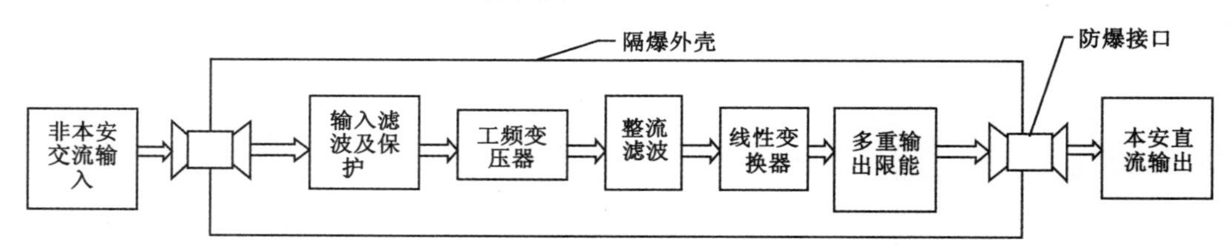

图 5-8 采用线性变换器一次本安电源结构图

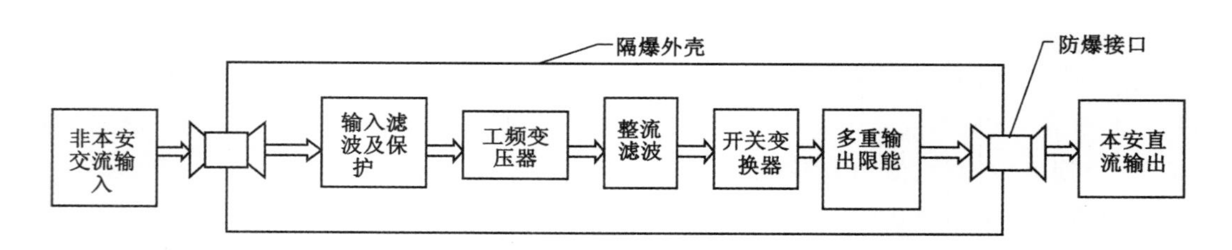

图 5-9 采用开关变换器一次本安电源结构图

由于电源输入端非本安，需要隔爆外壳，采用隔爆外壳的本安电源必须进行多重化保护，内部本安型开关变换器普遍采用前端保护模式，不利于实现多重化保护，其本安特性得不到充分利用，而非本安开关变换器可以满足其性能要求，因此适用于该结构。

在煤矿井下的照明供电系统中，千瓦级隔爆型 AC-DC 开关变换器开始使用高频开关变换器替代工频变压器。这种替代大大减小了变压器的体积，更方便使用。图 5-10 为无工频变压器的一次本安电源结构图。该结构体积小、可隔离、质量轻、便于实现多重化,将成为一次本安电源的发展方向。由于标准中对危险环境的隔离性能作了要求,设计时要注意该结构能否满足该要求,在工频变压器被高频变压器取代后,耐压的隔离作用就依靠高频变压器来实现,当高频变压器出现故障时,如何保证系统的可靠及安全;屏蔽层是否必须接地,接地后对开关变换器的性能有何影响等。诸如此类的问题都有待于进一步深入研究。此外,对高频变压器的具体技术要求,目前无论国际标准IEC还是国内标准中都没有涉及。

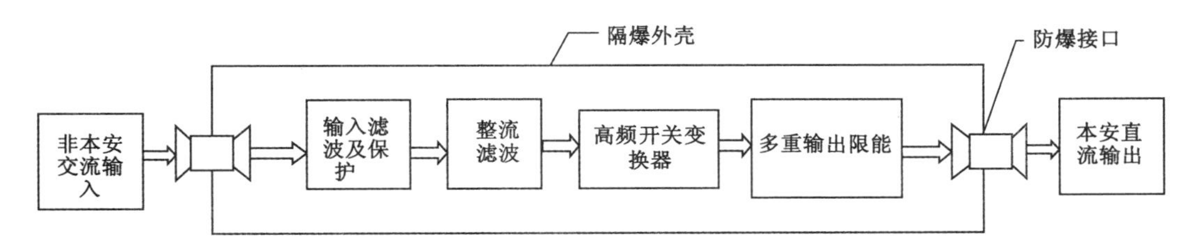

图5-10 高频开关变换器一次本安电源结构图

以上三种结构都是在非本安交流输入和防爆外壳之间使用防爆电缆,然后通过防爆接口(通常称为喇叭嘴)进入防爆壳内。

目前在实际应用中,由于输入电压过高,又常常采用工频变压器配合本安开关电源的方案,该开关电源有使用非隔离型的也有使用隔离型的。如在隔爆兼本安型的可编程逻辑控制器或隔爆兼本安型通用主机等产品中,输入电压往往是井下常用的AC 1 140 V或AC 660 V等电压等级,所以先将输入电压降为AC 127 V再接入隔离型本安高频开关电源,或者降为AC 36 V再接入非隔离型本安开关电源。

(2) 一次本安电源的特点

一次本安电源通常是用于将交流变换到直流,称之为AC/DC电源。该类型电源常常设计成隔爆兼本安型,在一些文献中称其为输出本安电源。一次本安电源有以下特点:

① 多重化保护

一次本安电源实现由非本安电源到转换为输出本安电源,国标中要求保护器件或组件必须进行多重化保护。当采用截流型保护方式时,为方便现场使用,往往要求故障排除后具有自恢复功能。

② 高效率

由于矿用一次本安电源使用防爆壳,这样产生的热量不容易散发出去,所以要尽量减小电路上的损耗,以免热量积累降低电源的寿命,这就需要提高电源的效率,从而降低损耗。

③ 小体积

合格的防爆外壳壳体的厚度及防爆面的宽度要符合一定的要求,与普通电源外壳相比,笨重、体积大且使用不方便,因此其体积要尽量减小。

④ 大容量

一次本安电源的容量随着现场本安设备的增多也要相应地得到增大,因此一次本安电源在保证安全条件的前提下尽可能地提高容量,满足设计需求。

⑤ 输入输出电气隔离

一次本安电源输入侧非本安,输出为本安型,电源电路就是将非本安转换为本安,为了防止非本安输入与本安输出之间发生信号传输，影响电路安全性能，其电气隔离必须符合相关标准。

5.1.5.2 二次本安电源

二次本安电源是对本安电源进行二次转换，即将直流变直流，满足现场设备的多样化需求，称其为DC/DC电源，它安装于一次本安电源之后，由于输入侧是本安型的，所以二次本安电源可以设计成完全本安型。

(1) 二次本安电源的结构

二次本安电源可以采用隔离型或非隔离型，可以是线性电源或者开关电源。由于一次本安电源具有隔离特性，所以二次本安电源无须再隔离，但隔离型电源的信号抗干扰性能更强。目前，当系统中需要多路隔离本安电源时，通常是在输入侧并联多个一次本安电源，但这种方式不适合于工程应用。在某些情况下，如本安系统中的抗干扰功能由光电耦合器实现时，多采用隔离型二次本安电源。

目前还未出现高效的完全本安型DC-DC开关电源，因此在实际应用中普遍采用三端稳压器。此电源是非隔离型式线性电源，虽然其体积小、完全本安、输出纹波小且具有保护功能，但低效率使得在本安防爆系统规模不断扩大以及现场设备对本安能量需求增加的情况下不得不采用开关变换器的二次本安电源，开关变换器的二次本安电源取代线性二次本安电源已成为必然。根据实际需要也可以采用两种电源结合的演化结构。

自2005年起，国内开始研究本安开关变换器。针对几种简单的拓扑结构进行分析研究，得到将电源设计成内部本安的一些参数如电感值、电容值的设计方法。设计完全本安电源时可以借鉴该研究中的一些方法，找到设计思路，但该研究的设计目标是将电源设计成输出本安型，内部保护需进行多重化处理。

根据二次本安电源输入输出类型的不同可将其分为电压/电压型、电压/电流型、电流/电压型和电流/电流型。二次本安电源的前端一次本安电源通常是电压型输出，所以后二者在实际应用中将会比前二者要少。对于前二者之间的区别在于输出是恒压型还是恒流型，从控制来看其区别在于反馈采样的对象不同。以Buck电路为例，电压/电压型和电压/电流型结构图分别如图5-11(a)、(b)所示。

由图5-11可以看出，电压/电压型二次电源是通过与负载并联的两个分压电阻对输出电压进行采样。误差放大器反相输入端接采样电压，同相输入端接基准电压，二者进行比较得到误差电压，再用三角载波的幅值控制PWM比较器输出的脉冲宽度，从而控制开关占空比，使输出电压维持不变；电压/电流型二次电源是在回路中串联一个取样电阻，将输出电流转化为电压，其后控制驱动过程同电压/电压型，维持输出电流不变。

目前，对电压/电压型的本安电源研究居多，其应用场合比较广泛，而对于电压/电流型的本安电源研究的比较少。近年来随着LED照明系统在煤矿、石化等危险场所中的应用越来越广泛，将隔爆型LED照明系统改成本安型系统的需求日益强烈，本安照明系统中需要一种本安型LED驱动电源，确保安全性并满足照明需要，这就为电压/电流型的本安电源提供了很好的应用背景。

(2) 二次本安电源的特点

二次本安电源在本安防爆系统中的地位决定其特点，其设计具有以下特点：

① 完全本安

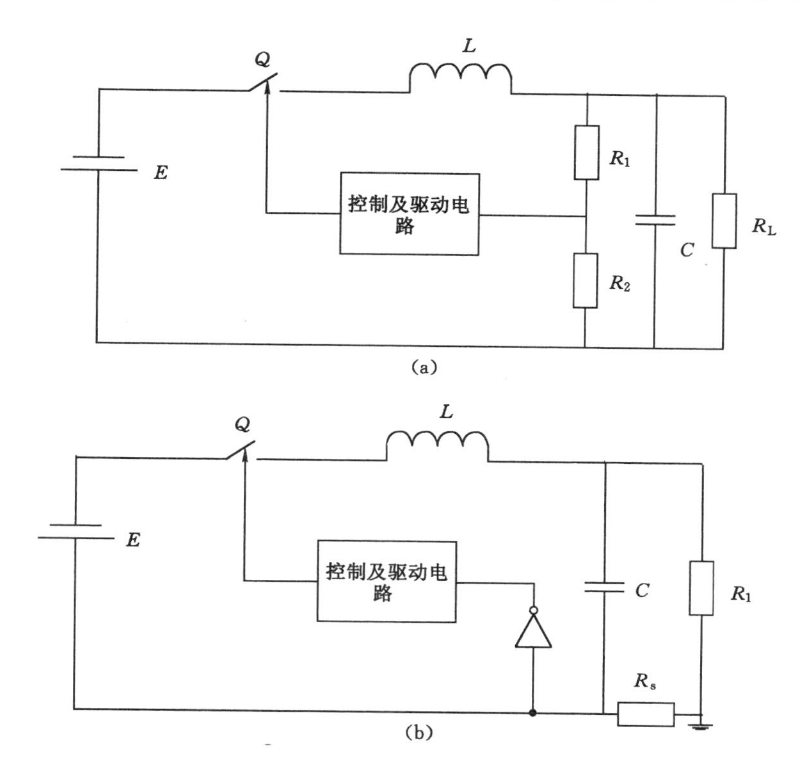

图 5-11　二次本安电源结构图

(a) 电压/电压型；(b) 电压/电流型

二次本安电源的输入、输出均为本安电源，体积要小，因此隔爆型不合适，只能采用完全本安的型式，这种型式的输入、内部、输出各部分都是本安型的。

② 参数合理

本安中对输入参数、内部参数及输出参数都有一定的技术指标要求。二次本安电源作为一次本安电源的负载，会影响系统的本安特性，因此在设计二次本安电源时输入参数需要合理设计，优化输入参数可以使分布式本安防爆系统中一次本安电源的负载特性有所改善；优化内部变换器中储能元件参数有利于实现完全本安；合理设计输出参数以满足本安设备对供电电源的要求。

③ 不需要多重化保护

当现场设备出现故障时，由于一次本安电源输出是本安型，即使二次本安电源未加保护，其多重化限能环节的保护功能仍会正常执行，系统的本安性不会遭到破坏，因此二次本安电源无须多重化保护。但是为了使故障的影响范围不会太大，二次电源需要有保护功能，对此情况前端保护模式很适合。

④ 高效率

一次本安电源的输出容量不会是无限大的，为尽可能多地为现场设备供电减少一次本安电源的数量，此二次本安电源最好具有高效的特点。

⑤ 小体积

二次本安电源通常是嵌入到现场设备内使用，所以体积要尽可能小，模块式最佳。

⑥ 可量化的输入参数

需要明确其输入电容和输入电感参数，使得系统设计时有依据可循。

5.1.6 本安电源的保护模式

本安电源的保护模式根据检测到故障关断的开关管的不同，可以分为前端保护模式和后端保护模式两种。

图 5-12 为前端保护模式下的反激变换器结构图。这类保护方式是在检测到短路信号后通过控制主开关断开，限制短路处的火花能量。

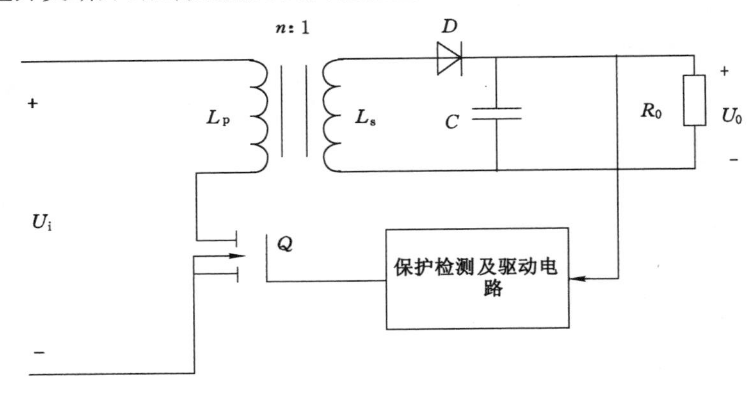

图 5-12 前端保护模式的反激变换器结构图

前端保护模式控制的是电路主开关管，只有一个控制端，不利于多重化保护的实现。该保护模式下，通常采用带保护端的控制驱动开关管的 IC 芯片实现正常运行与故障保护功能。变换器的正常运行功能通过 IC 芯片的驱动端驱动开关管实现。故障时，输出保护电路检测到的故障信号接到保护端断开开关管来实现保护功能。这样就简化了驱动端与保护端在一起时，对于驱动信号与保护信号逻辑关系的处理。另外，理想情况下，保护电路在变换器正常运行过程中完全不起作用，所以不会改变本安电源的传递函数，不影响其动态性能。

在一次本安电源中通常采用后端保护模式，图 5-13 所示为后端保护模式下的反激变换器结构图，与图 5-12 不同的是一辅助开关 S 加在负载侧，短路信号被检测到后将辅助开关 S 断开，以限制外部短路处的火花能量，实现本安系统的本质安全性能。

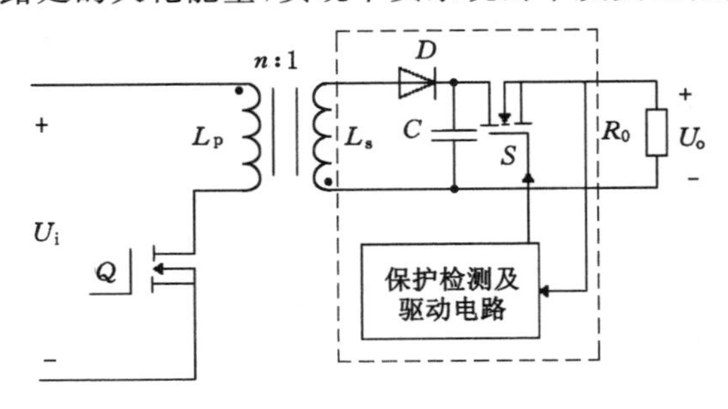

图 5-13 后端保护模式的反激变换器结构图

后端保护模式便于实现多重化保护，图 5-13 线框内的保护电路模块化后，要实现两重或三重保护只需要多加一个或两个保护模块。后端保护模式相当于在原有变换器的后端接入保护模块，保护模块自身相对独立，保护信号驱动的是辅助开关 S 而不是主开关 Q，它与前面的变换器内部的控制部分没有耦合关系，所以后端保护模式同样不影响原有变换器的传递函数，也不影响本安电源的动态性能。保护检测电路通常需要同时检测电压、电流信号，所以在图 5-12 和图 5-13 中示意性地从负载的正端引出检测点。在两种保护模式的限能效果方面，无论是进行详细的定量分析还是宏观上的定性分析，都可以得出如下结论：

在相同条件下，前端保护模式与后端保护模式相比，后者的限能效果优于前者。限能效果越好，安全性越高，同样安全性能条件下的本安电源输出功率越高。

综上可知，后端保护模式适用于一次本安电源，这样可以提高容量且实现多重化限能保护；前端保护模式适用于二次本安电源，既可实现小体积又能起到保护功能。

5.2　本质安全技术研究及电源设计

煤矿安全监控系统中矿用本安型负载设备电源电路的性能尤其是可靠性对设备的整体性能影响巨大。矿用本安型负载设备的电源输入线缆与高压动力电缆交叉或并行走线时，大功率设备的启停、短路故障，开关电源设备和变频设备的运行等都会带来浪涌，轻则导致系统误动作，干扰设备正常工作，重则使整个系统瘫痪。

煤矿信息化管理工作不断深入，以计算机为核心的井下多媒体系统与装备越来越多地被煤矿所采用。煤矿多媒体通信系统的质量可靠，工作稳定直接关系煤矿安全生产、救灾、抗灾能力和矿工生命安全。而煤矿防爆电源作为矿用多媒体系统的不可缺少的组成部分，在整个系统的设备数量和投入构成中，占有非常重要的位置。煤矿防爆电源的技术先进性、功能适应性和产品可靠性对整个系统的安全性能有着重要影响。据资料统计，井下电子设备的故障大约有 70%是由于电源引起的。因此，煤矿直流防爆电源的质量、技术发展越来越得到煤矿科研人员的重视。因此，在矿山应急救援过程中，尤为重要的就是保障系统本安电源的可靠性和便携性。一般矿用本安型负载设备在启动时冲击电流较大。在电流敏感型本安电源供电场合，过大的冲击电流会使本安型负载设备启动失败，且接入数量远远达不到要求，因此应在本安型负载设备的电源输入端设计软启动电路以限制启动电流，从而使单路本安电源能配接更多的本安型负载设备。

5.2.1　本质安全技术研究

普鲁士瓦斯委员会委托亚琛工业大学在 1886 年进行了瓦斯爆炸方面的基础性试验，1898 年的后续试验过程中得出了“每一电火花都能够引起爆炸”的重要结论。1911 年，威尔士(Welsh)煤矿因为电铃信号线路产生电火花引燃瓦斯，造成了瓦斯爆炸。1913 年，造成约 400 人丧生的圣海德煤矿瓦斯爆炸事故。此次严重的事故使科研工作者意识到必须对电火花进行研究并采取措施。英国学者在 1914 年提出了用于煤矿井下的电铃信号线路的设计方案，这是本质安全电路的雏形。本质安全相关理论正式创建的标志是 20 世纪 20 年代桑顿等在研制成功火花试验装置的基础上，提出本质安全电路的设计方法和相关理论。英国、联邦德国、苏联等国在 20 世纪 50 年代，对本安防爆理论和实际应用方面进行了研究，并取得了一定的进展。十年后，所有的发达国家都在进行本质安全方面的研究，并努力制定统一的国际标准。20 世纪 70 年代中期，将 IEC 标准火花试验装置定为德国的火花试验装置。国外科研工作者在理论方面对本质安全的研究较早，柯拉夫钦克进行了电极的电弧放电研究和设计与评价火花试验装置；Widgiton 和 Fraczek 对电路设计及评价电路各元件对性能的影响等方面进行了研究；Eckhoff 研究了减少火花能量的方法；Adams 试验研究了如何提高电路功率；Hanko 根据现有火花试验装置，提出了改进意见和方案；Antonio Bicchi 等对本质安全系统的研究与应用进行了探讨。

我国对本质安全技术及理论方面的研究主要是在新中国成立后。从制造防爆电机、井下防爆电气设备着手，进行本质安全理论研究；20 世纪 60 年代初期，为煤矿安全生产需求，设计制造出煤矿用本质安全型电气设备；随后将本质安全型设备应用到石油、化工、纺织等其他部门。本质安全国家标准制定已有四次，第一次是 GB 1336—77，第二次 GB 3836.4—83，第三次 GB 3836.4—2000，现在 GB 3836.4—2010 修订的第四版已实施。由于我国的主要能源仍是煤炭，国内煤矿科研工作者进行了积极深入研究，本质安全电路理论研究发展突飞猛进，几乎涉及所有内容。张燕美提出的最小点燃能量测试方法和铁芯电感研究；张军国开发设计火花试验装置的电气自动控制装置；柏自柄提出了本质安全火花试验装置的改进设计等；孙继平等在本安型设备的实际应用进行了研究；陈向东研究了本安电路保护性元件的设计方法。

5.2.2 矿山救援无线多媒体通信系统电源设计

本专著电源电路以 GB 3836.4—2010 为主要依据，参照国内外对本安电路以及本安电源的研究与探讨。结合系统装备的自身情况，采用镍氢电池本安电路专用保护控制芯片，以安全人机冗余设计为理论基础，并结合现代电子技术进行电源（电池组组成）过充/过放/短路、过压的全方位多重保护。特别是对于 12 V、10 A·h 电池组电源的低于 160 ns 短路关断时间的超快速保护电路设计，将打火能量控制在 40 μJ 以下，使电源达到了本质安全的要求，保障了其电气装备在爆炸性气体环境中的安全运行。

系统用前端灾区设备、中继远传设备、井下无线救灾计算机设备的电源由 18 节（九串两并）BYD/18670/4000 mA·h 可充电镍氢电池封装而成三路供电，三路供电标称电压均为 10.8 V，开路电压≤12.1 V，过流保护值≤1.7 A，短路电流≤20 mA，供电时间≥6 h。当供电电压≤10.5 V 具有欠压指示。

（1）单体电池的一致性筛选

单体电池在组合成电池组时必须经过一致性筛选，筛选检测见表 5-1。

表 5-1　单体电池一致性筛选检测

序号	第一组电池组（九串两并）电压/V				序号	第二组电池组（九串两并）电压/V			
1	1.378	1.266	1.023		Ⅰ	1.376	1.243	0.245	
2	1.376	1.264	1.176	放至 0.986	Ⅱ	1.377	1.255	0.266	
3	1.378	1.266	1.088		Ⅲ	1.378	1.256	0.256	
4	1.380	1.272	1.105		Ⅳ	1.373	1.271	1.168	
5	1.377	1.264	0.188	充至 1.208	Ⅴ	1.371	1.270	1.168	
6	1.378	1.266	1.078		Ⅵ	1.374	1.275	1.180	
7	1.378	1.264	0.978		Ⅶ	1.373	1.267	1.211	
8	1.377	1.265	1.146		Ⅷ	1.374	1.272	1.187	
9	1.374	1.269	1.167	放至 0.980	Ⅸ	1.374	1.274	1.190	

续表 5-1

序号	第一组电池组(九串两并)电压/V				序号	第二组电池组(九串两并)电压/V			
1′	1.377	1.268	1.137		Ⅰ′	1.371	1.271	1.168	
2′	1.379	1.277	1.147		Ⅱ′	1.371	1.273	1.208	
3′	1.379	1.266	1.154		Ⅲ′	1.373	1.272	1.207	
4′	1.378	1.266	1.145		Ⅳ′	1.386	1.244	0.228	
5′	1.376	1.264	1.169		Ⅴ′	1.375	1.274	1.248	
6′	1.376	1.268	1.165		Ⅵ′	1.375	1.250	0.226	
7′	1.377	1.267	1.181	放至 0.8	Ⅶ′	1.374	1.255	0.236	
8′	1.378	1.258	0.308	充至 1.25	Ⅷ′	1.374	1.270	1.120	
9′	1.376	1.267	1.168		Ⅸ′	1.377	1.256	0.989	
h	9:00	11:00	13:00		*h*	9:00	11:00	13:00	

第一组电源测试结果分析：

4 个小时放电后，1～9 节除去 2、5、9，其他已经进入过放状态。2、9 节电压高，5 节已经过放。1′～9′节中除去 8′节过放，其他还没有进入过放状态。电池总体上 1～9 节容量比 1′～9′节低，一致性一般。完善措施：对 2、9、7′进行单独放电，对 5、8′进行单独充电再次均衡。对 1′～9′进行串联放电，直至各节进入过放状态。

第二组电源测试结果分析：

4 个小时放电后，Ⅰ～Ⅸ节中Ⅶ、Ⅶ、Ⅸ节电压高，Ⅰ、Ⅱ、Ⅲ节已经过放，Ⅳ、Ⅴ、Ⅵ没有进入过放状态。Ⅰ′～Ⅸ′节中除去Ⅸ′、Ⅵ′、Ⅶ′节过放，Ⅷ′、Ⅸ′进入过放，Ⅱ′、Ⅲ′、Ⅴ′电压高，其他还没有进入过放状态。电池总体上Ⅰ～Ⅸ节容量与Ⅰ′～Ⅸ′差不多，一致性一般。完善措施：介于电池差异太多，放弃再次均衡。

电池序号标识方法：

第一组：节数由最外边的电池负极开始为 1 号，电压由低到高依次标识。

第二组：焊负极线的为 1 号，电压由低到高依次标识。

(2) 充电设置

本专著设计的电源充电采用智能充电技术。首先，在控制上使用微电脑可编程方案，充电过程微电脑实时监控定时、当前电池的温度变化，可在电池出现充满时及时终止充电，从而可避免采用单一控制方法可能出现的过充、电池温度过高，甚至损坏电池的现象出现；其次，设备采用大屏幕 LED 汉字显示，人机界面一目了然，既提供了简单、清晰的非专业用户显示界面，也可以一键转换为专业用户界面，该界面可以全面地显示出每路充电的所有关键参数，借此评估各电池组的性能；最后，设备广泛采用高效、节能的高频开关电源转换技术，体积小、质量轻、便于携带，符合当今绿色、环保的流行趋势。其主要技术指标如下：

① 输入电压：85～265 VAC，50 Hz 或 60 Hz

② 使用环境温度：0～45 ℃

③ 使用环境湿度：10%～90%RH(无凝结)

④ 工作时间：连续

⑤ 输出：5 组 9 串(4 A·h 带保护板镍氢电池组)

1 组 6 串两并(8 A·h 带保护板镍氢电池组)

⑥ 充电时间:130～180 min 任意设定

⑦ 结束充电温升:0.7～1.5 ℃/min 任意设定

⑧ 停止充电温度上限:50 ℃,续充回差:5 ℃

(3) 充电前的放电控制

由于镍氢电池具有记忆效应,即在未放完电的情况下就对电池充电会在放电时达不到标称容量。比如在严重的情况下放了 80%的电又将电池充满,再放电时只能放出电池标称容量的 80%,这种做法对电池伤害极大。虽然记忆效应只会发生在反复未完全放电就充电的情况下,但不加以消除将会严重影响电池性能。

本专著在设计时提供了放电功能,在选择了放电后再启动充电,设备会先对电池组放电,自动转为对电池组充电,直到充满为止。

此项设计对充分发挥镍氢电池容量效果非常好。考虑到放电既需要时间也存在能源浪费,实际应用中只有在无法将电池中的余电用掉、然后必须将电池充满时使用此功能。

为了使充电安全可靠,在充电机上设计了二极管隔离栅,正向压降为 0.7 V,如图5-14所示。

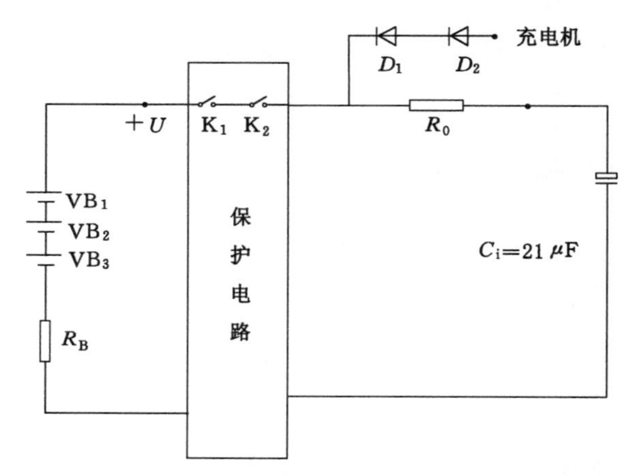

图 5-14 充电电路原理图

(4) 电源保护电路

根据 GB 3836.4—2010 附录 A 中图 A3 Ⅱ类电容电路图可知,最低点燃电压为 12 V 时,其电容容量查 GB 3836.4—2010 表 A2 为 25.4 μF 是本安的(安全系数为 1.5)。因此,设计电路中需把大电容变为 25.4 μF 以下容量才能满足本安要求:使电容容量降低,使最低点燃电压值提高。保护电路原理如图 5-15 所示。

① 充电时:

当 V_{B_1}、V_{B_2}、V_{B_3} 中任一电池达到过充电保护电压时,U_1 的 1 脚发出低电平给 Q_3,Q_3 导通,Q_2 的栅极变为高电平,Q_2 截止,电路禁止充电。整个过充关断时间为 U_1 的响应时间 t_{u1}、Q_3 的开关时间 t_{Q_3},Q_2 的开关时间 t_{Q_2} 三个时间之和。即:

$$t = t_{u1} + t_{Q_3} + t_{Q_2} \tag{5-1}$$

图 5-14 中 $t_{u1} \leqslant 0.01$ s,$t_{Q_3} \leqslant 35$ ns,$t_{Q_2} \leqslant 125$ ns。

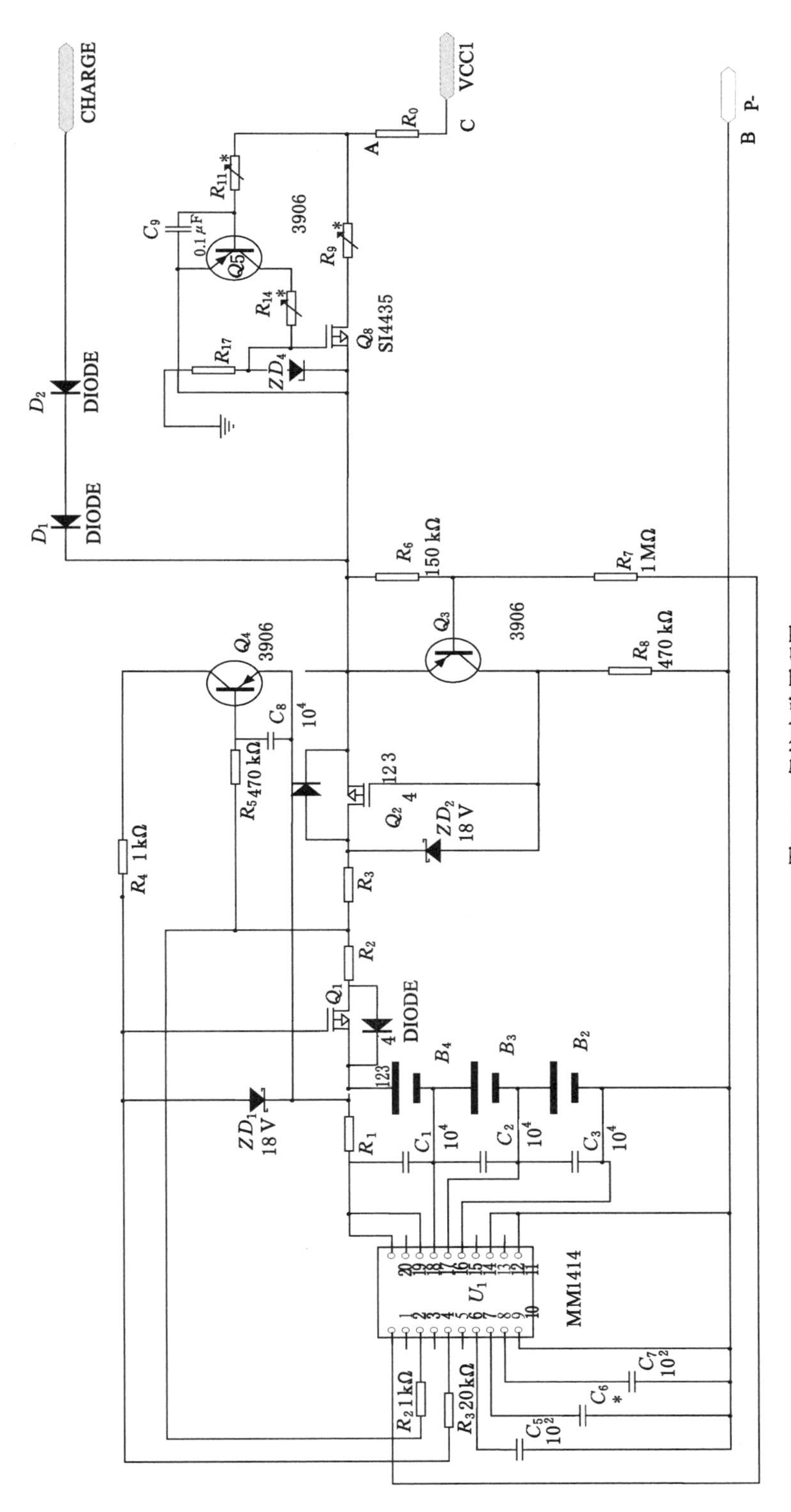

图5-14　保护电路原理图

则过充电延迟时间：

$$t \leqslant 0.01\ \text{s} + 35\ \text{ns} + 125\ \text{ns} \leqslant 0.011\ \text{s} \tag{5-2}$$

② 放电时

当V_{B_1}、V_{B_2}、V_{B_3}中任一电池达到过放电保护电压 2.30 V 时，U_1的 5 脚给出高电平，Q_1截止，电路禁止放电，整个过放关断时间为U_1的响应时间t_{Du1}、Q_1的开关时间t_{DQ_1}两个时间之和。即总的延迟时间：

$$t_D = t_{Du1} + t_{DQ_1} \tag{5-3}$$

图 5-14 中，$t_{Du1} \leqslant 0.01$ s，$t_{DQ_1} \leqslant 125$ ns。

则过放电延迟时间：

$$t_D \leqslant 0.1\ \text{s} + 150\ \text{ns} \leqslant 0.011\ \text{s} \tag{5-4}$$

矿山救援无线多媒体通信装置的正常工作电流为 0.5 A。

本电路过电流保护设置在$I_D \leqslant 1.80$ A。具体工作如下：

正常工作时，放电电流经Q_1（导通内阻$R_{Q_1}=25$ mΩ），R_2，R_3，Q_2（导通内阻$R_{Q_1}=25$ mΩ），R_{Q_3}（导通内阻$R_{Q_1}=25$ mΩ），R_4，R_0向负载C_i供电。

其中：$R_2=100$ mΩ，$R_3=180$ mΩ，$R_9=400$ mΩ，$R_0=6.0$ Ω。

当负载电流增大时，Q_5的基极电压减小，一旦电流超过 1.8 A，Q_5导通，Q_8的栅极变为高电平，Q_3截止，从而禁止放电。整个关断的时间为Q_5的开关时间t_{DQ_6}和Q_8的开关时间t_{DQ_3}之和。即总的关断时间：

$$t_{D_1} = t_{DQ_5} + t_{DQ_8} \tag{5-5}$$

图 5-13 中，$t_{DQ_6} \leqslant 35$ ns，$t_{DQ_3} \leqslant 125$ ns。

$$t_{D_1} = t_{DQ_6} + t_{DQ_3} \leqslant 160\ \text{ns} \tag{5-6}$$

在Q_8、Q_5工作的同时，Q_4、Q_1也同时作用，为一种冗余设计。

在Q_5、Q_8、Q_4、Q_1工作时，U_1也在监视电流。一旦放电电流大于 1.80 A，U_1的 5 脚在经$t_{DU_{1-2}}$延迟后，会指令Q_1关断，禁止充电。本电路中$t_{DU_1} \leqslant 1.5$ ms。

综上所述，我们可以得出结论：过流保护电流为$I_D \leqslant 1.80$ A；过流保护关断延迟时间为$t_{D_1} \leqslant 160$ ns。

(5) 短路保护

无论何种原因当电池组输出 A、B 两点短路时，由过流保护所述，放电开关Q_1、Q_8会彻底关断，关断时间与过流保护相同，其漏电电流为

$$I_{D_0} < 30\ \text{mA}$$

由以上论述可知，无论是外部短路或是过流，其延迟时间$t_{D_1} \leqslant 160$ ns，那么在 160 ns 之内实际上并未关断放电。由此可知，在此时间段内，电池组放电电流的最大值：

$$\begin{aligned} I_{max} &\leqslant (U_{bmax} - U_{Q_1} - U_{Q_2} - U_{Q_8})/(R_B + R_2 + R_3 + R_9) \\ &= (12 - 0.05 - 0.05 - 0.05)/[(100 + 100 + 180 + 300) \times 10^{-3}] \leqslant 16\ (\text{A}) \end{aligned}$$

则电池组最大放出能量：

$$E_{max} \leqslant U_{max} \times I_{max} \times t_{D_1} = 12\ \text{V} \times 16\ \text{A} \times 160\ \text{ns} = 30.72\ \mu\text{J} \tag{5-7}$$

GB 3836.4—2010 中规定短路允许通过能量 E 不能超过 260 μJ。显然，式(5-7)已满足了上述要求。

图 5-15 中串入R_0的目的有两个：防浪涌和限流。

若负载短路，即 C、B 点短路，瞬间最大短路电流：

$$I_{DR_0} \leqslant U_{Bmax}/(R_i + R_o) = 12\ V/6.75\ \Omega = 1.846\ A$$

其急剧短路瞬间能量远远小于 A、B 两端能量：

$$E_{max} \leqslant U_{max} \times I_{DR_0} \times t_{D1} \leqslant 30.72\ \mu J \tag{5-8}$$

通过控制关断时间，来减弱火花能量的同时，电源设计必须达到以下要求：

① 具有过流保护且电池满足 GB 3836.4—2010 中 7.4.1 要求，电池组正负极反接，电路不供电；电池组短路，电池温度不超过标准，不爆炸。

② 用绝缘阻燃材料 RTV 硅橡胶将电池组和保护性组件灌封为一体，胶封层要求标准的厚度和技术规格，厚度应超过 1 mm 并且无气泡。电池组必须达到电解液漏泄试验标准；电池和电池组浇封化合物在固化后必须要有一定的强度，要通过 GB 3836.4—2010 中 10.1 规定的机械压力试验。

5.3　电路的本质安全性研究

本质安全电路和设备主要用于通信、监测监控、报警、自动调节等弱电系统。最早是英国学者 1914 年提出的用于煤矿井下的电铃信号线路，20 世纪 50 年代的英国、联邦德国、苏联等国对本安防爆理论和实际应用的研究已日趋成熟，而我国 20 世纪 50 年代才开始制造防爆设备，研究本质安全理论，60 年代设计制造出煤矿用本质安全型电气设备并投入使用，70 年代开始运用到石油、化工等部门。由于本质安全电路具有安全程度高、体积小、质量轻、制造安装简单、维修方便、成本低廉等一系列优点越来越受到人们的关注，并运用到各种易燃易爆危险场所，成为不可缺少的安全措施[17]。本专著就电路本质安全性研究的基本原理、试验装置、电路的放电形式、电路放电时间及最小点燃电流曲线的测试以及不同频率特性下本安研究的技术实现和实际电路中提高本安电感电路功率的方法，本质安全性的实现以及计算机评估等加以介绍。

本质安全电路是指在规定的试验条件下，在正常工作或故障状态下产生的电火花及热效应均不能点燃爆炸混合物的电路。它的电气设计参数必须符合本质安全性的要求，依据是 IEC 颁布的最小点燃曲线。一台本质安全型电气设备能否投入易燃易爆危险场所中使用，必须要经过检验。方法是将可能的危险支路接于打火电极上，电极置于一个充满最易爆炸的混合气体的密闭槽内，通过电极的分断打火来确定其爆炸概率，从而确定该支路的本质安全性。这种实验模拟了危险场所可能出现的最危险情况，通过该检验的本质安全型电气设备具有最大可能的安全性。矿山救援无线多媒体通信系统的本质安全电路设计与制造应符合 GB 3836.4—2010 规定，并通过 GB 3836.4—2010 中 10.4 规定的火花点燃试验。

与本安型设备相连接的还有其他的关联设备。关联设备是指在电气系统中，并非全是本质安全型电路设备，还含有能影响本安电路安全性能的电气设备。关联设备通常分为两种类型：一种是与本安型电路同在一电气设备中，它是可能对本安电路性能产生影响的非本安电路；另一种是在本安电气系统中，与本安电气设备有电气连接并有可能影响本安性能的非本安电路的电气设备。为了保证设备的使用安全应尽可能将所有设备和电路都设计成本安型。

火花试验装置是用来检验电路接通或断开产生的电火花能量能否点燃规定的爆炸性混

合物的装置。它是研究电路本质安全性能的重要装置，通过它得到的试验结果是设计本安电路的重要依据。在IEC79-3中德国的火花实验装置被推荐为IEC标准火花实验装置。目前常采用的试验装置有IEC标准火花试验装置、拉断式火花发生机构、断续接触式火花试验装置等几种，但它们都需完善和改进，特别是现代化通信和井下施工现代化都给本质安全的研究提出了许多新的问题和研究内容，试验装置也必将进一步发展，如利用仿IEC火花试验装置进行复杂电感电路在不同频率特性下的本质安全性的研究等。

安全火花系统在电路切换时产生放电，其参数取决于电路的特性和火花形成机理。其基本放电形式为：火花放电（一次击穿和多次击穿）、弧光放电、辉光放电，以及由三种基本放电形式组成的混合放电。对不同的电路有不同的放电形式，对于电感电路，只考虑断路火花。

虽已有一些提高本质安全电路功率的方法，如通过限制电路的放电持续时间，改善电源外特性等，但目前还缺少一套完善的理论依据。就直流本质安全电感电路、工频交流本质安全电感电路和不同频率交流本质安全电感电路而言，可通过在电感电路负载两端并联电阻、电容、二极管来提高电路的功率，尤以反向并联二极管效果最好。提高电路的频率可以提高最小点燃电流，因而也可以提高电路的功率。

利用计算机评估本安电路，首先要对评价标准——最小点燃电流曲线进行回归，建立最小点燃电流曲线的数学模型；再编制本安电路的评估程序，输入相应的参数，利用评估程序计算出被评估电路的点燃电流值和各种参数值，此值与标准的最小点燃电流相比较，即可判断出该被评估电路是否为本安电路；判断结果可由计算机输出。此方法简单明了，便于使用，具有广阔的应用前景。

实际电路中本质安全性实现的基本原则是：在满足电路基本功能的条件下，尽可能地降低施加在储能器件上的最高电压或最大电流。实际应用中，对确定的电感器，可考虑在电感两端并联分流电阻、压敏电阻、电容、双重化续流二极管、双重化对接稳压二极管及增加短路环、利用桥式续流等；对电容器，可考虑增加电容器内阻、切断电容器能量释放回路及降低电容器两端危险电压等。

5.4 本质安全电路的放电形式及设计研究

国际电工委员会关于安全火花的定义是：线路或线路的某一部分无论在正常（如线路的开断和闭合）情况下，或在事故（如短路或接地）情况下所产生的电弧或发热都不能点燃试验条件和设计所规定的可燃性混合物，这种线路或线路的某一部分称为安全火花型电路。所谓安全火花型电路就是限制电气设备的参数，使之在电路切换过程中的放电能量降低到不足以引燃周围爆炸性混合物的电路，其特征是电路的引出线不论在正常工作状态还是在故障状态下都是绝对安全的。

研究井下电气设备的放电形式及原因要从本安电路理论及检测方法入手。井下电气设备内部在故障或受外力作用情况下，可能会发生短路、开路或接地等危险。通过在火花试验装置的电极上开断、闭合时，放电产生的火花能量超过气体引爆能量时，就会造成爆炸腔体内的实验混合气体爆炸。所以针对电气放电原因，分析放电形式及其规律研究就十分必要。根据气体放电理论，火花放电、电弧放电、辉光放电是电路切换时的基本放电形式，三种放电形式组成的混合放电也是实际中常发生的形式。

电子元器件工作中产生的电火花对于本安电路的检测来说至关重要。电路因短路或者其他原因造成电路故障而产生的电火花一旦超出爆炸性气体的极限值就会引发爆炸，酿成悲剧，因此要着重探索电路的放电形式掌握其内在的动态变化。下面就着重介绍以上放电形式，为后期的电路设计做理论铺垫。

5.4.1　火花放电

本安电路通常情况下是带有电容的，电路在导通和断开的过程中，会产生电火花放电，这是由于击穿了放电间隙，这就是火花放电产生的原理[18]。产生电火花大致可以分为以下几个阶段：首先是电火花出现的过程，从外界提供电压直到间隙被击穿这段极短的时间里，由于这个过程中施加在放电间隙上的电压较稳定，所以出现的电火花携带的电流就不大，这个过程延续极其短暂。其次，在电火花出现的这个过程会产生相应的导通带，这个时候整个电荷都施加在电容当中，它会伴随火花带朝一个方向移动，这样一来会使得电容上升到很高的温度。这个时候电路中的电压会很快地减小到某个值，这个值一般不大，但是这个时候产生的电流却非同小可，它的值极限如果在这一过程持续进行，电容就会时刻处于放电状态，但是放电间隙中的电阻会由初始的最大值变为不大的终了值，这是火花放电的第二个阶段。最后就进入衰减阶段，由于火花带的宽度导致周边的气体层吸收高温火花带的热辐射量，此时火花带遭到极大的影响会被破坏。其中电极表面传导能量的大小对释放的电量能否引燃爆炸性气体混合物起着至关重要的作用。

放电间隙里产生的一系列的电子雪崩就是火花放电。通常是在通断带还有切换含有电容的电路以及电感-电容相混合电路时，电容电压或中间过程发生的高电压击穿所产生的放电间隙。一次击穿发生后，如电气强度可能仍被间隙电压所超过，还会发生二次乃至多次击穿。这三个过程发生的时间极为短暂，约在 $10^{-6}\sim10^{-8}$ s 内完成。

安全火花系统在电路切换时产生放电，其参数取决于电路的特性和火花形成机理。对不同的电路有不同的放电形式，对于电感电路只考虑断路火花。

利用安全火花试验装置测试电感电路，其放电时间就是引爆时电路电流从断开前的稳态值衰减到零的持续时间，它决定于装置的两电极材质、结构、切换速度以及电路过渡过程的特征和试验气体的浓度、温度、压力等。如果能够建立放电时间与电极间隙电压、电流变化规律的精确数学模型，建立其伏安特性方程，放电时间也就迎刃而解。但目前，由于实际放电过程的复杂性，放电引燃的机理尚不十分清楚，无法建立完整的理论来定量描述放电引燃过程，更没有精确的方程。为此，人们利用各种可能的模型来尝试，因而目前对放电时间的研究方法主要分为两大类：一类是利用数学模型的方法，另一类就是采用直接测量的方法。还有可利用数学模型（常用的模型主要有线性模型、抛物线模型）、静态伏安特性模型、动态伏安特性模型、能量等效方法及计算机检测方法等。

5.4.2　电弧放电

本安电路研究中最为广泛的放电形式之一为电弧放电[19]。工作在电压和电流的都不高的情况下，在做电路切换时会因为断开液态金属桥而形成电弧放电，这是不可避免的。形成液态金属桥的原因大概可以描述为：当断开触点那一个极其短暂的时间里，触点的结合能力会很快地下降，电路的工作面也会相应地变小，电路因此而产生的阻值会升高。在这种非正常工作的状态下电极上的电流和电压会相应地增大，当它们升高到某个极限状态即会溶化接触点，此时工作电路的电极之间会相应地出现液化的金属滴，影响电路的正常工作。然而情况并未好转，电极间的距离会随着时间的推移继续变化着，液态的金属滴会随着时间的增加逐渐增多，然后被拉长，最终会成为连接两个电极之间的电桥而参与到电路的工作当中。此时电路进入非正常工作状态，电路中的电压会随着电桥的介入不断升高，等到一定的程度之后便会导致金属的温度急剧升高，这样一来桥就会瞬间被切断。对于那些使用了溶点不高的电路，其金属被液化就比较容易，切断桥的电流不会很大。由此，在设计测量火花的设备时就优先使用镉，这是由于它的沸腾温度不高，形成弧就轻而易举了。

电弧放电是气体放电中最强烈的一种自持放电。当电源提供较大功率的电能时，若极间电压不高(约几十伏)，两极间气体或金属蒸气中可持续通过较强的电流(几安至几十安)，并发出强烈的光辉，产生高温(几千至上万摄氏度)，这就是电弧放电。电弧放电可分为 3 个区域：阴极区、弧柱和阳极区。其导电的机理是：阴极依靠场致电子发射和热电子发射效应发射电子；弧柱依靠其中粒子热运动相互碰撞产生自由电子及正离子，呈现导电性，这种电离过程称为热电离；阳极起收集电子等作用，对电弧过程影响常较小。在弧柱中，与热电离作用相反，电子与正离子会因复合而成为中性粒子或扩散到弧柱外，这一现象称为去电离。在稳定电弧放电中，电离速度与去电离速度相同，形成电离平衡。此时弧柱中的平衡状态可用萨哈公式描述。

能量平衡是描述电弧放电现象的又一重要定律。能量的产生是电弧的焦耳热，能量的发散则通过辐射、对流和传导三种途径。改变散热条件可使电弧参数改变，并影响放电的稳定性。电弧通常可分为长弧和短弧两类。长弧中弧柱起重要作用。短弧长度在几毫米以下，阴极区和阳极区起主要作用。根据电弧所处的介质不同又分为气中电弧和真空电弧两种。液体(油或水)中的电弧实际在气泡中放电，也属于气中电弧。真空电弧实际是在稀薄的电极材料蒸气中放电。这两种电弧的特性有较大差别。

电力系统中的电磁暂态现象主要是由各种开关装置在操作过程中的电弧放电现象所引起，随着输电电压等级的提高，开关电弧放电所引起的电磁暂态问题更加突出。

电弧是一束高温电离气体，在外力作用下，如气流、外界磁场甚至电弧本身产生的磁场作用下会迅速移动(每秒可达几百米)，拉长、卷曲形成十分复杂的形状。电弧在电极上的孳生点也会快速移动或跳动，直流电弧要比交流电弧难以熄灭。

电弧放电可用于焊接、冶炼、照明、喷涂等。这些场合主要是利用电弧的高温、高能量密度、易控制等特点。在这些应用中，都需使电弧稳定放电。

在电力系统中，开关分断电路时会出现电弧放电。由于电弧弧柱的电位梯度小，如大气中几百安以上电弧电位梯度只有 15 V/cm 左右。在大气中开关分断 100 kV 5 A 电路时，电弧长度超过 7 m。电流再大，电弧长度可达 30 m。因此要求高压开关能够迅速地在很小的封闭容器内使电弧熄灭，为此，专门设计出各种各样的灭弧室。灭弧室的基本类型有：① 采用六氟化硫、真空和油等介质；② 采用气吹、磁吹等方式快速从电弧中导出能量；③ 迅速拉长电弧等。

5.4.3 辉光放电

电路中的电子元件工作时的电压比较大，而此时的电流却不足时，就会引起辉光放电发生[20]。这一放电过程的表征状态相比较辉光放电的阴极所产生的电压降大得多，极限状态甚至会达到 400 V。由此看来，辉光放电所产生的能量主要都损耗在电路的电极之中，它所产生的能量一般不会引起空气中的可燃气体混合物的爆炸。由于种种原因，在一般的电路设计中不会出现辉光放电，我们也就不必对此加以担忧。

辉光放电是指低压气体中显示辉光的气体放电现象，即是稀薄气体中的自持放电（自激导电）现象。由法拉第第一个发现，它包括亚正常辉光和反常辉光两个过渡阶段。

辉光放电主要应用于氖稳压管、氦氖激光器等器件的制造。辉光放电是一种低气压放电现象，工作压力一般都低于 1 000 Pa，其基本构造是在封闭的容器内放置两个平行的电极板，利用产生的电子将中性原子或分子激发，而被激发的粒子由激发态降回基态时会以光的形式释放出能量。

辉光放电有亚正常辉光和反常辉光两个过渡阶段，放电的整个通道由不同亮度的区间组成，即由阴极表面开始，依次为：① 阿斯通暗区；② 阴极光层；③ 阴极暗区（克鲁克斯暗区）；④ 负辉光区；⑤ 法拉第暗区；⑥ 正柱区；⑦ 阳极暗区；⑧ 阳极光层。其中以负辉光区、法拉第暗区和正柱区为主体。这些光区是空间电离过程及电荷分布所造成的结果，与气体类别、气体压力、电极材料等因素有关，这些都可以从放电理论上作出解释。辉光放电时，在两个电极附近聚集了较多的异号空间电荷，因而形成明显的电位降落，分别称为阴极压降和阳极压降。阴极压降又是电极间电位降落的主要成分，在正常辉光放电时，两极间的电压不随电流变化，即具有稳压的特性。

辉光放电时，在放电管两极电场的作用下，电子和正离子分别向阳极、阴极运动，并堆积在两极附近形成空间电荷区。因正离子的漂移速度远小于电子，故正离子空间电荷区的电荷密度比电子空间电荷区大得多，使得整个极间电压几乎全部集中在阴极附近的狭窄区域内。这是辉光放电的显著特征，而且在正常辉光放电时，两极间电压不随电流变化。

在阴极附近，二次电子发射产生的电子在较短距离内尚未得到足够的能使气体分子电离或激发的动能，所以紧接阴极的区域不发光。而在阴极辉区，电子已获得足够的能量碰撞气体分子，使之电离或激发发光。其余暗区和辉区的形成也主要取决于电子到达该区的动能以及气体的压强（电子与气体分子的非弹性碰撞会失去动能）。

辉光放电产生于电压很高而电流较小时。辉光放电的特点是其阴极的电压降比电弧放电电压要高，高达 300 V 左右。这时阴极压降远高于电离气体所需的电压，并且其电流密度低于 $10^{-4}\sim10^{-2}$ A/cm^2，因而放电能量绝大多数在电极上损失，于是便不能引燃爆炸性危险物。辉光放电在实际的安全电路非常少见，所以本安电路的设计过程中很少对它进行研究。

通过分析三种放电，可以得出，在本安电路中，辉光放电与火花放电和电弧放电引起可燃性的混合物爆炸所需能量相比要大得多。所以，火花放电和电弧放电是本安电路考虑的主要的放电形式，也是引燃爆炸性气体混合物的主要因素。

在煤矿井下环境中，当瓦斯浓度接近化学当量浓度时，遇到 0.4 J 的火花能量便可引发爆炸。所以为保证电路安全，所产生的火花能量必须低于一个安全值，经过大量的实验认为 0.28 mJ 以下的火花能量对瓦斯是安全的，不会造成瓦斯和煤尘爆炸。

电阻性、电容性及电感性是电火花的三种类型。电感电路断开时，图 5-16 描述了火花放电过程。图中 $I_m\sim I_n$段表示弧光放电段，t_m为经历的时间，$I_n\sim I_k$段表示的是辉光放电的阶段，t_n为所经历时间，I_k表示放电衰减振荡到结束。温度低、分布面积大是辉光放电阶段的特点，因而它难以引爆瓦斯。与之相反的是弧光放电阶段，它温度高，并且能量非常集中，主要是在电极尖端部分，容易点燃爆炸性气体。

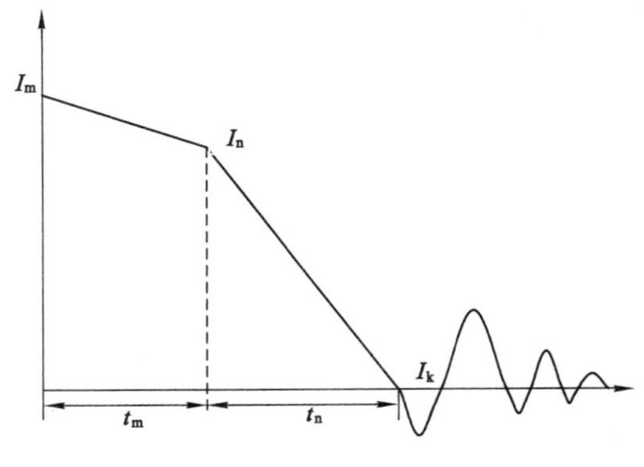

图 5-16　断路火花波形图

参照弧光放电波形图，计算出放电火花能量为：

$$E = \int_0^{t_m} ui\,\mathrm{d}t \tag{5-9}$$

式中　u——放电电压；

i——放电电流。

断路时，放电电压和放电电流分别为：

$$u = u_m - L\frac{\mathrm{d}i}{\mathrm{d}t} - iR \tag{5-10}$$

$$i = i_m + \frac{\mathrm{d}i}{\mathrm{d}t} \times t \tag{5-11}$$

综合式(5-9)～式(5-11)可得：

$$E = \frac{1}{2}L(I_m^2 - I_n^2) - \frac{1}{3}I_n^2 Rt_m + \frac{1}{6}L(I_m - I_n)(3U - 2I_m R)t_m \tag{5-12}$$

式中　L——电感值；

U——电路电压；

R——电阻值；

t_m——放电时间。

式(5-12)表明，放电火花能量由电源能量和磁路能量组成。实际电源工作频率、电路断开速度、接点结构形状和材质特性都影响着火花能量。

5.5　本质安全电路设计的基本原则与方法

5.5.1　本安电路的设计方法

当前，隔爆型和本质安全型(以下简称本安型)仍是我国防爆电气产品的主要类型，约占全部防爆电气设备的 90%。其余的防爆类型，如气密型、浇封型、正压型、增安型等防爆类型占 10%左右。随着通信和电子工业的快速发展，在防爆型电气领域内，现代电子信息新技术的广泛应用，大大提升了本安型电气设备的份额，使其在防爆电气设备中达到了 20%左右。

本安型电气设备由于具有功耗低、体积小、质量轻、安全可靠等特点，特别适应矿山应急救援的需要。但是本安型产品受其自身功率较小的限制，对于一些在使用过程中需要功率较大的产品在设计时存在很多困难。现今，移动通信、自动化技术、计算机技术有了长远的发展，很多先进的信息监测监控在地面已经变得简单易行，但将它应用于井下必须要经过严格的本安型防爆设计。因此，本安电路放电理论的系统研究是十分必要的。依据本安电路和电火花的定义，本安电路设计可按以下三个基本原则进行设计：

(1) 本安电路与其他电路(非本安电路、其他独立的本安电路)必须适当隔离(即有适当的安全距离)。该原则是指在一个设备中既有本安电路，又有非本安电路或其他独立的本安电路。隔离的目的是防止其他电路的能量窜入本安电路而影响其本安性能。隔离通常分为机械隔离和电气隔离。

(2) 本安电路在规定的条件下，其任何元件的热效应均不能点燃规定的爆炸性气体混合物，这项要求是设计本安电路的第二个基本原则。它要求我们在设计本安电路时，保证其各部分元件无论是在正常状态下还是在故障状态下，它的最高表面温度不能大于其使用条件下温度组别所允许的温度。

(3) 对于本安电路，应根据其电气设备规定等级进行试验或评定，其任何电火花不得引燃规定的爆炸性气体混合物。这一基本原则是指其电路在正常工作或故障状态产生的电火花，不得点燃规定的爆炸性气体混合物。该基本原则是本安型电气设备的关键，也是最基本的本安特征。只有保证这些电火花不能点燃规定试验气体的情况下，方可判定其电路为本安电路。

对于电路设计者来说，如何才能判定电路电火花是否引燃是其最关心的问题。然而就目前条件，设计者只有依据标准中的设计参考曲线(图 5-17～图 5-20)，对简单电路进行初步判定。但是，在实际设计中仅依据这些参考曲线设计电路是困难的，尤其是对具有非线性电感、非线性输出的电源以及影响较大的分布电感、电容电路用参考曲线评定只能作为参考，因为有些实际点燃值仅是曲线查出电流值的五分之一。因此，只有当所设计的电路是一个简单电路或简化为简单电路时，才能参考这些曲线进行本安评定。

下面针对不同性质的简单电路进行分析修改。

(1) 简单电阻电路是指电源供电不是非线性输出的电源或由电池组供电，电路中无电容、无电感或电感小于 1 μH，负载为电阻性的电路。如图 5-21 所示，该电路是用于Ⅰ类电气设备中，其电池输出电压 U 为 25 V(设内阻为 1 Ω)，负载 R 为 100 Ω 组成的电路。

其修改方法如下：

① 电源修改。在该电路中的负载电阻不能被认为是可靠电阻，因 R 短路时被认为是一个故障。此时 R 短路后的电流 I_A＝25 V/1 Ω＝25 A。25 A 电流远远大于 25 V 时所对应的 1.2 A 电流，因此这个电路必须经修改方能满足本安电路的要求。为了满足本安要求，可按下列方法进行修改：

增加可靠电阻以保证电源短路时为本安输出。在本安设备中，一般要求该电阻同电池本身胶封为一体。该电阻值计算如下：经查曲线(图 5-17)25 V 时的对应最小点燃电流为 1.2 A，取 1.5 倍安全系数其值为 1.2 A/1.5＝0.8 A，设其内阻为 1 Ω，则限流电阻 R_0 为：R_0＝(25 V/0.8 A)－1 Ω＝30.25 Ω，可取 R_0＝31 Ω。R_0 电阻的功率取 30 W。经修改后的电路如图 5-22 所示。

在电池内阻很小的情况下，其电源直接短路电流很大，不能满足本安要求。如果加限流

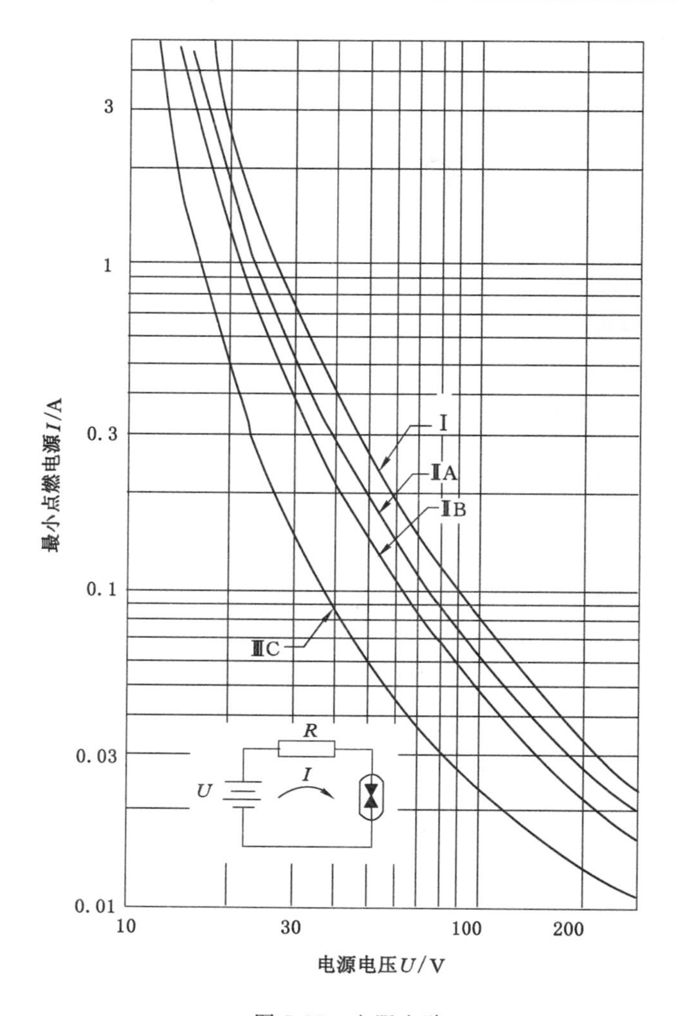

图 5-17　电阻电路

电阻，又可能满足不了负载要求。这时可采用内阻较大、降低电池电压的方法达到本安要求。

② 负载电流的判定。在图 5-22 的基础上进行，这时负载电流 $I=25\ \text{V}/(100+31+1)\Omega\approx0.19\ \text{A}$，远远小于其点燃电流(0.8 A)，故可判定上述修改电路为本安电路。

(2) 简单电感电路在图 5-22 的基础上，在负载中增加一电感 L 为 10 mH，如图 5-23 所示。

其修改方法如下：

① 电源修改。修改方法同前，即电源部分应为本安电路。

② 负载修改。该回路中负载电流(同前述)，如电感内阻值忽略不计，则其电流为 0.19 A。由曲线图 5-20 查得 10 mH 电感对应的最小点燃电流为 0.32 A，增加 1.5 倍安全系数应为 0.32/1.5=0.21 A，因此可得出 0.19 A 电流为本安电流。

当设定负载电阻 R(非可靠元件)短路，则流经电感 L 中的电流为 0.8 A。该电流远远大于 10 mH 时对应的最小点燃电流 0.32 A，故不认为该电路是本安电路，所以应对电路进

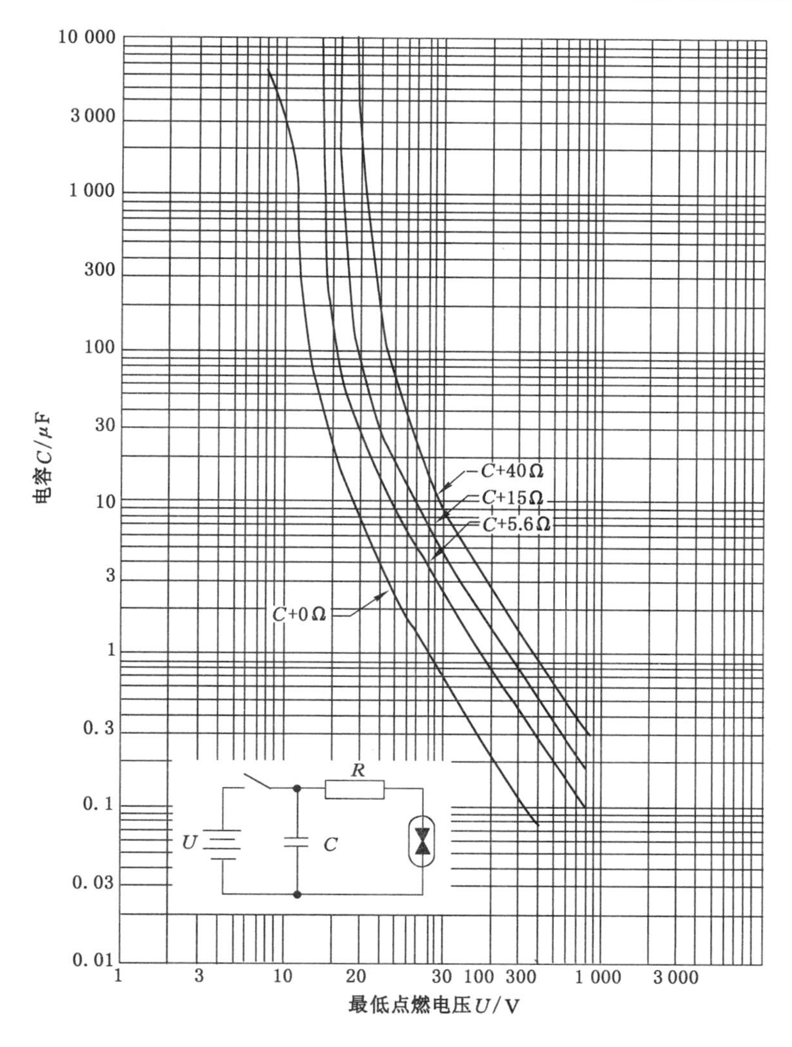

图 5-18　Ⅰ类电容电路

行修改,其修改方法如下:

① 增大电池的可靠限流电阻。通过上述查参考曲线与计算已得知 10 mH 的允许电流为 0.21 A,则修改电阻 $R_0=(25\ \text{V}/0.21\ \text{A})-1\ \Omega=118\ \Omega$,取值为 119 Ω。修改后电路如图 5-24 所示。

这时短路电流为

$$I=25\ \text{V}/(119+1)\ \Omega=0.2\ \text{A}$$

0.2 A<0.21 A,可判定该修改电路为本安电路。

② 可以采用减小电感值的方法。根据负载要求可将电感尽量降低,然后查曲线计算电流也可满足本安性能要求。

(3) 简单电容电路在图 5-24 的基础上,将电感改为电容 C,其电容值为 10 μF,用于Ⅰ类本安设备中,如图 5-25 所示。

其修改方法如下:

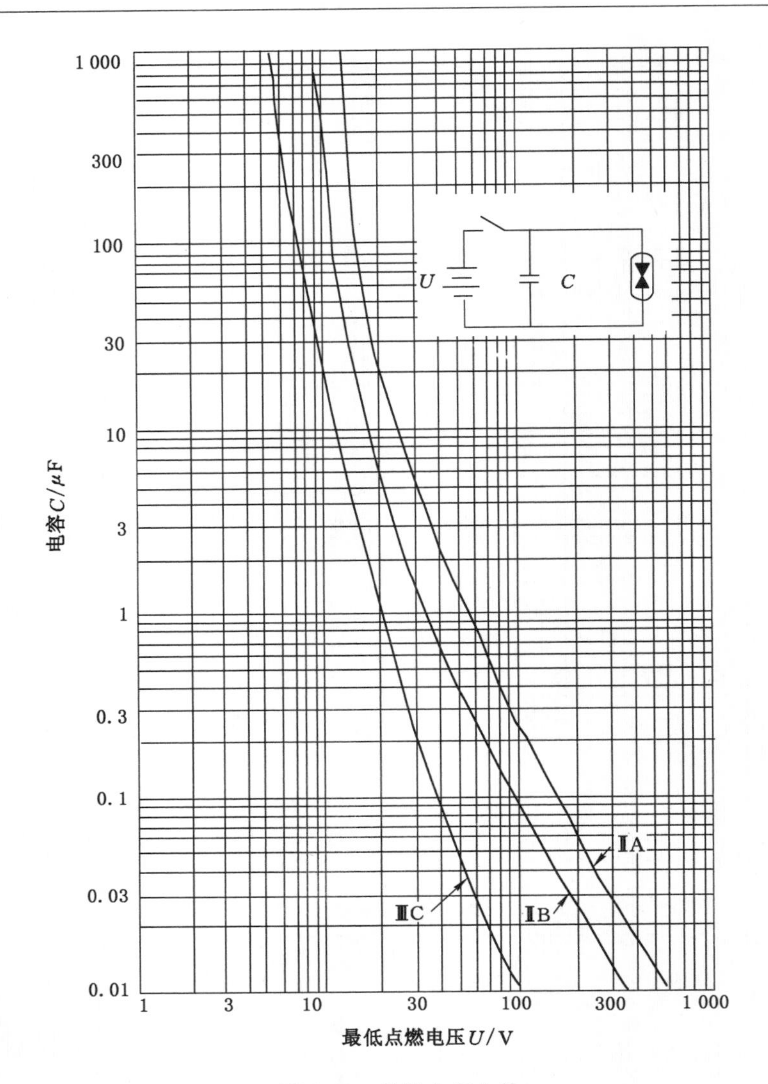

图 5-19　Ⅱ类电容电路

① 电源修改(同前略)。

② 负载修改,电容电路的本安性能,主要是修改其电压同电容之间的关系。

该电源为 25 V,考虑到无论是正常工作状态还是故障状态,均需有 1.5 倍的安全系数,故实际的评定电压应为 25 V×1.5=37.5 V。

对于Ⅰ类设备查参考曲线图 5-17 得知,电压为 37.5 V 时,对应的引燃电容的最小值为 4 μF,很显然,该电路不是本安电路。因此,必须修改本电路。其修改方法如下:

① 降低电源电压。通过查参考曲线 10 μF 对应的最低点燃电压为 26 V,如保持电容值不变并且加有 1.5 倍的安全系数,则该电压应修改为 26 V/1.5=17.3 V。

② 降低电路中的电容。在考虑到 1.5 倍安全系数的情况下,其电源电压 25 V×1.5=37.5 V 时的最小允许电容约为 4 μF(选 3.3 μF),这种方法简单,只将 10 μF 电容改为 3.3 μF即可。

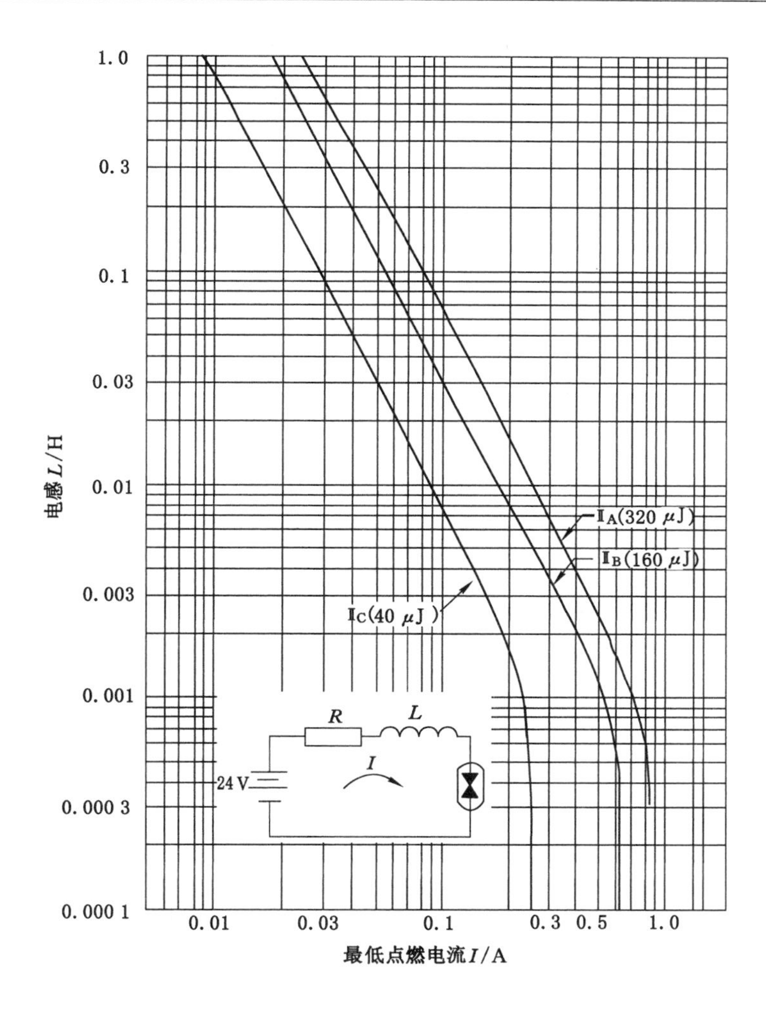

图 5-20　电感电路

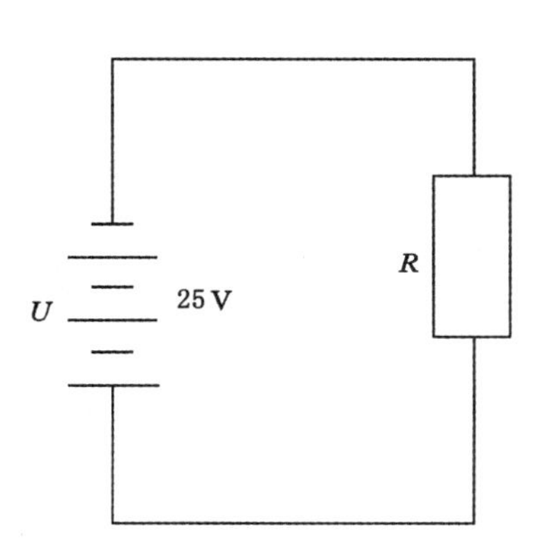

图 5-21　简单电阻电路

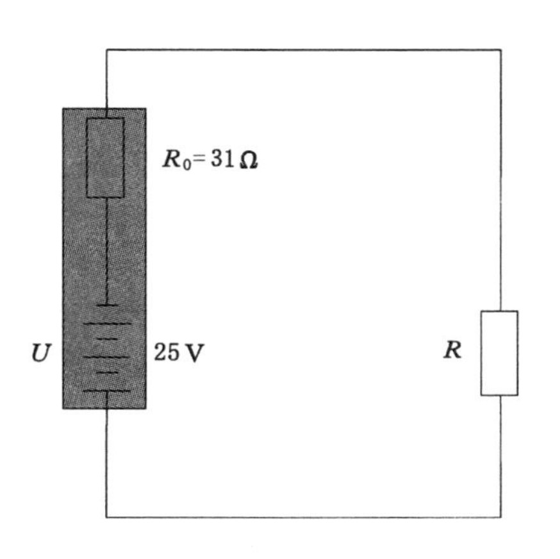

图 5-22　串有限流电阻的电路

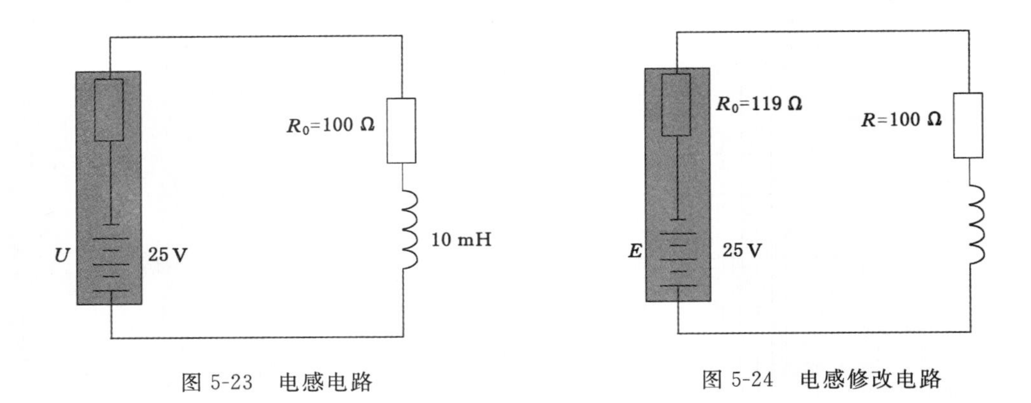

图 5-23　电感电路　　　　图 5-24　电感修改电路

③ 保持电压、电容值不变。可在电容上串联可靠电阻 R_1（一般情况下，要将电容和电阻胶封一体）。从参考曲线得知，当电容被串有 5.6 Ω 电阻时，电容 10 μF，点燃电压可达 48 V。考虑 1.5 倍安全系数，其电压仍可为 32 V，它大于 25 V，因此，当 1 μF 电容串联 5.6 Ω电阻后，该电路可认为是本安电路，如图 5-26 所示。

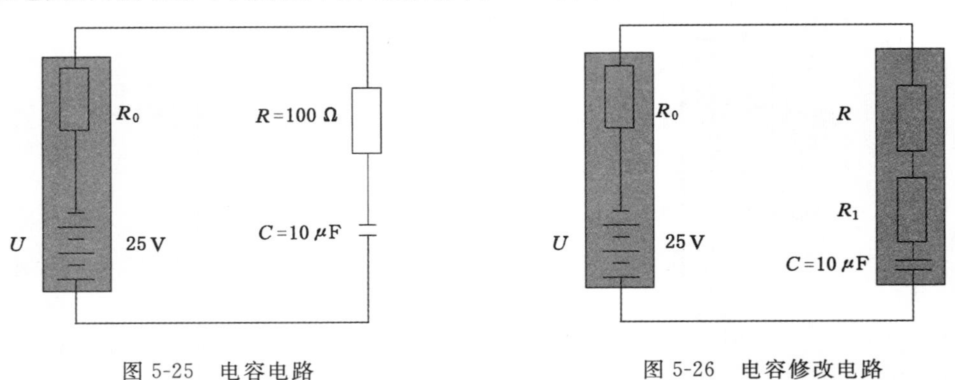

图 5-25　电容电路　　　　图 5-26　电容修改电路

以上对本安电路设计的三项基本原则进行了讨论，并对如何着手设计本安电路提供了一些方法。对于简单电路，可通过查参考曲线进行评定，而对较复杂电路除查参考曲线进行评定外，还应对电路进行火花试验评定，以确保被评定的电路符合本质安全性能要求。

5.5.2　本安电路与其他电路的隔离方法

隔离是人们在分析和评价本质安全电路的本安性能时一个重要的技术信息。在本质安全型电气设备中本安电路与其他的电路应该有适当的隔离。这里所说的隔离可以认为是符合要求的电气间隙、爬电距离、间距隔离，也可以是电气组件实现的电气隔离[21]，比如：变压器、继电器、光耦合器等。可靠隔离元件符合标准要求时，应认为不可能跨接可靠隔离发生短路故障，或者说，符合标准要求的可靠连接和隔离应认为不会产生故障；火花试验装置不应串联接入这些连接或跨接这些隔离。因此，可靠隔离可以不进行技术故障和非技术故障的设置，隔离器件前后的储能元件在分析本安符合性时可以不进行叠加，使得电路更加容易实现本安符合性。

本安电路的电气间隙、爬电距离应符合表 5-2 的要求。不同本安电路接线端子的裸露导电部件之间，及其到接地或者到零电位的导电部件之间的电气间隙和爬电距离应等于或大于表 5-2 给出的值。对于不同的本质安全电路，外部连接装置的裸露导电部件之间的电气间隙应符合下列规定：① 不同本质安全电路之间至少 6 mm；② 距接地部件至少 3 mm。

表 5-2　　电气间隙、爬电距离和间距

电压峰值/V	电气间隙/mm		通过浇封化合物的间距/mm		通过固体绝缘的间距/mm		爬电距离/mm		图层下的爬电距离/mm		CTI	
保护等级	ia，ib	ic	ia，ib	ic	ia，ib	ic	ia，ib	ic	ia，ib	ic	ia，ib	ic
10	1.5	0.4	0.5	0.2	0.5	0.2	1.5	1.0	0.5	0.3		
30	2	0.8	0.7	0.2	0.5	0.2	2	1.3	0.7	0.3	100	100
60	3	0.8	1.0	0.3	0.5	0.3	3	1.9	1.0	0.6	100	100
90	4	0.8	1.3	0.3	0.7	0.3	4	2.1	1.3	0.6	100	100
190	5	1.5	1.7	0.6	0.8	0.6	8	2.5	2.6	1.1	175	175
375	6	2.5	2.0	0.6	1.0	0.6	10	4.0	3.3	1.7	175	175
550	7	4	2.4	0.8	1.2	0.8	15	6.3	5.0	2.4	275	175
750	8	5	2.7	0.9	1.4	0.9	18	10.0	6.0	2.9	275	175
1 000	10	7	3.3	1.1	1.7	1.1	25	12.5	8.3	4.0	275	175

以 U_i 电压等级下的隔离 DC/DC 为例分析不同电压等级下隔离元件的应用，典型电路如图 5-27 所示。

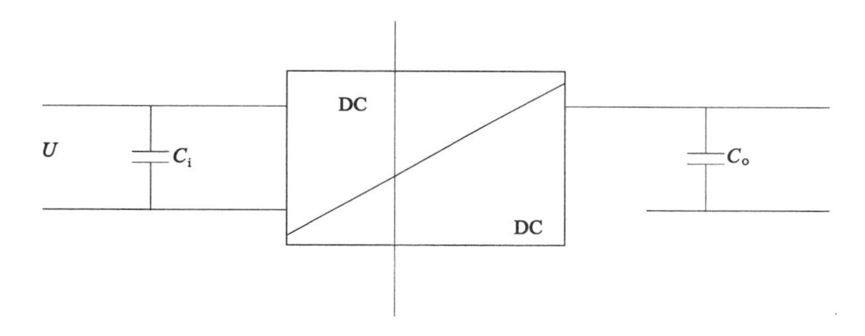

图 5-27　隔离用 DC/DC 的典型电路

如若隔离用 DC/DC 符合可靠元件的要求，DC/DC 不再设置短路故障。在计算 U_i 电压等级下的允许电容值时，只考虑 C_i 即可，无须 C_i 与 C_o 的叠加，大大提高了本安电路的符合性，尤其在 C_i 濒临 U_i 电压等级下允许电容值的临界值时隔离电路显得尤为重要。

下面我们针对具体的设计参数进行具体的分析：

假设 U_i＝19.0 V，C_i＝4.7 μF，C_o＝4.7 μF。根据 GB 3836.4—2010 表查得，当 U_i＝19.0 V 时，Ⅰ类设备在 1.5 倍安全系数情况下允许带电容值为 8.0 μF，C_i＝4.7 μF，小于 8.0 μF，符合本安电路的要求。但是，当 DC/DC 为非隔离芯片时，设置一个技术故障，DC/DC 的输入输出端短接，此时，U_i 同时加到了 C_i 和 C_o 上，C_i+C_o＝9.4 μF，已超出了 19.0 V 电压等级下允许的 8.0 μF 的电容值，不符合本安电路的要求。

通信输出电路的隔离作用主要体现在组建系统的连接上，通信信号因为有了隔离，系统

之间的供电电源不需要考虑叠加,使得本安电路的分析简单化。仅以485通信信号为例,对隔离电路可按如下方法进行设计。

① 普通的无隔离作用的485芯片,可以在前端使用光耦来进行隔离,光耦输入、输出之间应能承受AC 1 500 V耐压。

② 带隔离的485芯片,485隔离器件的输入、输出之间应能承受符合要求的介电强度试验。

本安系统一般由关联设备、连接导线、本安型电气设备组成。关联设备内既有非本安电路,也有与本安型电气设备连接的本安电路。本安电路与非本安电路间存在着信号的转换、传递及电路的隔离问题。以下对几类常用、典型的隔离电路进行分析,阐述设计中应注意的问题本安电路与非本安电路以及其他独立本安电路之间必须适当隔离。预防其他电路的火花与热能量进入到本安电路之中,影响到它的本安性能是隔离的原因。机械方法隔离和电气方法隔离是目前常用的隔离方法。通过可靠的隔离,本安电路的设计变得简单有效,为本安电路的符合性提供了保证。对电路的本安符合性设计具有极其重要的指导意义。

5.5.2.1 机械隔离

在本安型电路和非本安型电路间设计了适当的间距从而来满足隔离目的。隔离的标准是要在元器件之间或导线之间必须保证规定宽度的爬电距离(两导电部件之间沿绝缘材料与空气接触的表面的最短距离)、电气间隙(两导电部件在空气中的最短距离)或采用浇封和高强度绝缘来满足本安性能要求。如采用浇封措施隔离时,必须满足下列条件:

(1) 非本安电路电压与本安电路电压之和不能大于1 000 V。

(2) 浇封后的电气间隙必须满足表5-2的要求。

(3) 当浇封部件无专用外壳保护时,其浇封部分必须保证有足够的机械强度。

(4) 浇封化合物在长期使用时,应保证其温度额定值不小于被浇封的任一元件在浇封状态下所达到的最高温度。

(5) 任一裸露导电部件,若从浇封化合物中凸出时,它的自由表面应有不小于表5-3规定的相比漏电起痕指数值。

表5-3　爬电距离、电气间隙和间距

1 电压峰值/V	10	30	60	90	190	375	550	750	1 000	1 300	1 575	3 300	4 700	9 500	15 600
2 电气间隙/mm	1.5	2	3	4	5	6	7	8	10	14	16				
3 通过交锋化合物的间距/mm	0.5	0.7	1	1.3	1.7	2	2.4	2.7	3.3	4.6	5.3	9	12	20	33
4 通过固体绝缘的间距/mm	0.5	0.5	0.5	0.7	0.8	1	1.2	1.4	1.7	2.3	2.7	4.5	6	10	16.5
5 空气中爬电距离/mm	1.5	2	3	4	8	10	15	18	25	36	49				

续表 5-3

1 电压峰值/V	10	30	60	90	190	375	550	750	1 000	1 300	1 575	3 300	4 700	9 500	15 600
6 涂层下的爬电距离/mm	0.5	0.7	1	1.3	2.8	3.3	5	6	8.3	12	13.3				
7 相比漏电起痕指数 CTI(ia)		100	100	100	175	175	275	275	275	275	275				
8 相比漏电起痕指数 CTI(ib)		100	100	100	175	175	175	175	175	175	175				

注:1. 除间隔距离以外,目前没有提出高于 1 575 V 电压的规定值。

2. 在电压低于 10 V 时,绝缘材料的相比漏电起痕指数不需要规定。

(6) 浇封剂须黏附到全部凸出的导线元件和印刷电路板上,否则需全部密封(浇封)。

(7) 连接到浇封导电部件和浇封化合物凸出的裸导体均必须是本安电路。

(8) 被浇封隔离的电路须承受规定的耐压试验要求。

另外,通过高强度绝缘导线(或加屏蔽层)把本安电路与非本安电路分开布置,也可作为机械隔离的手段之一。

5.5.2.2　电气隔离

电气隔离,就是将电源与用电回路做电气上的隔离,即将用电的分支电路与整个电气系统隔离,使之成为一个在电气上被隔离的、独立的不接地安全系统,以防止在裸露导体故障带电情况下发生间接触电危险。要实行电气隔离,必须满足以下条件:① 每一分支电路使用一台隔离变压器,这种变压器的耐压试验电压,比普通变压器高,应符合Ⅱ级电工产品(双重绝缘或加强绝缘)的要求,也可使用与隔离变压器的绝缘性能相等的线绕制。② 所谓电气隔离,就是使两个电路之间没有电气上的直接联系,即两个电路之间是相互绝缘的,同时还要保证两个电路维持能量传输的关系。一般交流电源供应器(如 UPS)接收输入电源再提供负载,若其提供给负载的火线、零线与输入端的火线、零线没有物理上实际的连接,则称此交流电源供应器可提供电气隔离。电气隔离的好处是输入端电源有事故时,不会直接影响负载端的用电设备。

电气隔离实质上是将接地的电网转换为一范围很小的不接地电网。

电气隔离的作用主要是减少两个不同的电路之间的相互干扰。例如,某个实际电路工作的环境较差,容易造成接地等故障。如果不采用电气隔离,直接与供电电源连接,一旦该电路出现接地现象,整个电网就可能受其影响而不能正常工作。采用电气隔离后,该电路接地时就不会影响整个电网的工作,同时还可通过绝缘监测装置检测该电路对地的绝缘状况,一旦该电路发生接地,可以及时发出警报,提醒管理人员及时维修或处理,避免保护装置跳闸停电的现象发生。

可作为可靠隔离的元件主要有:

① 变压器及其关联器件,如熔断器、断路器、热保护器和与绕组末端连接的电阻器,这些应保证供电电源和本安电路之间具有可靠的电气隔离,即使在任何一个输出绕组发生短

路而所有其他输出绕组承受最大额定电气负载时也应满足安全隔离的要求。

② 对于可靠布置的隔离电容器，两个串联电容器中的任一电容器都可认为会发生短路或开路故障。该组件的电容量应取任一电容器的最不利值。在应用组件时，应使用 1.5 倍安全系数。隔离电容器应为高度可靠的固体介质型电容。电解电容或钽电容不能使用。组件的外部连接应符合规定，但隔离要求不适用于隔离电容器内部。

③ 电隔离元件，如隔离 DC/DC、光耦、电隔离继电器等。电隔离元件应符合介电强度的要求；电隔离继电器应符合标准中容量的规定，并且任何绕组应能承受其连接的最大耗散功率。

可靠隔离元件应符合下列规定：

① 隔离元件的电气间隙、爬电距离应符合表 5-3 的要求，但对于内部密封部件(如光耦合器)，表 5-3 第 5～7 行不适用。

② 连接在本安电路端子和非本安电路端子之间的元件，应符合介电强度要求要求。制造商规定的可靠隔离元件的绝缘试验电压，应不低于介电强度要求的试验电压值。

依据本安电路的自身特点和应用需要，常将以下几种典型的电气隔离措施应用在实际电路设计和研究中。

(1) 可靠电阻隔离：采用可靠电阻，能够降低电压和减小电流从而达到非本安电路和本安电路隔离。限流电阻额定值应符合 GB 3836.4—2010 中 7.1 的规定，正常工作以及规定故障条件下，最低要能承受可能产生的最高电压值 1.5 倍电压或是最大功率值 1.5 倍功率。额定值范围内有覆盖绕组层电阻的匝间的绝缘故障不必考虑。

在制造商规定的电压额定值下，绕线的涂层应具有规定要求的 CTI 值。在这里必须保证在非本安电路中的电压，无论是在规定的故障状态下，还是在正常状态下，都不会使本安电路中破坏其本安性能的电压升高或电流的增大，必要时应增加一个电压保护环节。

(2) 变压器隔离：它是一种比较简单常用的交流或脉冲信号的隔离方法。只要依照电路的本安特性参数计算或增加保护措施，便可达到电气隔离本安电路与非本安电路，但下列要求必须满足：

① Ⅰ型结构。绕组应按下列两者之一排列：

a. 并列在铁芯的一个柱上；

b. 在铁芯的不同柱上。

② Ⅱ型结构。绕组应按下列两种方法之一内外重叠绕制：

a. 绕组之间按 GB 3836.4—2010 中表 5 采用固体绝缘；

b. 绕组之间采用接地屏蔽(铜箔制成)或用等效导线绕组(导线屏蔽)。铜箔厚度或导线屏蔽应符合表 5-4 规定。

表 5-4　　熔断器额定电流与屏蔽金属箔厚度或导线直径关系

熔断器额定值/A	0.1	0.5	1	2	3	5
屏蔽厚度/mm	0.05	0.05	0.05	0.15	0.25	0.3
导线屏蔽直径/mm	0.2	0.45	0.63	0.9	1.12	1.4

铜箔屏蔽应设两根结构上分开的接地导线，其中每一根导线应能承受熔断器或断路器动作之前流过的最大持续电流，例如对于熔断器为 $1.7I_n$。导线屏蔽由至少两个以上独立的导线组成，其中每一层都应设置接地导线，而且能承受熔断器或断路器动作之前流过的最大持续电流。

(3) 隔离电容器隔离：它是从直流回路上把本安电路与非本安电路隔离并具有规定性能的电容器，其功能是传递检测信号，隔离直流危险电位。隔离电容器应为高度可靠的固体介质型电容。电解电容或钽电容不能使用。组件的外部连接应符合 GB 3836.4—2010 中第 6.3 条的规定，但隔离要求不适用于隔离电容器内部。每个电容器的绝缘应符合规定的介电强度试验要求，试验电压应施加在电极之间以及每个电极和外部导电部件之间。当隔离电容器使用在本安电路和非本安电路之间时，该隔离电容器可评定作为电路间容性耦合器。评定时，应用 U_m 和任一电容器的最不利值计算可能输送的能量，并确认符合规定的允许点燃能量。应考虑所有电容器可能产生的瞬态过程，以及电路中标称的最高工作频率(制造商提供)影响。

(4) 继电器隔离：继电器是最为常见的电子元器件之一，它常用在电子电路的控制上。它能够将系统的输入回路与输出回路进行有机的控制，形成一种互动关系。一般它应用于电子信息自动化系统的控制电路中，它实际上是一种电子开关，一个或几个继电器便可完成由很小的电流触发，去控制一个具有较大电流的部件，达到自动开关的效果。当继电器的线圈连接到本安电路时，正常工作时的触头应不超过它的制造商规定值，并且开闭不超过 5 A 或 250 V 标称有效值或 100 VA 标称值。在触头开闭值大于这些值但又不超过 10 A 或 500 VA 时，GB 3836.4—2010 中相关电压的爬电距离和电气间隙值应加倍。在超过 10 A 或 500 VA 时，如果本安电路和非本安电路用符合规定的接地金属隔板或绝缘隔板隔离，则本安电路和非本安电路才能连接到同一个继电器上。该绝缘隔板的结构尺寸应考虑到继电器工作时产生的触头电离作用，通常要求爬电距离和电气间隙大于相应规定值。

(5) 二极管安全栅隔离：二极管安全栅中的二极管用于施加到本安电路上的电压，可靠限流电阻用于限制流入本安电路电流。二极管安全栅组件用在本安电路和非本安电路之间作为接口设备，应承受 GB 3836.4—2010 中 11.1 规定的例行试验。

可控半导体器件(如三极管、可控硅等)不能用于“ia”等级本安电路。二极管安全栅至少装有两支二极管，其中二极管必须满足下列两个规定试验才能使用：第一，每支二极管承受 150 ℃的温度试验，并历时 2 h；第二，每一种型式的二极管在其使用方向，应能承受重复 5 次持续时间为 50 μs 的矩形波脉冲试验，每两次脉冲间隔为 20 ms。

(6) 光电隔离：光电隔离是由光电耦合器件来完成的。其输入端配置发光源，输出端配置受光器，因而输入和输出在电气上是完全隔离的。由于光电耦合器的输入阻抗(100 Ω～1 kΩ)与一般干扰源的阻抗(10^5～10^6 Ω)相比较小，因此分压在光电耦合器输入端的干扰电压较小，它所能提供的电流并不大，不易使半导体二极管发光。另外光电耦合器的隔离电阻很大(约 1 012 Ω)、隔离电容很小(约几个皮法)，所以能阻止电路性耦合产生的电磁干扰，被控设备的各种干扰很难反馈到输入系统。

光电耦合器把输入信号与内部电路隔离开来，或者是把内部输出信号与外部电路隔离开来，如图 5-28 所示。开关量输入电路接入光电耦合器后，由于光电耦合器的隔离作用，使夹杂在输入开关量中的各种干扰脉冲都被挡在输入回路的一侧。由于光电耦合器不是将输入侧和输出侧的电信号进行直接耦合，而是以光为媒介进行耦合，具有较高的电气隔离和抗干扰能力。

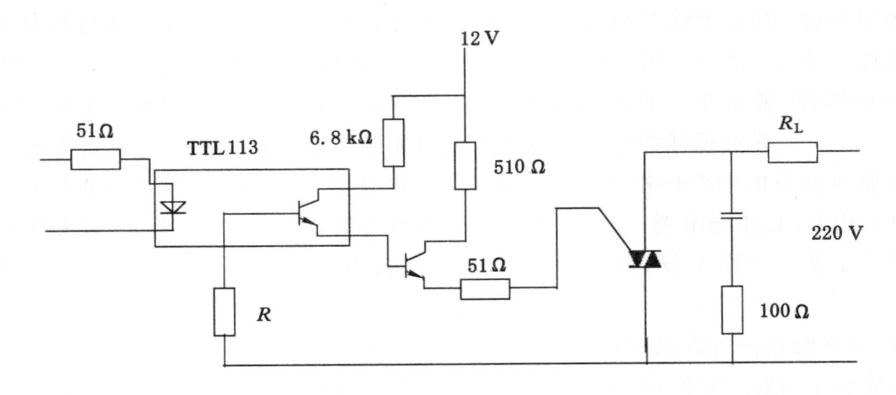

图 5-28　光电耦合器隔离电路

目前，大多数光电耦合器件的隔离电压都在 2.5 kV 以上，有些器件达到了 8 kV，既有高压大电流大功率光电耦合器件，又有高速高频光电耦合器件(频率高达 10 MHz)。常用的器件如 4N25，其隔离电压为 5.3 kV；6N137，其隔离电压为 3 kV，频率在 10 MHz 以上。

5.5.3　本安电路的最高表面温度控制方法

设计本安电路的第二个基本原则是在规定条件下，任何的电子元件的热效应全都不能引燃规定的爆炸性气体混合物。因此在设计本安电路时，一定要保证电路中的所有元件及导线在任何状态下，其最高的表面温度都不许超过其在使用条件下温度组别限定的温度。可采用下列措施，达到这一要求：

(1) 在设计本质安全型电路时要充分考虑环境的特殊性，要在最严苛的工作条件和限定故障状态下(例如：ia 等级本质安全型设备则考虑施加两个计数故障加上最不利条件下的非计数故障)，计算本安电路中元件的最大功率并检测元器件的表面温度值，判定是否在标准规定的温度区域。

(2) 设备运行时导线本身的发热温度是一个不可回避的问题，电流是致使导线发热的主要原因，所以要对导线的最大许可电流进行考虑。金属导线的最大允许电流可用下式来进行计算：

$$I = I_f \left[\frac{t(1+aT)}{T(1+at)} \right]^{1/2} \tag{5-13}$$

式中　a——导线的电阻所取的温度系数(铜取 0.004 284 K^{-1}，金取 0.004 201 K^{-1})；

I——导线最大电流有效值，A；

I_f——导线在规定的环境温度下熔化的电流，A；

T——导线材料的熔化温度(铜为 1 083 ℃，金为 1 064 ℃)，℃；

t——相应温度组别的临界温度，其值是由于自热和环境温度引起的导线温度，℃。

例如，细铜线(温度组别为 T_4)：$a=0.004\ 284\ K^{-1}$；$I_f=1.6$ A(试验确定或由铜线制造商规定)；$T=1\ 083$ ℃；t 对于 T_4(小元件，$t \leqslant 275$ ℃)。

对于铜导线，也可按表 5-5 获得其允许的最大允许电流。

表 5-5　　　　铜导线的温度组别

直径/mm	横截面/mm^2	温度组别的最大允许电流/A		
		$T_1 \sim T_4$ 和 Ⅰ 类	T_5	T_6
0.035	0.000 962	0.53	0.48	0.43
0.05	0.001 96	1.04	0.93	0.84
0.10	0.007 85	2.1	1.9	1.7
0.20	0.031 4	3.7	3.3	3.0
0.35	0.096 2	6.4	5.6	5.0
0.50	0.196	7.7	6.9	6.7

注:1. 给出的最大允许电流值是交流有效值或直流值。

2. 对于绞合导线,其横截面是所有绞合导线的总截面积。

3. 该表也适用于挠性扁平导线,例如带状电缆,但不适用于印制电路导线。

4. 直径和横截面是由导线制造厂规定的标称尺寸。

5. 当 P_i 不超过 1.3 W 时,可以判定导线为 T_4 温度组别,并且对于 Ⅰ 类也是允许的。同样,对于本安电路用的印制电路板最小尺寸必须满足表 5-6 的要求。

表 5-6　　　　印制板导线温度组别

最小印制线宽度/mm	温度组别的最大允许电流/A		
	$T_1 \sim T_4$ 和 Ⅰ 类	T_5	T_6
0.15	1.2	1.0	0.3
0.2	1.3	1.45	1.3
0.3	2.8	2.25	1.95
0.4	3.6	2.9	2.5
0.5	4.4	3.5	3.0
0.7	5.7	4.6	4.1
1.0	7.5	6.05	5.4
1.5	9.8	8.1	6.9
2.0	12.0	9.7	8.4
2.5	13.5	11.5	9.6
3	16.1	13.1	11.5
4	19.5	16.1	14.3
5	22.7	18.9	16.6
6	25.8	21.8	18.9

注:1. 给出的最大允许电流值是交流有效值或直流值。

2. 本表适用于单层铜箔厚度为 35 μm、厚度为 1.6 mm 以上的印制电路板。

3. 对于厚度为大于 0.5 mm 但小于 1.6 mm 的印制电路板,应把表中的最大允许电流值除以 1.2。

4. 对于双面印制电路板,应把表中的最大允许电流值除以 1.5。

5. 对于在考虑中的多层印制电路板,应把表中的最大允许电流值除以 2。

6. 对于铜箔厚度 18 μm 的印制电路板,应把表中的最大允许电流值除以 2。

7. 对于铜箔厚度为 70 μm 的印制电路板,应把表中的最大允许电流值乘以 1.3。

8. 正常工作或故障条件下,在耗散功率 0.25 W 或以上的元件之下通过时,应把表中的最大允许电流值除以 1.5。

9. 正常工作或故障条件下,耗散功率 0.25 W 或以上的元件终端并沿导线长达 10 mm 范围内,应将印制电路导线宽度乘以 3 或将表中的最大允许电流除以 2.0。如果印制电路导线在元件下面通过,应施加注 8 规定系数。

代入公式可得 $I=1.3$ A(这是为防止铜线温度超过 275 ℃所允许通过的最大正常工作电流或故障电流)。

(3) 对于在电路中存在一些小元件,如晶体管或电阻,在工作中温度偏高,超过了温度组别允许的温度要求,按照 GB 3836.1—2010 中的小元件点燃试验进行测试,只要小元件不引起点燃,认为可以使用,若不能通过测试则可采用增大面积浇封、加装导热管、金属散热片等方法进行散热降温,使之达到温度要求。另外采用浇封剂浇封时,所用浇封剂的体积和厚度必须达到标准要求,使被浇封的元部件或导电元部件最高的表面温度降至标准规定的温度值;必须采用符合相关标准的浇封剂(有绝缘、阻燃等要求),否则不但会对元器件造成损坏,还带来安全事故。当浇封的元器件裸露在外,无外壳保护时,则应该要有一定的机械强度,并通过规定的试验测试。

设计本安电路时,必须保证其各部分元件及导线无论是正常状态还是故障状态下,它的最高表面温度不能大于其使用条件下温度组别所允许的温度。所以为了控制最高表面温度可采用下列措施来降低热效应,从而保证爆炸性气体避免因接触到高于其自燃温度的热表面可能引起的爆炸。

① 元器件的选择

在设计本安电路时必须以最不利的工作条件或故障状态下(如:ia 等级本安设备则考虑两重故障作用时)计算本安电路中元件的最大功率,要求该值不得大于其所选元件额定值的 2/3;并须通过测定元件的表面温度判定是否满足允许温度要求。

② 对设备内导线的选择

设计时要考虑导线自身的发热温度。也就是说需要考虑导线最大允许通过的电流。根据导线的最大允许电流选择与之合适的导线线径。同时,也必须考虑印制板中的最小线宽。该条要求可在防爆标准中查到。

③ 浇封

如果某些小元件在工作中温度偏高而不能满足其组别的温度需要时,则可采用散热措施达到其温度要求,例如可采用增大浇封面积、金属散热片等方法。当采用浇封时,应满足下列要求:

a. 浇封剂的体积、厚度应使被浇封的元件或导电部件的最高表面温度降到规定的温度。

b. 浇封剂的额定允许连续运行的温度,应不小于被封元件的最高温度。

c. 当浇封部分无外壳保护时,则应能承受规定的机械试验。

综上所述,在本安防爆产品的电路设计中,除了要注意上述电路中能量控制和热效应的控制要求外,还要考虑到本安设备与外接设备连接电缆的分布参数对电路的影响。

5.5.4 不同类型的火花电路控制原理

电路中电流所产生的火花、电弧和热是导致爆炸性气体混合物爆炸的主要点火源。限制放电火花能量大小是本安电路的核心点。电路的性质不同及电路的开关状态都将对电火花的形成和特征产生不同的影响。本专著介绍几个典型电路的放电火花。

(1) 纯电阻电路的火花放电

由于阻性电路没有储能元件,所以火花能量的产生主要来自电源。如图 5-29 所示,在电路断开瞬间,电极之间接触的面积快速减小,接触点电流的密度快速增加,电压和电流共同作用下，电极瞬间熔化成金属熔桥，随后由于高温产生的金属蒸气破坏了金属熔侨，导致电极之间电阻变大，电压也随之上升，一旦电压比起弧电压高，电弧放电便产生了。开关通电速度同样对电火花的能量起着影响，速度越慢越危险。

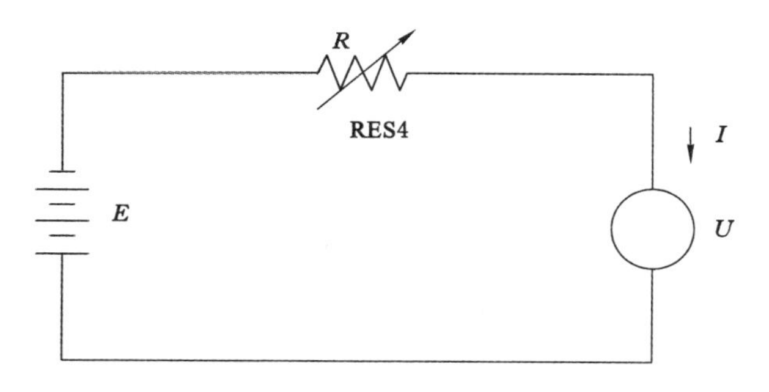

图5-29　电阻电路火花放电电路

（2）电感电路的火花放电

电感元件是储能元件，以磁场方式储能。如图5-30所示，其火花放电能量由两部分组成：一部分为来自电源，另一部分是电感元件的自身储能。当电感电路迅速断开时，在电极间隙处产生很高的感应电动势，放电间隙间的能量来自电源能量和自感电动势能量之和，而且又延长了放电时间，所以会产生很高的能量，很容易点燃爆炸性混合物。而电感电路在电路闭合时，产生反向电动势，所以电流不会发生突变，不易产生较强的放电火花。

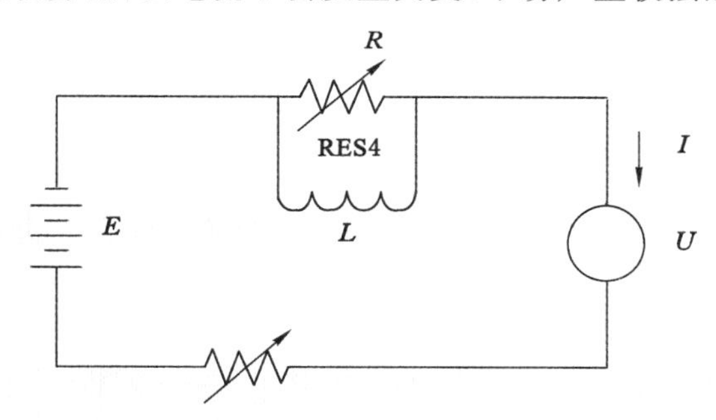

图5-30　电感电路火花放电电路

（3）电容电路的火花放电

电容是靠电路充电来储能的，在开始充电瞬间电容几乎是短路的，所以电容性电路的火花能量是在开关触点闭合时产生的（图5-31）。当电路闭合时既有电阻电路放电又有电容储能放电，闭合瞬间电流非常大，持续时间短，火花放电能量都很大，而且能量高度集中。因此，电容电路的放电火花点燃爆炸性混合物的能力更强，危险更大。而在触点断开时，电路中的电容不会产生火花放电。

对于目前广泛运用的电子电路来说，电容是电路中重要的储能元件，它可以将电源电路中释放的能量转化成电场能，然后存储在电容中。器件工作时，电源就会为电极间隙放电，与此同时也有电容释放出来的电能。在这之前我们探讨了取值偏大的情况，因此可不忽略电源在电容放电电路的消极作用。在电容放电的极短时间内产生的电流是很大的，这一过程持续的时间极为短暂，能量都集中在某个特定的区域，这对于本安电路来说是极安全的。

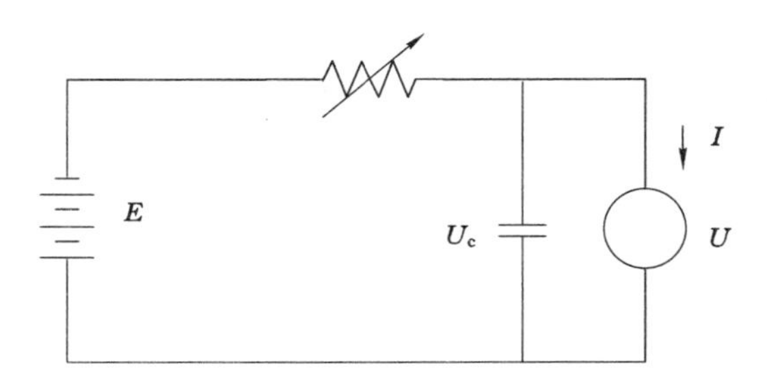

图 5-31　电容电路的火花放电电路

做了很充足的试验工作之后，我们对实验结果进行了细致的统计，经过分析得出了放电电流和电压的规律。可以清晰地得到放电过程由三个阶段构成：第一阶段，也就是火花放电阶段。这时电极接点没有闭合，当电极闭合时，由于接点间的电压较大而击穿了放电间隙产生火花；但放电电流持续上升到饱和状态时电流就会相应地变小，电路的放电电压会按一定的规律一直向下降，当电压降到某个阶段，就会进入放电维持阶段，这就是第二个阶段。这一阶段电极间的电压为此在某个区间之内，几乎保持为恒定值。接下来的第三阶段是放电结束之后电极彻底闭合阶段。电极因为受到外力的作用而闭合极间的电压持续下降直到消失，但是此时电容中储存的能量会相应地释放出来，这时电路中的电流短暂出现一个峰值，但此时电路中的电极已处于闭合状态，电路所释放的能量大多数被电路中的电阻吸收。

大量的分析表明，电容性电路在火花放电的这一过程的用时与全部的闭合时间相比较所占有的比例很小，它维持的时间不长、电压波动较广泛、电流波动范围较宽、放电时的能量相对聚集，工作中容易引燃环境中的可燃气体，所以说在研制本安电源时不仅要考虑电源内部的稳压和限流，而且还要考虑对输出滤波电容放电增设保护环节以增加本安电路的安全性。除此之外，针对电感在电容放电电路中的干扰也做了相应的分析，所有的探讨和试验都是为后期的电源电路设计做坚实而有利的理论铺垫。

综合上面的几个典型电路的分析，为了使电路设计达到本质安全型，应在设计中采用一些措施，尽量减少电路通断时产生的火花。通过前面的理论分析，降低电压或电流，是减小放电火花能量，提高本安电路安全性能的最有效方法。但这样又降低了设备对功率的要求。为提高本安电路的使用功率，通常采用以下方法：

① 电容性电路可采用电容储能经电阻充电的方法减小火花放电能量。

② 电感电路可采用的方法有：

a. 在电感两端并联电阻，虽然放电的火花能量减少，但也增加了功耗，用得比较少。

b. 电感两端并联电容，可以减小或消除电感电动势，但增加了储能元器件。

c. 在电感两端并联二极管，这是一种比较好的方法。如图 5-32 所示，二极管反接，使电感元件的变化率不大，并得到了续流，触点断开时的放电火花大大减小，电路的安全性得到了提高。

5.5.5　矿山救援本安型计算机的电路控制方法

（1）矿山救援本安型计算机的系统构成

矿山救援用本安型计算机由救护人员随身携带，具有在井下救援基地完成对灾区现场的指挥并将井下灾区情况和救援基地情况反映到地面指挥中心的功能。它能将灾区的音视

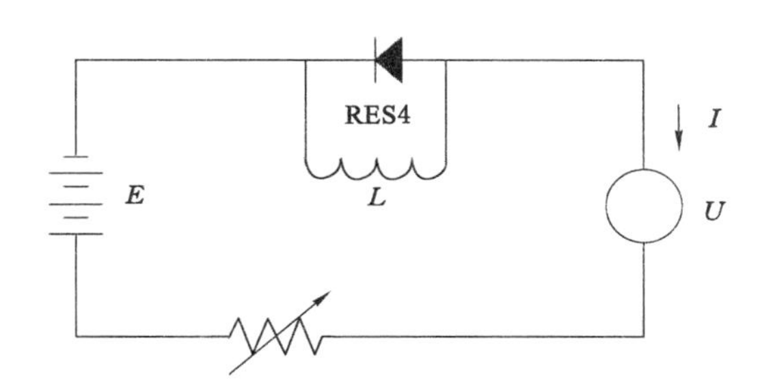

图 5-32　电感元器件并联二极管的火花电路

频信息实时存储，以便救护队员回到地面指挥中心后将数据读取，并在系统专用软件上进行回放，为事故分析提供第一手资料。装置采用人机冗余设计，预留 RS485 接口、RJ45 接口和 Wi-Fi 无线天线，因此它支持有线/无线环境监测仪（多参数测定器等环境监测用仪器仪表）数据采集传输；可接井下监控摄像机，并支持无线摄像机等井下多种无线便携通信装置；矿山救援本安型计算机结构框图见图 5-33。主要由本安型电源模块、多路供电智能控制模块、5 V 稳压模块、数据存储模块、中央处理模块和保护电路、液晶显示单元等组成。

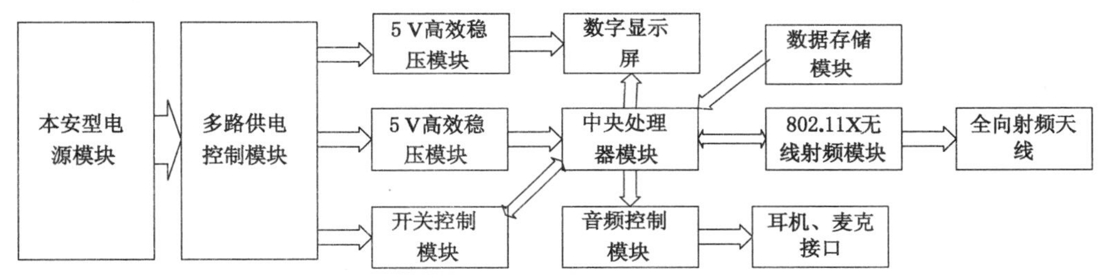

图 5-33　矿山救援本安型计算机系统框图

装置开机后，多参数传感器采集检测周围的环境指标气体和温度信息，井下灾区现场视频信息通过本安红外摄像头采集，信息采集处理元部件将采集到的视频信号连同拾音器（本安麦克风）采集到的音频信号、多参数信号进行处理。数据采集处理单元的处理过程主要分为以下几个步骤：首先对模拟的视频、音频、环境参数信号进行数字化转换；然后利用 DSP-TMS320C6211 对采集到的图像、数据和声音信号进行数字化的压缩和同步化传输，克服多媒体数据的传输以及存储难题。处理单元为现阶段先进的工业级的嵌入式单板机。最后，通过专用软件实现多媒体数据的实时解码和播放。存储部件实时存储已经压缩过的多媒体数据信号，高清液晶显示单元同步显示红外摄像头拍摄的视频和多参数传感器检测到的 CH_4（爆炸性气体）、CO（剧毒气体）、O_2（维生气体）和温度参数数据。本安红外摄像头能发出补偿红外线，在井下全黑情况（0 lx）下拍摄人眼看不见的视频信息；而环境参数一旦超过安全规程所规定的指标，装置发出蜂鸣和闪光警报。

（2）矿山救援用本安型计算机的本安电路设计

矿山救援用本安型计算机的设计关键技术之一，就是本安电路设计，由于其便携特性，必须使其在自身电路上满足本质安全，达到防爆的要求。通过限制电路能量使电路实现本质安全性能。遵循 GB 3836.4—2010 对如下几个部分进行了本质安全设计与分析：电源模块，多路控制模块，中央处理器及外围控制电路，数字显示电路，无线射频模块，数据存储模块等。所以对电火花和热效应的控制是无线通信计算机本质安全电路设计的核心，其实质就是将整个装置的功率能量限制在一个合理的范围内。

本安电路其关键技术在于当电路发生短路问题后要能够控制好短路打火能量。电路中所产生的能量可以用下式来表示：

$$Q = I^2 Rt \tag{5-14}$$

要使用装置能够正常工作，I（电流）值必须控制在一定范围内，调控的空间很小，而 R 值（负载电阻值）已经确定，因此只能通过控制电路短路关断时间 t 来控制打火能量。快速关断保护电路构成原理是纳秒级开通的三极管和纳秒级关断的场效应管构成电路主体，其中三极管的基极通过特定阻值电阻与场效应管的漏极连接，三极管的发射极与场效应管的源极连接，场效应管的栅极接在三极管集电极回路的专用分压电阻上。电路中的三极管起着监测电源放电电流的功能，如果在三极管及与其连接的电阻压降大于该三极管的门值电压，该三极管会快速开通，时间达到纳秒级，此时，纳秒级开通的三极管的集电极电位变高，于是场效应管在纳秒级时间内快速关断，于是控制了短路打火能量。实现了本质安全电路的目的。

图 5-34 为矿用救援用本安型计算机的本安电源保护电路原理图。此保护电路中，由三极管 Q_1、场效应管 Q_2 组成。当负载电路工作正常时，Q_1 的基极处于高电位所以处于截止状态，场效应管 Q_2 导通；当负载电路出现故障或任何一处电路短路导致电流快速增大，超过限值，Q_1 的基极电势被拉低，当小于其集电极电压时，则纳秒级三极管 Q_1 导通，由于 R_4 的分压作用，Q_2 的栅极电压为高电平状态，Q_2 关断，从而有效地保护了负载。此电路中三极管 Q_1 型号为 3906，关断时间为 65 ns，场效应管 Q_2 型号为 4435 关断时间为 120 ns，总时间级别达到了纳秒级，火花能量根据公式 $Q=I^2Rt$，因为总关断时间控制在纳秒级，从而有效控制了火花能量，达到本质安全要求。

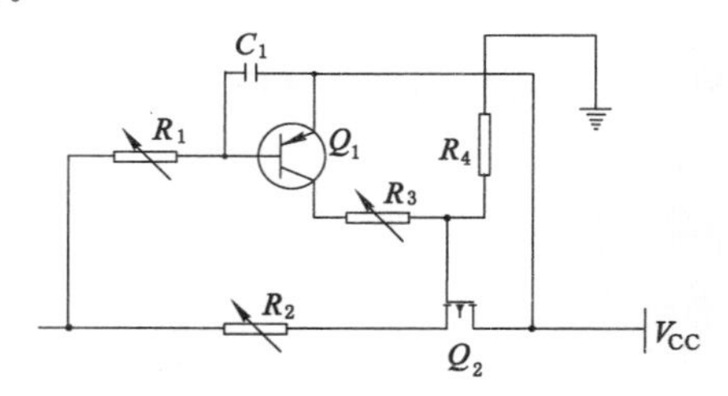

图 5-34　本安保护电路原理图

(3) 系统的本安可靠性设计思想

煤矿井下工作环境复杂，工作条件多变，特别是重特大事故发生后，井下原有的通信系统和安全保障系统均遭到不同程度的破坏，环境更加恶劣和复杂多变。矿山救护的工作艰辛而危险，不但要克服高温、浓烟、缺氧、爆炸性气体和有毒气体严重超限、井下光线昏暗、巷道崎岖不平、通风系统瘫痪等困难，而且自身必须携带大量维生装置和救援装备，平均负重在 20 kg 以上，因此要求救援通信设备轻便小巧，并且安全可靠，操作失误率降到最低，从而提高救援效率。因此尽可能对设备本质安全进行冗余设计，以提高系统装置可靠度。设计中可靠度可利用下式来计算：

$$R_{Hn} = \sum_{i=0}^{r-1} C_n^i (1-R)^i R^{(n-i)} \tag{5-15}$$

式中　R_{Hn}——设备工作可靠度；

C_n^i——n 个和安全相关的设计中有 i 个设计工作正常数量；

R——每个和安全相关设计的可靠度值；

在矿山救援本安型计算机电源控制电路的设计中进行的多重保护性设计，其参数为：

过放电关断延迟时间：≤0.008 s

第 1 级过电流关断保护电流：<2.70 A

第 2 级过电流关断保护电流：<2.30 A

过电流关断延迟时间：≤85 ns

短路保护最大电流：<10 mA

短路关断延迟时间：≤75 ns

(4) 系统装置的本安参数设计要求

① 装置独立带电回路之间及带电回路与外壳之间，常态下其绝缘电阻大于 10 MΩ；湿热试验后，其绝缘电阻大于 1 MΩ。

② 装置独立带电回路之间及带电回路与外壳间能承受历时 1 min 电压 500 V 的交流 50 Hz 正弦波工频耐压试验，试验期间漏电流不大于 5 mA，且无击穿和闪络现象。

③ 本安电路参数：

电池最高开路电压 U_0：8.3 V

电池最大输出电流 I_0：2.0 A

工作电压：7.2 V

工作电流：≤1 980 mA

④ 井下计算机在正常工作和规定的故障状态下，其元器件、导线及外壳的最高表面温度小于 150 ℃。

⑤ 印制电路板至少涂两遍三防漆。

⑥ 本安电路与外壳间距离≥3 mm，印制板涂层下爬电距离≥1 mm、板厚>1 mm、线宽>0.3 mm、线厚>0.03 mm。

参考文献

[1] 祖国建. 矿山电气安全[M]. 北京：化学工业出版社，2012.

[2] 靳江红，佟淑娇，谢鹏. 防爆电气设备分类及其选型[J]. 安全，2017，38(7)：12-15.

[3] 魏宏宇. 隔爆型电气设备设计技术要点分析[J]. 电气防爆，2016(2)：10-13.

[4] 谭立军. 浅谈增安型电气设备的使用和维修[J]. 电气防爆，2006(3)：45-46.

[5] 杨敏，徐咏冬. 电器设备的防爆措施分析[J]. 无锡商业职业技术学院学报，2009，9(6)：96-98.

[6] 庄小豫. 本质安全型电源及电路火花放电防爆机理与测试方法研究[D]. 天津：天津大学，2014.

[7] 孙继平.《煤矿安全规程》电气部分修订意见[J]. 工矿自动化，2014，40(4)：1-5.

[8] 李建新.爆炸危险环境的电气设备的选择[J].化学工程与装备,2008(11):60-61,57.
[9] 吴长康.浅析正压型防爆电气设备[J].电气防爆,2012(4):25-28.
[10] 刘国徽,杨乐光.充砂型电气设备防爆措施及技术要求[J].电气防爆,2009(1):13-15.
[11] 于月森.本质安全型开关电源基础理论与应用研究[D].徐州:中国矿业大学,2012.
[12] 王聪,沙广林,王俊,等.基于双重移相控制的双有源桥 DC-DC 变换器的软开关[J].电工技术学报,2015,30(12):106-113.
[13] 张玉良.一种带备用电池多路输出的隔爆兼本质安全型开关直流稳压电源[J].煤矿自动化,1996(4):57-59.
[14] 李小军.DXH-13.2/5 便携式本质安全型电源[J].工矿自动化,2010,36(3):19-21.
[15] 解红霞,石连文,陈志宽.大容量本安电源的研究[J].煤炭技术,2012,31(3):130-132.
[16] 于月森,谢冬莹,伍小杰.本安防爆系统与本安电源结构特点及分类探讨[J].煤炭科学技术,2012,40(3):78-82.
[17] 商立群.本质安全火花试验装置及应用[J].煤矿安全,2002,33(5):3-4,42.
[18] 商立群,施围.安全火花电路的放电形式和电感电路放电时间的测量[J].煤矿安全,2004,35(6):36-38.
[19] 闫格,吴细秀,田芸,等.开关电弧放电电磁暂态干扰研究综述[J].高压电器,2014,50(2):119-130.
[20] ZIAUDDIN KHAN, PRATIBHA SEMWAL, DHANANI K R, et al. Achieving ultrahigh vacuum in an unbaked chamber with glow discharge conditioning[J]. Pramana,2017,88(1):1-4.
[21] 洪焕凤,李传伟.电气隔离在电气控制线路上的应用[J].机械制造与自动化,2007,36(2):134-136.

第 6 章　矿山救援无线多媒体通信系统及装备研发

6.1　矿山救援通信系统的构成

煤矿井下环境是一个复杂的受限空间，在发生灾变时，矿井的通信、供电系统难以确保正常工作，为及时掌握灾区信息，辅助救灾决策，救护队员须快速建立煤矿井下应急救援通信系统。受井下条件和灾变环境所限，建立通信系统可以借助的外部资源非常有限，同时，救护队员在进入灾区时，需携带大量维生和救援设备，这些因素都给井下应急救援通信系统的快速建立带来了很大困难[1]。

煤矿通信联络系统是煤矿六大系统之一，在煤炭生产中占有举足轻重的地位，煤矿通信联络系统是指在生产、调度、管理、救援等各环节中，通过发送和接收通信信号实现通信及联络的系统，包括有线通信联络系统和无线通信联络系统。煤矿通信联络系统由调度机房系统主机设备(数字程控调度交换机、电话录音盒、矿用安全耦合器、防雷保安配线架、后备电源及地线工程等)，调度室操作平台[PC 电脑主机、调度台(按键式和触摸屏式)]，布线系统(地面布线不做要求，矿井下布线由矿用通信电缆、矿用接线盒、矿用电话线等组成)及终端设备(地面普通电话机、井下防爆电话机)等四个部分组成[2]。

在事故救援时，必须保证以下位置通信正常：抢险指挥部与地面基地、井下基地与灾区救护小队队员之间。因此，在应急救援指挥中可以采用三级指挥机制。事故现场信息可以实时传输到指挥部井下基地、地面基地和抢险指挥部，指挥信息逐级传输，现场指挥员根据现场实际情况实施救援方案。按行政关系，抢险指挥部最高，井上基地和井下基地次之，救灾现场情况复杂多变，井下基地指挥员根据上级命令和井下实际情况对灾区救护小队进行指挥，采用这种信息传递方式可以保证整个指挥的顺畅，避免造成三级指挥中协调混乱情况发生，如图 6-1 所示。

按照三级指挥流程和信息传输模型，设计矿山救援指挥通信系统，解决应急救援信息传输问题。系统由救援终端、井下指挥基站、井上指挥基站、远程指挥站部分组成。救援终端由语音、图像和多参数传感器组成，实现现场信息的采集、编码、调制并传输到通信网络中井下指挥基站、井上指挥基站和远程指挥站三方可以观测现场的图像、环境数据和互相通话，三方组成一个实时指挥决策系统。远端基站可以通过井下工业以太网、办公局域网或者卫星视频系统进行传输，如图 6-2 所示。

在方案实现过程中，系统由以下部分组成：① 井下救援终端系统(无线语音及环境监测系统、无线对讲、环境监测)；② 井下指挥子系统(井下语音视频系统)；③ 地上通信子系统(双向语音视频通信系统)；④ 地面站通信子系统[井上指挥中心、移动救援指挥站(救援指挥车)]；⑤ 地面远程通信子系统(卫星电话、卫星视频系统、因特网系统)。如图 6-3 所示。

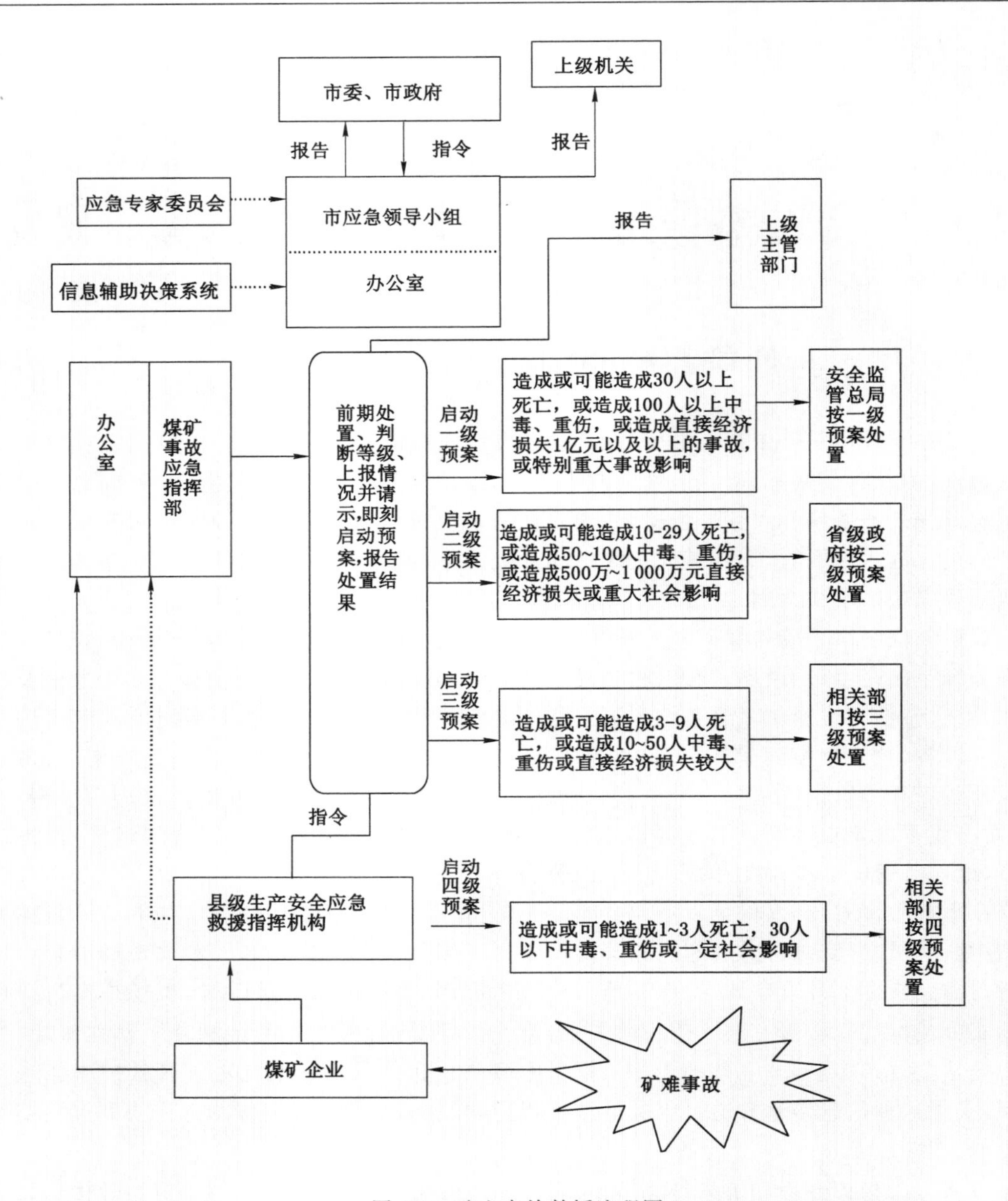

图 6-1 矿山事故救援流程图

矿山救援无线通信系统一般由通信基站、无线中继器、手机、视频服务器和多参数传感器等组成。一个完善的多级救援指挥系统结构如图 6-4 所示。地面通信基站一般利用有线方式(采用加强型临时光纤或其他通信电缆)与井下通信基站连接,这段通信链路的通信能力较强,带宽大,传输稳定。井下通信基站通过无线方式接入无线中继器,无线中继器以接力的方式逐级向前方延伸,直至救援现场,这条无线链路受中继器个数、距离和环境条件的影响很大,通信稳定性较差,最终有效带宽较小。

在通常情况下,地面指挥基地和井下指挥基地如果需要实时了解前方救援现场的视频情况,需要各自与视频服务器建立一个数据通信连接,这样在无线通信链路上将会出现两条

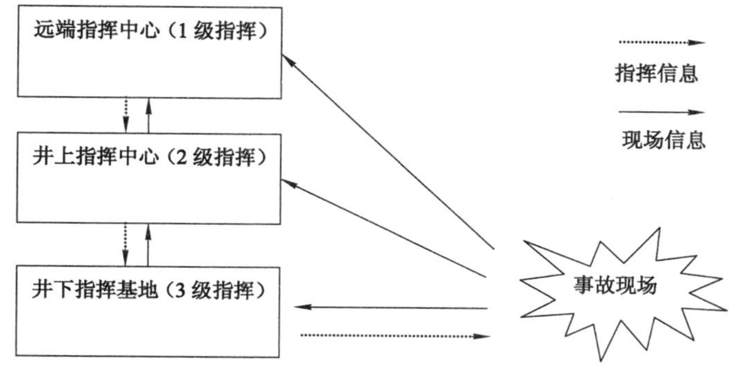

图 6-2　三级指挥流程及信息流传输模型

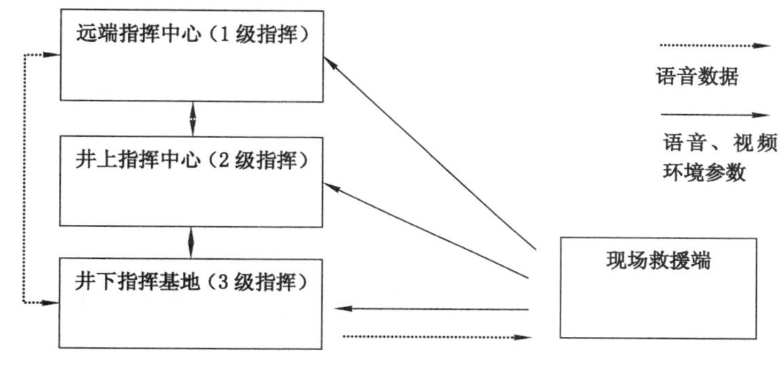

图 6-3　系统功能模块设计

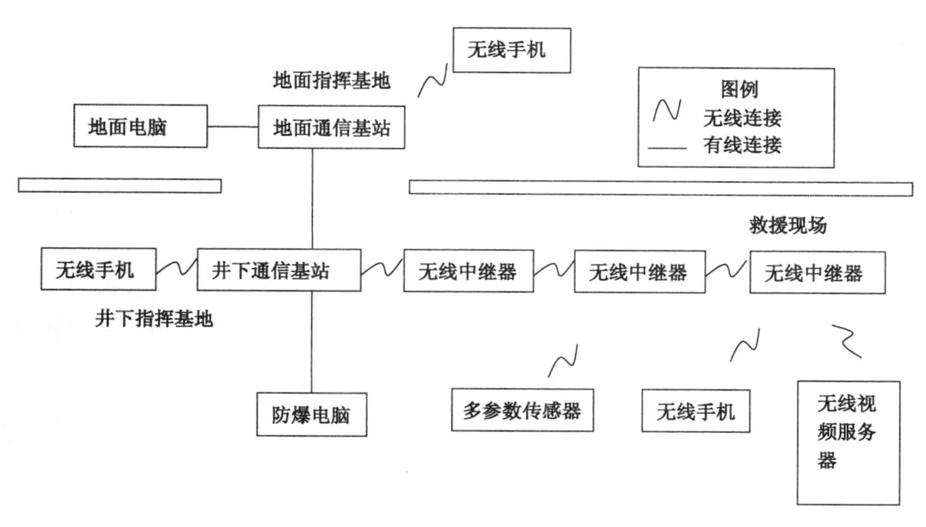

图 6-4　矿山救援无线通信系统结构图

传输内容相同的数据流(图 6-5)，而且它们占用的带宽流量相当大，至少在 128 kB/s 以上，这对于本就相当紧张的无线带宽来说无疑是一种巨大的浪费，严重影响视频图像传输的质量和效果，导致手机语音通话不流畅。

矿山救援无线多媒体通信系统是专为煤矿研发的应急救援指挥系统，使煤矿在灾害情

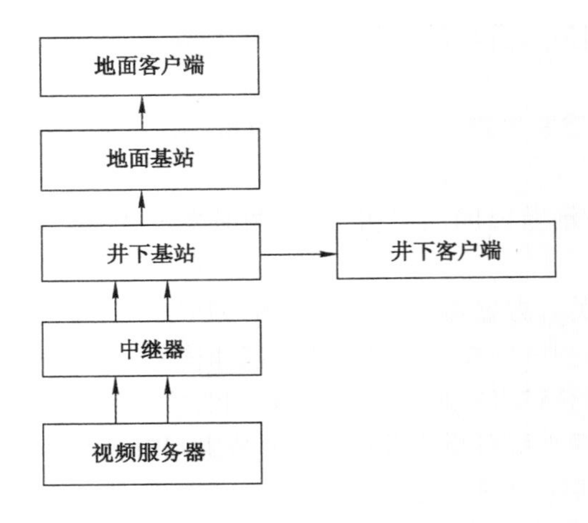

图 6-5　一般情况下的视频数据流

况下的语音视频通信更加通畅。随着煤炭生产的现代化程度不断提高，对通信手段、系统功能的要求也在不断增多。保证通信信息能够及时、准确、快速地传递对于煤炭生产、经营来说极为重要。光缆、数字微波、数字程控交换机应在矿山通信系统中得到广泛的应用，而且宽带上网、无线通信、图像传输等在矿山也要得到基本的普及。

实际救援过程中，通过矿山救援无线多媒体通信系统可以随时对井下视频、语音、环境参数信息进行采集、监测、显示、可靠传输，并上传至地面指挥中心，使地面救援人员能看到井下救援现场的画面和实时了解井下环境状况；井下和地面救援人员之间以及救援人员与指挥调度人员之间能进行双向语音实时通信；系统在地面接入卫星通信指挥车，各级应急指挥机构能同时看到井下现场抢险救灾的画面，听到现场指挥人员的工作情况汇报，并向抢险救灾现场发去上级领导的重要指示。救护员在进行救援时遇到的环境通常比较复杂，只有具有全面适应能力的设备才能较好地应用到救援过程中。

6.2　矿山救援无线多媒体通信系统主要技术指标

为规范煤矿井下通信设备和系统的选型、安装、使用、维护与管理，保证煤矿井下通信设备和系统的正常使用，建立通畅、便捷、有效、快速、智能化的井上下通信联络，根据国家有关法律法规和标准的要求，制定符合矿山应急通信系统的主要技术指标与要求。

其中以《煤矿安全规程》为主要准则，以《爆炸性环境 第 1 部分：设备通用要求》(GB 3836.1—2000，eqv IEC 60079-0：1998)；《爆炸性环境 第 2 部分：由隔爆外壳“d”保护的设备》(GB 3836.2—2010，eqv IEC 60079-1：1990)；《爆炸性环境 第 3 部分：由增安型“e”保护的设备》(GB 3836.3—2010，eqv IEC 60079-7：1990)；《爆炸性环境 第 4 部分：由本质安全型“i”保护的设备》(GB 3836.4—2010，eqv IEC 60079-11：1999)为基本标准，结合特定的煤矿制定相应的规则和所要达到的技术指标。

矿山救援无线多媒体通信系统在安全生产时需要达到的总体目标：指挥井下安全作业，高可靠的应急通信系统，满足新形势下对通信信息量的需求，联系不同工作地点的工作人员。在发生灾变时期的总体目标：通过便携灵敏的通信设备进入灾害区域，实时快速的传输井下情况，并且保证信号传输不会发生中断，尽可能对事故的发展势态做出及时的传输。本专著中矿山救援无线多媒体通信系统主要技术指标有以下几点：

① 井下救援基地至救援灾区无线通信传输距离≥1 000 m，完成 Mesh 组网 10 跳以上；

② 视频、语音、环境参数实时传输；

③ 基地设备与前端设备自成系统，独立运行；

④ 事故现场视频、语音资料实时记录；

⑤ 事故现场图像多点监视；基地 2 画面展示，地面 3 画面展示，语音双向通信；

⑥ 救护队员携带灾区音视频采集装置质量≤2 kg；

⑦ 无线本安型计算机具有独立指挥功能；

⑧ 系统工作时间≥6 h。

6.3　矿山救援无线多媒体通信软件开发

6.3.1　软件平台构建及工具开发

（1）软件平台

本专著采用 32 位简体中文/英文 Windows XP、Windows 7 操作系统的开发平台。

（2）开发工具

Microsoft Visual C、双码流网络视频服务器配套 SDK、微软基础类（MFC）。

（3）达到具体功能

搜索发现服务器设备地址、红外摄像仪视频监测、视频录像、音频对讲传输、控制信号发送、传感器采集数据显示、报警提示。

6.3.2　软件结构分析

本软件是在 Microsoft Visual C 集成环境基础上，利用 MFC 和双码流视频服务器的 SDK 中的类库，采用 VC++语言编写成的对话框结构软件，运行在 Windows XP 和 Windows 7 等微软的操作系统平台上。采用图形化界面编程技术，Socket 网络编程技术，动态链接技术，文件操作技术，自定义消息路由技术进行软件开发。采用的 dll 动态链接库的类别主要有网络操作类、音频视频编码解码类、文件的读写类、临界资源的同步与互斥。软件具体功能和结构如图 6-6 所示。

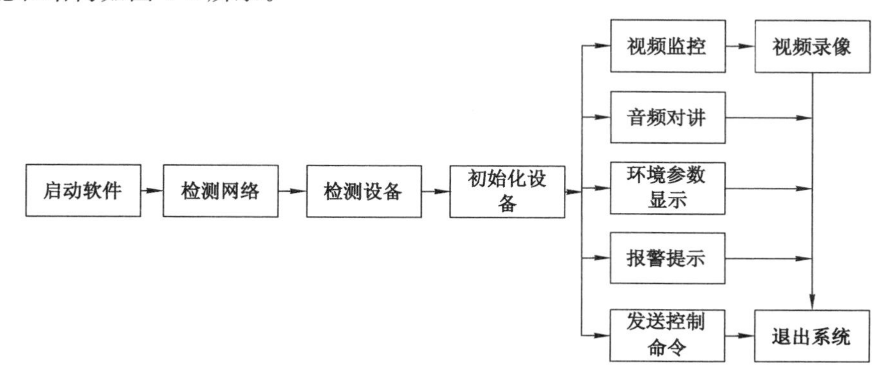

图 6-6　音视频和环境参数同步传输软件结构图

6.3.2.1 软件启动

在主对话框的 OnInitDialog()函数中对所要初始化的对象进行初始化，主要包括软件界面的外观，一些默认初始值的设定、软件版本等。

6.3.2.2 检测网络

在电信网络运营与维护工作中，模拟实际使用者普通电话用户、PHS 用户、GSM 用户、CDMA 用户的使用是测试和感受网络通畅情况、新增业务的功能验证、修改网元数据的正确性验证的重要手段。对话音业务而言，模拟实际使用者的使用就是用通信终端固定电话、移动手机等进行实际的拨打测试，建立呼叫，并感受通话质量。目前这一工作主要是人工方式，存在许多弊端：

(1) 网络维护滞后。对于网络故障或网络质量差的情况，网络运营商无法预先知道，往往是用户投诉后才进行测试并处理，其维护工作不仅被动而且有时间限制，也严重损害电信运营商在用户心目中的形象。

(2) 新功能测试不够完全。对于新增业务的功能验证、修改网元数据的正确性验证，测试工作大部分在夜间进行，测试点分散在各局所，需耗费大量人力物力。

(3) 互联互通缺乏检测。运营商之间互联互通是保证各电信运营商公平竞争的基础，目前问题较多，时通时不通，人工方式无法对其进行实时监测。

(4) 结果缺乏客观性。测试结果不能实时记录，且带有许多人为因素，无法对网络状况、网络质量有正确的评估。

通过 WSAStartup()函数完成对 Winsock 的初始化，这是 Socket 网络程序第一步程序工作，以此接收 Windows Socket 是否成功及错误。

相关代码：

```
void CRobot Control Dlg:Get Local IP()
{
WORD w Version Requested = MAKEWORD(2, 0);
WSADATA wsa Data;
int err No=WSAStartup(w Version Requested,&wsa Data);
if(err No ! = 0)
{
  return;
}
if(LOBYTE(wsa Data. w Version) ! = 2 || HIBYTE(wsa Data. w Version) ! = 0)
{
  WSACleanup();
  return ;
}
//struct hostent * this Host;
char local Host Name[80];
gethostname(local Host Name, 80);
struct hostent * p Host Name = gethostbyname((char * )local Host Name);
```

```
ASSERT(p Host Name);

m_by Local Co mm Card No = 0;
for(int i = 0; i<LOCAL_COMM_CARD_MAX_NO; ++i)
{
  if((unsigned long *)(p Host Name->h_addr_list[i]) ! = NULL)
  {
  m_dw Local IP[i] = *((unsigned long *)(p Host Name->h_addr_list[i]));
  ++m_by Local Co mm Card No;
  }
  else
  {
  break;
  }
}
WSACleanup();
  strcpy(m_ch C urr Local IP,  inet_ntoa( *((struct
in_addr *)(p Host Name->h_addr_list[0]))));

}
```

6.3.2.3　检测设备、初始化设备

首先，通过 gethostbyname()函数获得本机网卡的网络信息，判断计算机和视频服务器是否在同一网络内以及选择网卡进行通信。其次利用 SDK 中的库函数进行视频服务器的检测，初始化工作。主要有 HHNET_Startup()函数启动网络服务，HHNET_SearchAllServer()函数搜索网络中的数字视频服务设备(DVS)，HHNET_MessageCallback()设置利用回调函数处理消息的机制，HH5PLAYER_InitSDK()函数初始化视频播放器参数，HH5PLAYER_SetDecoderQulity()函数设置视频的输出质量，HH5PLAYER_InitPlayer2()函数设置视频播放器窗口，HH5PLAYER_OpenStream()函数打开播放器的播放流来准备接受视频服务器传回的视频数据进行解码显示播放。

相关代码：

```
void CRobotControlDlg::OnConnectDevice()
{
// TODO: Add your control notification handler code here
//启动网络服务
g_errCode = HHNET_Startup(this->m_hWnd, WM_HHNET_COMMAND, 0,
FALSE, FALSE, m_chCurrLocalIP);
if(HHERR_SUCCESS ! = g_errCode)
{
return;
```

```
}
HHNET_SearchAllServer(3000, ServerFindCallback);
g_errCode = HHNET_MessageCallback(MessageNotifyCallback);

//初始化播放库
HH5PLAYER_InitSDK(GetSafeHwnd());
HH5PLAYER_SetDecoderQulity(0);

//初始化播放器
HH5PLAYER_InitPlayer2(0, GetDlgItem(IDC_VIDEO_FRONT)->m_hWnd,
true);
HH5PLAYER_OpenStream(0);

/* if you  want to draw in callback function,please unco mment following state-
ment. */
// HH5PLAYER_RegCBOnDraw(0,_HHCBOnDraw,this);

HH5PLAYER_InitPlayer2(1, GetDlgItem(IDC_VIDEO_REAR)->m_hWnd,
true);
HH5PLAYER_OpenStream(1);

HH5PLAYER_InitPlayer2(2, GetDlgItem(IDC_VIDEO_LEFT)->m_hWnd,
true);
HH5PLAYER_OpenStream(2);

HH5PLAYER_InitPlayer2(3, GetDlgItem(IDC_VIDEO_RIGHT)->m_hWnd,
true);
HH5PLAYER_OpenStream(3);
}
```

6.3.3 各主要功能实现步骤

(1) 视频检测

通过 HHNET_OpenChannel()函数打开指定的音视频通道,对服务器端的音视频数据采集、回传,采集到的音视频数据被送到回调函数,在回调函数中把数据送入特定的播放器函数进行显示播放。利用 HHNET_CloseChannel()函数关闭指定通道的音视频通道。

相关代码:

```
void CRobotControlDlg::StartDisplay(DWORD focusWnd)
{
HHOPEN_CHANNEL_INFO  openInfo;
HHOPEN_CHANNEL_INFO_EX openInfo_ex;
```

```
HH_CHANNEL_INFO    channelInfo;

memset(&openInfo,0,sizeof(HHOPEN_CHANNEL_INFO));
memset(&openInfo_ex,0,sizeof(HHOPEN_CHANNEL_INFO_EX));
memset(&channelInfo,0,sizeof(HH_CHANNEL_INFO));
openInfo_ex.nSubChannel = 0;
openInfo_ex.dwClientID = focusWnd;
openInfo_ex.nOpenChannel = focusWnd;
openInfo_ex.res = 100;
openInfo_ex.protocolType = NET_PROTOCOL_TCP;
openInfo_ex.funcStreamCallback = ChannelStreamCallback;
openInfo_ex.pCallbackContext=(void *)focusWnd;

g_errCode = HHNET_OpenChannel(m_chCurDVSIP,
  m_netConfig.ComPortNo,
  m_chDeviceName,
  LOGON_USER,
  LOGON_PASSWORD,
(HHOPEN_CHANNEL_INFO *)&openInfo_ex,
  m_hChannel[focusWnd],
  m_hWnd);
if(HHERR_SUCCESS ! = g_errCode)
{
CString str="";
str.Format("ErrNo: %d\n", g_errCode);
AfxMessageBox(str);
}
}
```

(2) 视频录像

利用 HHNET_ReadChannelInfo()函数获取打开的视频通道的信息，得到通道的句柄，通过 HHFile_SetCacheBufferSize()函数设置视频数据的缓冲区大小，HHFile_InitWriter()函数来创建录像文件，HHFile_StartWrite()函数不断把缓冲区中的视频数据写入文件中。视频数据可以设置主次码流，次码流画面质量不高，为减少网络压力，监控视频选择次码流。录像文件用来记录，选择画面质量高的主码流数据来记录。HHFile_ReleaseWriter()函数用来释放文件句柄，进行停止录像。

相关代码：

```
void CRobotControlDlg::OnBtnRecordVideo()
{
// TODO: Add your control notification handler code here
```

```
if(FALSE == m_bIsDVSOpened || NULL == m_hChannel[m_dwFocusWnd])
{
return;
}

if(NULL == m_hRecordVideo[m_dwFocusWnd])
{
HH_CHANNEL_INFO channelInfo;
memset(&channelInfo,0, sizeof(HH_CHANNEL_INFO));
g_errCode=HHNET_ReadChannelInfo(m_hChannel[m_dwFocusWnd], channelIn-
fo);

if (HHERR_SUCCESS != g_errCode)
{
return;
}

m_hRecordVideo[m_dwFocusWnd] = HHFile_InitWriter();
ASSERT(m_hRecordVideo[m_dwFocusWnd]);
do
{
g_errCode=HHFile_SetCacheBufferSize(m_hRecordVideo[m_dwFocusWnd],500 *
1024);
if(ERR_FILE_SUCCESS != g_errCode)
{
break;
}

char szRecordVideoPath[MAX_PATH] = {0};
char szRecordVideoName[MAX_PATH] = {0};
GetModuleFileName(NULL, szRecordVideoPath, MAX_PATH);
* strrchr(szRecordVideoPath,'\\') = '\0';
strcat(szRecordVideoPath,"\\record\\");
CreateDirectory(szRecordVideoPath, NULL);
sprintf(szRecordVideoNam,"%s\\%s_%d_%d.mp6",szRecordVideoPath, chan-
nelInfo.szServerIP,channelInfo.nOpenChannelNo,GetTickCount());
g_errCode = HHFile_StartWrite(m_hRecordVideo[m_dwFocusWnd], szRecord-
VideoName);
if(ERR_FILE_SUCCESS != g_errCode)
```

```
{
AfxMessageBox("error: write video");
break;
}

GetDlgItem(IDC_BTN_RECORD_VIDEO)->SetWindowText(_T("停止录像"));
m_bIsFirst = TRUE;
return;

} while(FALSE);

HHFile_ReleaseWriter(m_hRecordVideo[m_dwFocusWnd]);
m_hRecordVideo[m_dwFocusWnd] = NULL;
AfxMessageBox(_T("录像未成功"));
}
else
{
//stop vedio record
HHFile_ReleaseWriter(m_hRecordVideo[m_dwFocusWnd]);
m_hRecordVideo[m_dwFocusWnd] = NULL;
GetDlgItem(IDC_BTN_RECORD_VIDEO)->SetWindowText(_T("开始录像"));
}
}
```

(3) 音频对讲

利用 HHNET_TalkRequsest()函数来向服务器端发起请求对讲，该函数参数主要有服务器的 IP 地址、通信端口号、对讲数据回调函数、对讲返回句柄、消息通知窗口句柄。该函数从监控端(即井下计算机或地面计算机)向设备服务器请求对讲，传递回调函数地址 TalkStreamCallback()，在回调函数中处理回送的音频数据，同时填充监控端采集的音频数据到发送缓冲区。回调函数中 HH5PLAYER_TKSendToPCData()函数可以由声卡播放出声音，HH5PLAYER_TKInit()初始化对讲的监控方，HH5PLAYER_TKRegCaptureDataCB()注册对讲回调函数，计算机自动获取监控方的音频数据，并通过 HH5PLAYER_TKStart()函数启动对讲，HHNET_TalkSend()函数来发送音频数据。从而，就实现音频的双向传输，实现对讲。由于不同机型采用的音频编码格式不同，所以编写程序时要考虑全面并且根据相应方式设置参数。HH5PLAYER_TKStop()函数停止对讲，HH5PLAYER_TKRelease()函数释放对讲句柄，结束对讲。

相关代码：

```
void CRobotControlDlg::OnBtnTalkAudio()
{
// TODO: Add your control notification handler code here
```

```
if(! m_bIsDVSOpened)
{
return;
}
if(NULL ! = m_hTalkServer && NULL ! = m_hTalkClient)
{
HH5PLAYER_TKStop(m_hTalkClient);
HH5PLAYER_TKRelease(m_hTalkClient);
m_hTalkClient = NULL;
HHNET_TalkStop(m_hTalkServer);
m_hTalkServer = NULL;
GetDlgItem(IDC_BTN_TALK_AUDIO)->SetWindowText(_T("开始对讲"));
return;
}
else
{
GetDlgItem(IDC_BTN_TALK_AUDIO)->SetWindowText(_T("结束对讲"));
}

g_errCode = HHNET_TalkRequsest(m_chCurDVSIP,
m_netConfig. ComPortNo,
m_chDeviceName,
LOGON_USER,
LOGON_PASSWORD,
TalkStreamCallback,
NULL,
m_hTalkServer,
m_hWnd);

if(g_errCode ! = HHERR_SUCCESS)
{
AfxMessageBox("Talk requsest error! ");
return;
}
m_criticalSection. Lock();
g_errCode = HH5PLAYER_TKInit(GetSafeHwnd(), m_hTalkClient);
if(NULL ! = m_hTalkClient)
{
g_errCode=HH5PLAYER_TKRegCaptureDataCB(m_hTalkClient, _HHTalkCB-
```

```
Fun, 0, this);
    WORD wFormatTag = HH_AENC_G726;
    WAVEFORMATEX xInFormat;
    memset(&xInFormat,0,sizeof(WAVEFORMATEX));
    xInFormat.wFormatTag = wFormatTag;
    xInFormat.nChannels = 1;
    xInFormat.wBitsPerSample = 16;
    xInFormat.nSamplesPerSec = 8000;
    xInFormat.nBlockAlign=(xInFormat.wBitsPerSample/8) * xInFormat.nChannels;
    xInFormat.nAvgBytesPerSec=xInFormat.nBlockAlign * xInFormat.nSamplesPer-
Sec;
    xInFormat.cbSize = 0;

    WAVEFORMATEX xOutFormat;
    memset(&xOutFormat,0,sizeof(WAVEFORMATEX));
    xOutFormat.wFormatTag = wFormatTag;
    xOutFormat.nChannels = 1;
    xOutFormat.wBitsPerSample = 16;
    xOutFormat.nSamplesPerSec = 8000;
    xOutFormat.nBlockAlign = (xOutFormat.wBitsPerSample/8) * xOutFormat.
nChannels;
    xOutFormat.nAvgBytesPerSec = xOutFormat.nBlockAlign * xOutFormat.nSam-
plesPerSec;
    xOutFormat.cbSize = 0;

    g_errCode=HH5PLAYER_TKStart(m_hTalkClient,&xInFormat,&xOutFormat);
    }

    m_criticalSection.Unlock();
    }
```

（4）环境参数显示

其他设备配有的传感器会实时传来监测环境的数据信息，如环境温度、气体成分比例等信息。利用 MFC 提供的控件类可以将数据可视化，使得监控更加直观、形象和实时显示。由于环境参数类型较多，在此不一一列举实现细节。具体用到的技术主要是 Windows 的图形界面编程。

（5）报警提示

Windows 应用程序机制为消息驱动机制，操作系统通过给应用程序发送消息来不断驱动程序的进行和状态的转变。而利用 MFC 编写程序的主要程序架构有自己的消息路由规则。Windows 中有许多操作系统默认的消息，其类型实质为一个无符号整形数。当然消息的具体实现为一个 MSG 结构体。编程人员也可以定义自己的消息来发送、接收和处理，消息类型应大于 WM_USER 系统值，利用这个机制可以自定义报警消息。另外，MFC 有许多高级的通信控件，这个软件主要利用了 MSComm 串口控件，利用此控件可以很容易与 RS232 串口进行通信，得到报警消息。具体实现不再赘述。

(6) 发送控制命令

利用 MFC 中的 CAsyncSocket 类进行 Socket 网络编程，在网络中不同的主机之间进行通信。查阅主机的 IP 地址和通信端口，通信双方约定好控制协议，利用 TCP/IP 协议进行控制命令的发送和接收。此处主要用到的技术为 Windows 下 Socket 网络编程。

(7) 退出系统

点击退出按钮，退出软件运行界面。

6.4 矿山救援无线多媒体通信装备研发

矿山应急救援通信装备是矿山救护队抢险救灾过程中不可缺少的设备，随着数字音视频编解码技术的日益成熟，无线传感器网络技术的快速发展为多媒体信息系统在矿山上的应用提供了坚实的技术基础。同时我国政府对矿山应急救援工作的高度重视，对矿山应急救援装备的发展起着强有力的推动作用。但近年来矿山事故仍是影响矿山持续发展的主要因素。为减少矿山事故人员伤亡和财产损失、促进矿山安全生产，还需进一步加强矿山应急救援通信技术研究和装备的研制。

6.4.1 ZKJ500 矿井钻孔通信装置

ZKJ500 矿井钻孔通信装置引入通信技术、网络技术、图像处理及多媒体技术，将井下灾区的图像、语音实时上传至地面救灾指挥部和国家局矿山救援指挥中心。该装置在钻孔中传输距离为 1 000 m，装置传输介质采用 MHJYV 型煤矿用加强线芯聚乙烯绝缘保护套通信电缆，操作简单；该装置实现了钻孔中的可移动式实时图像单向传输功能[3]。

(1) 救灾通信可视化

本装置是属矿山救援系统，可实现通过钻孔将救灾现场图像获取、记录并实时传送到各级指挥中心，使井下救护基地及地面各级指挥中心能够及时、准确掌握井下灾区信息，指挥决策有的放矢。同时装置具有红外夜视功能，即使在全黑的环境中也可以采集到 10 m 内的图像资料。

(2) 救灾指挥专家化

以往的救援只能简单地靠救护队员汇报给指挥中心，同时救护队员不能全面地说清井下的情况（受特殊情况的限制，如灾区光线很暗，无法看清），而本系统具有把灾区情况实时连续的、多角度较真实传到地面指挥中心和国家救援指挥中心的功能，这些地方有许多专家同时分析情况并可立即把方案传到救灾现场。

(3) 事故分析科学化

以往的事故分析是通过救护队员回忆和基地人员的了解作一汇报，这种方法不全面，同时也不能真实的反映现场情况。此设备具有现场资料存储和回放功能，可以把现场救灾情况进行多次回放，供救灾专家研究讨论，提高事故分析的科学性。

(4) 信息传递网络化

此装置采集的灾区现场救灾情况的图像和声音不但可以实时传递给井下救灾基地和地面指挥中心，而且还可以通过互联网实时传递给国家救援指挥中心和其他需要的地方，及时得到国家救援指挥中心更科学、更全面的救灾指令和其他地方救灾专家的合理化建议。

ZKJ500矿井钻孔通信装置为长期存放于地面室内的井下产品，共由三部分组成：探测器、通信线轮盘、系统专用PC(工业笔记本)。

ZKJ500矿井钻孔通信装置自动采集井下事故现场图像，并将采集到的图像、环境气体参数连同耳麦中的音频信号一起发送到COFDM无线传输模块。视音频合成压缩模块首先将模拟的音频、视频信号转换成数字信号，然后采用H.264压缩编码，QPSK调制、卷积编码等处理后传输至COFDM发送模块与无线射频将数据发出。地面接收端基站集成了COFDM数据接收模块与射频接收模块，接收模块与计算机通过USB接口连接。另一个冗余设计是系统采用XDSL网络协议，并且进行了本安处理，可发送与接收模块之间的最大传输距离增加至4 km。采集模块采集到的多媒体信息经过调制，将信号传输给SDSL模块，通过矿用双绞线传输到地面。地面接收端基站中的SDSL模块将电话信号再调制成网络信号，SDSL线路接入模块解码提供一个RJ45用户端接口，最后通过计算机将视频和音频信息展示给救援人员。系统装置运行原理如图6-7所示。

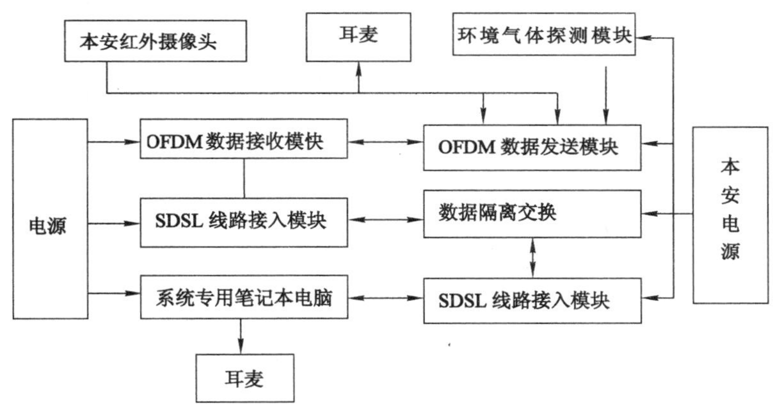

图6-7　设备总体设计原理图

在低照度下将ZKJ500-T矿用本安型钻孔通信装置探测器采集的图像通过ZKJ500-L矿用一般兼本安型钻孔通信装置线轮盘显示到地面计算机并与之语音对讲。ZKJ500-T矿用本安型钻孔通信装置探测器设备为本质安全型设计(图6-8)。

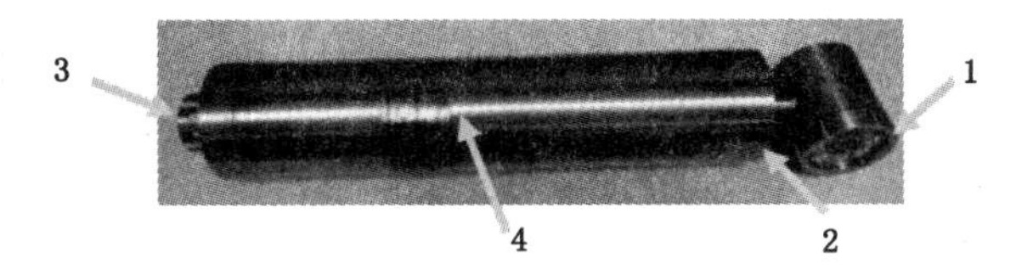

图6-8　ZKJ500-T矿用本安型钻孔通信装置探测器

1——视频；2——话筒；3——信号输出接口；4——扬声器

ZKJ500-T矿用本安型钻孔通信装置探测器插上通信线缆后自动开机，红外摄像仪自动捕捉井下事故现场图像(当环境照度低于15 lx时，红外灯自动开启)，并将捕捉到的视频模拟信号传输至数据转换模块，数据转换模块将视频模拟信号数字化，数字化后的视频信号采用 H.264 视频压缩方式进行压缩编码，通过矿用电缆将信号以 IP 包的形式传送出去。

ZKJ500-T 矿用本安型钻孔通信装置探测器可实现音频信号的双向传输，即：井下遇险人员与地面指挥人员可相互通话。其最大传输距离为 1 km，在最低照度为 0.2 lx、水平清晰度为 350 线和灰度大于 7 级的情况下，该装置的图像显示正常，可以达到识别和传输的要求。ZKJ500-T 矿用本安型钻孔装置通信探测器的直径为 80 mm，长度为 480 mm，质量为 4.6 kg。

由于井下情况的复杂性和多变性，所以以上设备的要求极高，通过反复实验模拟和现场测试，最终得到该产品可以在温度介于 0～40 ℃、相对湿度不大于 80%、大气压力介于 80～106 kPa、无强烈振动和冲出的情况下正常使用。

ZKJ500-L 矿用一般兼本安型钻孔通信装置线轮盘设备为一般兼本质安全型设计，如图 6-9 所示。该设备能将 ZKJ500-T 矿用本安型钻孔通信装置探测器图像及声音信号传输至井上，而且可以与 ZKJ500-T 矿用本安型钻孔通信装置探测器进行双向通信，同时与井上计算机 Wi-Fi 通信。在通信异常的情况下，可以进行通信指示。

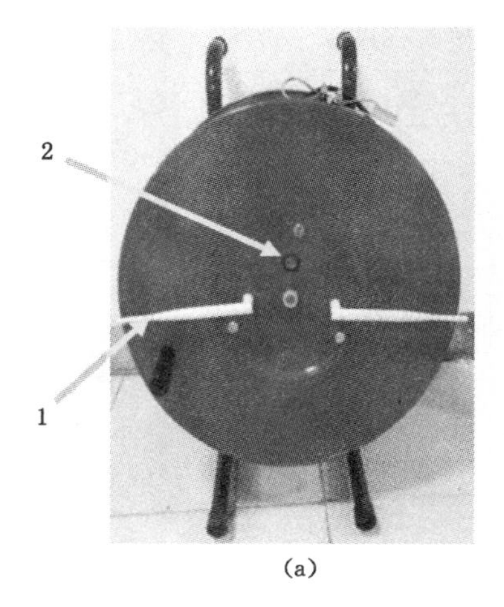

(a)

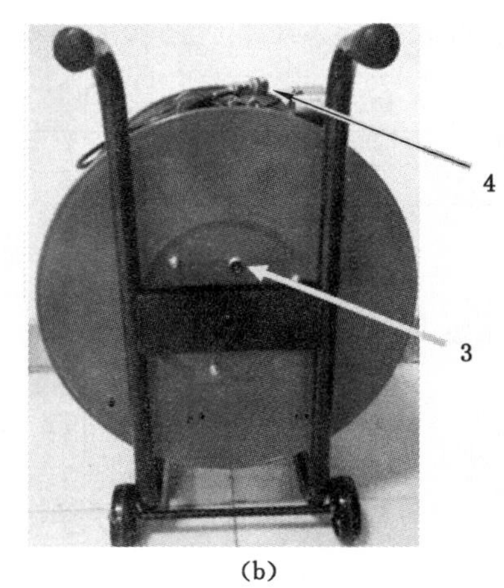

(b)

图 6-9　ZKJ500-L 矿用一般兼本安型钻孔通信装置线轮盘

1——传输天线；2——开关；3——充电接口；4——通信线缆

ZKJ500-L 矿用一般兼本安型钻孔通信线轮盘直径为 440 mm，高度为 610 mm，质量为 45 kg。

ZKJ500-T 矿用本安型钻孔装置通信探测器的地面设备与探测器部分自成系统，独立运行，可实现视频、语音的实时传输，实现钻孔内生命信息视频、语音资料的实时记录，钻孔内双方位监测，地面的控制计算机双画面展示，地面和井下语音的双向传输，可准确地探测钻孔孔壁坍塌、钻孔内残渣存留、钻孔涌水、裸孔段孔壁的完整性、套管变形以及井下人员生存空间等关键信息，具有上网功能，装置的内置网卡可提供互联网连接功能，实时远程网络通信，将救援信息实时传送到上级救援指挥部门。

6.4.2　KTW 煤矿救灾无线通信装置

对于无线通信来说，主要设计以下几种设备：

（1）灾区多媒体数据转换器

多媒体转换器(media converter)是一款 Android 市场上功能最完整、最齐全的文件转换器,它几乎可以转换所有格式,包括视频、音频、图像、文件、电子书等文件的转换。对井下复杂环境的应用起到了至关重要的作用,将井下信息实时可视化并且传输到地面指挥调度系统。而灾区多媒体数据转换器主要由双码流网络视频服务器、无线 Mesh 网络中继器组成、本安型电源、液晶显示模块、红外视频采集模块组成,通过双码流视频服务器将固化摄像头和本安耳麦采集到的多媒体信号转换成 H.264 数据格式,然后通过无线 Mesh 网络中继器进行数据传输,见图 6-10 和图 6-11。

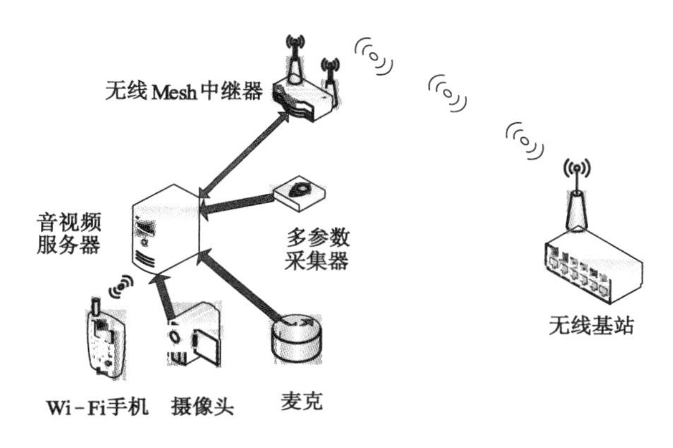

图 6-10　灾区多媒体数据转换器系统结构示意图

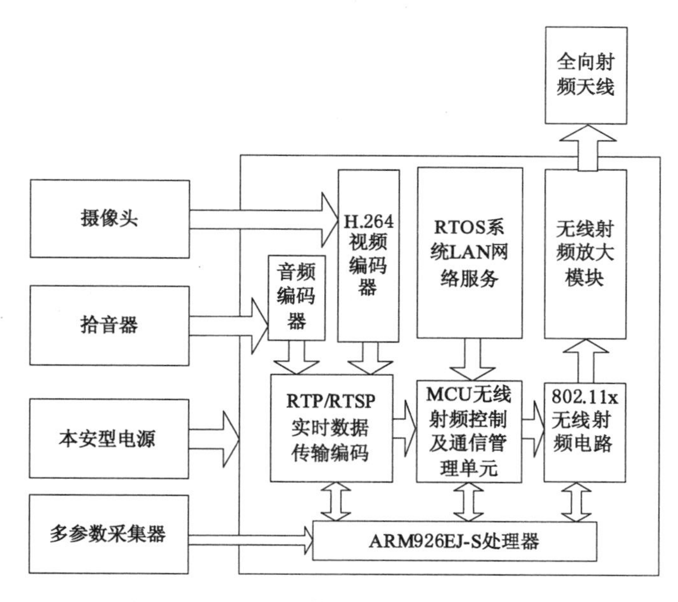

图 6-11　灾区多媒体数据转换器功能结构图

① 可连接的终端设备有:Wi-Fi 手机、Wi-Fi 多环境参数采集器;

② 可连接传输设备:Mesh 中继器、无线基地台;

③ 设备外观及结构:有射频天线,结构紧凑,外观人机化设计;

④ 设备主要特点:多媒体信息同步采集、视频信息定位准确、小巧轻便,无线通信传输

多媒体数据。

(2) 无线 Mesh 中继器

无线中继器,在空间广阔的环境中,无线信号的覆盖范围比带宽和速度更重要。无疑使用中继器来扩展基站的覆盖范围是较佳的选择。在网络中无线中继器,可以简单狭义地说是无线 AP。

AP 即 Access Point(无线访问节点)的简称,它相当于有线网络中的集线器或交换机,不过,这是一个具备无线信号发射功能的集线器,它可为多台无线上网设备提供一个对话交汇点。

该设备主要由单个无线 Mesh 网络中继器组成,设置工作模式为双频(2.4 G 和 5.8 G)中继模式,通过该设备进行多媒体数据接力传输,见图 6-12。

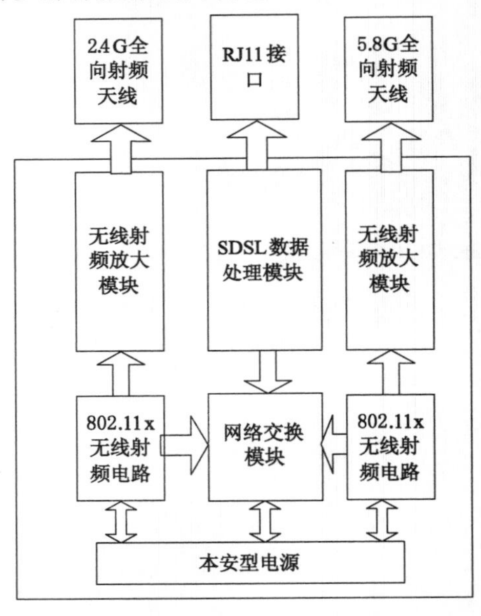

图 6-12　无线中继功能结构图

① 可连接终端设备:无线本安计算机、Wi-Fi 手机;

② 可连接传输设备:无线 Mesh 中继器、无线基地台;

③ 设备结构及外观:具有双频天线;

④ 设备主要特点:无线信息多跳传输,可接入任何具 Wi-Fi 传输功能的终端设备,无线传输距离大于 1 km,同时具有双绞线传输功能。

(3) 无线基地台

无线基地台是指 WLAN AP (Wireless LAN Access Point),就是无线局域网络存取器,用户可以通过这个 AP 达到无线上网的目的。

该设备主要由无线网络交换机及 SDSL 调制解调器组成,通过该设备将所有多媒体信息通过 Mesh 无线网络集中传输,同时连接其他 KTW185 设备并利用 KTW185 的基地台与地面隔离中继器相连接,见图 6-13 和图 6-14。

① 可连接终端设备:无线本安计算机;

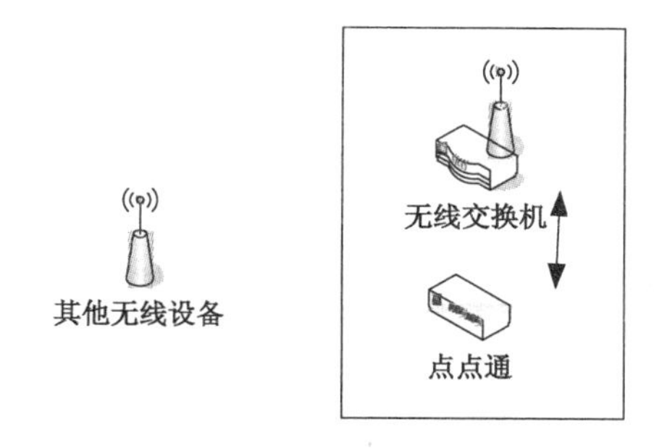

图 6-13　无线基地台

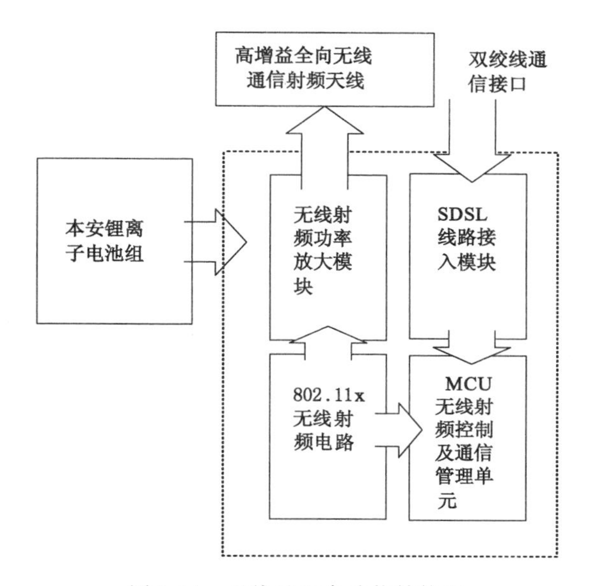

图 6-14　无线基地台功能结构图

② 可连接传输设备:无线 Mesh 中继器;

③ 设备结构及外观:具有射频天线和双绞线接口;

④ 设备主要特点:可接入任何具有 Wi-Fi 传输功能的终端设备,无线传输距离大于 1 km,同时具有双绞线传输功能。

以上为系统装备中的基本传输采集装置,根据救援环境和要求不同实际使用的设备略有不同。下面以 KTW185 煤矿救灾无线通信装置为例来说明。

KTW185 煤矿救灾无线通信装置为长期存放于地面室内的井下产品,共由三部分组成:KZC16 矿用本安型信号转换器、KTW185-L 矿用本安型无线中继器、地面计算机。其中,KZC16 矿用本安型信号转换器由救护队员随身携带。

KTW185 煤矿救灾无线通信装置能将井下事故现场图像、语音实时传输到井下基地指挥部及地面指挥中心,指挥人员可及时了解事故现场情况,为救援决策提供第一手资料。并且可以在井下救护队员、井下基地指挥人员及地面指挥人员之间实现双向语音通信,井下基地指挥人员和地面指挥人员可以随时下达救援指令,井下救护队员也可以及时向指挥人员请示和汇报。

KZC16 矿用本安型信号转换器由数据转换模块、传输模块和镍氢电源组成,设备为本质安全型设计。该转换器主要实现救灾现场的视频/音频信号的转换、压缩、传输功能，同时可接收音频信号，如图 6-15 所示。

图 6-15　KZC16 矿用本安型信号转换器

KZC16 矿用本安型信号转换器开机后，转换器自动捕捉井下事故现场图像，并将捕捉到的视频模拟信号传输至数据转换模块，数据转换模块将视频模拟信号数字化，数字化后的视频信号采用 H.264 视频压缩方式进行压缩编码，然后采用独特的调制方式，通过矿用电缆将信号以 IP 包的形式传送出去。

KZC16 矿用本安型信号转换器的体积为 112 mm×62 mm×185 mm($L\times W\times H$)，质量为 2.2 kg

KTW185-L 矿用本安型无线中继器由数据转换模块及镍氢电源组成，设备为本质安全型设计。其能将 KZC16 转换器输出信号传输至地面计算机，具有信号转发、接收功能。当救灾现场与地面救援指挥部的距离较大，超过系统设备的有效传输距离时，可根据具体情况增加中继器。如图 6-16 所示。

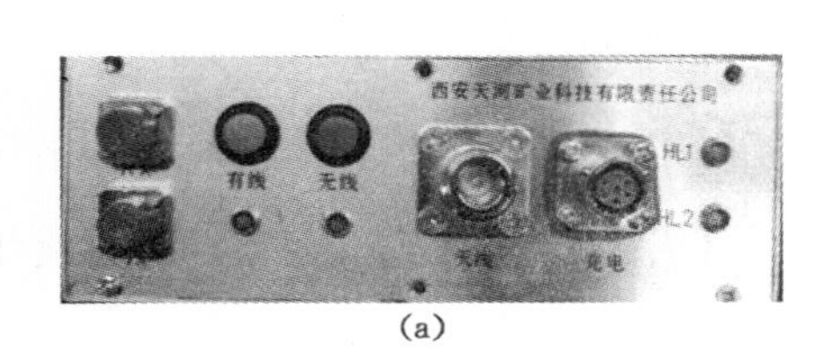

(a)

(b)

图 6-16　KTW185-L 矿用本安型无线中继器

(a) 控制面板；(b) 正面图

KTW185-L 矿用本安型无线中继器体积为 150 mm×50 mm×175 mm($L\times W\times H$)，质

量2.0 kg。

KTW185煤矿救灾无线通信装置可实现音频信号的双向传输，即前端救护队员、基地人员及地面指挥人员可相互通话。

6.4.3　目前亟待开发研究的装备

(1) 遇险人员准确定位技术和装备

目前，我国矿山地质部门的精查数据不是十分准确，各矿山企业的井下巷道图也有一定的出入，历次救援工作中按图纸打井下钻孔时均有较大的偏差，给救援工作带来了一定的困难。要想准确定位井下遇险人员的位置，若有可用的电话等方式进行联系是一种途径，但大部分情况下，需要通过遇险人员敲击巷帮、顶板以及铁轨等设施，产生地震波以供地面救援人员进行定位。为此，可以RFID(radio frequency identification)技术为基础，应用于井下恶劣环境中的RSSI(received signal strength indicator)人员定位原理和方法，同时结合超低功耗设计技术和高集成度、低功耗的CC1100射频芯片，电源管理，MSP430超低功耗单片机数据处理技术和嵌入式计算机技术相结合的矿山应急救援搜救系统的设计方案。设计出能够实现主动发送定位信号、海量自动存储、RSSI定位信息实时显示、同步显示被困人员身份信息等功能。

(2) 灾区继发性爆炸危险性判定技术装备

矿山救护是一项极具危险性的工作，近年来时有指战员牺牲在矿山救护现场，其中有近一半牺牲在继发性的瓦斯爆炸事故中，教训极为深刻。由于井下灾区环境复杂，灾区气体成分和通风参数多变，研发用于井下灾区继发性爆炸危险性的判定技术和装备一直是一个难题，亟待研究解决。

(3) 高可靠度井下多媒体无线传输技术装备

在应急救援工作中，灾区现场多媒体资料的获取与传输是非常重要的，一方面有利于地面救灾指挥部和各级应急指挥机构决策指挥，另一方面有助于事故调查和救援案例的分析。目前，虽然我国已经研制了井下有线(或中继)多媒体传输设备，但其体积大、导线(或中继站)质量大、布线费时费力，给救援人员增加了许多工作量，影响救援进度与效果。为此，研制高可靠度井下多媒体无线传输技术装备是当务之急。

(4) 区域预测预警模拟仿真推演技术与装备

国家安全生产监督管理总局正在全力推进国家安全生产应急平台体系建设，其目的是要在建立一套包括有关部委应急机构、中央企业、各省、市等地方安全生产部门应急机构以及应急救援队伍的互联互通、信息共享的应急平台体系，从而掌握应急资源，实现异地会商和决策指挥。然而，在应急平台体系建设过程中，区域预测预警、模拟仿真以及模拟推演是应急平台体系建设的关键技术，如何建立健全区域预警、仿真和推演模型，并与事故企业(包括煤矿井下)三维图像相结合，自动采集环境参数，叠加显示在各级指挥中心的屏幕上，供领导决策指挥，是一个亟待解决的技术装备难题。

(5) 矿山应急救援通信多功能装备车

矿山应急救援多功能装备车应具有以下几大系统：① 车载束管式矿山安全监测系统；② 复合式救灾专用束管缆线；③ 矿山救灾无线通信系统；④ 低照度矿用工业电视系统；⑤ 矿山人员定位系统；⑥ 卫星通信系统；⑦ 智能化专家系统软件。车内装有：快速气相色谱分析仪、煤矿束管监测系统、灾区移动电话、呼吸器、红外测温仪、传真机、复印机等。系统可实现自动采样，连续监测，具有实时数据查询、趋势数据查询、实时曲线、趋势曲线显示、打印等功能，并进行爆炸危险性的智能判别及灾害预测，为救援指挥决策提供科学的依据。

6.5 矿山救援无线多媒体通信系统的总体结构

矿山救援无线多媒体通信系统工作方式为视频、音频、环境参数采集器将捕捉和采集到的相关信息同步送至双码流多媒体网络服务器，模拟多媒体信号被双码流多媒体网络服务器转换成数字信号，然后分为两路传输，一路高清存储在电子微硬盘上，无线射频模块接收另一路并上传。无线射频模块通过 2.4G 无线通信射频天线传送给无线 Mesh 中继设备的无线双频通信模块的 2.4G 端，无线双频自组网通信模块通过无线 Mesh 组网方式，在 5.8G 射频天线上进行接力传输，同时也可将信号以 IP 数据包的形式传给 SDSL 接入模块，由 SDSL 接入模块通过双绞电话线传给下一个中继设备的 SDSL 接入模块；具体采用哪种方式可以根据距离远近和环境决定，当距离超过 500 m 时或在穿过金属风门、多处拐弯时，将双绞线接上，则自动转成对 SDSL 传输，在平直视距传输环境将双绞线去掉，则采用无线 Mesh 传输。在井下救援基地附近的无线 Mesh 中继设备信号通过无线传输到井下基地终端设备（矿山救援本安型计算机），计算机的嵌入式中央处理器模块（CPU）将数字多媒体信息还原成语音、视频和环境参数显示，或通过同样的方法，将数据传到地面救援指挥中心计算机，系统专用计算机通过专用软件系统将数字信息还原成语音、视频和环境参数显示。井下本安电路与地面电路的隔离是通过地面数据电—光—电交换隔离来完成。

本系统中的双码流多媒体网络服务器包括 CCD 视频编码模块、音频编码模块、CMOS 传感器模块、音视频输入输出模块、时钟电路、以太网络处理模块、USB 数据接口模块、RS485 数据接口电路和 2.4G 无线通信模块。多媒体服务器将摄像仪和话筒输出的信号进行 A/D 转换，通过专用输出端口传送到 ARM926EJ-S 处理器进行双码编码，高码率的一路码流用于本地数据存储，存储在 Flash 盘上，低码率的一路码流进行网络传输，通过 2.4G 无线通信处理模块传输至中继远传设备，然后传输至井下终端和地面终端。

该系统技术与现有其他救援通信技术相比，具有其独特的技术特点，主要表现在以下几点：

(1) 专一性：矿山救护队的专用救援多媒体通信系统（独立使用）。

(2) 可靠性：采用安全人机冗余可靠性设计，从电路、机械进行多重安全防护设计。

(3) 实用性：实时动态通信，即敷即用、随布随传。

(4) 便携性：充分考虑救护队员的工作特点，进行轻型化设计。

(5) 灵活性：可井下指挥（本安计算机），也可连接至地面指挥。

(6) 适应性：无/有线联合组网，适应井下绕道、风门等复杂环境。

(7) 互动性：无线摄像机带屏显，定位好，与指挥方实时沟通准确。

(8) 易用性：远距离传输采用双绞线，避免了光缆的安装维护难题。

(9) 延伸性：采用无线/有线有机融合设计，解决了 Mesh 网络多级无线传输带宽衰减快，视频信息传输难的问题。

(10) 兼容性：支持 Wi-Fi Mesh、以太网、RS485 等网络通信标准。

矿山救援无线多媒体通信系统结构如图 6-17 所示。

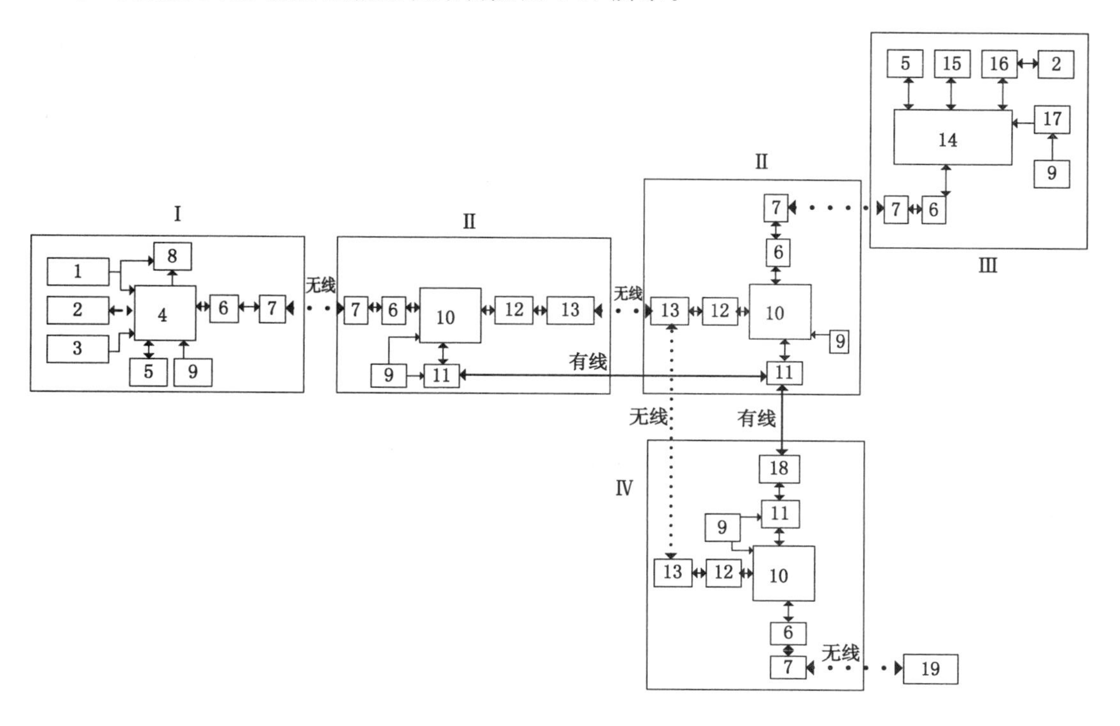

图 6-17　矿山救援无线多媒体通信系统结构图

从图 6-17 可知，本系统在应用过程中可分为四个部件，它们分别是：Ⅰ前端灾区设备，Ⅱ中继远传设备，Ⅲ井下救援基地设备，Ⅳ地面指挥中心设备。

其中，Ⅰ前端灾区设备由视频输入模块 1、音频处理模块 2、气体检测模块 3、网络多媒体处理模块 4、数据存储模块 5、2.4G 通信处理模块 6、2.4G 全向天线 7、3.5 寸模拟屏 8、本安电源及控制电路 9 构成。

Ⅱ中继远传设备由 2.4G 通信处理模块 6、2.4G 全向天线 7、本安电源及控制电路 9、双频无线 Mesh 通信模块 10、RJ11 接入模块 11、5.8G 通信处理模块 12、5.8G 全向天线 13 构成。

Ⅲ井下救援基本设备由音频处理模块 2、数据存储模块 5、2.4G 通信处理模块 6、2.4G 全向天线 7、本安电源及控制电路 9、低功耗嵌入式中央处理模块 14、3.5 寸数字屏 15、音频解码处理模块 16、直流 5 V 稳压模块 17 构成。

Ⅳ地面指挥中心设备由 2.4G 通信处理模块 6、2.4G 全向天线 7、本安电源及控制电路 9、双频无线 Mesh 通信模块 10、RJ11 接入模块 11、5.8G 通信处理模块 12、5.8G 全向天线 13、数据电—光—电交换隔离模块 18、系统专用笔记本电脑 19 构成。

其中，ZKJ500 矿井钻孔通信装置的系统总体结构如图 6-18 所示，在钻孔探测使用过程中，探测器由救援人员从地面钻孔放置受灾区域。

ZKJ500 矿用一般兼本安型钻孔通信系统结构框图如图 6-19 所示。

KTW185 煤矿救灾无线通信系统工作示意图如图 6-20 所示，其系统结构如图 6-21 所示。

通过上述装置的连接与应用，可以实现在最低照度小于 0.2 lx，水平清晰度大于 350

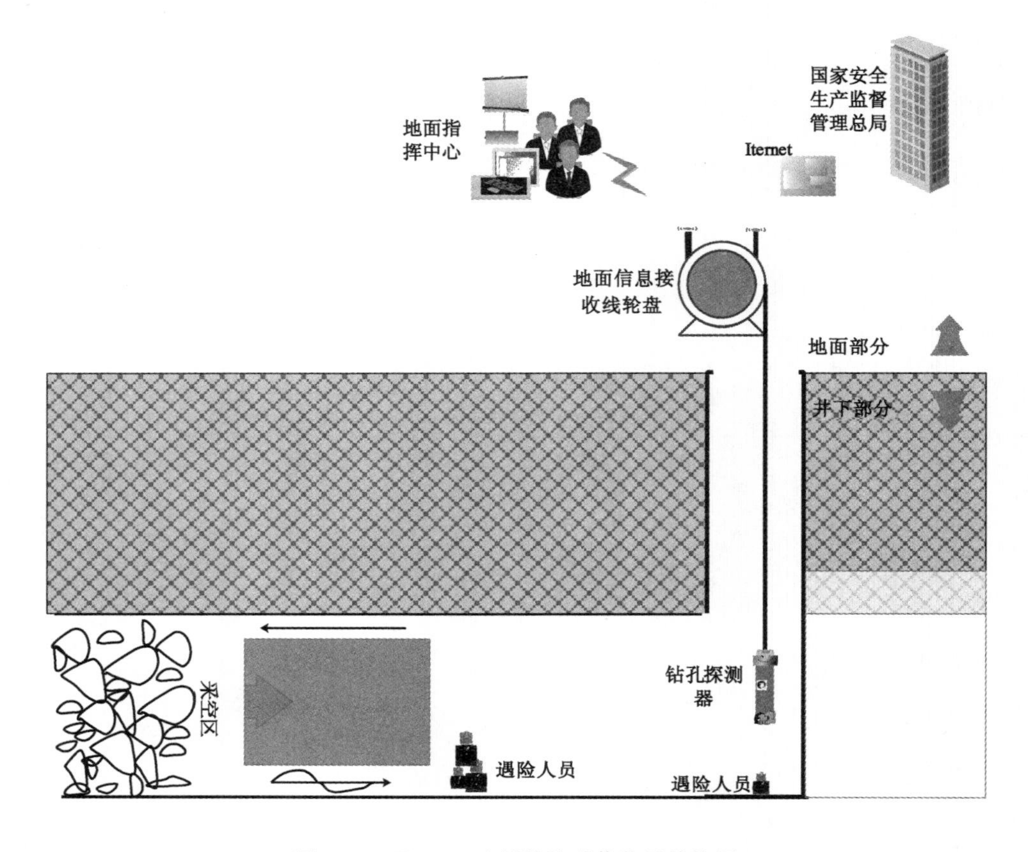

图 6-18　ZKJ500 矿用钻孔通信装置结构图

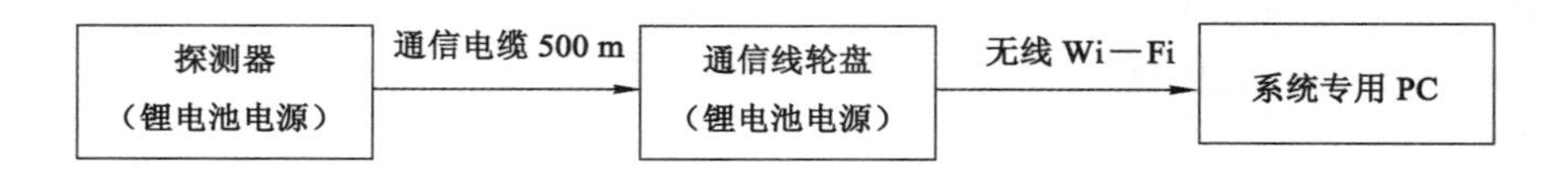

图 6-19　ZKJ500 矿用一般兼本安型钻孔通信系统结构图

线，灰度等级大于 7 级的图像显示功能，而且显示正常。在 KZC16 转换器与 KTW185-L 中继器之间通过 Wi-Fi 传输，其中心频率可达 2.44±0.05 GHz，在不含发射天线的基础下，发射功率为－20 dBm，人员或者车辆遮挡的情况下，最大传输距离可达 100 m。

KTW185-L 中继器与地面笔记本之间的传输方式为 Wi-Fi 传输，其中心频率为 2.44±0.05 GHz，在不含发射天线的基础下，发射功率为－20～15 dBm，在无人员或者车辆遮挡的情况下，最大传输距离可达 50 m。

KTW185-L 中继器之间可以通过光纤传输信号，光纤接口数量各有一对，单模光纤的传输波长可达 1 310 nm，光纤的发射频率在－10～0 dBm 之间，光接收灵敏度≤－15 dBm，最大传输距离可达 10 km。

KTW185-L 中继器之间也可以通过 Wi-Fi 传输信号，其中心频率在 2.44±0.05 GHz 之间，在无人员和车辆遮挡的情况下，最大传输距离可达 300 m。

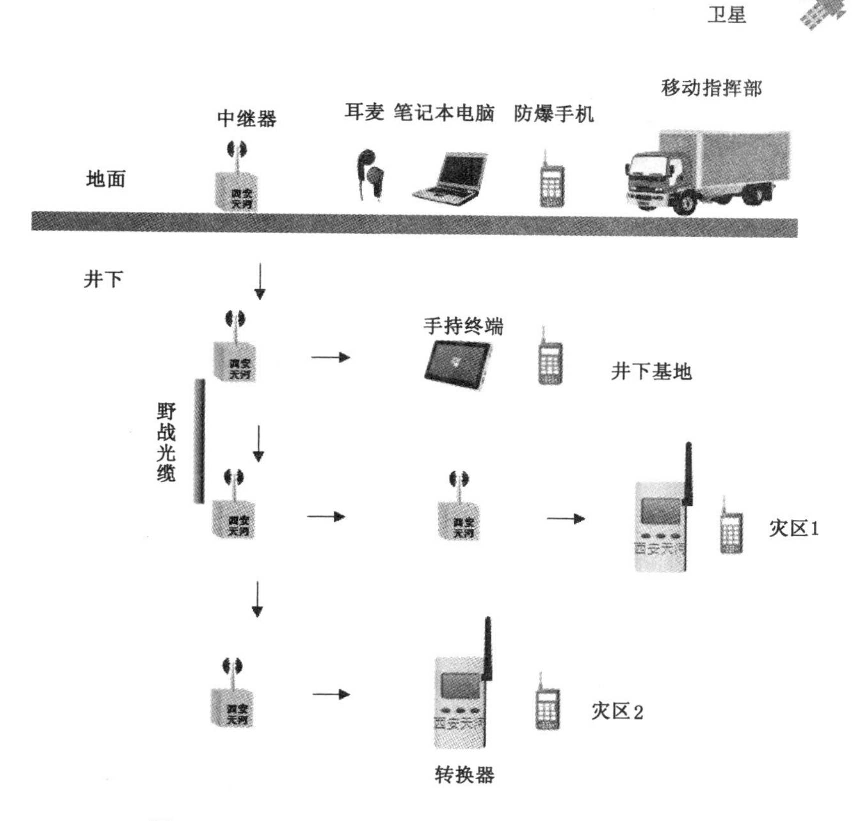

图 6-20　KTW185 煤矿救灾无线通信系统工作示意图

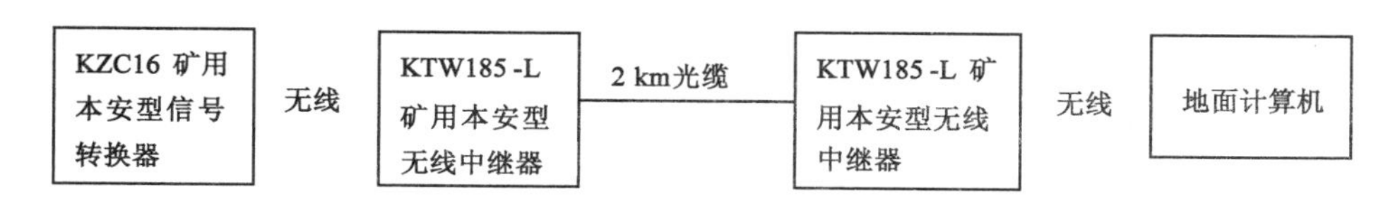

图 6-21　KTW185 煤矿救灾无线通信系统结构图

参 考 文 献

[1] JONES B. New technology provides effective communications for underground rescue operations[J]. Coal International,1998,246(5):171-174.

[2] 孙弋. 新型煤矿井下应急无线通信系统的建立[J]. 西安科技大学学报,2008,28(1):117-121.

[3] 郑学召. 矿井救援可视化指挥装置研究[D]. 西安:西安科技大学,2004.

第7章　矿山救援无线多媒体通信装置的应用与实践

矿山救援无线多媒体通信系统引入现代通信技术、无线网络技术、图像处理等多媒体技术，将煤矿井下灾区现场声音、图像实时上传至井下救护基地、地面救灾指挥部和国家局矿山救援指挥中心，实现了各级救援指挥中心的救援指令至灾区现场、矿井下可移动式实时图像、环境参数单向传输、语音双向传输，具有“救灾通信可视化、救灾指挥专家化、事故分析科学化、信息传递网络化”等特色，解决了矿山应急救援通信的难题。本章结合多次现场应急救援的工程实践，介绍矿山救援无线多媒体通信系统在矿山发生灾害后的应用。

7.1　无线多媒体通信装置的工业性试验

按照“矿山救援无线多媒体通信装备”工业性试验大纲的要求，在兖矿集团矿山救护大队和某矿相关领导的统一安排下，通信中心、矿救护中队、课题组成员和应急救援团队相关人员参加，对该项目进行了为期 2 d 的工业性试验，顺利完成了工业性试验的全部内容，达到了预期目的。

7.1.1　概述

该煤矿位于山东省济宁市辖区内，处于兖州煤田中部。井田南北走向长 7.28 km，东西倾斜宽约 5 km，面积约 36.4 km^2；于 1986 年 6 月 10 日正式投产，设计年产量 300 万 t，矿山服务年限为 80 a。采用立井水平开拓，两翼对角式通风，主采煤层为山西组 3 煤($3^{上}$、$3_{下}$)，采用综合机械化采煤与综采放顶煤采煤方法。随着生产技术改进，2003 年核定生产能力为 600 万 t。矿山为低瓦斯矿山，煤层具有自燃倾向性，一般自然发火期为 3～6 个月，最短自然发火期为 26 d；煤尘具有爆炸性，爆炸指数为 38.26%～42.16%。

7.1.2　试验类别及目的

(1) 试验类别

① “矿山救援无线多媒体通信装置”在井下巷道中是否存在电磁波信号快速衰减的问题；

② “矿山救援无线多媒体通信装置”在井下巷道中是受磁场干扰的情况；

③ “矿山救援无线多媒体通信装置”在井下巷道中视频、音频的采集传输效果；

④ “矿山救援无线多媒体通信装置”在井下巷道中工作的时间；

⑤ “矿山救援无线多媒体通信装置”在井下巷道中受环境温、湿度的影响；

⑥ “矿山救援无线多媒体通信装置”在井下巷道中 Mesh 无线传输距离及跳数；

⑦ 救灾人员对“矿山救援无线多媒体通信装置”在井下巷道中携带的认可程度。

（2）试验目的

① 在井下实施救灾的过程中，该装置图像捕捉的清晰度和语音传输的稳定性；

② 在井下实施救灾的过程中，该装置硬件功能及运行状况的稳定性。

③ 在井下实施救灾的过程中，该装置无线 Mesh 网络传输多媒体信息的可行性和稳定性；

④ 在井下实施救灾的过程中，该装置软件功能是否完善及运行稳定性；

⑤ 在井下实施救灾的过程中，该装置在矿山应急救援过程中的有效性。

7.1.3　试验设备

（1）救护队员进入灾区携带设备

KT113.1 矿用本安型无线转换器（含皮盒）　1台

KT113.2 矿用本安型无线中继器（含皮盒）　1台

500 m 快速布线盘　4盘

（2）井下救援基地设备

KT113.3 矿用本安型通信计算机（含皮盒）　1台

KT113.2 矿用本安型无线中继器（含皮盒）　4台

（3）地面救灾指挥中心设备

KT113.2 矿用本安型无线中继器（含皮盒）　1台

7.1.4　系统试验流程

先连接两个前端灾区设备与耳麦，其次将中继远传设备与射频天线连接好，将7台中继远传设备按照间隔100 m的距离布置，并将第7台中继远传设备和系统专用笔记本电脑相连接，最后在井下救援基地处放好无线本安计算机。系统试验流程见图7-1，设备连接见图7-2。

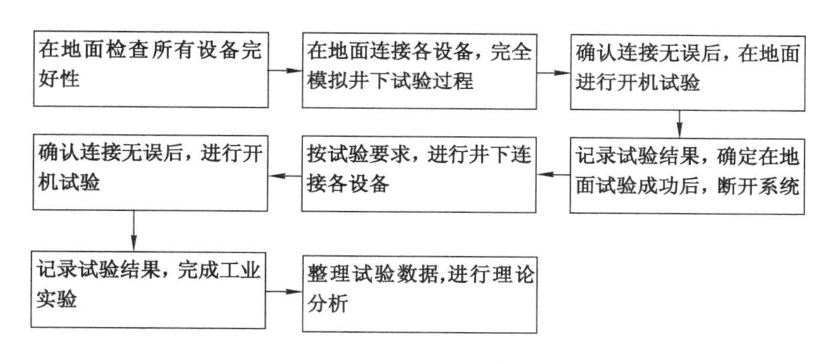

图7-1　系统工业试验流程框图

（1）查看设备运行状态

将前端灾区设备、中继远传设备、无线救灾本质安全型计算机、地面数据远传隔离中继器进行连接，首先按照使用说明逐个开机，查看设备指示灯工作状态及电源电压，确定设备开机是否正常；其次对双绞线及插头进行检测，查看信号传输是否正常，最后将系统地面用笔记本电脑开启，查看操作软件是否能够正常运行。在井上对系统进行联机测试，结果见表7-1。

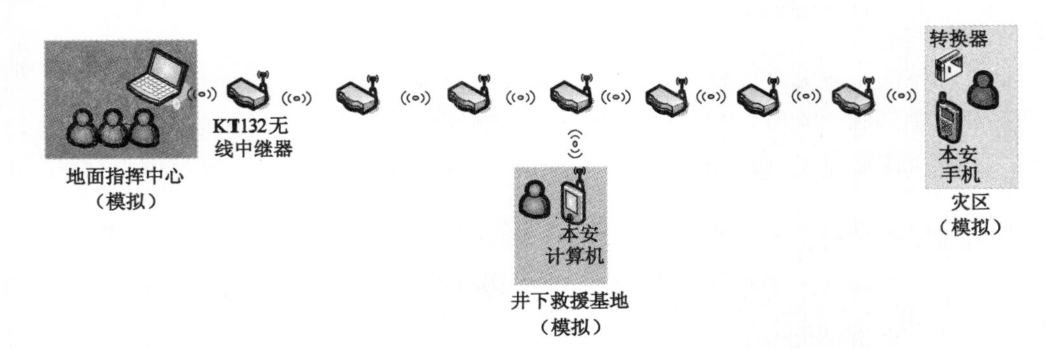

图 7-2　矿山救援无线多媒体通信工业试验连接图

表 7-1　　井上系统联机测试结果

项目	前端灾区设备	中继远传设备	无线本安计算机	隔离远传中继器	视频质量	音频质量
开机情况	正常	正常	正常	正常		
运行情况	正常	正常	正常	正常	好	好
工作时间/min	20	20	20	20		

（2）试验布置

① 地面指挥中心：矿调度中心；

② 井下中继远传设备布置：第一个中继远传设备设在井底车场附近，其余中继远传设备设在运输大巷中；

③ 井下救援基地：设在进风巷中。

（3）试验方法及步骤

① 连接好地面设备与第一个中继远传设备和第二个中继远传设备；

② 将救护队员携带前端灾区设备和无线基地台设备连接好；

③ 确定系统正确连接，开机测试。

（4）试验流程(图 7-3)

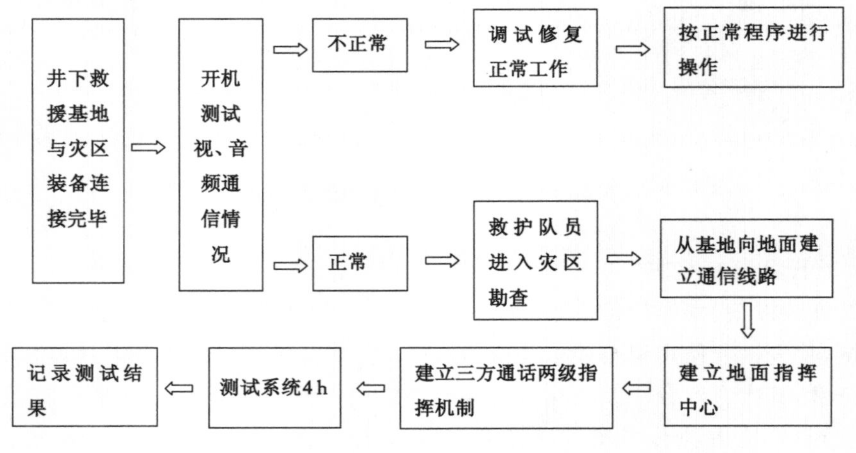

图 7-3　工业性试验流程图

7.1.5 试验结果及分析

(1) 设备运行过程中音视频传输效果

设备在联机运行过程中，能够比较清晰的传输图像，语音三方通话传输畅通，相关参数见表7-2。

表7-2　　音视频采集情况表

	照度	最大捕获距离	清晰程度	视角	移动速度	
					快	慢
红外摄像仪	矿灯照射	30 m	清晰	60°	较清晰	清晰
	全黑	10 m	较清晰	60°	不清晰	较清晰
耳麦	方式	电平	延时	回音		
	全双工	5 V	2 s	2 s		

(2) 系统音视频信号传输距离测试

井下无线自组网传输过程中，信号能够在大于1 000 m距离传输正常，红外摄像仪在静止状态下采集视频时，传输帧率为20～24帧/s；移动过程中，传输帧率>12帧/s，语音传输畅通，无中断，无延时，音质比较好。

(3) 系统硬件设备的可靠性

本装置在运动和碰撞状态下，设备运行一切正常。

(4) 系统软件功能完善度及工作可靠性，主要特点如下：

① 自行诊断。该系统软件功能完善，操作简单易工作，且可进行自行诊断。

② 全面监测。通过对多个事故点的持续监测(可以逐个监测，也可以同时监测)，全面了解井下抢险现场。

③ 在进行井下救援时，通过该系统应能随时对井下视频、语音信息进行采集、监测、显示、可靠传输并上传至地面指挥中心，使地面救援人员能看到井下救援现场的画面和实时了解井下环境状况。

④ 井下和地面救援人员之间以及救援人员与指挥调度人员之间能进行双向语音实时通信。

对该装置软件进行稳定性检测，主要检测误码率：系统装置连续运行8 h，软件运行的误码率为0，其他功能运行稳定。

7.1.6 试验结论

"矿山救援无线多媒体通信装置"在某矿进行了为期2 d的工业性试验。按照工业性试验大纲的要求，基本完成试验的全部内容，达到了预期的目的，得到以下结论：

①"矿山救援无线多媒体通信装置"解决了现场事故的真实描述；

②"矿山救援无线多媒体通信装置"实现了灾区救护队员与井上专家领导的图像与声音同步沟通问题；

③"矿山救援无线多媒体通信装置"提高了煤矿井下抢险救灾的速度；

④"矿山救援无线多媒体通信装置"在井下巷道中无线Mesh组网通信是可行的，而且具有很强的可操作性和先进性；

⑤“矿山救援无线多媒体通信装置”针对磁场干扰也可以在井下正常运行；

⑥“矿山救援无线多媒体通信装置”在井下巷道中视频、音频和环境参数的传输效果较好；

⑦“矿山救援无线多媒体通信装置”连续工作 8 h 满足矿山应急救援需求；

⑧“矿山救援无线多媒体通信装置”在井下巷道的温、湿度环境中正常运行；

⑨“矿山救援无线多媒体通信装置”在井下巷道中无线信号传输距离超过 1 km。

7.2 无线多媒体通信装置在钻孔故障探测中的应用

在煤矿发生较大灾害后，不便从正常井口进行救灾探测时，则需要从地面打钻孔进行生命信息探测，以便确定遇难、遇险人员情况和巷道破坏情况。由于在钻孔中常会出现淋水，以及光线十分昏暗的情况，因此就要加强视频采集的红外效果。由于某煤矿发生瓦斯爆炸，瓦斯抽采立孔遭到了破坏，但由于瓦斯抽采立孔小，且有瓦斯存在，人员和其他非矿用设备不能进行探测，针对煤矿瓦斯爆炸后的实际情况，对瓦斯抽采立孔的破坏程度及巷道破坏情况进行探测，同时对井下矿山救援无线多媒体通信系统进行现场应用效果验证。

7.2.1 概述

受某矿业公司的委托，西安科技大学携带“KTE5 型矿山救援可视化指挥装置”对该矿井 3# 和 1# 瓦斯抽采立孔进行探测。目的在于探清 1# 和 3# 瓦斯抽采立孔的管道损坏情况，以制订行之有效的解决方案。

通过对上述两个瓦斯抽采立孔进行探测，顺利完成了探测的全部内容，达到了预期目的。现将探测应用情况总结如下。

7.2.2 应用目的及内容

(1) 应用目的

查看 1# 和 3# 瓦斯抽采立孔管道的破坏情况。

(2) 应用内容

查看 1# 和 3# 瓦斯抽采立孔管道壁破坏的地点和程度。

7.2.3 应用设备

矿山救援无线多媒体通信设备 1 套。

7.2.4 应用地点

选在 40104 工作面是此次事故的重灾区，40104 工作面采空区和部分与其密切相关巷道(进、回风巷和灌浆巷)经 4 次燃爆至灾区完全封闭持续了 4 d 时间，工作面支架顶部的木垛已被引燃，并由此点燃停采线附近的松散煤体，形成了煤层火灾，但巷道内形成煤层火灾的可能性较小。由于封闭区内的巷道均为锚网支护，巷道煤体在锚网保护下，煤体松散破碎的厚度较小，根据其他类似矿山瓦斯爆炸后的情况类比分析，本次事故即使形成了胶带火灾，只要巷道不烧塌，巷道煤体的燃烧深度也不会太大，形成煤层火灾的可能性极小(几乎没有)，但煤巷交叉点处的帮角在灾区启封后应予以高度重视。灾区内大面积冒顶的可能性不大(40104 工作面、巷道交叉处有可能局部冒顶)，且封闭后，在瓦斯涌出和注惰气的共同作用下，灾区很快处于窒熄状态，巷道表面温度容易降低，这些巷道在缩封排瓦斯过程中复燃的可能性极小。

而 4 次燃爆使 1# 和 3# 瓦斯抽采立孔受到了不同程度的损坏，由于矿井较深，瓦斯抽采立孔小，且有瓦斯存在，人员和其他非矿用设备不能进行探测，针对瓦斯爆炸后的实际情况，用井下多媒体信息地面钻孔探测系统对瓦斯抽采立孔的破坏程度及巷道破坏情况进行探测。

7.2.5　应用过程

(1) 设备功能正常检查

分别将矿山救援无线多媒体通信系统的灾区终端设备、中继远传设备、矿用无线本安计算机进行设备功能正常检查，看设备开启、指示灯显示及电源剩余状况，对传输用双绞电话线及连接传输线进行检查，查看信号是否能够正常传输，最后将系统电脑开启，确定软件系统运行正常。

(2) 井上试验

按照使用说明正确连接设备后，按实验步骤开机测试(表 7-3)。

表 7-3　　**井上开机试验结论**

项目内容	前端灾区设备	中继远传设备	无线本安计算机	视频质量	音频质量
开启情况	正常	正常	正常	≥18 帧/s 清晰	好
运行情况	正常	正常	正常		
工作时间/min	20	20	20		

(3) 井下试验

联机方式和开机顺序与地面试验步骤一致，系统开机后，地面指挥人员通过红外摄像仪观看装置正常工作后，救护队员在瓦斯抽采立孔中放入前端灾区设备，保持移动的状态在地面指挥部观看抽采立孔，进一步考验红外摄像仪在黑暗环境中的图像摄像效果和音频传输稳定性。现场将装置放入钻孔过程见图 7-4 和图 7-5。

图 7-4　放入系统装置图

图 7-5　地面指挥探查

试验结果见表 7-4。

表 7-4　　**井下开机试验结论**

项目	前端灾区设备	中继远传设备	无线本安计算机	视频质量	音频质量
开启情况	正常	正常	正常	≥16 帧/s 清晰	好
运行情况	正常	正常	正常		
工作时间/h	6	6	6		

7.2.6 应用过程的存储回放与分析

由于在应用过程中，不能当时进行准确的判断（也没有必要当时进行），应用结束后，在地面指挥中心的大投影上对探测过程进行了回放分析，回放过程如下：

（1）打开系统录像播放软件

单击“开始—所有程序—录像播放软件”，打开录像播放软件。

（2）使用录像播放软件观看录像

点击 按钮，在弹出的对话框中选择 VideoSave 文件，单击 打开(O) 按钮。

以上步骤完成后，即可在录像播放软件中观看视频录像。

（3）分析结果

① $3^{\#}$ 瓦斯抽采立孔 352～355 m 处被瓦斯爆炸破坏，可从相应巷道处返向向上打开进行处理；

② $1^{\#}$ 瓦斯抽采立孔也在 354～356 m 处时被瓦斯爆炸破坏，可从相应巷道处返向向上打开进行处理。

探测结果如图 7-6 所示。

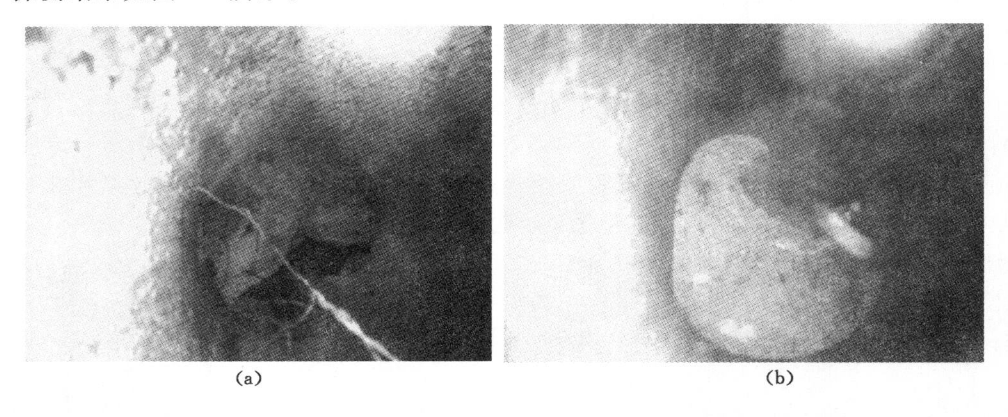

(a) (b)

图 7-6 $3^{\#}$ 瓦斯抽采立孔管道的视频截图和 $1^{\#}$ 瓦斯抽采立孔管道的视频截图

(a) $3^{\#}$ 瓦斯抽采孔管道；(b) $1^{\#}$ 瓦斯抽采孔管道

7.2.7 现场应用结论

（1）经可视化设备探察 $1^{\#}$ 和 $3^{\#}$ 瓦斯抽采立孔管道在地面至 350 m 处管道情况良好，管道破坏或堵塞在 350～355 m 处。

（2）可视化设备在管道探测中非常有效。

7.3 无线多媒体通信装置在山东平邑救援中的应用

7.3.1 概述

在许多矿山事故发生的初期，被困人员如果能及时得到救护，将会有很大的生还希望。然而，井下生产环境复杂、多变、条件恶劣，一旦发生矿山事故，地面与井下人员的信息沟通往往会被中断，地面人员难以及时、动态地掌握井下遇险人员的分布情况和所在的具体位置，难以准确掌握井下灾区的真实情况和发展趋势。因此，救援工作的开展就存在盲目性，制订的方案就缺乏针对性，往往错过许多最佳的救援时机，从而导致被困人员死亡。这也会导致抢险救灾、安全救护的效率降低，搜救效果变差等问题。如果能观测、监听事故现场险情、被困人员状态和位置等关键信息，为抢险救灾提供第一手资料，对于避免伤亡进一步扩大、快速有效地撤离人员、减少人员和财产损失、防止灾害蔓延都非常宝贵。因此，如何迅速发现被困遇险人员，并对其进行准确定位，取得有效的信息交流，便成为矿山应急救援成功的关键因素。国家矿山救援西安研究中心文虎教授针对矿山应急救援过程中所遇到的困难，研发了具有语音、视频传输和多种环境参数采集的生命信息钻孔探测系统，能够实时、准确地通过钻孔把探测到的井下灾区情况及大直径救生钻孔的情况实时传送到地面救灾指挥部及各级救援指挥中心，为救灾指挥员与专家组提供准确、可靠的灾情信息，以便制订出科学合理的救灾方案，并可根据实时信息及时调整和优化救援方案，提高救援的效率和成功率。

据新华网报道：2015年12月25日早晨，山东省平邑县玉荣石膏矿因邻近的废矿采空区坍塌引发矿震而发生坍塌，29名作业人员被困在井下200多米深处。坍塌发生时，矿工赵某印正在井下钻孔。事发后有4名矿工成功自救，并向救援人员报告了他们的位置。但由于井底堵塞严重，并且有人受伤，救援难度很大。紧急关头，率先赶到救援现场的山东能源枣矿集团、临矿集团两支矿山救护队队员冒着巷道继续坍塌的危险，开辟出仅容一人通行的狭窄空间，爬行过去将7名被困人员抬出地面，此外有1人确认遇难。然而，此时还有17人被困在井下，音讯全无[1]。

枣矿集团救护大队队长刘金辉等人在井下进行搜救的同时，兖矿集团、山东能源龙矿集团、淮南矿业集团等矿山救援队伍陆续赶到现场，生命探测系统等国内最先进的救援设备也陆续到位。通过生命探测设备的探查和对井下回应的分析，被困人员所在的两个区域得到确定[2]。

2015年12月26日凌晨，前往井下探查坍塌情况的救援队员带回了井下坍塌和堵塞情况的详细报告。结合玉荣石膏矿负责人提供的作业资料，事故救援指挥部确定了救援方案：井下打通两条救援通道、从发生变形的4号井口下放单人罐笼、大口径钻机打孔救人等方式齐头并进，争取尽快将被困人员救出。

为保障救援工作顺利进行，救援指挥部累计调集一流矿山救援设备600余台(套)，设备水平为全国历次矿山事故救援最先进；最多时有近千人参与营救。山东省临沂市市长告诉记者，按照救援方案，打通两条井下救援通道是最有可能实现快速救人的方式。然而，井下巷道不断发生坍塌和冒落，掉落的石块有的重达十几吨甚至几十吨，救援人员强行打通、修复支护的巷道遭到反复破坏，掘进缓慢。更糟糕的是受坍塌影响，井下涌水量日益增大，救援人员好不容易开辟出的井下救援基地被淹没，涌水一度威胁到救援人员出入的1号井口。虽然救援指挥部调集了水泵进行排水，救援基地也一度恢复，但积水和淤泥不断增加，井下一氧化碳浓度节节攀升，严重威胁到救援人员的安全。就在大家都在为找不到被困人员而焦虑时，2015年12月30日，直径178 mm的2号钻孔被山东省煤田地质局打通，生命信息探测系统找到了部分幸存者，现场救援人员顿时为之沸腾。“通过实时画面，我们能看到他们在向探头招手。”高广伟(国家安全生产应急救援指挥中心副主任)说。救援人员随即向井下投放电话，顺利与这4名幸存者建立了联系，食物、饮水、药品和衣物也一批批送到他们手中。

在山东省临沂市平邑县万庄石膏矿区“12·25”坍塌事故救援指挥部的统一领导下，专家组采用团队自主研制开发的“生命信息钻孔探测系统”成功发现4名被困人员并与其进行了音视频沟通，及时掌握了这4名被困人员的身体状况。在后续救援中，专家组利用该探测系统对井下巷道情况、救生钻孔施工情况、套管变形情况等多种信息进行了探测。经历了无数波折，最终这4名被困人员安全升井。

7.3.2 应用过程

(1) 应用探测系统搜寻被困人员

2015年12月30日早上，原定第4条生命通道中的2号钻孔与4号矿山的井底车场东侧巷道贯通。在生命信息钻孔探测系统首次下放过程中，因钻孔套管内存在淤泥，下放受阻。经过短暂清管后，再次下放设备，随后下放至井下巷道位置，发现4名被困矿工。通过该系统，救援人员清楚地与被困人员进行了实时的音视频沟通，掌握了被困人员的身体状况和井下灾区情况。具体如图7-7和图7-8所示。

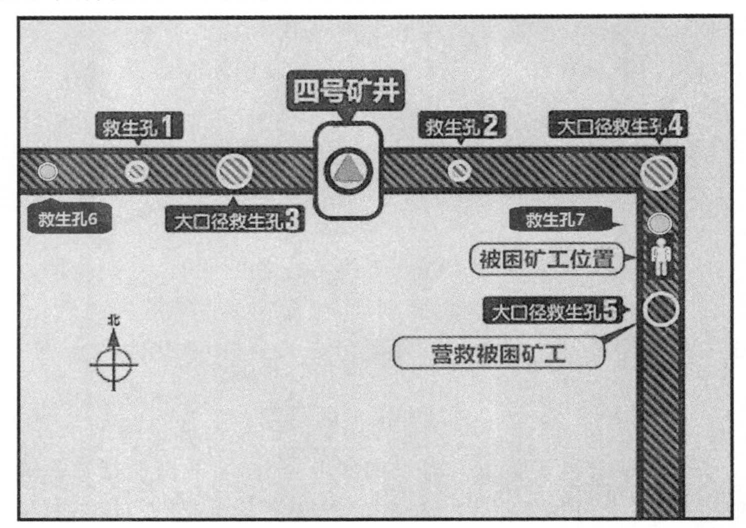

图7-7 钻孔探测布置图

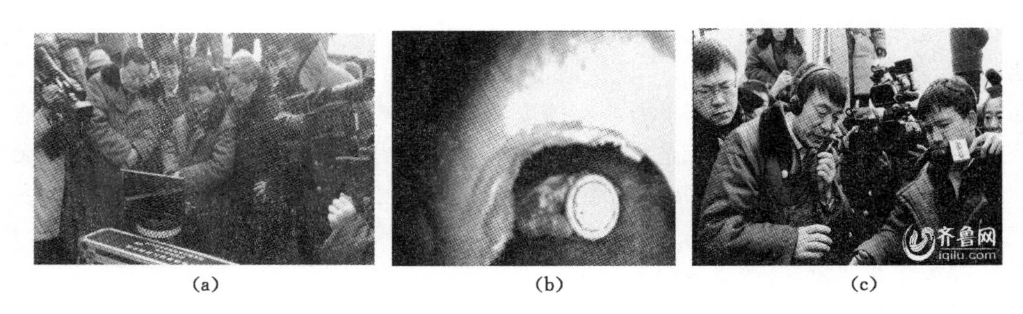

(a) (b) (c)

图7-8 救援人员利用生命信息钻孔探测系统搜寻到井下被困人员

2016年1月3日，山东平邑石膏矿坍塌抢险救援现场4号井区的6号小口径钻孔在经过了将近两天的突破之后(图7-9)，已经接近预定的位置，预计一天之内能打到井下220 m

的巷道。在 4 天前(12 月 30 日)通过 2 号钻孔发现幸存者的生命信息探测仪已准备就绪，将在接下来的救援中继续施展其强大的功能。1 月 4 日凌晨，6 号救生钻孔打到预定区域，早晨，6 号探生钻孔打通，随即下放生命信息钻孔探测器。约半小时后，生命信息钻孔探测器下放至预计位置，视频图像清晰，巷道和机械设备等均可清楚呈现。但并未发现车场西侧附近有任何生命迹象。考虑人员移动的可能，生命信息钻孔探测小组成员随即开始持续喊话，至上午 11 时，未有回应。同时，通过视频图像显示井下巷道有约 1.4 m 深的积水。下午，小组又进行了一轮喊话搜寻工作，仍无回应。此后数日内，探测小组每天上午、下午、晚上分别进行 2～3 h 的喊话搜寻工作，但一直无任何回应。

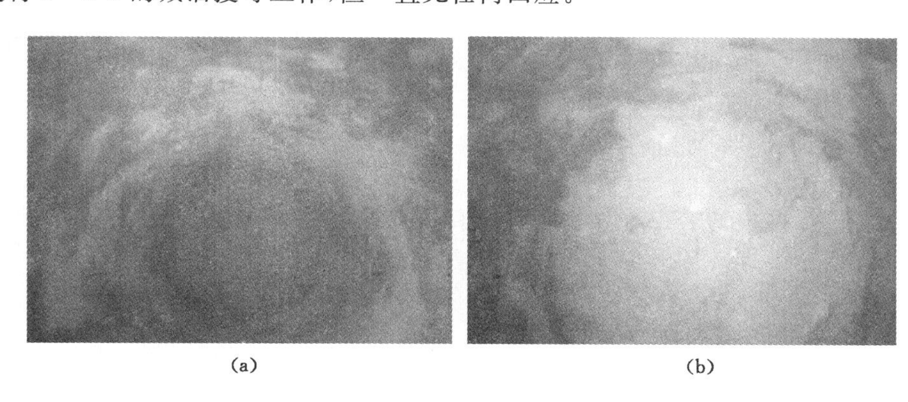

(a)　　(b)

图 7-9　探测器探查到的 6 号钻孔被堵情况

(2) 应用探测系统探查钻孔情况

在之后的救援过程中，探测团队利用生命信息钻孔探测系统对钻孔的卡钻情况、钻孔内淤泥及水位情况等信息进行了探查，及时准确地得到了相关钻孔信息，为指挥部及时调整救援方案和钻孔施工方案提供了宝贵的资料，为大直径钻孔的成功贯通起到了重要作用。

钻孔探查方面的工作主要有：救援初始，5 号钻孔卡钻严重，下放生命信息钻孔探测系统探查了卡钻情况、钻孔内淤泥及水位情况。根据得到视频图像信息，指挥部决定采取气举反循环工艺，抽排掉落在钻头上部的沉积泥沙岩粉。

直到 1 月 12 日上午，5 号孔卡钻处理完成，利用生命信息钻孔探测系统探测了 5 号救生钻孔孔壁及淤泥情况(图 7-10)，测出淤泥深约 25 m。

后来，5 号钻孔清渣工作完成，下放生命信息钻孔探测系统探测了 5 号救生钻孔孔壁及淤泥情况，为直径 610 mm 套管下放的准备工作提供了宝贵的视频资料。至 17 日，5 号孔下放套管 168 m，套管下放完毕(图 7-11)，下一步进行固井堵水。

通过对下放生命信息钻孔探测系统在 5 号救生钻孔探测孔壁及淤泥情况(图 7-12)可以看出：井筒完整性较好，约 190 m 处井筒涌水较大，200 m 处进入淤泥，淤泥深度约 20 m。经过探查，指挥部决定先实施抽水排淤泥清孔措施。

在 1 月下旬，5 号钻孔排淤泥清孔完成，紧接着下放生命信息钻孔探测系统探测 5 号救生钻孔情况(图 7-13)，下放至 158 m 深时见水面，井筒套管内淤泥被冲洗干净，遂进行排水工作。

几天后的早上，利用生命信息钻孔探测系统探测 5 号救生钻孔内情况，下放至 185 m 见水面，水面上漂有大量打钻用泡沫(图 7-14)，168 m 外裸孔段塌孔较严重，180 m 处有井筒

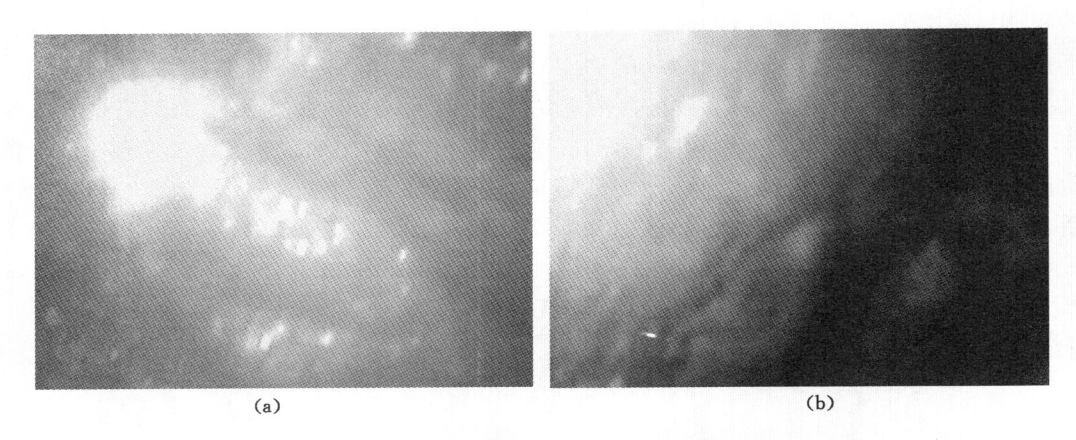

(a) (b)

图 7-10　利用探测系统对钻孔涌水和孔壁完整性进行探查

(a) (b)

图 7-11　探测器窥视到的套管内壁情况

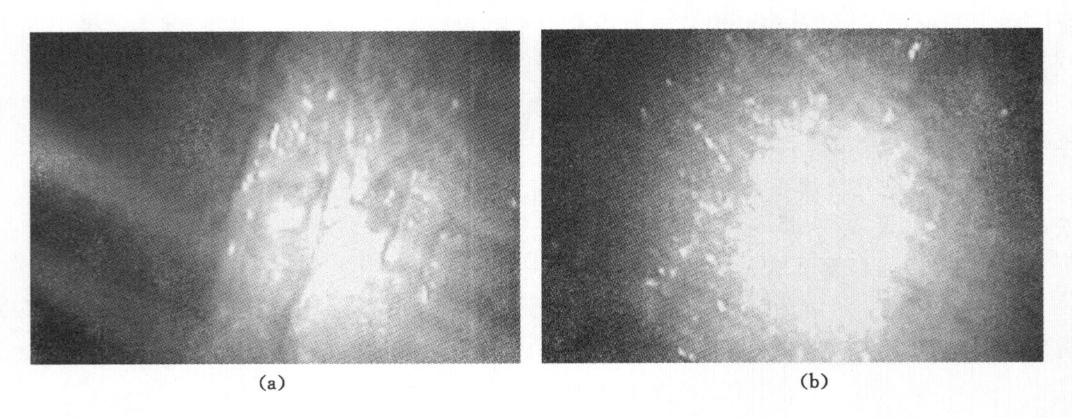

(a) (b)

图 7-12　套管末端及套管内涌水情况

坍塌所致的小平台(图 7-15 和图 7-16);指挥部采取措施后,在 1 月 27 日下午下放生命信息钻孔探测系统探测 5 号救生钻孔内情况,下放至 190 m 见水面(图 7-17);次日早晨,再次探测 5 号救生钻孔情况,通过视频图像得知:168 m 以下(裸孔段)孔壁间断性塌孔严重,185 m

(a) (b)

图 7-13 探测器探测到钻孔内的积水情况

处有片帮岩泥块堵住钻孔。由于反复的抽水和吹管后，并不能确保 5 号钻孔畅通，钻孔内不断地涌水和坍塌，无法进行下一步的救援工作。

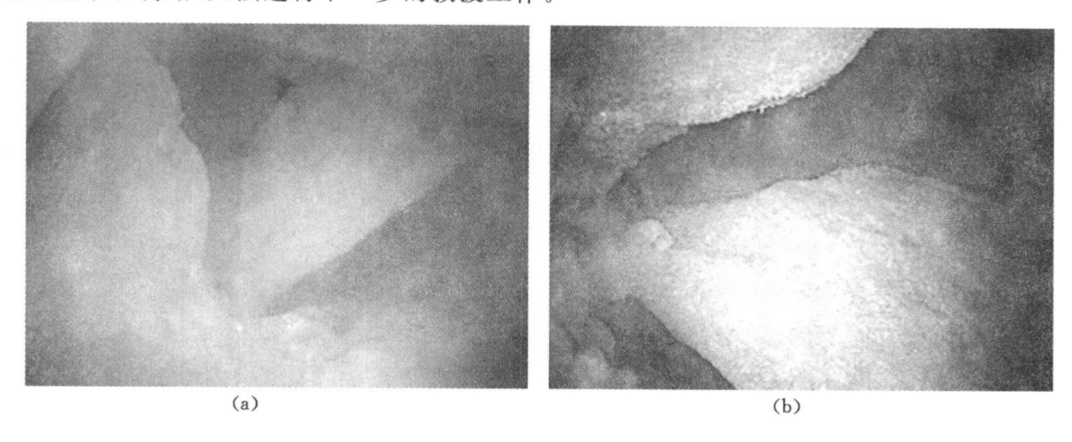

(a) (b)

图 7-14 探测器清晰地探测到 185 m 处裸孔被堵情况

1 月底早上，下放生命信息钻孔探测系统探测完整的 220 m 深的 5 号救生钻孔，成功下放至井下巷道，并与井下人进行了灯光交流，确定了井筒与巷道的连巷通畅情况，以及连巷的方位。由于 200 m 以下为裸孔，通过视频图像发现 203～207 m 段有泥沙堵孔。经过探查，指挥部决定清理这 4 m 的泥沙，疏通钻孔。下午，5 号钻孔疏通工作完成，随后再次下放生命信息钻孔探测系统探查了 5 号救生钻孔的全井筒(图 7-18)，发现井筒畅通，达到了提人条件。但探测器探查到 200 m 处套管末端有一处大致 3～5 cm 的卷边变形(图 7-19)，经专家研判可能会影响罐笼运行。该信息上报到指挥部后，经过研究，指挥部决定采用消防安全绳索提人。晚上，开始使用消防安全绳索实施人员提升，很快第一名被困矿工成功实现升井，最后，其他 3 名被困矿工全部安全升井。

(3) 应用探测系统探查井下环境

2016 年 1 月 7 日，井下被困矿工汇报他们所处巷道积水和淤泥堆积严重，无法继续通过 2 号钻孔获取物资。第二天下午，救援人员利用生命信息钻孔探测系统，通过新打通的 7

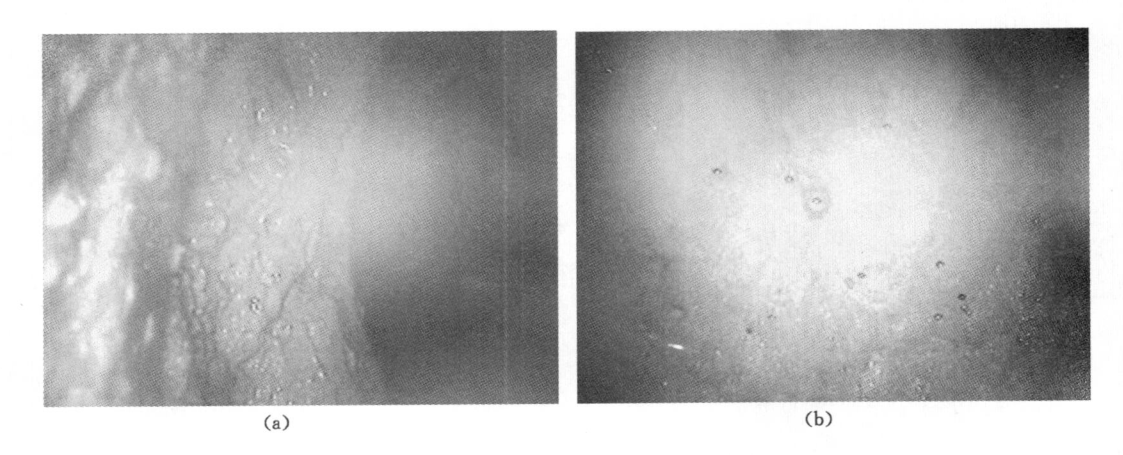

(a) (b)

图 7-15 裸孔段的小平台以及钻孔内积水情况

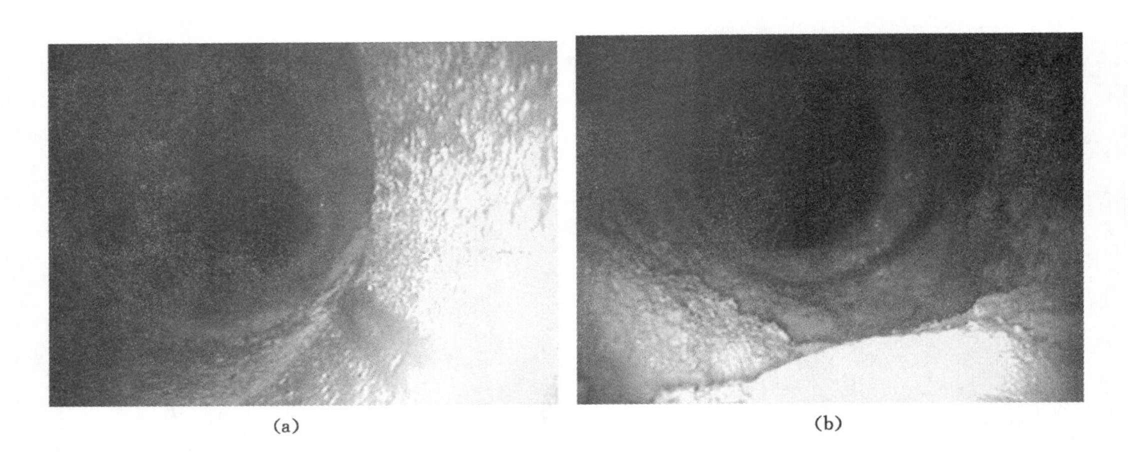

(a) (b)

图 7-16 裸孔段孔壁坍塌情况

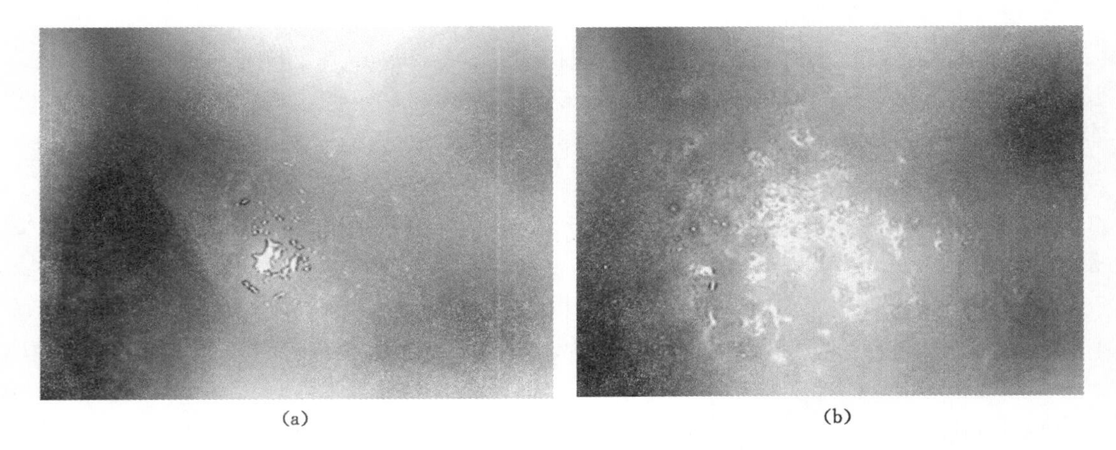

(a) (b)

图 7-17 钻孔内积水情况

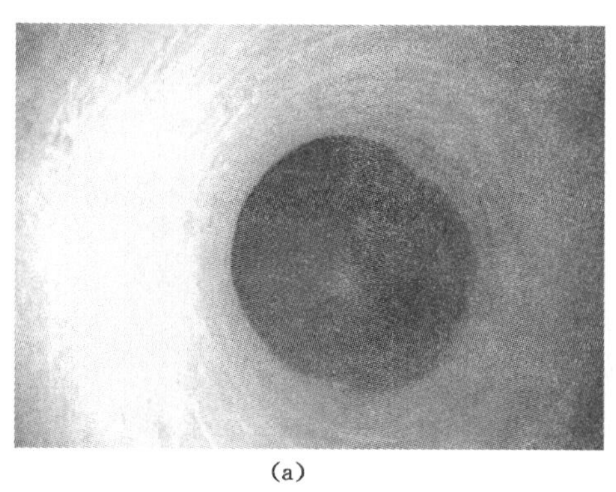
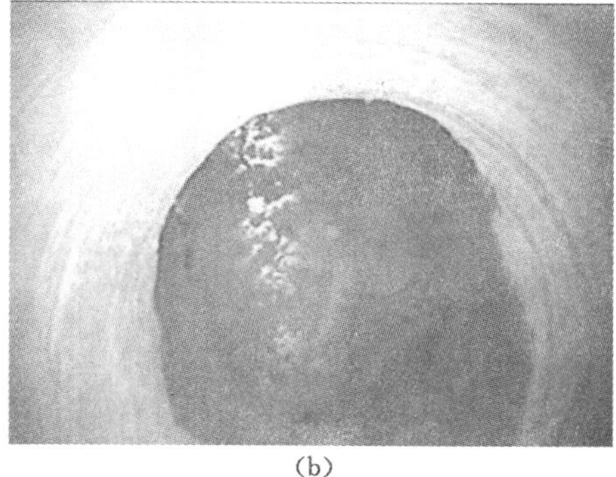

(a) (b)

图7-18 大直径5号钻孔贯通后探测器下放到目标巷道位置与被困人员取得联系

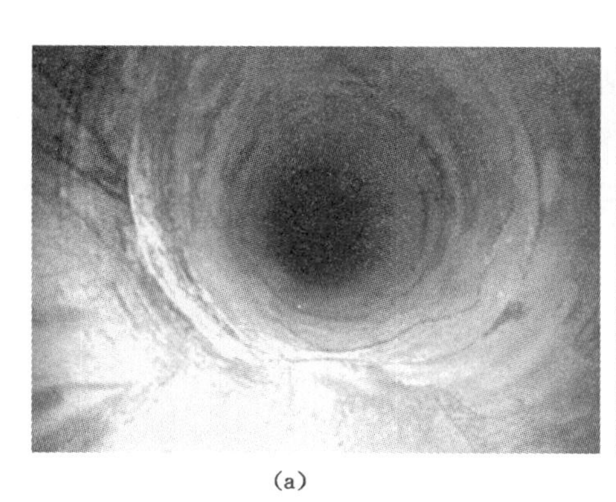
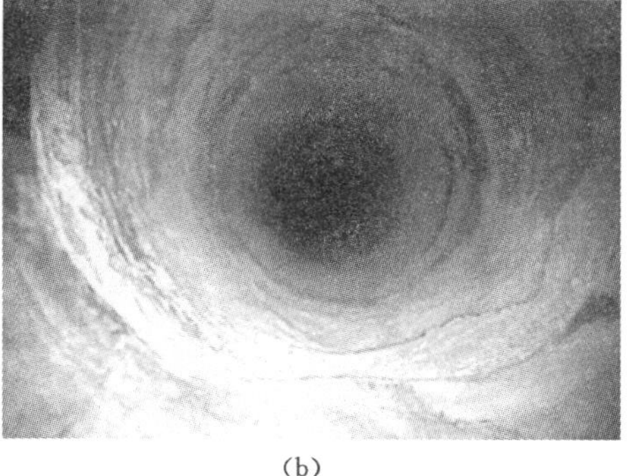

(a) (b)

图7-19 利用探测系统发现套管末端微小的卷边情况

号钻孔与井下人员取得联系，投送给养、建立通信渠道，并通过摄像头观察了井下巷道、生存空间情况，清晰掌握了井下人员状况。如图7-20和图7-21所示。

在6号钻孔搜寻被困人员的工作中，虽然很遗憾地未搜寻到被困人员，但通过该系统的探查，专家组准确掌握了井下涌水的情况。通过这些数据的分析，对井下涌水量、井下环境的危险性等指标进行了准确的研判，为救援的成功提供了宝贵的资料。

生命信息钻孔探测系统，经过30余天的持续探测，体现出该装置无须借助井下任何通信设施和外围网络支持系统，可以独立使用。不仅实现了从地面垂直钻孔进行遇险人员生命信息探测，而且还可利用其独特的视频设计方法，准确的探测钻孔孔壁坍塌、钻孔内残渣存留、钻孔涌水、裸孔段孔壁的完整性、套管变形以及井下人员生存空间等关键信息。特别是在采用大直径钻孔救援方式，营援出被困井下220 m处长达850余小时的4名矿工中起到了重要作用。

7.3.3 无线多媒体系统在此次救援中的作用

在这次生死营救过程中，西安科技大学自主研发的“生命信息钻孔探测系统”为救援过程提供了可视化的精准信息。

(1) 快速发现生命信息

图 7-20　通过 7 号钻孔再次联系到被困人员并输送给养

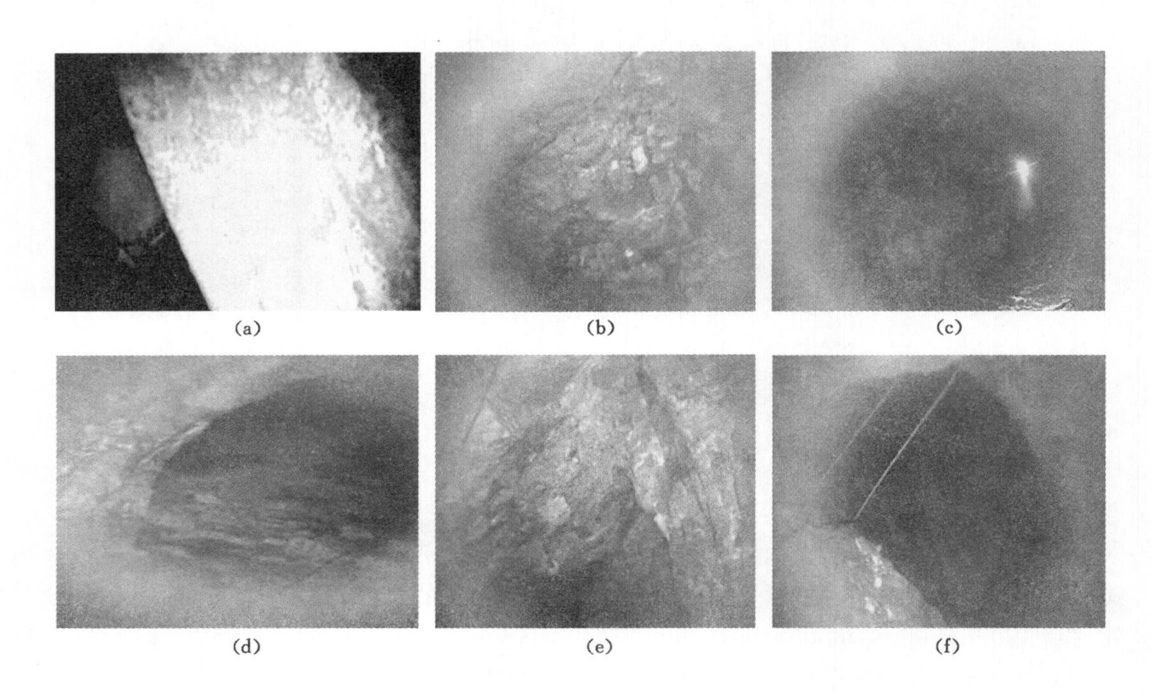

图 7-21　利用探测系统清晰地查看井下巷道情况

12 月底，现场打通了 2 号探测钻孔，但是井下情况并不了解。救援专家组立即启动“生命信息钻孔探测系统”展开搜寻，在地下 200 多米处，很快发现被困矿工信息。现场救援人员顿时为之沸腾。通过该系统，地面指挥人员清晰地看到了井下被困矿工，并与他们进行了音频沟通，得知井下该处共有被困矿工 4 人，生命体征良好。救援人员随即向井下投放电话，并将食物、饮水、药品和衣物分批送到他们手中。对这 4 名矿工的救援一波三折。没过几天，2 号探测钻孔坍塌。1 月 8 日，专家组对新打通的 7 号探测孔进行了探测，再次与之前发现的 4 名井下被困矿工取得联系[3]。

在随后的 20 多天里，救援难度超出想象。井下坍塌不断发生，积水位置不断攀升，一氧化碳浓度不断提高。为避免次生事故发生，大口径钻机打孔救援方案成为唯一可行的方法。按照部署，“生命信息钻孔探测系统”对 5 号大孔径救生钻孔进行定期持续探测，大大提高了打钻的进度，为 1 月 29 日最后救人方案的确定起到了关键作用。

（2）让救援可视化

全国矿山救援专家文虎教授说：“这套系统主要由生命信息探测仪、信号传输器、笔记本电脑无线接收器三部分构成。探测器是个长和宽为 7.2 cm、高 80 cm 的长方体。上面有 2 个摄像头，可以探测到钻孔下方和侧面的信息；有红外线、矿灯 2 个视频源，可以看到井下 20～30 m 的画面；上面有个传输系统，可以保持无线联络；还分别有 2 个话筒、2 个喇叭，可以保持声音沟通。这样井上、井下的视频、音频信息沟通就全都有了。在救援过程中，这套系统的主要作用一是要搜寻井下生命信息，二是检查救生通道是否安全。”

当井下发生严重灾害，该系统能将钻孔孔壁、孔底状况以及井下事故现场视频和声音实时传输到地面指挥中心；井下遇险人员与地面指挥中心之间可实时信息沟通；救援全过程的视频、语音资料可完整存储并回放，为事故原因分析、总结探测过程的经验教训提供基础资料；通过互联网，救援专家可直接了解探测情况。

7.3.4　现场应用结论

平邑矿难事故救援是我国历史上第一次将大直径钻孔和生命信息探测应用到井下救援的成功案例。这次救援情况复杂、难度大、风险高，极富挑战。现场救援指挥部通报，事发矿区持续塌方，有的落石重达十几吨甚至几十吨，导致井筒严重扭曲变形，通向被困人员的井底巷道几乎完全堵住。

在事故发生后，受国家应急救援指挥中心调遣，国家矿山救援西安研究中心副主任、西安科技大学能源学院副院长文虎教授率领国家矿山救援西安研究中心专家一行 5 人携带自主研发的“生命信息钻孔探测系统”，前往事故现场参加救援。接到救援任务后，文虎教授一行驱车近 900 km，晚上到达救援现场，待命准备 2 号钻孔打通后，下放生命信息钻孔探测系统进行被困人员搜寻。

第二天早上，原定第 4 条生命通道中的 2 号钻孔与 4 号井底车场东侧巷道贯通，随即指挥部命令下放生命信息钻孔探测系统进行人员搜寻，首次下放过程中，因钻孔套管内存在淤泥，下放受阻，经过短暂清管后，再次下放设备，并于早上 11 时左右下放至井下巷道位置时，监控视频中发现了一只戴手套的手，经通过语音与井下联系，得到有 3 人存活的消息。随后，由武警部队现场人员传来消息，说井下有 8 人生存，随即媒体大面积公开报道。

在继续搜寻被困失联人员的工作中，特别是通过 2 号孔得知西侧车场可能存在 4 人后，鉴于 1 号钻孔尚未与 4 号井西侧被困人员取得联系，指挥部决定在 1 号钻孔西侧再加钻直径为 325 mm 的 6 号钻孔，待 6 号钻孔打通后，下放生命信息钻孔探测系统进行被困人员搜寻。第三天晚上，接到指挥部通知，6 号钻孔随时可能打通，文虎教授随即带领小组人员于现场待命，次日凌晨 6 号探生钻孔打到预定区域，随后 6 号探生钻孔打通，随即下放生命信息钻孔探测系统。然后，生命信息钻孔探测系统下放至预计位置，视频图像清晰，巷道和机械设备等均可清楚呈现。但并未发现车场西侧附近有任何生命迹象。考虑人员移动的可能，生命信息钻孔探测小组成员随即开始持续喊话，但是并未有回应。同时，通过视频图像显示井下巷道有约 1.4 m 深的积水。下午 1 时半，小组又进行了一轮喊话搜寻工作，仍无回应。此后 3 日内，探测小组每天上午、下午、晚上分别进行 2～3 h 的喊话搜寻工作，无任何回应。后接到指挥部命令暂时结束 6 号钻孔喊话搜寻工作。

后来，在 7 号钻孔打通后，通过下放生命信息钻孔探测系统成功与井下人员取得联系、投送给养、建立通信渠道，并通过摄像头观察了井下巷道、生存空间情况，清晰掌握了井下人员状况。并且通过下放生命信息钻孔探测系统探查了 5 号钻孔卡钻情况、钻孔内淤泥及水位情况；得到视频图像信息后，指挥部随即做出了相应的调整。

在距离山东平邑“12 · 25”石膏矿垮塌事故发生 870 多个小时之后，被困井下的 4 名幸存矿工，通过大口径救援钻孔成功获救。在整个救援过程中，国家矿山救援西安研究中心文虎教授带领的生命信息探测小组在救援指挥部统一指挥下及相关部门的紧密协作下，一直坚守在救援第一线，克服重重困难，顺利地完成了指挥部的所有探测任务。为打钻专家及救援指挥部的方案制订与救援决策提供了宝贵的第一手资料。特别是因井下巷道大面积坍塌、水位快速上升，指挥部决定暂停井下救援后，生命信息钻孔探测系统便成为地面人员掌握井下和钻孔内准确信息最为重要的手段。

首先，生命信息钻孔探测系统率先通过 2 号钻孔发现了井下被困人员，并与之取得了联系，极大地鼓舞了地面人员的救援信心并为井下人员带来了希望。其次，在随后 6 号孔继续搜寻其他失联人员的工作中，虽未发现生命信息，但对西侧井下的环境和井下水位变化提供了准确的佐证材料，有效地协助了指挥部制订下一步救援方案。再次，当7 号钻孔打通后，生命信息钻孔探测系统成功下放至井下，实现了事故发生后首次完整图像反馈被困人员信息，为救援专家准确掌握被困人员生存空间情况提供了宝贵的资料。最后，在 5 号大孔径救人钻孔的施工过程中，生命信息钻孔探测系统对 5 号钻孔进行了持续探测，有效地指导了 5 号钻孔的钻进、排渣和套管下放工作。特别是 5 号孔打通后，由探测系统反馈的孔壁坍塌情况、钻孔内残渣存留情况、钻孔涌水情况、裸孔段孔壁的完整性以及套管变形情况使指挥部快速、准确地掌握了 5 号钻孔情况，并随后实施了继续下小口径套管至井下巷道的措施，在达到提人条件后，生命信息钻孔探测系统又及时地发现了套管边缘的卷边异常，随即指挥部决定改变罐笼提人方案改为消防安全绳索提人，成功实现了人员安全升井。

本次救援工作中，生命信息钻孔探测系统及多媒体通信系统在各个救援阶段发挥了重要作用，得到了国家安全监督管理总局应急救援指挥中心、山东省委的充分肯定和高度赞赏，山东省临沂市为文虎教授等人颁发了救援感谢信，为我国后续的矿山救援工作奠定了基础，也为世界救援通信技术提出了新的研究方向。

参考文献

[1] 新华社. 跨越 36 天的生死营救 山东平邑石膏矿坍塌事故救援纪实[EB/OL]. (2016-01-30). http://news.xinhuanet.com/2016-01/30/c_1117941859.htm.

[2] 煤矿安全网. 山东能源重装集团鲁南装备公司赴平邑参与石膏矿救援人员凯旋[EB/OL]. (2016-02-01). http://www.mkaq.org/html/2016/02/01/351661.shtml.

[3] 陕西日报. 西科大生命探测系统：为平邑石膏矿难救援提供信息保障[N/OL]. (2016-02-01). http://esb.sxdaily.com.cn/sxrb/20160201/html/index_content_002.htm.